大学物理实验教程

（第三版）

主　编　孙维民　李志杰

副主编　王　威　国安邦　赵　骞　杨林梅

科学出版社

北　京

内 容 简 介

本书结合大学物理实验课程教学实际情况和教学改革需要，在前版《物理实验教程》的基础上，借鉴国内外同类教材编写而成.

本书内容包括误差理论与数据处理、基本量的测量、基础性实验 20 个、综合性实验 14 个、设计性实验 9 个、拓展与创新性实验 17 个、演示性实验 18 个和虚拟仿真实验 21 个.

本书可作为高等院校理工科类各专业的大学物理实验课程教材或参考书，也可供相关专业技术人员参考.

图书在版编目(CIP)数据

大学物理实验教程/孙维民，李志杰主编. —3 版. —北京：科学出版社，2018. 1

ISBN 978-7-03-055024-8

Ⅰ. ①大…　Ⅱ. ①孙…②李…　Ⅲ. ①物理学-实验-高等学校-教材　Ⅳ. ①O4-33

中国版本图书馆 CIP 数据核字(2017)第 264085 号

责任编辑：王胡权　龙嫚嫚 / 责任校对：张凤琴
责任印制：张　伟 / 封面设计：迷底书装

科学出版社出版
北京东黄城根北街 16 号
邮政编码：100717
http://www.sciencep.com
北京盛通数码印刷有限公司 印刷
科学出版社发行　各地新华书店经销
*
2011 年 1 月第　一　版　开本：787×1092 1/16
2018 年 1 月第　三　版　印张：21 1/4
2024 年 1 月第六次印刷　字数：501 000

定价：45.00 元

(如有印装质量问题，我社负责调换)

前　言

本书是根据教育部制定的《理工科类大学物理实验课程教学基本要求》，结合沈阳工业大学的大学物理实验教学实际情况和教学改革需要，在前版《物理实验教程》的基础上，借鉴国内外同类教材编写而成的.

传统的物理实验教程是把物理实验分为力学、热学、电学、光学实验和近代物理实验. 本书打破了这种传统的物理实验划分方法，构建了分层次、模块化的物理实验教学体系. 全书按实验的难易程度和综合知识量将物理实验划分成基础性实验、综合性实验、设计性实验和拓展与创新性实验四个模块. 考虑到大学物理演示课的需要和虚拟仿真实验室建设需要，书中加入了物理演示性实验和虚拟仿真实验. 本书的特色在于既突出物理实验原理、实验技能的教学，又重视应用性人才的培养. 我们本着培养具有创新精神和创新能力以及重实践、强能力、适应早、上手快的应用型人才的原则来选择教学内容和划分教学模块. 物理实验的四个模块采用不同的开放式教学模式，具体如下.

1. 对基础性实验、综合性实验、设计性实验三个模块，采用定制式开放教学. 首先，实行网上预约选课. 学生可根据自己的学科、专业特点，在正常的教学时间内，按规定每个模块必须完成的学时数，自主地选择实验题目、实验时间和指导老师. 其次，改变填鸭式教学方法，由过去的“讲实验”，改成通过提出问题、启发、引导、讨论等教学方式，由学生自行操作、自行解决问题、独立完成实验. 课后按要求认真完成实验报告.

2. 对拓展与创新性实验，采取研究式开放教学. 首先，实验题目及内容对学生开放. 学生针对创新性实验室列出的拓展与创新性实验题目自由选择，或学生针对自己的专业特点和个人爱好，参考实验室可提供的仪器设备自拟研究题目. 其次，导师制方式教学. 学生通过查找资料、提出自己的研究方案和研究路线，提出自己的实验计划；指导教师则定期听取学生的工作汇报，审视、引导学生的下一步工作. 最终由学生独立完成实验并写出拓展与创新性实验报告. 再次，创新性实验室实现了全方位的开放，不但实验题目可自选自拟，而且在实验时间上也做到完全开放，学生可随时到实验室做实验. 完成实验的周期限定在本学年内.

实验教学与改革是一项靠集体的力量完成的事业. 本教材的编写也凝聚了沈阳工业大学几代物理人的智慧. 本书由孙维民、李志杰任主编，王威、国安邦、赵骞、杨林梅任副主编. 参加编写工作的还有徐菁华、赵丽军、田鸣、黄特、李军. 孙维民教授负责教材整体编写、策划、整理和统稿工作.

本书可作为高等院校理工科类各专业的大学物理实验课教材或参考书，也可供相关专业技术人员参考. 由于作者水平有限、时间仓促，书中难免有不足之处，望各位读者在使用过程中多提宝贵意见，恳请批评指正.

编　者

2017 年 6 月

目　　录

第 3 篇　演示性实验和虚拟仿真实验

第1篇

绪论　误差理论与数据处理

基本量的测量

第1章　绪　　论

1.1　物理实验在教学中的地位、作用、目的和任务

物理学是一门实验科学，由物理学所创导的实验观测、定量研究、总结规律的科学方法，是一切现代科学工程技术的基础方法. 物理实验的实验思想、实验方法和实验手段是各门学科实验研究的基础，因此，物理实验是理、工科类各专业学生进行科学实验基本训练的一门必修基础课程. 物理实验的知识、方法和技能是学生进行后续实践训练的基础，也是毕业后从事各项科学研究和工程应用的基础.

物理实验是高等院校独立设置的一门基础实验课程，它覆盖了力学、热学、电磁学、光学、近代物理和物理在现代工程技术中的应用等，其各个层次的实验题目和内容都经过了精心的设计和安排，具有丰富的实验思想、方法和手段，它不仅可以使学生在理论和实验两个方面融会贯通，更重要的是在培养学生的基本实验技能、综合应用能力和活跃的创新意识等方面具有不可替代的作用.

物理实验的目的是通过多层次实验现象的观察、分析、研究和对物理量的测量，使学生掌握实验的基本知识、基本方法和基本技能，培养和提高学生从事科学实验的能力，包括进行综合实验、设计实验以及自主学习和科学研究的能力，提高自主创新意识和素质.

物理实验的任务是使学生掌握基本实验方法、各种基本测量仪器的使用方法、实验结果的科学处理方法和归纳总结实验结果，独立完成基础性实验、综合性实验、设计性实验和拓展与创新性实验，并撰写出合格的实验报告或研究报告，培养、提高独立解决实际问题的能力，为后续课程学习、科学研究打下坚实的基础，从而提高学生的综合素质.

1.2　物理实验教学体系

根据多层次、模块化的原则，通过调整实验仪器与实验内容，按实验的难易程度和综合知识量将物理实验划分成基础性实验、综合性实验、设计性实验和拓展与创新性实验四个模块. 新的课程体系使得物理实验由浅入深、由简单到复杂、由被动模仿到主动设计以及综合运用，逐渐加深学习内容的深度、广度和综合程度，符合认识规律和教学规律.

1.3　物理实验的基本环节

物理实验的基本环节包括：实验前的预习、实验操作、实验报告.

1.3.1 实验前的预习(占总成绩的10%)

实验预习是物理实验的首要步骤,不预习不得进行实验.学生在进行每个实验之前,必须做好认真、充分地预习,实验预习的目的是全面认识和了解所要做的实验项目.预习时要认真领会实验目的,理解实验原理,了解实验仪器的使用方法,明确实验的具体内容,要弄清该实验的关键性步骤,写出预习报告.预习的过程,是实验的设计过程,只有在充分预习的基础上,才能保证在实验课上完成该实验的具体操作过程.预习时要清楚的了解每一过程应当观察到的现象、测量的结果以及应当记录的内容.另外,在预习的过程中,应特别注意该实验的注意事项、安全措施.

与理论课课程不同,实验课程的特点是学生在教师的指导下自己独立完成实验.所以实验预习尤为重要.撰写一份预习报告,不是盲目地抄实验教材,而是提炼实验内容和要点的一种训练.

1. 实验预习的要点

(1) 明确实验任务:要明确实验中需要测量哪些物理量,每个待测量又分别需要什么实验仪器和采用什么实验方法测量.

(2) 清楚实验原理:要理解实验原理.

(3) 了解实验仪器:初步了解实验仪器,知道需要使用哪些仪器,并对仪器的相关知识进行初步学习,特别是仪器的结构、功能、操作要领、注意事项等.

(4) 了解不确定度的来源:要了解引起实验不确定度的主要因素有哪些,思考在做实验时应当怎样减小不确定度.

(5) 撰写预习报告:撰写预习报告时要按预习报告的具体要求逐项填写,电学实验要有电路图,光学实验要有光路图.提炼出实验步骤,设计出实验记录表格.

2. 设计性实验预习

(1) 明确实验任务:要明确设计任务,根据实验原理和实验方法提示,认真查阅相关资料,详细给出设计方案.

(2) 确定测量仪器、测量方法和测量条件.根据设计方案的要求,确定实验使用的仪器、采用的测量方法和测量条件.

(3) 确定实验过程,拟定实验步骤:确定实验的整个过程,拟定详细的实验步骤.并详细了解使用的仪器设备的相关知识,特别是仪器的结构、功能、操作要领、注意事项等.

预习报告中还应完成的主要内容有:实验名称、实验目的、实验原理、有特色的实验设备、主要的实验步骤和实验数据的记录表格等.

1.3.2 实验操作(占总成绩的40%)

实验操作是物理实验最重要的过程.在实验课上,必须知道自己要做什么,为什么要这样做.实验课最忌讳“盲目伸手”,它不但容易损坏仪器设备,而且可能会危及学生自身的安全.所以动手时一定要做到有目的、有计划地进行.

多数同学都有这样的感受，坐在教室里预习实验时，实验内容看不懂，这就是实验课与理论课的区别之一. 实验的内容、特别是实验仪器的使用，只有当仪器放在面前，对照着仪器再看书上的仪器介绍，才能够学会使用方法.

实验操作是物理实验的最重要环节. 这一环节包括阅读资料、调整仪器、观察现象、获取数据、仪器还原等.

(1) 学生应带着预习报告和其他有关资料准时进入实验室. 进入实验室后，首先应签字登记，然后按编号就座.

(2) 开始上课后，要积极参加指导教师组织的讨论，从中进一步理解、掌握实验原理、实验内容、实验操作要点(重点是仪器调整、线路连接和注意事项).

(3) 测量并记录数据. 原则是，先定性后定量，先试测，再进行正式测量，即先观察实验所要记录的实验现象，确认无异常后，开始记录数据. 记录原始数据要注意有效数字，并与数据表格中的单位相对应. 原始数据不得擅自改动，如确系记错，可在数据上划一横线，并在其上边或下边更改数据.

物理实验的过程，是客观地观察、实际地测量的过程. 需实验者准确地、客观地、真实地记录所观察到的、测量到的结果. 即使实验中由于某种原因得到的结果不理想，若能正确地分析也能达到实验的目的. 反之，若抄袭别人的记录，拼凑理想的数据和主观修改实测数据，都是不正当的行为，指导教师将根据情节做出重做实验、取消实验成绩等处分.

(4) 实验完毕后，记录的实验数据应主动送交实验指导教师检查，当实验指导教师认为合格并签字后，学生方可清理实验设备. 清理实验仪器及设备时，要按仪器、设备原来摆放的位置或要求整理、摆放好，将实验台打扫干净. 经指导教师同意后，学生方可离开实验室.

实验操作中要求学生重视实验能力、科学作风的培养. 学生应当珍惜独立操作的机会，独立完成教学基本要求. 鼓励学生做提高性实验内容，提倡研究问题.

1.3.3　实验报告(占总成绩的50%)

科学正确地处理实验数据并撰写出完整的实验报告，是物理实验基本训练的重要内容之一，实验报告不同于预习报告，一个完整的实验报告包括：

(1) 课程名称、实验题目、实验组号；

(2) 实验目的；

(3) 主要实验仪器的名称；

(4) 实验原理：应简明扼要，应包括必要的原理图、电路图、光路图和计算公式等；

(5) 实验内容和主要步骤：应明确的给出实验内容和主要的实验步骤；

(6) 实验数据记录：把所记录的原始数据转记下来，原始数据一般要按列表法重新整理，整齐的抄录在正式实验报告的表格中；

(7) 数据处理：根据误差不确定度理论和不确定度的表示方法，认真地进行数据处理，得出正确表示的测量结果. 有作图要求的，一律要用坐标纸，按作图法正确作图处理实验数据；

(8) 总结：包括实验结论、回答思考题等. 通过分析、讨论发现在测量与数据处理中出现的问题，对实验中发现的现象进行解释，对实验装置和方法提出改进意见等，这对于培养与提高学生科学实验的能力是十分重要的.

1.4 实验规则

(1) 安全第一：从进入实验室开始，就要牢记“安全第一”的原则，在实验过程中，坚持安全第一，严格遵守操作规程和注意事项，凡是使用电源的实验，须经教师同意后方可接通电源进行实验，严格避免发生人身或设备事故.

(2) 预习：课前必须充分作好预习，写好预习报告，真正了解本次实验“做什么？怎么做？为何这样做？”，同时携带必要的文具、预习报告和学生卡进入实验室.

(3) 对号“入座”：进入实验室后，首先应签字登记，然后按实验组号就座，不得擅自调换.

(4) 损坏赔偿制度：实验仪器如有损坏丢失，应立即报告老师. 由于违反操作规程而损坏仪器设备者，应按规定赔偿，并提交仪器设备损坏记录.

(5) 实验数据确认签字制度：实验数据测量完毕后，必须送交实验指导教师审阅，教师签字后的实验数据方为有效数据.

(6) 值日制度：实验结束后，清理实验仪器及设备时，要按仪器、设备原来摆放的位置或要求整理、摆放好，将实验台打扫干净. 经指导教师同意后，学生方可离开实验室. 每次实验课后，安排两名学生值日，确保环境卫生良好.

(7) 及时提交实验报告制度：要按时完成实验报告，实验完成一周内，连同原始实验数据在内的实验报告交给任课教师.

第 2 章　误差理论与数据处理

2.1　误差分析的重要性

一切科学实验都要进行测量，总会记录大量的数据. 所有的测量均存在误差，物理实验当然也不例外. 误差分析与工程技术、计量科学、精密测量和科学实验的关系是非常密切的. 人们在进行实验与测量过程中，常常会由于误差的存在而影响对客观现象的正确评价，因此，掌握误差理论和误差分析方法，就能够排除误差的干扰，提炼出真实的、客观过程的规律. 而在计量科学中，如何保证量值的统一和传递，提供物理量单位的计量基准、标准的研究成果，也需要正确的误差分析. 另外，误差分析还可以帮助我们正确的组织实验和测量，以最经济的方式获得试验结果并对结果进行有效处理.

2.2　测量与误差

2.2.1　测量

对物理量的测量，是物理实验的重要组成部分. 测量的目的，是在给定的单位制中，获得该物理量的数值大小. 一般来讲，任何物理量都具有数值和单位这两个属性. 因此，物理实验的过程就是在一定的宏观条件下，在确定的单位制中，通过实验测出描述该物理量的数值大小.

对于测量的分类，可以从测量手段和测量条件两方面来划分.

1. 按测量结果获得的手段划分，可分成直接测量和间接测量

1）直接测量

直接测量是指相应的物理量可以用测量仪器直接进行测量. 相应的物理量称为直接测量量. 例如，用直尺测量物体的长度 l，用天平测量物体的质量 m 等，都是直接测量. l 和 m 则称为直接测量量.

2）间接测量

间接测量是指相应物理量只能由一些直接测量量经过一定的函数运算才能够获得. 相应的物理量则称为间接测量量. 例如，测量物体的密度 ρ，需测出物体的体积 V 和质量 m，由 $\rho=\frac{m}{V}$ 经运算才能获得. ρ 在这样的测量中是间接测量量.

直接测量量和间接测量量的划分是相对的. 随着选用的测量方法和测量手段不同，它们是可以相互转化的. 例如，测量电阻 R，若用电流表和电压表来测量，则可以通过测出电阻两端的电压和通过电阻的电流，经过欧姆定律求出 R，此时 R 是间接测量量. 也可以用

欧姆表或单臂电桥直接测量电阻 R，此时 R 就是直接测量量. 随着科技水平的提高，测量手段、方法和仪器越来越先进，能直接测量的物理量越来越多.

2. 按测量的条件来划分，可分成等精度测量和不等精度测量

1）等精度测量

对同一个物理量，在完全相同的条件下进行多次重复测量，每一次测量的精度是相同的，这样的测量称为等精度测量.

2）不等精度测量

对同一物理量的重复测量过程中，只要实验中任何一个条件发生了变化，则这种测量就是不等精度测量.

等精度测量和不等精度测量也是相对的概念. 严格地讲，在完全相同的条件下进行多次重复的测量是比较困难的. 比如，用电流表和电压表测量电阻，由于有电流通过电阻、仪表，必然产生热效应和其他效应，因此，严格地讲，每次测量的条件是不一样的. 应当是不等精度测量. 但实际上，在每次测量过程中，这种条件的变化是较小的，对测量的结果几乎没有影响，是完全可以忽略的，此时这种测量仍可认为是等精度测量.

在大学物理实验中，除极特殊情况外，对于一个物理量的多次重复测量都可以认为是等精度测量. 在以后的叙述中，多次测量都是指等精度测量.

2.2.2　误差

任何一个物理量，在一定宏观条件下和确定的单位制中，都有一个客观存在的数值，这个值称做该物理量的真值，用 X_0 表示. 这个值是客观存在的，与测量仪器、测量方法等无关. 测量的目的就是要获得物理量的真值 X_0.

在实际的测量中，准确地给出真值是不可能的. 因为在测量的过程中，总是要受到测量仪器的精确度、测量的方法、测量的环境以及测量者的能力等因素的影响. 换句话说，测量值 X 和真值 X_0 之间总是有偏差的. 这种偏差称为绝对误差. 用 Δ 表示

$$\Delta = X - X_0 \tag{2.2.1}$$

Δ 表示了测量值 X 和真值 X_0 的数值差别大小，不能反映出测量的精确程度. 比如，测量两个物体的长度，其绝对误差都是 0.2mm. 其真值分别是 1.0mm 和 1000.0mm. 显然，其精确程度是不相同的. 对测量真值是 1.0mm 的物理量来说，在 1.0mm 范围内，有 0.2mm 的误差；而对真值是 1000.0mm 的物理量来说，在 1000.0mm 范围内，有 0.2mm 的误差. 显然，后一种测量精确程度较高. 这说明，测量的精确程度与物理量真值的数值大小有关. 为了表示测量的精度，通常引入相对误差 E_r，并用百分比表示，因此有时也称百分比误差，E_r 数值越大，测量精度越低；数值越小，测量精度越高. 由于 E_r 与测量的精度有关，因此有时也称其为精度.

$$E_r(X) = \frac{\Delta}{X_0} \times 100\% \tag{2.2.2}$$

被测物理量的真值是客观存在的. 一般来说，该值是未知的，测量的目的是给出该物理量的准确值. 因此，式(2.2.1)的定义是矛盾的，按这种定义是求不出 Δ 和 E_r 的. 在实

际测量中，往往采用被测量的实测值或修正过的算术平均值来代替被测物理量的真值，这个值有时也称做约定真值($\overline{X}$). 被测物理量的真值可用约定真值来近似表示. 或者说，被测物理量应在约定真值附近的一个较小的范围内. 这个较小的范围称做不确定度 ΔX. 被测物理量的真值应在 $\overline{X}-\Delta X$ 至 $\overline{X}+\Delta X$ 的范围内. 因此测量值和测量精度可表示为

$$X=\overline{X}\pm\Delta X \tag{2.2.3}$$

$$E_{\mathrm{r}}(X)=\frac{\Delta X}{\overline{X}}\times 100\% \tag{2.2.4}$$

式(2.2.3)、式(2.2.4)是实验结论中被测物理量最终表示的形式.

不确定度和精度从两个方面反映了实验结果的准确程度. 精度表明了测量的精确程度，不确定度表明了测量结果的可信程度. 例如，用一把最小刻度单位是 1mm 直尺，测量一根铁棒的长度 L，大约是 600mm，若将不确定度认定为 50mm，则这个实验结果认定铁棒的真值在 550～650mm. 若将不确定度认定为 5mm，则实验的结果认定铁棒的真值在 595～605mm. 显然，铁棒的真值在 550～650mm 的可信度要高，或者说，有百分之百的把握认定铁棒的真值在这个区间，测量的精度为 $E_{\mathrm{r}}(L)=8.3\%$. 而将铁棒的真值认定在 595～605mm，其精度 $E_{\mathrm{r}}(L)=0.83\%$，精度较高，可信程度是比较低的. 也就是说，被测铁棒的真值很有可能不在这个范围内. 因此，**不确定度表明了测量结果的置信程度**. 在实验中，合理地选取测量方法，科学地给出不确定度 ΔX，可使测量的结果更可靠，同时精度更高.

在大学物理实验中，约定真值除了采用算术平均值来代替之外，有时用公认物理量的值、理论计算值、实验室给出的值或用具有较高精度的仪器测出的物理量的值作为约定真值. 在具体的实验过程中，实验室会具体给出这种情况下的约定真值，指导教师也会做出特殊说明与要求. 在实验的过程中，需要注意这一点.

2.3 测量结果与误差分类

测量的结果通常用式(2.2.3)、式(2.2.4)表示. 真值将以某一个确定的概率落在约定真值附近的某一个区间内，这个区间就是不确定度.

2.3.1 约定真值的求法

约定真值的求法往往与测量的方法有关. 按被测物理量获得方法的不同，可将物理量分成直接测量量和间接测量量. 对这两种量约定真值的求法分别叙述如下.

1. 直接测量量

对直接测量物理量，如果只测一次，即单次测量，则测量值就是约定真值.

对多次测量，约定真值为多次测量值的算术平均值 $\overline{X}$. 若进行了 n 次测量，每次测量值为 $X_i(i=1,2,\cdots,n)$，则

$$\overline{X}=\frac{1}{n}\sum_{i=1}^{n}X_i$$

若在每次测量的过程中，都存在零点偏差 δ，如螺旋测微器的零点修正，指针类仪表的示零位置偏差等. 这时，约定真值为

$$\overline{X} = \frac{1}{n}\sum_{i=1}^{n} X_i - \delta \tag{2.3.1}$$

2. 间接测量量

间接测量量 $W=f(x,y,z,\cdots)$ 是通过直接测量量 $x,y,z,\cdots$ 经过函数运算而获得的. 对单次测量，物理量 W 的约定真值由 $x,y,z,\cdots$ 的单次测量值经过计算获得，即 $W=f(x,y,z,\cdots)$. 对多次测量，又可根据直接测量量 $x,y,z,\cdots$ 的相关性分成独立测量和非独立测量. 所谓独立测量是指测量物理量 $x,y,z,\cdots$ 时可独立地进行测量. 如测量立方体的体积 $V=abc$，测量长 a、宽 b、高 c 时可独立地进行多次测量. 另一类是非独立性测量. 即测量物理量 $x,y,z,\cdots$ 时是相互有关联的. 如用电流表和电压表测量电阻 R，此时，测量电流 I 的同时应测量相应的电压 U，然后计算 R. 在电压 U 和电流 I 的测量过程中，由于电源、导线等多方面原因，使得测量值之间相互关联、相互制约. 因此，虽然测量 U 和 I 是用不同的仪器检测的，但测量值之间是有关联的，是非独立性测量. 在非独立性测量情况下，可引入相关系数来描述物理量之间的相互关联的程度.

对独立性测量，间接量 W 的约定真值是

$$\overline{W} = f(\overline{x},\overline{y},\overline{z},\cdots) \tag{2.3.2}$$

式中，$\overline{x},\overline{y},\overline{z},\cdots$ 为直接测量量 $x,y,z,\cdots$ 的约定真值，用式(2.3.1)计算.

对非独立性测量，若进行 n 次测量，可得到 n 组数据 $(x_i,y_i,z_i,\cdots)(i=1,2,\cdots,n)$ 间接测量量的约定真值为

$$\overline{W} = \frac{1}{n}\sum_{i=1}^{n} f(x_i,y_i,z_i,\cdots) = \frac{1}{n}\sum_{i=1}^{n} W_i \tag{2.3.3}$$

2.3.2 误差的分类

误差是由测量的不准确性引起的. 其产生的原因是多方面的，分类方法较多. 若按产生的原因来划分，通常有系统误差、过失误差、随机误差等. 测量存在误差，就使得测量结果的可靠性降低，最终只能以一个设定的概率来确定一个不确定的区间 ΔX，用 $\overline{X}\pm\Delta X$ 来近似表示被测物理量真值范围. 更进一步讲，我们只能以某一种可信程度来说明被测物理量的真值将落在 $(\overline{X}-\Delta X,\overline{X}+\Delta X)$ 区间内.

显然，不确定度 ΔX 的大小，是测量过程中各种各样的误差的综合结果，是对测量过程中各种误差的综合评价. 一般来说，不确定度包含多个分量. 若按统计性质来划分，可分成 A 类不确定度分量和 B 类不确定度分量. A 类不确定度分量(Δ_A)是指符合统计规律的不确定度分量，符合统计规律，可通过数理统计的方法来分析、评定. B 类不确定度分量(Δ_B)是用非统计方法来评定的不确定度，不符合统计规律. 总的不确定度 ΔX 为

$$\Delta X = \sqrt{\Delta_A^2 + \Delta_B^2} \tag{2.3.4}$$

ΔX 也称为合成不确定度.

1. A类不确定度分量Δ_A

A类不确定度分量通常是由测量的偶然因素引起的误差.如测量仪器示数的不稳定性、观察者感官分辨力的限制、测量环境微小变化等因素引起的误差.其主要特点是,每一次测量前对测量结果的变化是不可预知的,但多次测量的结果,表现出测量值符合一定的统计分布规律.因此,A类不确定度分量可由统计规律确定其大小.具体分析见2.4节.

2. B类不确定度分量Δ_B

B类不确定度分量通常是由非偶然因素引起的,产生的原因较多,需具体问题具体分析.产生B类不确定度分量常见的原因有:

1) 系统误差

系统误差的主要特点是在测量的结果中出现偏差的绝对值和符号恒定或以某一种可预知的方式变化.环境因素不变,系统误差也不变.产生该类误差常见的原因有:仪表的某些缺陷、偏差、温度漂移、测量环境的某些变化(如温度、湿度、气压、电源等)等.

2) 过失误差

过失误差是实验者使用仪器的方法不正确、不合理、观察方法错误、数据记录错误等原因引起的,是实验者人为的因素造成的测量偏差.

B类不确定度分量在测量的范围内无法做出统一的评定,应具体问题具体分析.一般情况下,可根据经验,对多次实验结果的规律性和其他的信息进行综合分析,给出合理值.可以通过改进测量方法、测量环境等手段来减小B类不确定度分量的大小.在大学物理实验中,一般只考虑由仪器误差及环境条件不符合要求而引起的误差,通常情况下取$\Delta_B=\Delta_{仪}$.其中$\Delta_{仪}$是在正确使用仪器的条件下,测量结果的最小误差.其大小与仪器的制造水平、仪器的性能、使用环境等因素有关.

仪器的生产厂家一般都在仪表上注明示值误差或者精度等级.举例说明如下:

(1) 游标卡尺一般不分精度等级而直接给出示值误差,该误差就可以作为$\Delta_{仪}$.例如,0～300mm游标卡尺上注明0.02mm,则$\Delta_{仪}=0.02\text{mm}$.

(2) 电表等仪表常常给出精度等级.按国家标准,精度等级通常分为0.1,0.2,0.5,1.0,1.5,2.5,5.0等7个精度等级,根据精度等级和测量时所选用的量程可按式(2.3.5)计算出$\Delta_{仪}$.

$$\Delta_{仪} = 量程 \times 精度等级\ \% \tag{2.3.5}$$

例如,若使用0.5级的电流表,选用的量程是200mA,则$\Delta_{仪}=200\times0.5\%=1(\text{mA})$.

(3) 物理天平常常给出感量及误差表.通常由感量算出$\Delta_{仪}$.例如,某一天平称量是5000g,感量20mg,通常可选$\Delta_{仪}=20\text{mg}$.

不同的仪表其标志有所不同.实验者可根据仪表的说明书,找出或计算出相应的$\Delta_{仪}$.在大学物理实验中,$\Delta_{仪}$由实验室统一给出,标定在仪表或黑板上.

2.4 A类不确定度的理论分析

如前所述,若不考虑B类不确定度分量,A类不确定度是符合统计规律的,可由数理

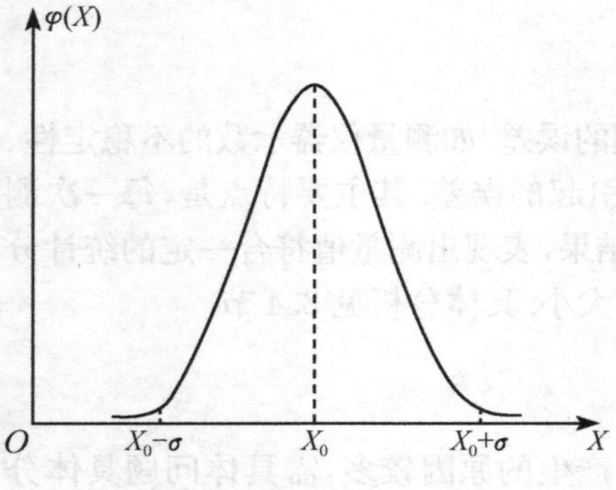

图 2.4.1 正态分布曲线 1

统计的方法给出其大小.

在不考虑测量仪器的测量精度情况下，将物理量 X 所有的、可能的观测结果的全体称为总体. 由统计理论可知，所有可能的观察结果，即总体，符合正态分布

$$\varphi(X)=\frac{1}{\sqrt{2\pi}\sigma}\exp\left[-\frac{(X-X_0)^2}{2\sigma^2}\right] \tag{2.4.1}$$

$\varphi(X)$ 函数的曲线如图 2.4.1 所示.

该函数曲线对称于直线 $X=X_0$，并在 $X=X_0$ 处达最大值$\frac{1}{\sqrt{2\pi}\sigma}$. 函数在 $X=X_0+\sigma$ 处和$X=X_0-\sigma$处有拐点；当 $X\to\pm\infty$时，曲线以 X 轴为其渐近线. 该曲线与 X 轴围成的面积为 1，即

$$\int_{-\infty}^{+\infty}\varphi(x)\mathrm{d}x=1$$

其数字特征有：

1）数学期望

$$X_0=MX=\int_{-\infty}^{+\infty}x\varphi(x)\mathrm{d}x \tag{2.4.2}$$

式(2.4.2)说明，数学期望 X_0 是物理量 X 测量值的平均值，在没有非统计性误差的情况下，X_0 是物理量 X 的真值.

2）方差

$$\sigma^2=DX=\int_{-\infty}^{+\infty}(x-X_0)^2\varphi(x)\mathrm{d}x \tag{2.4.3}$$

式中，σ^2 称为方差；σ 称为均方差($\sigma>0$).

正态分布曲线的形状与 σ 的大小有关，如图 2.4.2 所示.

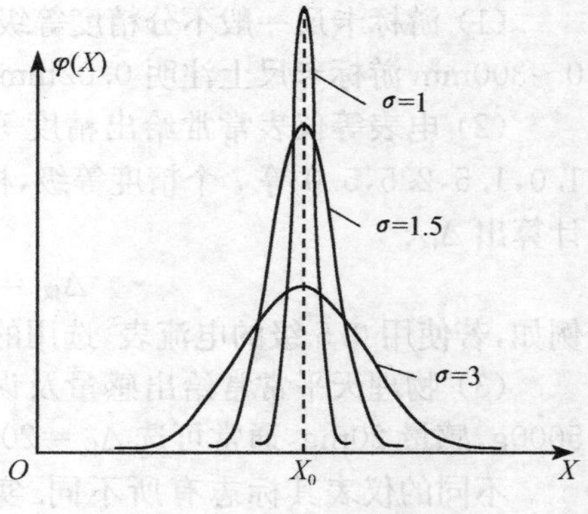

图 2.4.2 正态分布曲线 2

当σ 较小时，曲线的形状像一个尖塔，较陡峭，曲线与 X 轴围成的面积几乎全部集中在以 X_0 为中心的一个不大的区域内. 这种情况说明，物理量 X 的测量值偏差比较小、比较集中. 当σ 较大时，曲线较为平坦. 说明物理量 X 的测量值偏差程度较大、比较分散. 因此，σ 的大小反映了物理量 X 的测量值在数值上的分散程度.

由数理统计理论可知

$$P(|X-X_0|<\sigma)=\int_{x_0-\sigma}^{x_0+\sigma}\varphi(x)\mathrm{d}x=68.26\% \tag{2.4.4}$$

$$P(|X-X_0|<2\sigma)=\int_{x_0-2\sigma}^{x_0+2\sigma}\varphi(x)\mathrm{d}x=95.44\% \tag{2.4.5}$$

$$P(|X-X_0|<3\sigma)=\int_{x_0-3\sigma}^{x_0+3\sigma}\varphi(x)\mathrm{d}x=99.73\% \tag{2.4.6}$$

式(2.4.4)说明物理量 X 的测量值 x 落在区间 $X_0-\sigma<x<X_0+\sigma$ 概率是 68.26%；

式(2.4.5)说明物理量 X 的测量值 x 落在区间 $X_0-2\sigma<x<X_0+2\sigma$ 的概率是 95.44%；

式(2.4.6)说明物理量 X 的测量值 x 落在区间 $X_0-3\sigma<x<X_0+3\sigma$ 的概率是 99.73%，或者说，测量物理量 X 时，出现测量值大于 $X_0+3\sigma$ 或小于 $X_0-3\sigma$ 只有 (1－99.73)%＝0.27%的可能性.

在实际测量过程中，不可能进行无限多次的测量，找出物理量 X 所有的、可能的测量值(即总体). 这是不现实的，也是没有必要的. 对物理量 X，一般只进行 n 次独立的等精度测量，从而获得 n 个实际测量值，即 $x_1,x_2,\cdots,x_n$. 在实验中，常称为一个测量列. 这样的一个测量过程，相当于从物理量 X 的所有可能测量值(总体)中独立地、随机地抽取一组可能的测量值. 在数理统计中，这组测量值 $x_1,x_2,\cdots,x_n$ 称为一个样本(测量列和样本只是从不同的角度来称呼这一组测量值). 样本中每一个单独的测量值 x_i，称做个体. 样本中个体的数量称为样本容量. 我们现在选取的这个样本，其容量为 n.

显然，每个个体都服从总体的分布函数，即正态分布函数. 对这样选取的一个样本，相当于进行了 n 次独立的实验. 我们可以计算出

$$\overline{X}=\frac{1}{n}\sum_{i=1}^{n}x_i \tag{2.4.7}$$

式中，$\overline{X}$ 称做样本的平均值，每一次的测量值 x_i 与样本平均值 $\overline{X}$ 之差 $\Delta x_i=x_i-\overline{X}(i=1,2,\cdots,n)$ 称为残差，或称为偏差

$$\sigma_s^2=\frac{1}{n}\sum_{i=1}^{n}\Delta x_i^2=\frac{1}{n}\sum_{i=1}^{n}(x_i-\overline{X})^2$$

σ_s^2 称为样本方差.

由式(2.4.7)计算出的 $\overline{X}$ 也是具有随机性的，不同的样本有不同的 $\overline{X}$. 由数理统计可知，当总体符合数学期望为 X_0(平均值)、方差为 σ^2 的正态分布时，样本平均值 $\overline{X}$ 符合数学期望为 X_0、方差为$\frac{\sigma^2}{n}$的正态分布. 表征样本平均值 $\overline{X}$ 分散程度的均方差是$\frac{\sigma}{\sqrt{n}}$. 这说明，$\overline{X}$ 的分散程度随着样本容量 n 的增加而减小.

当以容量为 n 的一个样本来进行统计时，可以计算出 $\overline{X}$、σ_s^2. 显然 $\overline{X}$、σ_s^2 不是总体的 X_0 和方差 σ^2，当用它们来估计总体 X_0 和方差 σ^2 时，就需要考虑其偏差性，或者说是否有偏差.

例如，我们从总体中随机抽取 m 组样本. 这相当于对物理量 X 进行了 m 组次的实验，每组实验都对物理量 X 进行了 n 次测量. 每组实验都可以算出一个样本平均值 $\overline{X}_j(j=1,2,\cdots,m)$，即

$$\overline{X}_j=\frac{1}{n}\sum_{i=1}^{n}x_{ji},\quad j=1,2,\cdots,m$$

显然，每组实验算出的 $\overline{X}_j(j=1,2,\cdots,m)$ 是不可能完全一样的，也就是说，$\overline{X}_j$ 具有随机

性. 当实验组数无限多时，将有

$$\lim_{m\to\infty}\frac{1}{m}\sum_{j}\overline{X}_j = M\overline{X} = X_0$$

这种性质叫做无偏性. 这说明，用任意一组样本来计算的 $\overline{X}_j$ 是总体数学期望 X_0 的无偏估计值. 但是，样本方差 σ_s^2 不是总体方差 σ^2 的无偏估计值. 事实上，样本方差

$$\sigma_s^2 = \frac{1}{n}\sum_{i=1}^{n}\Delta x_i^2 = \frac{1}{n}\sum_{i=1}^{n}[(x_i - X_0) - (\overline{X} - X_0)]^2$$

$$= \frac{1}{n}\sum_{i=1}^{n}(x_i - X_0)^2 - (\overline{X} - X_0)^2$$

$$M\sigma_s^2 = \frac{1}{n}\sum M(x_i - X_0)^2 - M(\overline{X} - X_0)^2 = \frac{n-1}{n}\sigma^2$$

由此可见，样本方差 σ_s^2 不是总体方差 σ^2 的无偏估计值. 但是，由上面的表达式可以看出，若取

$$s^2 = \frac{n}{n-1}\sigma_s^2 = \frac{n}{n-1}\left(\frac{1}{n}\sum_{i=1}^{n}(x_i - \overline{X})^2\right) = \frac{1}{n-1}\sum_{i=1}^{n}(x_i - \overline{X})^2 \tag{2.4.8}$$

则

$$Ms^2 = M\left(\frac{n}{n-1}\sigma_s^2\right) = \frac{n}{n-1}\times\frac{n-1}{n}\sigma^2 = \sigma^2$$

即，s^2 是 σ^2 的无偏估计值. 通常情况下，把 s^2 称做标准方差，s 称做标准差（$s>0$）.

由以上讨论可知，$\overline{X}$ 和 s^2 分别是真值 X_0 和总体方差 σ^2 的无偏估计值. 描述 $\overline{X}$ 的分散程度是 $\frac{s}{\sqrt{n}} = \sqrt{\frac{1}{n(n-1)}\sum_{i=1}^{n}(x_i - \overline{X})^2}$. 由于实验是有限次数的，因此，用一个样本的 $\overline{X}$ 和 s^2 来估计总体的 X_0 和 σ^2 只是一个近似的结果. 但可以肯定地说，被测物理量 X 的真值应在 $\overline{X}$ 附近的某一个区间内. 由统计理论知，x 符合正态分布，而 $\overline{X}$ 也符合正态分布，因此，由式(2.4.4)可知

$$P\left(|\overline{X} - X_0| < \frac{s}{\sqrt{n}}\right) = 68.26\%$$

若将测量结果写成

$$X = \overline{X} \pm \frac{s}{\sqrt{n}}$$

置信概率是 68.26%.

在科学实验中，往往需要给出不同的置信概率下不确定度的大小，当给定置信概率时用正态分布求置信区间较麻烦. 由统计理论可知，$\frac{(\overline{X} - X_0)\sqrt{n}}{s}$ 符合 $t(n-1)$ 分布. 其中实验次数 n 在 t 分布中称自由度，因此，可以由 t 分布求出 X_0 的置信区间.

$$P\left(|\overline{X} - X_0| < \frac{s}{\sqrt{n}}t_{\frac{\alpha}{2}}\right) = 1 - \alpha \tag{2.4.9}$$

式(2.4.9)说明当总体为正态分布，在总体方差 σ^2 未知的情况下，真值落在

$\left(\overline{X}-\frac{s}{\sqrt{n}}t_{\frac{\alpha}{2}},\overline{X}+\frac{s}{\sqrt{n}}t_{\frac{\alpha}{2}}\right)$区间内的置信度为 $100(1-\alpha)\%$，即有 $100(1-\alpha)\%$的把握性可以确定真值在该置信区间内. 因此A类不确定度可以表示成$\frac{s}{\sqrt{n}}t_{\frac{\alpha}{2}}$，其大小与实验次数 n(在 t 分布中称自由度)、置信概率 $1-\alpha$ 及 $t_{\frac{\alpha}{2}}$ 有关. $t_{\frac{\alpha}{2}}$ 随自由度 n 的增大而单调地减小，具体数值可由 t 分布表查出来. t 分布函数也是关于 $x=X_0$ 对称的函数，当实验次数 n 大于 30 时，t 分布函数几乎和正态分布函数没有什么区别了.

由以上讨论可知，对正态分布，不确定度 $\Delta_A=\frac{s}{\sqrt{n}}$，置信概率是 68.26%；对于 t 分布 $\Delta_A=\frac{s}{\sqrt{n}}t_{\frac{\alpha}{2}}(n-1)$，置信概率是 $100(1-\alpha)\%$. 不论是正态分布还是 t 分布，不确定度 Δ_A 随实验次数的增大将趋近于零，即 $\lim\limits_{n\to\infty}\Delta_A=0$. 这说明在只有A类不确定度的情况下，当实验次数较大时，用样本的平均值来代替物理量的真值是没有偏差的. 重复实验次数较少时，随机分布规律不明显，偏差较大. 当重复实验次数较多时，随机现象呈现出较明显的分布规律，偏差较小. 但在每一次具体的实验中，测量值都是有偏差的，测量的结果都具有随机性. 在具体的实验过程中，实验次数的确定是由实验的精度决定的. 在数据处理时，在给出A类不确定度的同时，应给出置信概率和实验次数. 例如，对某一个物理量测量数据进行数据处理，在给出A类不确定度时，应写出

$$\Delta_A=0.05\text{mm},\quad P=68.3\%,\quad n=10$$

这样书写，就能清楚表示出A类不确定度的大小取为 0.05mm 时，置信概率是 68.3%，共进行了 10 次有效的实验.

接下来，从可操作性的角度，对大学物理实验中如何来确定A类不确定度进行进一步的分析. 对 t 分布而言，若取 $\alpha=0.05$ 时，则置信度 $100(1-\alpha)\%=95\%$. 此时 $t_{\frac{\alpha}{2}}(n-1)=t_{0.025}(n-1)$ 只与样本容量 n(测量次数)有关. 并且 $t_{0.025}(n-1)$ 随着 n 的增大而单调地逐渐减小. 表 2.4.1 给出了在给定置信概率为 95%的情况下，t 分布与测量次数 n 的数值关系.

表 2.4.1 不确定度与测量次数(95%的置信概率)

n	6	7	8	9	10	11	12	13	14	15	16	18	20	30
$t_{0.025}(n-1)$	2.57	2.45	2.36	2.31	2.26	2.23	2.20	2.18	2.16	2.14	2.13	2.11	2.09	2.04
$\frac{t_{0.025}}{\sqrt{n}}$	1.05	0.93	0.83	0.77	0.71	0.67	0.64	0.60	0.58	0.55	0.53	0.50	0.47	0.37

由表 2.4.1 可以看出，不确定度的大小是与实验次数有关系的. 在置信度为 95%的情况下，若进行 6 次实验，不确定度为 $1.05s$；若进行 10 次实验，不确定度为 $0.71s$；若进行 18 次实验，不确定度为 $0.50s$. 因此，在给定置信概率的情况下，我们可以根据实验次数及标准差 s 来确定A类不确定度. 由表 1.4.1 还可以看出，随 n 的增大，不确定度的变化是比较缓慢的. 但是，随着实验次数的增加，其他原因引起的误差可能变得比较突出. 因此，在大学物理实验中，通常采取简化处理方法来确定不确定度的大小. 若进行 6～10 次

的测量，直接取样本的标准差 s 作为 A 类不确定度. 此时，将有 95%把握或概率确认被测物理量真值在 $(\overline{X}-s,\overline{X}+s)$ 内. 因此，在大学物理实验中，可选取 A 类不确定分量 $\Delta_A=s$，置信概率 95%. **应当引起注意的是，这样做只是为了简化数据处理，并不是说 s 代表 A 类不确定度**. 实际上，s 代表的是样本数据的分散程度，或者说 s 代表的是实测数据(样本数据)的离散程度. **将 s 理解成 A 类不确定度是概念上的错误.**

以上是在理论上对 A 类不确定分量的定量分析. 下面，再将以上的理论分析过程定性地讲述一下，并给出定量的结论.

A 类不确定分量 Δ_A 是符合统计规律的. 在只有 A 类不确定分量的情况下，物理量的所有可能的测量结果(总体)符合正态分布. 通常用两个数字量来描述这个分布状态，一个是 X_0，对应于物理量 X 的真值，另一个是方差 σ^2，它的大小表明了测量结果的分散程度. 在实际物理实验中，不可能通过无限次的测量而得到 X_0. 只能进行有限次(n 次)测量，获得 n 个测量值(称为样本)x_i($i=1,2,\cdots,n$). 样本的平均值、标准差为

$$\overline{X}=\frac{1}{n}\sum_{i=1}^{n}x_i \tag{2.4.10}$$

$$s^2=\frac{1}{n-1}\sum_{i=1}^{n}(x_i-\overline{X})^2 \tag{2.4.11}$$

式中，s^2 为总体真值 X_0 和方差 σ^2 的无偏估计值.

当只用一个样本的 $\overline{X}$ 来近似表示真值 X_0 时，是有一定偏差的. 或者说，真值 X_0 应落在 $\overline{X}$ 的某一个区域内. 在大学物理实验中，如果进行 6 次以上的实验，有 95%以上的把握性确定被测物理量的真值是在 $(\overline{X}-s,\overline{X}+s)$ 内，或 $\overline{X}-s<X_0<\overline{X}+s$，因此，将 A 类不确定度分量取值为 s，即

$$\Delta_A=s \tag{2.4.12}$$

置信概率 95%，n 次实验.

若在测量物理量 X 的过程中，还有 B 类不确定分量 Δ_B，这时，合成不确定度为

$$\Delta X=\sqrt{\Delta_A^2+\Delta_B^2} \tag{2.4.13}$$

最终，可将被测物理量 X 的测量结果写成

$$X=\overline{X}\pm\Delta X$$

$$E_r(X)=\frac{\Delta X}{\overline{X}}\times 100\% \tag{2.4.14}$$

2.5　实验结果的数值表示

2.5.1　有效数字

把一个数值从左边第一个非“0”数字开始，到该数字的最后一位为止的所有数字称做有效数字. 例如，365.8mm，123.0mm 和 0.02350mm 都有 4 位有效数字.

任何一个物理量的测量值，都有一个具体的数值和相应的不确定度. 测量量的数值是与不确定度有关联的. 例如，测量某一个物理量的最后结果是 $\overline{X}=10.123456$mm，而不确定度 $\Delta X=0.01234$mm，或者将结果写成(10.123456±0.01234)mm. 从纯数学计算上看，

可能是没有问题的,但若作为实验结果,是不正确的.

首先,看不确定度 $\Delta X=0.01234\text{mm}$,它在物理意义上代表真值的一个不确定范围.从 ΔX 的数值上看,被测物理量 X 在 10^{-2} 位(0.01)就不准确了,而在 10^{-3} 位(0.002)就更不准确了(差 10 倍).因此,保留 10^{-4} 位和 10^{-5} 位就没有意义了(差 100～1000 倍).所以,在大学物理实验中,**不确定度保留 1 至 2 位有效数字**.仅当首位数字是 1 或 2 时,不确定度才取两位有效数字,其余各数字可按进位法进行修约.所以,ΔX 的不确定度为 0.02mm(保留一位有效数字)或者取 0.013mm(保留两位有效数字).

当确定了不确定度 ΔX 的位数后,**约定真值 $\bar{X}$ 的位数,按照与 ΔX 位对齐的方式进行修约**.所谓位对齐的方式进行修约,就是以 ΔX 的最后一位为准,将 $\bar{X}$ 的该位数字以后的数字按修约规则舍去.即

当 $\Delta X=0.02\text{mm}$ 时,$\bar{X}=10.12\text{mm}$

当 $\Delta X=0.013\text{mm}$ 时,$\bar{X}=10.123\text{mm}$

数字的修约规则是:**4 舍 6 入 5 成双**.即对要进行修约的数字位而言,当这位的数字是 4 时,将被舍去;若这位是数字 6 时,将向前进位;当这位数字是 5 时,是否进位要看该位左边数字的奇、偶性,若是奇数时,就进位;若是偶数时,则舍去.或者说,当修约位是 5 时,要保证修约后的数字是偶数.

例如,$\Delta X=0.09\text{mm}$,则 $\bar{X}$ 修约后应保留两位小数.

若 $\bar{X}=10.1246\text{mm}$ 则修约成 $\bar{X}=10.12\text{mm}$,$X=(10.12\pm0.09)\text{mm}$;(4 舍)

若 $\bar{X}=10.1261\text{mm}$ 则修约成 $\bar{X}=10.13\text{mm}$,$X=(10.13\pm0.09)\text{mm}$;(6 入)

若 $\bar{X}=10.1251\text{mm}$ 则修约成 $\bar{X}=10.12\text{mm}$,$X=(10.12\pm0.09)\text{mm}$;(5 成双)

若 $\bar{X}=10.1351\text{mm}$ 则修约成 $\bar{X}=10.14\text{mm}$,$X=(10.14\pm0.09)\text{mm}$;(5 成双)

由前面的分析可知,物理量的数值与一般数字相比有不同的意义.**物理量的数值反映出测量值的精确度**.通常,物理量的数值可以看成是由两部分组成,一部分称做可靠数字,另一部分称存疑数字.比如,$\bar{X}=10.12\text{mm}$,$\Delta X=0.01\text{mm}$,则 10.1 是可靠数字,0.02 是存疑数字.原因是在这一位上,测量已经不准确了.因此,有效数字的位数,反映了测量的精确程度,同样的道理,**有效数字位数,在物理单位变换中不应当改变**.例如,$\bar{X}=1.23\text{m}=1.23\times10^3\text{mm}$,而写成 $\bar{X}=1.23\text{m}=1230\text{mm}$ 是错误的.这相当于将测量精度扩大了 10 倍.同理,数字(尤其是小数)后面的"0"是不能随意舍掉的.例如,$\bar{X}=36.80\text{kg}$ 和 $\bar{X}=36.8\text{kg}$ 是具有不同的物理意义的.36.8kg 说明测量在小数点后的第一位(0.8kg)就有误差了,或者说该位(0.8kg)是存疑数字,是不准确的.而 36.80kg 则说明小数点后第二位(0.00kg)是存疑数字,而 36.8kg 是可靠数字,是准确的.

由于有效数字反映了物理量的测量精度,因此,在书写时一定要多加注意.在做物理实验时,这方面也是易出问题的地方.主要问题有:一种情况是将 $\bar{X}$、ΔX 的有效位数写得太多,常常把计算器上计算的结果全部写出来,没有进行修约;另一种情况是,在数据记录中或在结果表达式中,将小数点后面的"0"舍去了,或者是没有写出来.希望在以后的实验中,注意这方面的问题.

2.5.2 直接测量量的结果表示

直接测量量是通过仪器直接测量而获得的实验数据.在记录实验数据时,要注意有效

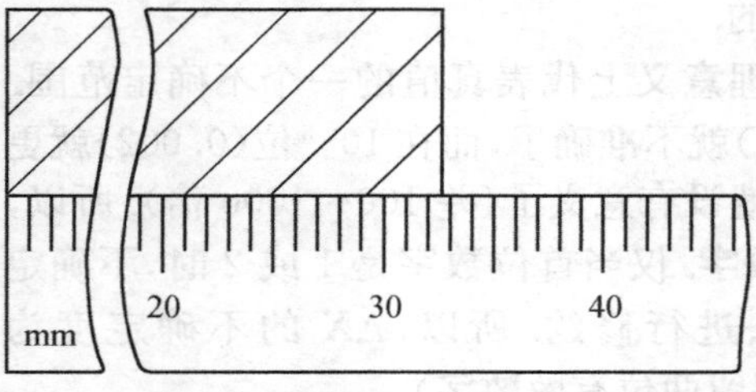

图 2.5.1 测量物体的长度

数字. 对模拟仪表或指针类仪表，在直接读数时，应估读到最小刻度以下的一位，该位作为直读数据的存疑数字. 图 2.5.1 是测量物体的长度示意图. 直尺的最小刻度是 1mm. 由图可以看出，物体的长度在 32～33mm，可将测量结果估读值为 32.6mm.

对数字仪表或数码显示的仪表，直接读取全部数字. 不论是哪一种情况，最终有效数字位数的多少，将以仪表的精度或不确定度来裁定.

直接测量量一般进行 6～10 次实际测量，在实验报告上记录测得的数据. 在实验过程中，对记录错的数据不要涂成一片黑(很多学生往往这样做)，这种做法是错误的. 正确的做法是，在有错误的数据上划两条横线. 如~~10.88~~. 如果需要的话，在该数据的旁边写上正确的数值.

在做实验结果分析时，若发现其中某一个数值与其他的数值差别太大，可采用 3σ 准则或格拉布斯(Glubbs)准则进行剔除. 格拉布斯准则较严格，也比较麻烦. 在大学物理实验中，可采用 3σ 准则来剔除数据. 在用 3σ 准则时，实验数据的数量 n 应至少为 14 个. 当 n 小于 11 时 3σ 准则是无效的. 具体做法是：

设有 n 个测量数据 $x_i(i=1,2,\cdots,n)$，按式(2.4.10)、式(2.4.11)计算 $\overline{X}$、s，并计算 $\Delta X_i=x_i-\overline{X}$，$i=1,2,\cdots,n$，若某一个数据的残差 $|\Delta x_i|>3s$；则可将该项数据剔除，然后，计算剩余数据的 $\overline{X}$、s，并将其作为测量的结果.

其理论根据是，测量值 x_i 的 $|\Delta x_i|$ 超过 3σ 概率只有(1−99.73%)=0.07%，是小概率事件，可忽略. 因此可将该数据剔除.

由式(2.4.12)、式(2.4.13)，计算不确定度 ΔX，保留一两位有效数字，并按 ΔX 修约 $\overline{X}$，最终按式(2.4.14)的方式，给出测量结果.

2.5.3 间接测量量的结果表示

由于直接测量量存在一个不确定范围，必然导致间接测量量产生相应的不确定性. 通常称做误差的传递.

设 $W=f(x,y,z,\cdots)$，由微分学可知

$$\Delta W=\frac{\partial f}{\partial x}\Delta x+\frac{\partial f}{\partial y}\Delta y+\frac{\partial f}{\partial z}\Delta z+\cdots$$

如果 $x,y,z,\cdots$ 是非独立的，则每次测量可得到一组$(x_i,y_i,z_i,\cdots)$. n 次测量，经计算可得到 n 个 W_i，$i=1,2,\cdots,n$，这时，可按式(2.3.2)、式(2.3.3)计算 $\overline{W}$；然后计算单次测量的 $\Delta x_i,\Delta y_i,\Delta z_i,\cdots$ 以及在某一中心值或约定值附近的 ΔW_i 为

$$\Delta W_i=\frac{\partial f}{\partial x}\Delta x_i+\frac{\partial f}{\partial y}\Delta y_i+\frac{\partial f}{\partial z}\Delta z_i+\cdots,\quad i=1,2,3,\cdots,n$$

将上式两边平方可得

$$(\Delta W_i)^2=\left(\frac{\partial f}{\partial x}\Delta x_i+\frac{\partial f}{\partial y}\Delta y_i+\frac{\partial f}{\partial z}\Delta z_i+\cdots\right)^2,\quad i=1,2,3,\cdots,n \tag{2.5.1}$$

再将式(2.5.1)的 n 个等式右边的平方项展开、相加并除以 n，得

$$\frac{1}{n}\sum_{i=1}^{n}\Delta W_i^2=\left(\frac{\partial f}{\partial x}\right)^2\frac{1}{n}\sum_{i=1}^{n}(\Delta x_i)^2+\left(\frac{\partial f}{\partial y}\right)^2\frac{1}{n}\sum_{i=1}^{n}(\Delta y_i)^2+\left(\frac{\partial f}{\partial z}\right)^2\frac{1}{n}\sum_{i=1}^{n}(\Delta z_i)^2+\cdots$$
$$+\frac{2}{n}\sum_{i=1}^{n}\left(\frac{\partial f}{\partial x}\frac{\partial f}{\partial y}\Delta x_i\Delta y_i+\frac{\partial f}{\partial x}\frac{\partial f}{\partial z}\Delta x_i\Delta z_i+\frac{\partial f}{\partial y}\frac{\partial f}{\partial z}\Delta y_i\Delta z_i+\cdots\right) \tag{2.5.2}$$

通过引入协方差 R

$$R_{xy}=\frac{1}{n}\sum_{i}^{n}\Delta x_i\Delta y_i$$

及相关系数 r

$$r_{xy}=\frac{R_{xy}}{\Delta x\Delta y}$$

可将式(2.5.2)进一步简化为

$$\Delta W=\left[\left(\frac{\partial f}{\partial x}\Delta x\right)^2+\left(\frac{\partial f}{\partial x}\Delta y\right)^2+\left(\frac{\partial f}{\partial z}\Delta z\right)^2+\cdots\right.$$
$$\left.+2\frac{\partial f}{\partial x}\frac{\partial f}{\partial y}r_{xy}\Delta x\Delta y+2\frac{\partial f}{\partial x}\frac{\partial f}{\partial z}r_{xz}\Delta x\Delta z+\cdots\right]^{\frac{1}{2}} \tag{2.5.3}$$

由式(2.5.3)可以看出，计算 ΔW 是比较麻烦的. 有时可采取按绝对值合成法来简化处理，即

$$\Delta W=\left|\frac{\partial f}{\partial x}\Delta x\right|+\left|\frac{\partial f}{\partial y}\Delta y\right|+\left|\frac{\partial f}{\partial z}\Delta z\right|+\cdots \tag{2.5.4}$$

用绝对值合成法计算 ΔW 时，获得的不确定值 ΔW 往往是偏大的，虽然可靠性高，但是精度较低.

当相关系数 r 较小时，可认为 $x,y,z,\cdots$ 是独立的. 在大学物理实验中，通常认为 $x,y,z,\cdots$ 是独立的. 这时，分别计算直接测量量的约定真值 $\bar{x},\bar{y},\bar{z},\cdots$ 及相应的不确定度 $\Delta x,\Delta y,\Delta z,\cdots$ 计算 $\overline{W}=f(\bar{x},\bar{y},\bar{z},\cdots)$ 和

$$\Delta W=\left[\left(\frac{\partial f}{\partial x}\Delta x\right)^2+\left(\frac{\partial f}{\partial y}\Delta y\right)^2+\left(\frac{\partial f}{\partial z}\Delta z\right)^2+\cdots\right]^{\frac{1}{2}} \tag{2.5.5}$$

由式(2.5.4)或式(2.5.5)计算 ΔW，应保留一两位有效数字. 在大学物理实验中统一采用式(2.5.5)来计算 ΔW. 然后以 ΔW 为标准修约 $\overline{W}$. 最终将结果按式(2.4.14)的形式表示出.

2.5.4 实验数据

实验数据的处理、分析都是基于实验过程中的记录. 因此，在物理实验中要注意保存原始记录，这一点非常重要，应养成这种习惯. 实验数据的处理往往都是在实验之后，因

此，一份完整的记录能帮助回忆实验的整个过程，同时，原始记录也是实验过程的真实记录，是重要的原始资料.

实验中，常常发现一些同学为了使实验报告整洁，将实验数据记录在书角、报纸或草纸上，东一处、西一处.这是非常不好的习惯.正确的做法是在实验前，根据实验过程要检测的物理量，列出表格，按实验的先后次序记录观测的结果、实际测量的数据.对记录错的数据，画两条删除线，在其旁边写上正确的数值.在记录数据时，一定要同时记录物理量的单位，数据和单位是物理量不可分割的属性.当然，在进行同一个物理量的测量时，可在记录表格的表头中统一记录一个单位.

实验数据的处理在课后完成.目前，袖珍计算器都有很强的统计功能，可直接通过计算器计算出平均值($\overline{X}$)、代数和($\sum x_i$)、平方和($\sum x_i^2$)、均方差(σ)、标准差(s)等.在实验数据分析中，可充分利用它进行实验结果分析.应当注意的是，一些计算器上的σ,s或其他的符号与本书采用的符号有所不同，可以通过数值来分析哪个是均方差、哪一个是标准差.

2.6　数据处理的常用方法

科学实验的目的是为了找出事物的内在规律性，或者验证某种理论的正确性，或者作为以后实践的依据.物理实验的过程就是通过观察、测量来获得大量的实验数据，通过对这些数据的具体处理、加工找出其内在的规律性.因此，从这个角度讲，物理实验的过程，应包括数据记录、整理、计算、作图、分析、结论等几个方面.在大学物理实验中，常见的数据处理方法有列表法、图示法、解析法、逐差法等.

2.6.1　列表法

列表法是数据记录、函数关系表达等常用的一种方法.它也是其他数据描述方法的基础.这种方法就是将数据按照各物理量的对应关系列出表格.

在列表处理时应注意：

(1) 注明表的名称.

(2) 表中各栏目(纵或横)应注明名称及单位.若名称是用自定义的符号表示的，应在表的底部注明该符号代表的意义.

(3) 一些必要的计算也可列在表中表示.

表2.6.1是测量电阻与温度关系的表格.

表2.6.1　铜丝电阻与温度的关系

室温：16.0℃　时间：2015-11-4

R/Ω \ $T/℃$	20.0	30.0	40.0	50.0	60.0	70.0	80.0	90.0
升温	1.282	1.323	1.370	1.425	1.474	1.515	1.570	1.626
降温	1.274	1.314	1.362	1.415	1.468	1.509	1.562	1.620
平均	1.278	1.318	1.366	1.420	1.471	1.512	1.566	1.623

2.6.2 作图法

把实验测得的一系列有对应关系的数据，在坐标纸上或计算机中标出点来，并用光滑的曲线连接起来. 这种方法称为作图法.

1. 作图法的优点

(1) 可形象、直观地反映出物理量之间的关系.

(2) 容易从测量数据中发现错误的数据，当一个测量量明显偏离曲线时说明该数据有误或不准确.

(3) 便于从图中找出物理量之间的经验公式和验证理论关系.

(4) 通过运用数学上的插值方法求出一些特定的数值.

2. 作图法应遵循的原则

1) 合理地选取坐标纸建立坐标系

常见的坐标纸有直角坐标纸、半对数坐标纸、对数坐标纸、极坐标纸等. 可根据物理量之间的关系选择适宜的坐标纸，使最后描绘出的曲线比较简单. 选好坐标纸后，应绘出坐标轴，并注明单位.

应合理地选择坐标原点，以便所测得的曲线数据充满整个画面.

2) 描点

将实验数据，在坐标纸上逐个描绘出来. 为了清楚地表明该点是实测值，在每个点上应当用同一种符号注明，如用"⊙"号标记.

若要在同一张坐标纸上标明其他物理量的变化关系，可以用不同的符号进行标记，如"＋""×""☆""△"等符号.

有时为了表明测量点的误差，在测量数据上画出"|"或"—"等线段以表明该点测量量的不确定度范围.

3) 连线

因为每个实验点的误差大小不同，因此，在连线时，没有必要使曲线完全通过每一个数据点. 可根据实验数据变化的规律性、特点及总的趋势，用光滑的曲线尽可能多地通过数据点.

注意：应当用光滑的曲线连接，而不应当用折线.

4) 曲线的延伸

可根据各数据点所体现的变化关系、趋势，将曲线合理地延伸. 延伸的部分(在实测数据之外)应该用虚线画出，以有别于实测范围内的曲线. 注意，只能在实测范围外较小的一个区间内进行合理地曲线延伸，用于表明变化趋势. 原则上，不可将曲线做任意的延伸.

5) 注明

应在醒目的位置上注明图的名称、作者、日期及简短说明.

图 2.6.1 是测量螺线管内部的磁场与电流之间的关系.

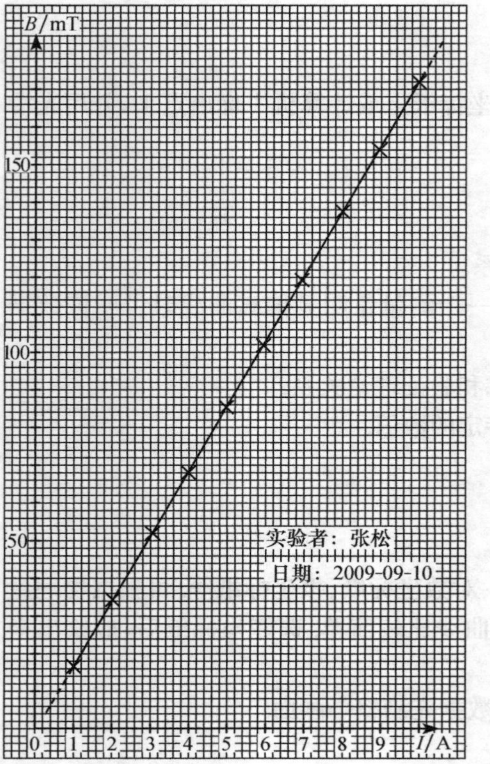

图 2.6.1　磁场与励磁电流关系

2.6.3　图解法

图解法是在作图法的基础上，从绘制的曲线上得出某一个物理量数值的方法.例如，通过曲线，求出最大值及最大值所对应的横坐标数值；求出曲线在某一处的斜率（变化率）等等.图解法获得的物理量数值是比较粗糙的.目前，微型计算机已广泛使用，计算方法和手段比较先进.因此，作图法在一定的程度上已失去了意义，可以用曲线拟合法、插值法、样条函数法等方法来进行求解.尤其是线性关系的函数，可以通过线性回归的方法来进行求解，一些函数型袖珍计算器一般都有线性回归的计算功能.

2.6.4　逐差法

当一个物理量与另一个物理量呈线性关系，其中一个物理量做等间隔变化，误差较另一个物理量的误差小，此时可采用逐差法计算另一个物理量变化的平均值.

例如，物理量 x 和 y 的 n 个测量值为 $(x_i, y_i)(i=1,2,\cdots,2m)$，而且，$\Delta x_k = x_{k+1} - x_k = c$ 是常数（等间隔变化），求物理量 y 的间隔 Δy_i 的平均值时

$$\overline{\Delta y} = \frac{1}{2m-1}\sum_{i=1}^{2m-1}\Delta y_i = \frac{1}{2m-1}\sum_{i=1}^{2m-1}(y_{i+1} - y_i) = \frac{1}{2m-1}(y_{2m} - y_1)$$

由上面的结果可以看出，计算 $\overline{\Delta y}$ 时，只与首、末两个测量值有关，中间的测量值没有参加运算，失去了多次测量的意义.若将 $(x_i, y_i)(i=1,2,\cdots,2m)$ 分成两组

$$\text{S1}\quad (x_i, y_i),\quad i = 1,3,5,\cdots,2m-1$$

$$\text{S2}\quad (x_i, y_i),\quad i = 2,4,\cdots,2m$$

S1 是奇数组测量值，S2 是偶数组测量值.将两组对应的值相减，则有

$$\Delta y_j = y_{2j} - y_{2j-1},\quad j = 1,2,\cdots,m$$

$$\overline{\Delta y} = \frac{1}{m}\sum_{j=1}^{2m-1}\Delta y_j = \frac{1}{m}\sum_{j=1}^{2m-1}(y_{2j} - y_{2j-1})$$

将保证全部测量数据的充分运用，减少了测量误差.

关于 S1 和 S2 两组数据的分法是多种多样的.上面的分法（奇、偶）虽然简单，但是，当物理量 y_i 的值相差较小时，计算 Δy_i 的有效数字位数就小，积累误差较大.因此，通常的做法是将 $(x_i, y_i)(i=1,2,\cdots,2m)$，分成高低两组

$$\text{S1}\quad (x_i, y_i),\quad i = 1,2,3,\cdots,m$$

$$S2 \qquad (x_{i+m}, y_{i+m}), \quad i = 1,2,3,\cdots,m$$

然后计算

$$\Delta y_i = y_{m+i} - y_i, \quad i = 1,2,\cdots,m$$

及

$$\overline{\Delta y} = \frac{1}{m}\sum_{i=1}^{m}\Delta y_i = \frac{1}{m}\sum_{i=1}^{m}(y_{m+i} - y_i)$$

注意：此时计算的是 m 个间隔的 $\overline{\Delta y}$.

表 2.6.2 是金属丝杨氏模量的实测数据及其计算结果. 其中，初载为零，实验时每次增加 1 个砝码 $M_0=0.500\text{kg}$，测得对应的标尺高度 Z_{i+}，直至加到 7 个砝码；再逐个地减载，测得对应的标尺高度 Z_{i-}，计算间隔为 2kg 所引起的高度变化平均值. 仪器的示值误差 $\Delta_{仪}=0.5\text{mm}$.

表 2.6.2 测量金属丝杨氏模量

室温：28.0℃ 时间：2015-11-5

i	1	2	3	4	5	6	7	8
M_i/kg	0	M_0	$2M_0$	$3M_0$	$4M_0$	$5M_0$	$5M_0$	$7M_0$
Z_{i+}/mm	143.6	161.8	178.8	196.0	213.0	228.8	245.8	263.6
Z_{i-}/mm	144.2	162.2	179.6	195.2	213.4	229.9	246.6	263.6
Z_i(平均)/mm	143.9	162.0	179.2	195.6	213.2	229.3	246.2	263.6
$S_i=(Z_{i+4}-Z_i)$/mm	69.3	67.3	67.0	68.0	平均	67.9		
ΔS_i/mm	1.4	−0.6	−0.9	0.1	标准差	1.02		

实验结果为

$$\Delta S = \sqrt{1.02^2 + 0.5^2} = 1.1(\text{mm})$$
$$S = (67.9 \pm 1.1)\text{mm}$$
$$E_r(S) = \frac{1.1}{67.9} \times 100\% = 1.7\%$$

2.7 最小二乘法与曲线拟合

2.7.1 最小二乘法原理

如果 y 是 x 的函数，该函数包含 m 个参数 $\alpha_1,\alpha_2,\cdots,\alpha_m$，通常写成 $y=f(\alpha_1,\alpha_2,\cdots,\alpha_m;x)$. 现在对 x、y 进行 n 次测量，获得 n 组测量值 $(x_i,y_i)(i=1,2,\cdots,n)$. 对实际测量值 x_i 又可计算出相应的理论计算值 $f(\alpha_1,\alpha_2,\cdots,\alpha_m;x_i)$. 实验观测值 y_i 与理论计算值的偏差为 $[y_i-f(\alpha_1,\alpha_2,\cdots,\alpha_m;x_i)](i=1,2,\cdots,n)$. 现构造一个函数 $Q(\alpha_1,\alpha_2,\cdots,\alpha_m)$

$$Q(\alpha_1,\alpha_2,\cdots,\alpha_m) = \sum_{i=1}^{n}[y_i - f(\alpha_1,\alpha_2,\cdots,\alpha_m;x_i)]^2$$

最小二乘法原理就是适当地选取参数 $\alpha_1,\alpha_2,\cdots,\alpha_m$ 使偏差的平方和为最小，即使 $Q(\alpha_1,\alpha_2\cdots,\alpha_m)$ 为最小.

由微分学可知，$Q(\alpha_1,\alpha_2,\cdots,\alpha_m)$为最小时，应满足

$$\frac{\partial Q}{\partial \alpha_i}=0,\quad i=1,2,\cdots,m \tag{2.7.1}$$

原则上，解方程组(2.7.1)，就可求出待定的系数$\alpha_1,\alpha_2,\cdots,\alpha_m$. 因此，可以用这种方法确定经验公式中的参数，从而获得一个解析表达式，来表示物理量x、y之间的关系.

应用最小二乘法原理应注意：

(1) 物理量x、y的测量值应符合正态分布.

(2) 物理量x的精度应比y的精度高(否则，可将x、y交换).

2.7.2　线性回归

线性回归也称直线曲线拟合.

线性关系是最简单的一种函数关系，是在物理实验中最常遇到的一种关系. 设物理量x与物理量y是线性关系，或者由图示法看出它们之间具有线性关系，并假设x的测量精度较y高. 可用方程(称做回归方程)$y=ax+b$来表示其线性关系. 其中a、b是两个待定的参数，也称回归系数.

通过实验，测得$(x_i,y_i)(i=1,2,\cdots,n)$，则

$$Q(a,b)=\sum_{i=1}^{n}[y_i-f(a,b;x_i)]^2=\sum_{i=1}^{n}[y_i-(ax_i+b)]^2$$

由式(2.7.1)可得

$$\begin{cases}\dfrac{\partial Q}{\partial a}=-2\displaystyle\sum_{i=1}^{n}(y_i-ax_i-b)x_i=0\\[2ex]\dfrac{\partial Q}{\partial b}=-2\displaystyle\sum_{i=1}^{n}(y_i-ax_i-b)=0\end{cases}$$

解方程可得系数

$$a=\frac{l_{xy}}{l_{xx}}$$

$$b=\bar{y}-a\bar{x}$$

$$\bar{x}=\frac{1}{n}\sum_{i=1}^{n}x_i$$

$$\bar{y}=\frac{1}{n}\sum_{i=1}^{n}y_i$$

$$l_{xx}=\sum_{i=1}^{n}(x_i-\bar{x})^2$$

$$l_{xy}=\sum_{i=1}^{n}(x_i-\bar{x})(y_i-\bar{y})$$

$$l_{yy}=\sum_{i=1}^{n}(y_i-\bar{y})^2$$

由此确定系数 a、b 的回归方程是物理量 x、y 的最佳线性关系表达式.

为研究 x、y 线性关系密切程度，通常引入相关系数 r_{xy}.

$$r_{xy} = \frac{l_{xy}}{\sqrt{l_{xx}l_{yy}}} \tag{2.7.2}$$

相关系数 r_{xy} 的数值范围是 $0 \leqslant r_{xy} \leqslant 1$.

$r_{xy}=0$，说明 x、y 是不具有线性关系的，在这种情况下，数据点较为分散，偏离直线较远. 一般不能用线性方程来描述.

$r_{xy}=1$，说明 x、y 是具有完全线性关系的，在这种情况下，数据点全部集中在直线上. 可以用线性方程来描述.

在做线性分析时，可根据 r_{xy} 的大小，判断 x、y 的线性关系密切程度. 并由此来判断 x、y 是否具有线性关系.

2.7.3 曲线拟合

如果物理量 x 与物理量 y 具有非线性关系时，原则上仍可用最小二乘法原理来处理，但在这种情况下，计算往往非常复杂. 对一些特殊类型的经验公式，可通过变量替换的方法，化成线性关系，从而可用线性回归的方法来进行处理和分析.

例如，在半对数坐标纸上绘出 x、y 测量值. 若发现这些点近似在一条直线上时，说明 y 与 $\ln x$ 具有线性关系，即 $y=a\ln x+b$；因此，可设 $z=\ln x$，则回归方程为 $y=az+b$，从而可进行线性回归分析. 由此可以看出，确定出 x、y 的曲线类型是关键. 当确定了 x、y 的曲线类型后，可通过适当的变量代换，化成线性方程进行线性回归分析.

常见的可化成直线型的曲线有

$$y = ax^b$$
$$y = a\mathrm{e}^{bx}$$
$$y = a\ln x + b$$
$$y = a\mathrm{e}^{\frac{b}{x}}$$
$$y = \frac{1}{a + b\mathrm{e}^{-x}}$$
$$y = \frac{1}{ax + b}$$

在需要的时候，可参考数学手册相应的内容.

许多函数型袖珍计算器都有回归分析的功能，可以非常方便地进行回归分析，求出线性回归方程中的两个系数.

2.8 习　　题

2.1 用螺旋测微计(千分尺)测量圆柱体的直径 D，实验结果如表 2.8.1 所示.

表 2.8.1 测量圆柱体的直径

N	1	2	3	4	5	6	7	8
D/mm	20.128	20.126	20.132	20.116	20.125	20.121	20.130	20.128

已知$\Delta_{仪}=0.005$mm，千分尺零点偏差$\delta=-0.010$mm；求：圆柱体的直径D测量值及精度.

2.2 指出下列数据的有效数字位数是多少？

0.0125kg， 12.120km， 1.00V， 0.0001730m

3.01×10^4Hz， 4000m， 980.1ms^{-2}

2.3 将下列数据变换到给定的单位.

(200±3)m=________ mm；

(3000±10)ms=________ s；

(36.6±0.1)kg=________ g；

(7.86±0.05)g/cm^3=________ g/mm^3；

(632.8±0.5)nm=________ m；

(100±1)mV=________ V.

2.4 测量一圆柱形金属环密度的实验数据如表 2.8.2、表 2.8.3 所示. 根据数据计算该物质的密度.

表 2.8.2 测量圆环的几何尺寸

测量项目	1	2	3	4	5	6
内径 D_1/mm	24.26	24.23	24.30	24.28	24.26	24.32
外径 D_2/mm	33.54	33.52	33.54	33.50	33.46	33.48
高 L/mm	11.883	11.884	11.885	11.883	11.886	11.882

注：测量内径、外径用游标卡尺测量，$\Delta_{仪}=0.02$mm.

测量高度用千分尺测量$\Delta_{仪}=0.001$mm，零点偏差为$\delta=+0.005$mm.

表 2.8.3 交换法测物体质量

左盘放物品 M_1/g	14.30
右盘放物品 M_2/g	14.40

注：天平的感量是 0.05g.

2.5 表 2.8.4 是用千分尺($\Delta_{仪}=0.001$mm)和米尺($\Delta_{仪}=1$mm)来测量同一个物体的长度.

表 2.8.4 用两种工具测量同一个不锈钢圆柱体的高度 h

n	1	2	3	4	5	6	7	8	9	10
千分尺/mm	10.010	10.009	9.991	9.990	10.002	9.998	10.011	10.003	9.996	9.991
米尺/mm	10.0	10.0	10.0	10.0	10.0	10.0	10.0	10.0	10.0	10.0

计算两组数据的标准差s，结果说明了什么？原因是什么？合成不确定度是多少？

哪一种测量精度高？如何评价两种测量结果？

2.6 测量某一弹簧劲度系数 k，采用给弹簧加不同质量的砝码，测量弹簧的对应的伸长量. 测量结果如表 2.8.5 所示.

表 2.8.5 测量弹簧劲度系数

F/g	2.00	4.00	6.00	8.00	10.00	12.00	14.00	16.00
y/mm	6.90	10.10	13.20	16.05	19.10	22.15	25.20	28.15

用最小二乘法原理，给出 $y=f(x)$关系表达式. 并求出 k 和 y_0(弹簧原来长度)及相关系数 r_{xy}.

第 3 章　基本量的测量

本章主要介绍基本量的测量原理与常用仪器使用方法. 学生可结合实验题目，有选择地阅读相应的内容，掌握测量原理和仪器的使用方法、性能.

3.1　长度的测量

长度是一个基本物理量，其单位为米，用符号 m 表示. 长度的通常测量方法有直尺或米尺、游标卡尺、螺旋测微计(千分尺)等，另外还有利用机械放大的方法、光学的方法以及电学的方法来测量长度. 不同的测量方法在原理上、测量精度上的差别是较大的. 在大学物理实验中，主要用到的仪器有直尺、游标卡尺、螺旋测微计，另外还有光杆法测量微小长度等方法.

3.1.1　直尺

直尺是一种最常用的测量设备. 通过直尺边上的刻线，可直接读出测量值. 影响读数的精度主要有以下几个方面：

1. *刻度的均匀性与材质*

通常直尺都是以毫米为单位的，优良的不锈钢直尺有时在 0～10cm 内有 0.5mm 的分格，其刻线的宽度为 0.1mm，因此，刻度自身的不确定度为 0.2mm. 而一般的卷尺刻度宽度通常在 0.2mm 以上，因此其刻度自身的不确定度为 0.3mm 左右，另外，材质的均匀性、热膨胀性等，都将直接影响其精度. 通常，不锈钢直尺具有较高的精度.

2. *读数精度*

读数的精度与测量方法有关，如测量时，尺与测量的方向不平行等. 另外，也与尺的端面磨损情况有关，通常情况下，测量最小不确定度为 $\sqrt{0.2^2+0.2^2}=0.3$(mm)，当测量的距离较长时(1m 以上)，不确定度可取为 1mm 或 2mm.

综合以上讨论，用优质的不锈钢直尺(毫米单位)测量时，在 0.5mm 分度的范围内，不确定度取 0.3mm，在 1m 以内取 0.5mm，1m 以上取 1～2mm.

3.1.2　游标原理与游标卡尺

游标原理在各种精密测量仪表中有着广泛的应用. 游标卡尺是利用游标原理设计出来的典型测量仪器，游标卡尺的结构如图 3.1.1 所示. 用它可以测量物体的长度、凹槽的深度和圆管的内、外径.

游标卡尺是由主尺 D 和副尺 E(也称游标尺)构成. 主尺上有钳口 A 和刀口 A′，副尺

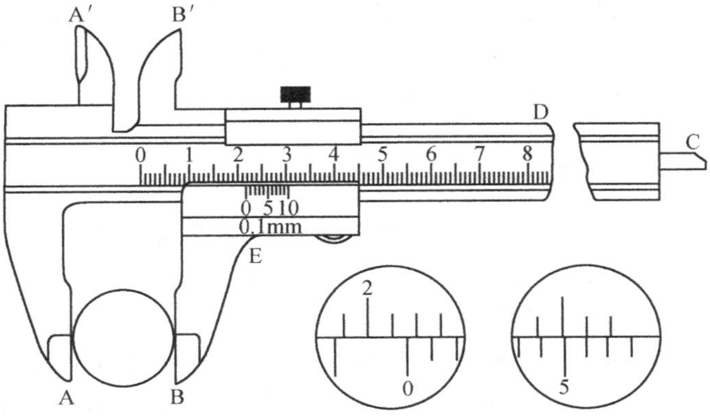

图 3.1.1 游标卡尺

套在主尺上，并且有钳口 B、刀口 B′和尾尺 C. 副尺滑动框上刻有游标. 当滑动游标使钳口 A、B 重合时，此时，A′和 B′也重合，主尺上的"0"和游标尺上的"0"对齐，这时的读数是"0". 当测量物体的外部尺寸时，可将物体放在 A、B 之间，并用钳口轻轻夹住物体，这时游标尺"0"所对应的主尺上的读数，就是物体的长度. 当测量物体的内径时，可用刀口轻轻卡住物体，这时，可由游标上"0"对应的主尺上的读数，测出物体的内径. 同理，对物体的内部或小孔的深度，可通过尾尺来测量. 在游标卡尺上读数时，可由游标尺"0"对应主尺的刻度，直接读出整数部分，再由主尺刻度线与游标尺的刻度线相重合的位置，读出游标尺的刻度值作为小数部分，因此，由游标卡尺上读数时，小数部分不必估计，可直接读出. 通常，将游标尺上的刻度数称做分度，常见的分度有 10 分度、20 分度、30 分度和 50 分度等几种. 在相同的条件下分度数的值越大，代表的测量精确度越高.

若用 n 代表游标尺的分度，当把游标尺归位，钳口 A、B 重合时，游标尺的"0"与主尺的"0"重合，游标尺的第 n 个分度值与主尺上的 $n-1$ 个分度值重合，因此，游标尺的每个分度长度 b 与主尺的每个分度长度 a 有如下关系：

$$nb=(n-1)a \tag{3.1.1}$$

当测量长度为 y 的物体时，有如图 3.1.2 所示的关系，游标尺的"0"对应主尺的 m 个整数刻度，游标的第 k 个分度与主尺刻度重合，因此有

$$ma+ka=y+kb$$

即

$$y-ma=ka-kb$$

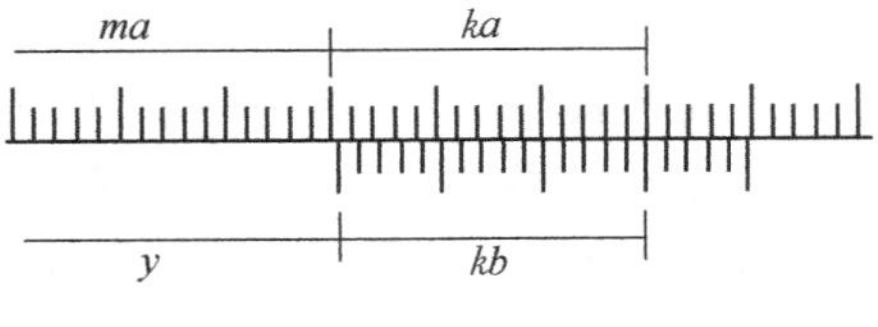

图 3.1.2 测量原理

所以

$$\delta_x=y-ma=k(a-b)=k\frac{a}{n} \tag{3.1.2}$$

$a-b=\dfrac{a}{n}$是游标尺每分度与主尺每个分度的差，通常标在游标尺上，是测量的最小不确定度. 若主尺的分度是毫米单位，游标尺共有 10 个分度，即 $n=10$，则在游标尺上注明 0.1mm，此时，被测量物体长度的小数部分读数是 $0.1k$. 同理，对 $n=50$ 时，则标有 0.02mm 此时读数为 $0.02k$.

在使用游标卡尺时，应先检查它是否有零点偏差. 若有零点偏差 δ_0，应记录下来，这时测量值为读数值减去 δ_0. 游标卡尺是精密量具，在使用时不要用力过大，同时应注意保护好钳口和刀口. 用后应当擦拭干净，收藏于干燥的盒子内.

3.1.3　螺旋测微原理与千分尺

螺旋测微计也称千分尺，是比游标卡尺更精密的仪器，常用它来测小球的直径、金属丝的直径和薄板的厚度等，其不确定度至少可达 0.01mm.

螺旋测微计的主要部分是测微螺旋，如图 3.1.3 所示，它由一根精密的测微螺杆和螺母套管(其螺距是 0.5mm)组成，测微螺杆的后端还带一个具有 50 个分度的微分筒. 当微分筒相对于母套管转过一周时，测微螺杆就会在螺母套管内沿轴线方向前进或后退 0.5mm. 当微分筒转过一个分度时，测微螺杆就会前进或后退 $\frac{1}{50}\times 0.5\text{mm}$(即 0.01mm). 因此，从微分筒转过的刻度就可以准确地读出测微螺杆沿轴线移动的微小长度. 为了读出测微螺杆移动的毫米数，在固定套管上刻有毫米分度标尺.

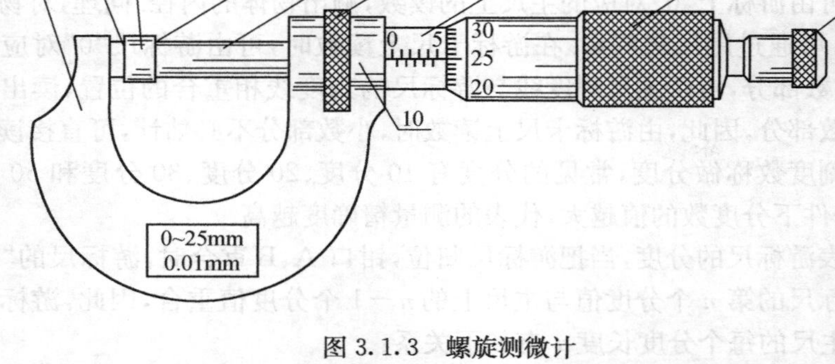

图 3.1.3　螺旋测微计

1. 尺架；2. 测砧测量面 A；3. 被测物体；4. 螺杆测量面 B；5. 测微螺杆；6. 锁紧装置；7. 固定套管；8. 微分筒；9. 测力装置；10. 螺母套管

在螺旋测微计上，有一弓形尺架，在它的两端安装了测砧和测微螺杆，它们正好相对. 当转动螺杆使两测量面 A、B 刚好接触时，微分筒锥面的端面就应与固定套管上的零线对齐，同时微分筒上的零线也应与固定套管上的水平准线对齐，这时的读数是 0.000mm，如图 3.1.4(a)所示.

测量物体尺寸时，应先将测微螺杆退开，把待测物体放在测量面 A 与 B 之间，然后轻轻转动测力装置，使测杆和测砧的测量面刚好与物体接触，这时在固定套管的标尺上和微分筒锥面上的读数就是待测物体的长度. 读数时，应从标尺上读整数部分(读到半毫米)，从微分筒上读小数部分(估计到最小分度的 1/10，即 0.001mm)，然后两者相加. 例如，图 3.1.4(b)中的读数是 5.383mm；图 3.1.4(c)中的读数是 5.883mm. 二者的差别就在于微分筒端面的位置，前者没有超过 5.5mm，而后者超过了 5.5mm.

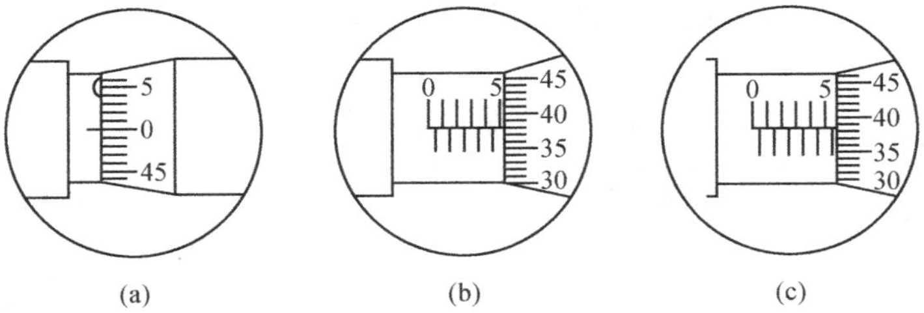

图 3.1.4 螺旋测微计的读数

许多精密仪器都用到螺旋测微原理，它们的螺距可能是不一样的，通常有 0.5mm 和 1mm 的，也有 0.25mm 的. 在微分筒上的分度也不同，一般是 25 分度、50 分度和 100 分度. 使用测微螺旋以前，应先考查螺杆、螺距和微分筒分度，确定读数关系.

螺旋测微计是精密仪器，使用时应注意：

(1) 测量前应检查零点读数并记录下来.

(2) 测量面 A、B 和被测物体间的接触压力应当微小. 因此，旋转微分筒时，必须利用测力装置，它是靠摩擦带动微分筒的，当测杆接触物体时，它会自动打滑.

(3) 测量完毕后，应使测量面 A、B 间留有间隙，以避免因热膨胀而损坏螺纹.

3.1.4 位移测量

位移量的测量是长度测量的重要内容. 位移量可分成线位移和角位移，检测的方法基本相同，即通过位移传感器件，将物体的位移量转化成某种可测量量来进行测量. 按传感器输出信号的方式不同，可将传感器件分成模拟式和数字式. 由于电子计算机在测量和控制方面的广泛应用，数字式位移传感器应用较为广泛. 其主要特点是测量精度和分辨率高、读数直观、测量范围大、抗干扰能力强等. 表 3.1.1 给出不同位移传感器的类型及精度.

表 3.1.1 线位移传感器的类型和特性

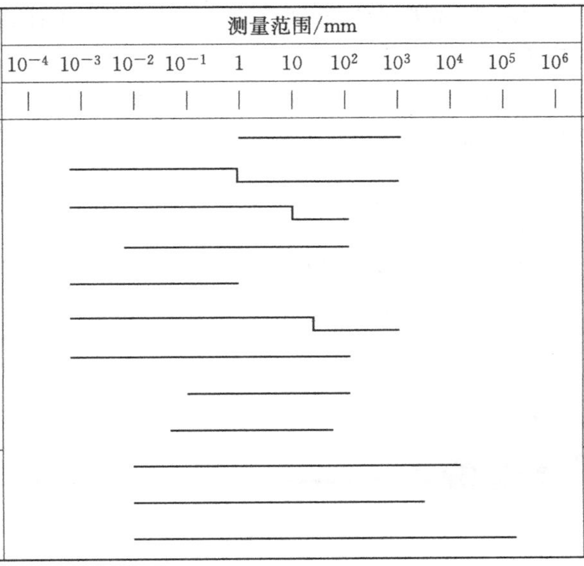

类型		精度
模拟式	滑线电阻式	0.5%～1%
	电阻应变式	2%
	电容式(变距式)	2%～0.5%
	电容式(变面积式)	0.3μm
	差动电感式	3%
	差动变压器式	2%～0.5%
	电涡流式	3%
	光电式	1%
	霍尔效应式	0.5%
数字式	光栅式	3μm/m
	感应同步器式	2.5μm/250mm
	磁栅	5μm/m

在数字式传感器中，根据信号的编码方式及检测的物理量类型，又可按表3.1.2分类.

表3.1.2　数字传感器分类

分　类	光电传感器		电磁传感器	
	增量型	绝对型	增量型	绝对型
回转型	光电盘 圆光栅	编码盘	旋转变压器 圆盘式感应同步器	多极旋转变压器 旋转变压器组合 三速圆感应同步器
直线型	计量光栅	编码尺多通道透射光栅	直线式感应同步器	三速感应同步器

在生产实际中应用较多的是感应同步器和光栅. 以光栅为例作简单的说明，其他的传感器原理及性能，请参考有关书籍.

光栅传感器是数字式位移传感器，可用于检测线位移和角位移. 光栅主要有透射光栅和反射光栅两种类型. 按材料划分又可分成玻璃光栅、金属光栅等. 其原理基本上是相同的.

在透明介质(通常是玻璃)表面上制成透明与不透明的平行、等间隔条纹，就构成透射光栅. 反射光栅是在镜面上刻制成全反射和漫反射的平行、等间隔的条纹. 光栅透光(或反射光)部分的宽度以 a 表示，不透光(漫反射光)部分的宽度用 b 表示. 通常情况下，$a=b$，而将 $d=a+b$ 称做光栅常数，或栅距.

对透射光栅而言，当一束垂直入射光照到光栅上时，在光栅的另一侧可用光电元件来接收透射光的强度，透光部分光强较强，不透光部分光强较弱，因此很容易用电子线路来区分不同的状态. 栅距越小，分辨率就越高. 通常情况下，以栅距的倒数，即每毫米的线纹数来表示光栅的性能. 常见的线纹数有4线/mm、10线/mm、25线/mm、100线/mm以及250线/mm.

对100线/mm的光栅而言，光栅自身就细分到0.01mm，若再通过电子线路10倍频后，可分辨的最小位移量为0.001mm.

实际使用的光栅传感器装置有增量型和绝对型两种，输出信号的方式有正弦波和方波两种. 图3.1.5是一款典型的光栅尺，其主要性能为：

输出信号——TTL、差动TTL、正弦波；

有效量程——100～2040mm；

零位参考点——每50mm一个距离编码；

栅距——0.02mm(50线纹/mm)；

不确定度——±0.01mm；

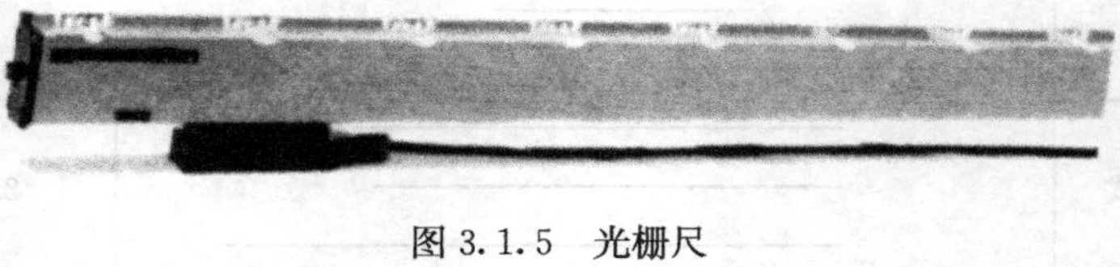

图3.1.5　光栅尺

响应速度——60m/min；
工作温度——0～40℃.

3.2 质量的测量

质量的基本单位是千克(kg)，常用单位是克(g). 测量质量的常用量具是天平. 用弹簧秤等测量的是物体的重量，与本地的重力加速度有关，但可以经过重力加速度修正后获得物体的质量.

在大学物理实验中常用的天平是物理天平，其外形结构如图 3.2.1 所示.

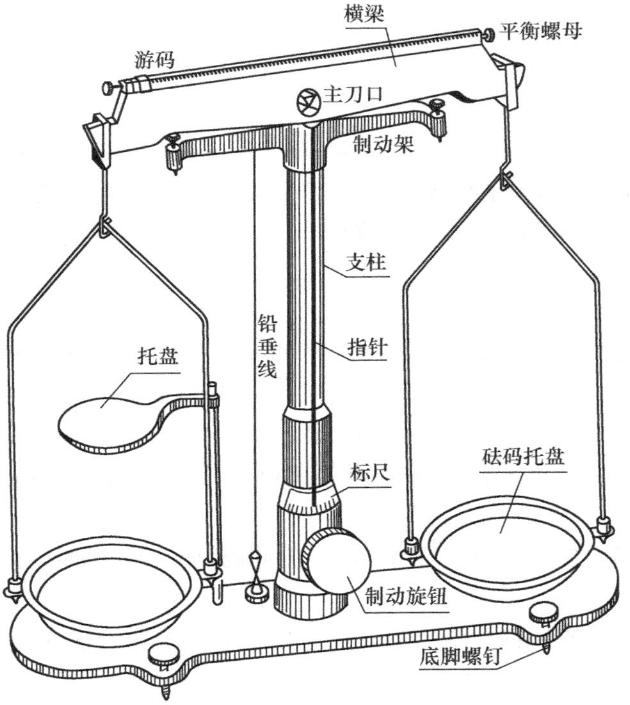

图 3.2.1 物理天平

天平横梁上装有三个刀口，中间的刀口架在支柱上，两侧的两个刀口各悬柱一个称物托盘. 在横梁的下面固定一个指针，当横梁以主刀口为支点摆动时，指针的尖端就在支架上的标尺前摆动，当天平平衡时，指针指向标尺的中央位置(“0”位). 在指针上有一配重物，可沿指针臂上调整其位置，其作用是调整天平的灵敏度. 在支架的下方有一制动旋钮. 它可以使横梁上升或下降. 当横梁下降时，制动架将项住横梁，主刀口与刀口支撑面离开. 这样既可以保护刀口，又可以在添加物体或加减砝码时，防止横梁大幅度摆动，保证称衡的平稳进行. 在横梁的两端还有两个平衡螺母，用以调节空载时天平平衡. 在横梁上还有一个标尺和游码，用于称衡最小砝码以下的物体质量. 托盘用于放置不参加称衡的物体.

天平的主要指标有：

(1) 感量. 感量是指天平平衡时，使指针产生可觉察到的偏转时需加的最小质量. 感量表明了天平的灵敏度，感量越小，天平的灵敏度就越高. 感量是天平称衡物体时的不确定度.

(2) 称量. 称量是允许称衡的最大质量. 一般物理天平的称量是 1000g.

通常情况下，按天平的分度值 d 与最大载荷 m_{max} 之比，将天平分成 10 个精度等级，即 1～10 级，如表 3.2.1 所示.

表 3.2.1　天平精度等级

级　别	d/m_{max}	级　别	d/m_{max}
1	1×10^{-7}	6	5×10^{-6}
2	2×10^{-7}	7	1×10^{-5}
3	5×10^{-7}	8	2×10^{-5}
4	1×10^{-6}	9	5×10^{-5}
5	2×10^{-6}	10	1×10^{-4}

大学物理实验中用的天平是普通天平，精度级别为 8 级. 工业天平，级别一般是 7 级，分度为 50mg. 6 级的称做精度天平，分度值为 25mg 左右. 1 级的是高精度天平，分度值 0.02mg，称量 200g.

使用天平应注意的问题：

(1) 调平. 在使用天平时应通过调整天平的底脚螺丝，将天平调平. 调整时应观察铅垂线重锤的指示位置或水准气泡的位置，反复、仔细地调整底脚螺丝.

(2) 调零. 在调平的基础上，将游码调到“0”的位置，此时，启动制动旋钮，支起横梁，观察指针是否指向零点. 如不在零点，制动横梁(通过制动旋钮)后，通过调整横梁上的平衡螺母，重新调零.

(3) 称衡. 称衡物体时，左盘放物体，右盘放砝码. 加、减砝码时，必须使用镊子取选砝码，严禁用手直接拿砝码.

(4) 取放物体、砝码和移动游标来调节天平时，都应先制动横梁(通过制动旋钮)后再操作. 这样可以保护主刀口，另外也可使称衡稳定.

天平称衡的不确定度是由天平的感量来确定的. 通常情况下，对无游码的天平，感量的大小由最小砝码的大小确定；对有游码的天平，感量的大小由游码的标尺最小单位来定. 被称衡的物体质量由砝码和游码标尺确定. 在一般情况下，不必多次测量.

当用精度较低的天平称衡物体质量或用不等臂天平时，为保证测量的精度，常采用交换称衡法进行测量. 目的是消除左、右盘臂长不等造成的测量偏差. 设主刀口到左托盘刀口的臂长为 L_1，到右托盘刀口的臂长为 L_2，并设物体的真实质量为 m；正常称衡物体(左盘放物体，右盘放砝码)的质量为 m_1，然后交换物体与砝码，即左盘放砝码，右盘放物体，再次称衡，测得的质量为 m_2. 注意，此时读取物体的质量数时，游码的读数为负值. 以上两次测量，有式(3.2.1)的关系.

$$\begin{aligned} &\text{正常测量} \quad mL_1 = m_1L_2 \\ &\text{交换测量} \quad m_2L_1 = mL_2 \end{aligned} \tag{3.2.1}$$

因此

$$m=\sqrt{m_1m_2} \tag{3.2.2}$$

用式(3.2.2)计算 m 要开平方,不方便.考虑到 m_1、m_2 相差较小,所以取

$$\overline{m}=\frac{1}{2}(m_1+m_2)$$

$$\Delta m=\frac{1}{2}(m_1-m_2)$$

则式(3.2.2)可以写成

$$m=\sqrt{(\overline{m}+\Delta m)(\overline{m}-\Delta m)}=\overline{m}\sqrt{1-\left(\frac{\Delta m}{\overline{m}}\right)^2}$$

所以

$$m\approx\overline{m}=\frac{1}{2}(m_1+m_2) \tag{3.2.3}$$

经过这样校正后,可以消除不等臂引起的测量偏差,从而保证测量的精度.

3.3 时间的测量

时间的基本单位是秒(s).在国际单位制中规定,铯-133 原子基态的两个超精细能级间跃迁相对应辐射的 9192631770 个周期所持续的时间作为秒的单位.

测量时间的方法较多,在大学物理实验中主要用数字秒表和电子毫秒计来进行时间的测定.数字秒表使用较为简单,计时效果也较为粗糙.数字秒表的分辨率一般为 0.01s,在实际使用中,操作者操作引起的不确定性远远大于这个数值.

电子毫秒计是物理实验中较精确的计时装置.其种类、名称、型号繁多,但其计时的原理和功能基本相同,操作方法也较相似.毫秒计的主要计时原理是记录标准时标脉冲数量 N,再乘以脉冲周期 T,NT 即为开始与停止计时的时间间隔.由此可以看出,只要有足够高的时标脉冲频率,就可以得到足够精确的时间间隔.通常情况下,时标脉冲信号是由石英晶体和集成电路组成稳频振荡电路,经分频后得到的不同时标的脉冲信号.将记录到的脉冲个数乘以脉冲周期 T 后以数码的形式显示出来.由于毫秒计的计时原理较简单,实现也较容易,因此,通常将计时器集成到某一个仪表中,作为该仪表的一个功能.较常见的仪表有计数器、频率计、数字信号发生器等.图 3.3.1 是一款比较典型的数字频率计数器.

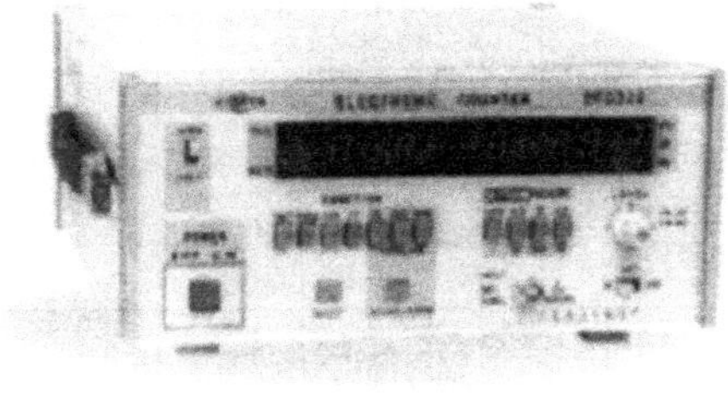

图 3.3.1 PF3322 10M 数字频率计数器

该仪器的主要技术指标为:

频率测量范围——1Hz～10MHz;

周期测量范围——0.1μs～10s;

外控计时范围——10～2×10⁵s;

手控计时范围——$0\sim2\times10^5$ s；

累加计数范围——最大可达 $2\times10^5-1$ 次；

频率稳定度——1×10^{-5}/d；

输入阻抗——1MΩ/15pF.

对时间的测量，除以上仪器外，示波器、扫频仪等设备也可用于测量时间间隔，它们往往用于信号的周期或频率的测量.

3.4　温度的测量

温度的基本单位是开[尔文](K). 在实验中检测单位通常是摄氏度(℃)，可通过式(3.4.1)转换成开[尔文].

$$T(\mathrm{K}) = t(℃) + 273.15 \tag{3.4.1}$$

常用的测温仪表如表 3.4.1 所示.

表 3.4.1　常用测温仪表的分类

测量方法	分类		测温范围/℃ 常用范围	测温范围/℃ 可能范围	使用场合
接触式	热膨胀式	玻璃温度计	−100～500	−200～600	生产过程和实验室各种介质(指液体，气体或蒸汽)温度的就地测量，经变送信号可远传
		双金属温度计	−80～300	−185～620	
	压力式温度计	充液式 充气压力式 充蒸气压力式	−80～400	−120～620	生产过程中近距离的信号传送，非腐蚀性介质的温度测量
	电阻温度计	铂电阻	−200～850	−258～1100	用于测量液体、气体、蒸汽的中、低温度，信号可远距离传送
		铜电阻	−50～150	−200～150	
		镍电阻	−60～180	−150～300	
		半导体热敏电阻	−40～150	−50～300	
	热电偶	铂铑 30-铂铑 6	300～1600	0～1820	用于测量液体、气体、蒸汽以及固体表面的较高和中、低温度，信号可远距离传送
		铂铑 10-铂	300～1300	−50～1768	
		镍铬-镍硅	0～1200	−270～1372	
		镍铬-康铜	−200～880	−270～1000	
		铜-康铜	0～350	270～400	
		铁-康铜	0～760	−210～1200	
		非金属：石墨、硅化物、碳化物-硼化物等	—		
非接触式	辐射温度计		20～2000	<0～3200	用于不能用接触式测温的场合

3.4.1　玻璃液体温度计

1. *工作原理*

玻璃液体温度计主要有水银(汞)温度计和有机液体温度计. 其工作原理是封装在玻

璃外壳中的液体体积随温度变化而变化.当储液泡的温度发生变化时,玻璃管内的液体柱面将随温度的变化而升高或降低,通过标尺可直接读出温度值.

2. 结构特点

玻璃液体温度计结构简单,测温范围较宽.例如,水银温度计测温范围为−35～500℃,酒精温度计测温范围在−80～80℃.对在测量范围为0～100℃水银温度计,其分度值可达0.05℃,不确定度小于0.2℃.

3. 使用注意事项

(1) 进行读数时,视线应与温度标尺垂直,并读取感温液体弯月面的水平切面位置的刻度.

(2) 为减少与外界的热交换产生误差,安装温度计时应尽可能增大其浸没在被测介质的插入深度,至少应浸没至温度计液体扩大处(角形玻璃温度计为弯角处).对于有全浸标记的玻璃温度计在分度和校验时,应浸没至液柱弯月面,若无法全浸使用,则应根据露出液柱长度的读数进行修正计算.

(3) 感温泡与被测对象应有良好的热接触.

(4) 玻璃液体温度计易碎,尤其在液泡部分的玻璃较薄,在使用时应多加注意.另外水银有毒,在破碎时应当妥善处理.

3.4.2 双金属温度计

1. 工作原理

双金属温度计感温元件采用两种不同膨胀系数的金属经牢固黏合而成,如图3.4.1、图3.4.2所示.双金属片的一端固定,另一端(自由端)与顶部装有指针的中心轴焊接在一

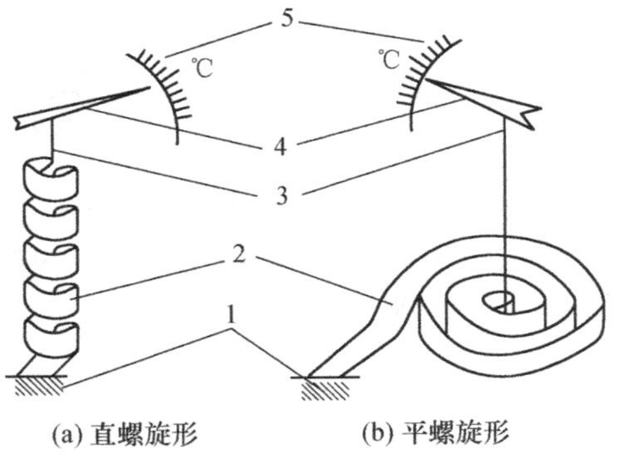

图3.4.1 双金属温度计的工作原理

1. 固定端;2. 感温元件;3. 指针轴;4. 指针;5. 标度盘

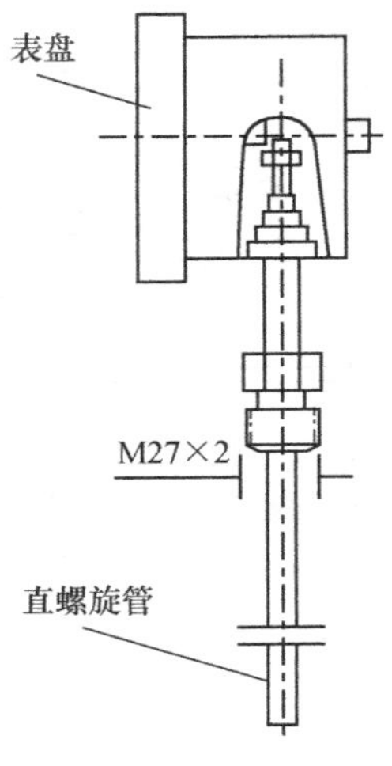

图3.4.2 直螺旋形双金属温度计

起.当被测温度发生变化时,双金属片自由端产生位移,通过中心轴带动指针偏转,在度盘上直接指示温度值.

2. 结构和特点

为提高双金属温度计的灵敏度,通常把金属片做成直螺旋形和平螺旋形两种结构形式.

目前我国生产的双金属温度计有1级、1.5级和2.5级.它结构简单、价格便宜、耐震动.部分产品带有电变送装置,信号可远传.

双金属温度计结构简单、坚固、抗震性好,因此在工业生产环境中使用较广泛.双金属片温度计的测温范围为−80～600℃,通常分成几个测温范围段,分度值在0.5～20℃范围内.图3.4.3是一款典型双金属温度计.

3. 使用注意事项

(1) 选用合适量程的温度计,使用中不允许超过测温范围,以免影响使用寿命.
(2) 使用中保持表体清洁,防止感温部件腐蚀、锈烂.

3.4.3 压力式温度计

1. 工作原理

如图3.4.4所示,压力式温度计由温包、毛细管和弹簧管构成一个封闭系统,系统内充有感温物质(氮气、水银、二甲苯、甲醇、甘油、氯甲烷、氯乙烷等),当温包内感温物质温度改变后,密闭系统内的压力发生变化,压力的变化经毛细管传到弹簧管,使弹簧管自由端产生位移,通过传动机构带动指针,在度盘上直接显示温度值.

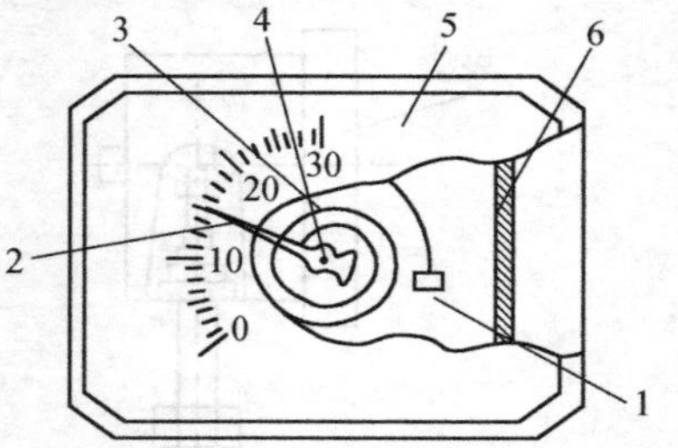

图3.4.3 盘旋型双金属温度计
1. 固定端;2. 指针;3. 感温元件;
4. 指针轴;5. 标度盘;6. 表壳

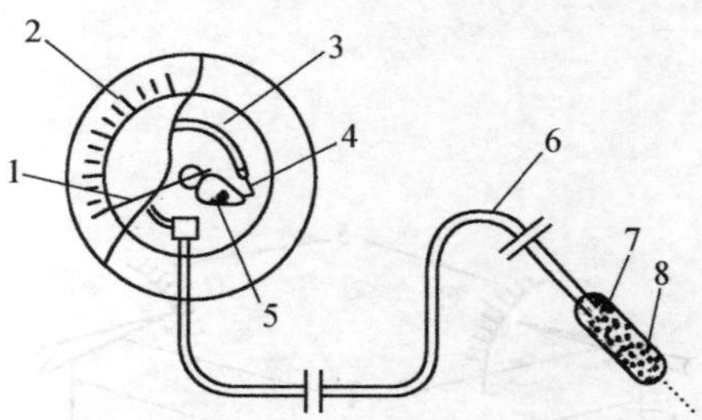

图3.4.4 压力式温度计工作原理
1. 指针;2. 标度盘;3. 弹簧管;4. 连杆;5. 传动器;
6. 毛细管;7. 感温物质;8. 温包

2. 结构和特点

压力式温度计按填充的感温物质不同分为三种:气体压力式温度计、蒸气压力式温度计和液体压力式温度计.按使用的功能分为指示式、记录式、报警式(带电接点输出)和调节式等各种类型.压力式温度计的主要特性如表3.4.2所示.

表 3.4.2 压力式温度计主要特性

感温物质		测温范围/℃	精度等级	时间常数/s	毛细管长度/m
气体	氮气	−100～600	1.5,2.5	80	1～60
液体	水银	−30～550	1.0,2.5	40(水银为 20)	1～20
	二甲苯	−40～400			
	甲醇	−50～150			
	甘油	−10～300			
低沸点物质	氯甲烷	−20～125	1.5,2.5	40	1～60
	氯乙烷	30～180			
	乙醚	60～160			
	甲苯	120～300			
	丙酮	100～200			

3. 使用注意事项

安装时毛细管应引直,每隔 0.3m 用轧头固定,毛细管的弯曲半径不应小于 50mm.

3.4.4 电阻温度计

电阻温度计是利用材料的电阻随温度变化而制成的仪表.其特点是测温精度高,测温范围宽,容易与电子仪器结合而形成智能化仪表.常用的感温材料有铂电阻、铜电阻、热敏电阻.测温范围在−200～650℃,其测量精度与材料和电子仪器的性能有关.其中铂电阻测温精度最高.

3.4.5 热电偶温度计

将两种不同材料的金属丝的两端焊接在一起,使它的一端置于标准温度下,另一端就构成测温端.当两个端点的温度不同时,由两个端点组成的回路中就有电动势,电动势的大小与两端点的温差有关.通过测量电动势,就可以标定出两端点的温差.

常见的热电偶及其测温范围如表 3.4.1 所示.热电偶温度计结构简单,体积小,测温范围宽,灵敏度也较高,易与电子仪表结合形成智能化的测温仪表.

3.4.6 辐射温度计

辐射温度计通常用于检测温度较高的物体,采用非接触性测量,对被测物体干扰小.其测量原理是:任何大于热力学温标零度的物体都有热辐射,其辐射能量的大小与物体的温度有关,由黑体辐射定律知,物体的辐出度 I 与温度 T 有如下关系:

$$I = \sigma T^4 \tag{3.4.2}$$

因此,通过测量物体的辐出度可以测量物体的温度.常见的辐射测温仪表的类型如表 3.4.3 所示.

表 3.4.3　辐射测温仪表的类型

温度计类型	测量原理	实现方法	敏感元件	工作波长/μm	测量范围/℃	精度/%
光学高温计	普朗克公式	测量单色辐射强度	人眼	0.6～0.7	800～3200	±(0.5～1.5)
光电高温计			光电倍增管 硅光电阻 硫化铅光敏电阻	0.13～1.2 0.4～1.1 0.6～3.0	400～3200	±(0.5～1.5)
比色温度计		测量两个单色辐射强度比值	硅光电池	0.4～1.1	400～2000	±(1～1.5)
全辐射高温计	斯特藩-玻尔兹曼公式	测量全辐射或部分辐射能量	热电堆	0～∞ (0.4～14)	600～2500	>±(1.5～2)
部分辐射温度计			硅光电池 热敏电阻 热释电元件 热电阻	0.4～1.1 0.2～40 4～200 0.6～3.0	−50～3000	±1

这一类温度计的特点是非接触测量，可测量高温物体. 当用于测量温度较低的物体时，有时需要一个低温热源.

随着感温材料性能的提高以及电子电路集成技术水平的提高，辐射测温的范围越来越宽，性能越来越好. 例如，红外测温仪一般都可以测量−32～900℃的温度. 随着电子计算机技术的应用，辐射测温由点拓展到面. 如红外热像仪，用它可以测量温度场，目前已广泛地应用到工业、国防等领域.

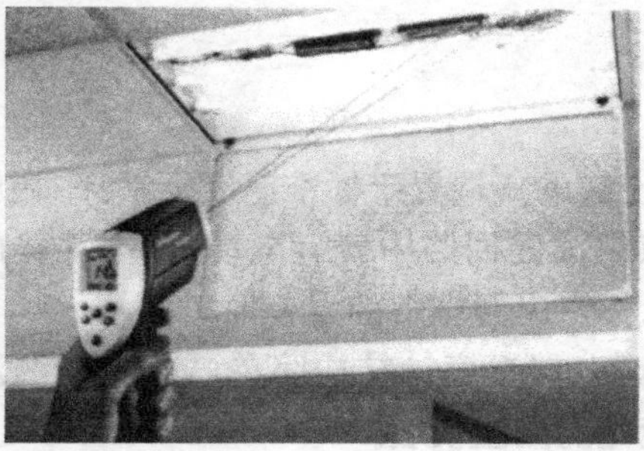

图 3.4.5　ST 系列测温仪

图 3.4.5 是 Raytek 公司的红外测温仪. 其主要技术指标为：

测温范围——−32～760℃；

测量精度——0.1%；

显示分辨率——可达 0.1℃；

光学最大分辨率——50∶1.

可用于设备故障、电力、暖通、食品、化工、铁路、消防等领域.

当物体温度的变化较为缓慢时，在检测时应注意热平衡的问题，即探头与被测物体要有一个较长时间的接触，达到热平衡才能读取测量的温度值. 另外，对接触性的测量（在大学物理实验中都是这种形式的测量），探头的引入会对原有的温度分布产生一定的影响，因此，在具体的测量过程中，应考虑探头、温度计的大小以及其热力学特性.

3.5　电流、电压的测量

电流的单位是安[培]，用 A 符号表示，是国际制基本单位之一. 电压或电势的单位是伏[特]，用 V 符号表示，是具有专门名称的导出单位.

测量电流、电压常用的仪表是电流电压表. 按照国家标准,电表的精度等级分为 0.1 级、0.2 级、0.5 级、1.0 级、1.5 级、2.5 级和 5.0 级共七级. 精度等级一般用 K 表示. 仪表出厂时,精度等级一般都标定在仪表面板上,在仪表的面板上还同时标出其他的一些符号,表明仪表的某些特性,如表 3.5.1 所示.

表 3.5.1 常见电气仪表面板上的标记

名　称	符　号	名　称	符　号
指示测量仪表的一般符号	○	磁电系仪表	
检流计		静电系仪表	
安培表	A	直流	—
毫安表	mA	交流(单相)	～
微安表	μA	直流和交流	≃
伏特表	V	以标度尺量限百分数表示的精度等级,如 1.5 级	1.5
毫伏表	mV	以指示值的百分数表示的精度等级,如 1.5 级	
千伏表	kV	标度尺位置为垂直的	⊥
欧姆表	Ω	标度尺位置为水平的	
兆欧表	MΩ	绝缘强度试验电压为 2kV	
负端钮	—	接地用的端钮	
正端钮	+	调零器	
公共端钮	*	Ⅱ级防外磁场及电场	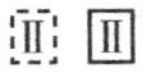

对指针式电表,在读取数据时,眼睛应正对指针. 1.0 级以上的仪表,一般都配有镜面,读数时要使眼睛、指针和指针的像成一直线,以尽量减小读数误差.

测量结果的误差一般包括两部分,一部分称做基本误差,另一部分是附加误差. 附加误差是由测试环境等多方面原因引起的,分析起来较复杂,在大学物理实验中一般不考虑. 基本误差可由测量时选用的量程 A_m 和仪表的精度等级确定. 即

$$\Delta x = A_m \cdot K\% \tag{3.5.1}$$

由式(3.5.1)可以看出,为减小测量误差,应尽量选择适宜的最小量程. 在实际测量中,往往选择能让指针达到满刻度的 2/3 左右的挡位.

3.5.1 磁电系仪表

磁电系仪表是目前用于直流电压、电流测量中最广泛使用的仪表,其主要原理是磁电原理. 将线圈与指针和游丝(相当于弹簧)联在一起放在永磁场中,当线圈通有电流时,线圈将受到一个力矩的作用,从而带动指针偏转. 直到该力矩与游丝的扭力矩平衡时,线圈停止

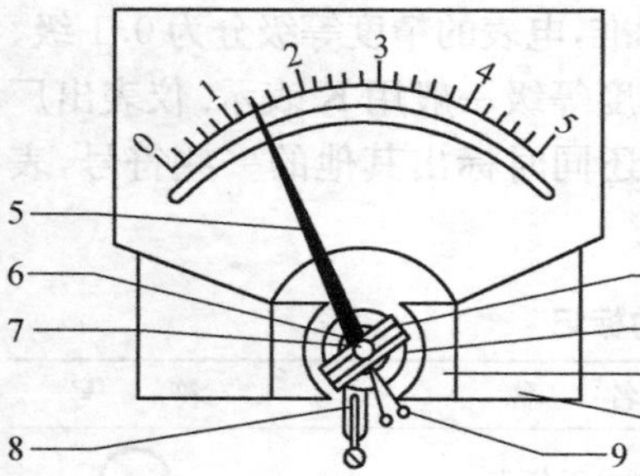

图 3.5.1　磁电系仪表结构

1. 永久磁铁；2. 极掌；3. 圆柱形铁芯；4. 线圈
5. 指针；6. 游丝；7. 转轴；8. 调零螺杆；9. 平衡锤

转动，指针此时可在标尺盘上指示出相应的电流值. 由于线圈偏转的角度与电流成正比，因此，该类仪表具有刻度均匀、灵敏度高等优点，其缺点是抗过载能力较差. 图 3.5.1 是磁电系仪表的结构示意图.

磁电系仪表通常用符号 ∩ 表示，通过分压、分流原理，可将它设计成不同量程电流表和电压表，具体见电表的扩程与校准实验.

3.5.2　检流计

检流计是用来检测微弱电流和电压的. 其典型代表是灵敏电流计，它可以检测$10^{-6}\sim10^{-11}$A的电流或 $10^{-3}\sim10^{-7}$V 的电压，灵敏度较高. 具体原理见灵敏电流计的性能与使用部分.

3.5.3　数字电流、电压表

数字式电表是利用电流电压转换器件，将电流转换成电压，再进行检测. 电压的测量方法是将电信号进行分压、放大，再与标准电压或基准电压进行比较，从而标定出被测电流或电压的数值. 其中，用于基准的电源有标准电池、硅稳二极管等.

数字电流电压表是目前广泛使用的检测仪表，具有精度高、体积小、使用方便等优点，较典型的使用量限与分辨率为：

电流表——量限 $10^{-8}\sim10$A，分辨率 10^{-10}A；

电压表——量限 $10^{-2}\sim10^{3}$V，分辨率 $10^{-4}\sim10^{-9}$V.

数字式仪表易于集成，较为典型的代表是数字万用表，它是实验室必备工具之一. 数字万用表可以进行交、直流电压，交、直流电流，电阻，电容，电感，二极管极性，三极管的放大倍数等物理量的测量. 具有功能强、精度高、携带方便等优点. 图 3.5.2 是 Protek 506 数字万用表及其主要功能.

主要特性：

DC 电压——分辨率 0.1mV，精度 0.3%～0.5%；

AC 电压——分辨率 0.1mV，精度 1%～0.5%；

DC 电流——分辨率 0.1μA，精度 1%；

AC 电流——分辨率 0.1μA，精度 1.5%；

电阻——分辨率 0.1Ω，精度 0.5%～1%；

频率——分辨率 1Hz，精度 0.01%；

电容——分辨率 0.01μF，精度 3%；

电感——分辨率 0.01H，精度 3%～10%；

温度——分辨率 1℃，精度 3%；

分贝——分辨率 0.01dB，不确定度±0.5dB；

逻辑——0.8～2.0V.

图 3.5.2　Protek 数字万用表

3.6 光强的测量

光强的测量是靠光辐射敏感器件来进行探测的.光辐射探测器件可分成两大类，如图3.6.1所示.

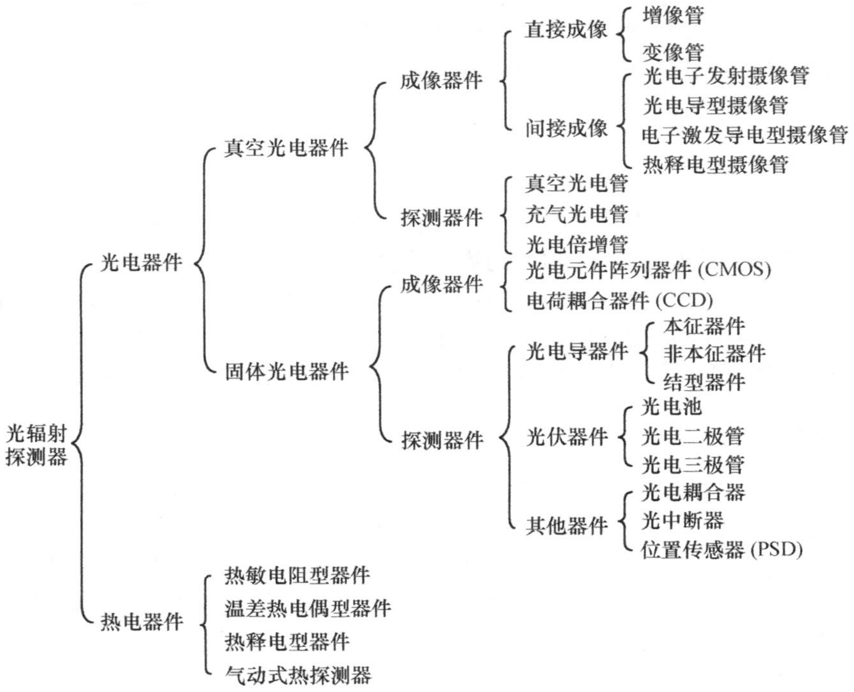

图3.6.1　光辐射探测器件分类

热电器件是探测热辐射的敏感器件.当辐射能入射到热探测器上面时，引起敏感材料的温升，从而使某些与温度有关的物理量发生变化，通过测定这些变化，就可以标定入射到探测器上的辐射功率的大小.由于热探测器是利用物质对辐射的热效应制成的，因此具有响应时间长，对各种不同波长的辐射响应不敏感，即无选择性.

光电探测器也称光子探测器或量子探测器，当辐射照到光电器件上时，光子与光电材料中的束缚电子相互作用，产生光电效应.通过光电效应现象，可测量辐射的强度.由于光电器件是光子与束缚电子直接相互作用引起的，具有响应时间短，对辐射的波长敏感等特点，因此，它是一种选择性探测器.

光电探测器按使用的材料和它的工作原理不同，又可以分成外光电效应探测器和内光电效应探测器.外光电效应探测器的典型代表是光电倍增管.当光照到光阴极时，有电子发射出来，所以这类器件也称光电发射探测器.内光电效应又可分成光电导探测器(PC型)、光伏探测器(PV型)、光磁电探测器(PME型)以及光子牵引探测器等.随着半导体和电子集成电路的发展，目前内光电效应的器件发展很快，如CCD(电荷耦合器件)等.

3.6.1　热电探测器

热电探测器主要可分成热敏电阻、热电偶及热电堆、热释电探测器及气动式热探测器.

1. 热敏电阻探测器

热敏电阻是利用半导体材料的负温度系数制成的. 所谓负温度系数是指半导体的电阻率随温度升高而成指数规律减小. 测辐射的热敏电阻是用负电阻温度系数较大的金属氧化物半导体材料制成的. 常用的材料有锰、镍、钴三种金属氧化物的混合物.

热敏电阻的响应时间较慢，一般在 10^{-2}s 数量级.

2. 热电偶或热电堆

当热电偶的一端结受光照升温，另一端结保持温度不变时，此时闭合回路中就有电流流过，这个电流称温差电流，相应的电动势则称做温差电动势. 温差电动势的大小与两个端结温差有关，也就是与光辐射的强度有关，由此可以测定出光辐射的强度. 热电偶对光波长无选择性，光谱响应时间也较长，一般在 $10^{-3}\sim10^{-1}$s，但是其寿命较长.

当把多个热电偶串联起来，就形成热电堆，这样可以提高其光谱灵敏度.

3. 热释电探测器

一些压电晶体具有自发极化现象，而且自发极化强度随温度的升高而下降. 当温度升高到材料的居里温度以上时，自发极化强度下降到零. 如果在居里温度以下通过极化的方法使晶体的极化方向取向相同，这时的晶体称单畴晶体. 单畴晶体表面的束缚电荷被晶体内和晶体外空间的自由电荷所屏散，处于静电平衡. 当晶体受到光辐射照射时，温度将升高，因而自发极化强度将减小，晶体表面的自由电荷将被释放出来，通过检测释放电荷，就可以探测光辐射.

热释电探测器的光谱响应范围宽，无选择性，响应时间一般在 $10^{-5}\sim10^{-4}$s 数量级.

热释电探测器适应于交变的光辐射，对光强变化较慢或持续恒定的光辐射进行检测时，需对光辐射进行调制(如用斩波器)才能进行测量，热释电探测器在使用时不需要制冷，也不需要加偏压，因此，广泛地用在辐射计、光谱仪、激光能量测量和热成像等方面.

4. 气动式探测器

气动式探测器是利用气室的吸收膜吸收热辐射，从而使气室的温度升高，工作气体将膨胀，或压力增高，通过适当的探测仪器检测工作气体的这些变化，就可以测定出辐射能量. 较常见的气动式热探测器是高莱管. 气动式探测器的灵敏度较高，不受环境温度的影响，常用于光谱仪的校准.

3.6.2　光电探测器

光电探测器是利用光电效应制成的探测器.

1. 光电发射探测器

光电发射探测器是利用外光电效应制成的器件. 由爱因斯坦光电效应方程可知

$$h\nu = \frac{1}{2}mv^2 + W \tag{3.6.1}$$

式中，W 为金属的逸出功.

表 3.6.1 给出了几种材料的逸出功.

表 3.6.1 金属材料的逸出功

材料	钠	铝	锌	铜	银	铂
W/eV	2.28	4.08	4.31	4.70	4.73	6.35

当入射光辐射频率 ν 大于红限频率 ν_0 时，即

$$\nu > \nu_0 = \frac{W}{h} \tag{3.6.2}$$

将有电子从金属材料中逸出，逸出的电子称光电子. 把这种材料作为阴极(称做光阴极)，并把它与阳极一起封装在玻璃壳中，就构成一个光电管. 如图 3.6.2 所示. 光电管内抽成真空或充入少量的惰性气体. 在阴极和阳极之间加上高电压，这时，当有光辐射的频率大于红限频率时，就有电子从光阴极逸出，在电场的作用下，被阳极收集，并与外电路一起构成闭合回路，形成电流(称做光电流). 光电流的大小与入射光辐射的强度成比例. 通过检测光电流的大小，就能标定出入射光的强度.

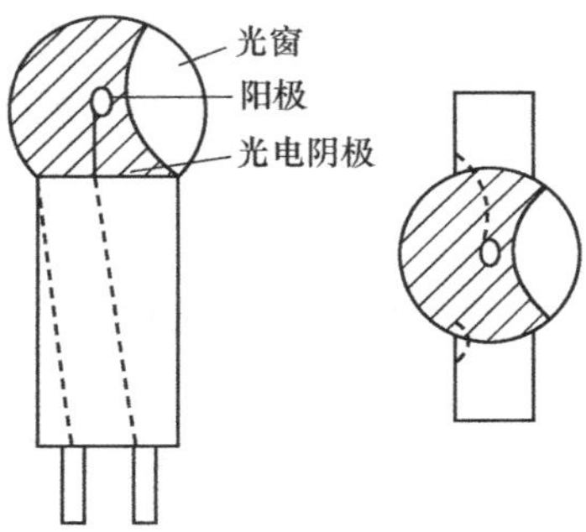

图 3.6.2 光电管的结构

通过原理分析可以看出，光电管对入射光是有选择性的(大于红限频率).

在光电发射探测器中较实用的器件是光电倍增管. 其结构如图 3.6.3(a)所示，其工作原理如图 3.6.3(b)所示.

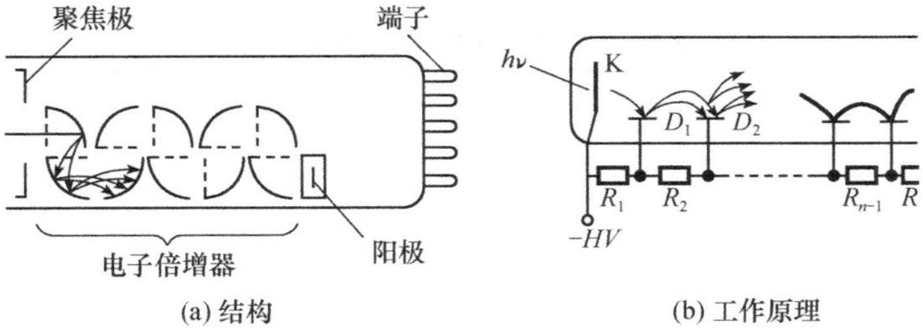

图 3.6.3 光电倍增管结构与原理

光电倍增管由光窗、光电阴极、电子光学系统、电子倍增系统和阳极等五个部分组成. 其工作原理是：光子透过入射窗口入射在光阴极上；光阴极的电子受光子激发，离开表面发射到真空中；光电子通过电场加速和电子光学系统聚焦入射到第一倍增极 D_1 上，倍增极将发射出比入射电子数目更多的二次电子，入射电子经 N 级倍增极倍增后，光电子也放大 N 次；经过倍增后的二次电子由阳极 P 收集，形成阳极电流，在负载 R_L 上产生信号电压.

光电倍增管是目前最灵敏的光电探测器件，用于微弱的光强检测. 它的放大倍数一般在 $10^6 \sim 10^8$，响应时间在 $10^{-9} \sim 10^{-8}$ s.

光电倍增管应存放在盒内蔽光保存，防止强光照射而造成光电倍增管的损坏.

2. 光电导探测器

光电导探测器称做 PC 器件，它是利用光电导效应制成的器件. 所谓光电导效应，是指当光照射到某些半导体材料表面时，能使半导体的电导率增加. 其导电机理是一种本征激发过程. 常用的材料有硫化铅、硒化铅、碲化铟、碲镉汞等半导体.

光电导探测器在电路中的作用，相当于一个可变电阻器，因此也称光敏电阻. 当光辐射照到光敏电阻上时，其电阻值发生变化，因此，可以通过适当的电路来检测其变化的大小，由此可以探测光辐射的强度.

光电导探测器的光谱响应范围与所用的材料有关. 如硫化镉光敏电阻的峰值波长为 0.51μm，硒化镉的峰值波长为 0.72μm. 对掺杂半导体，如锗掺杂，可作远红外探测器. 光电导探测器的响应时间一般在 $10^{-5} \sim 10^{-1}$ s.

3. 光伏探测器

光伏探测器也称 PV 器件，是利用光伏效应制成的探测器. 当光照射到某些材料的 PN 结上时，光生电子-空穴就会被内部电场分开而形成光生电动势. 光生电势与 PN 结势垒方向相反，从而降低了原来的势垒高度，如果接上外电路就会产生光电流. 这种效应称为光伏效应.

光伏探测器的光敏区域在 PN 结上，按工艺结构上的不同可分成光电二极管、光电池、光电三极管等光伏探测器件. 其中，将 PN 结做成 PIN 型的光谱响应时间最短，可达 10^{-10} s 数量级. 其典型光谱响应范围如表 3.6.2 所示.

表 3.6.2 光伏探测器件典型特征

名　称	材　料	光谱响应范围/μm	峰值波长/μm	响应时间(数量级)/s
光电二极管	锗管	0.4～1.8	1.4～1.5	10^{-7}
	硅管	0.41～1.1	0.85	
光电池	硅光电池	0.4～1.2	0.85	$10^{-5} \sim 10^{-3}$
	硒光电池	0.35～0.8	0.57	

光伏探测器具有体积小、结构简单、易于集成，是最常用的一种光电探测器件. 这种器件的伏安特性，往往与温度有关，因此，在使用时应注意进行温度修正.

在光电探测器的家族中，发展最迅速的一类器件是成像器件. 在这些器件中较为典型的是 CCD(charge-coupled device)，即电荷耦合器件. 它在国防、公安、工业、医学、生物、天文、地质、宇航等众多科学技术领域以及日常生活中有着广泛的应用. 有关这方面的内容，请参考有关书籍.

第 2 篇

基础性实验与综合性实验　设计性实验和拓展与创新性实验

第 4 章　基础性实验

4.1　固体密度的测量

［**实验目的**］

(1) 掌握测定规则物体密度的一种方法.

(2) 熟悉游标卡尺、螺旋测微计及物理天平的使用方法.

(3) 练习确定测量不确定度,并对测量结果进行分析.

［**实验原理**］

单位体积的物质所具有的质量称为该物质的密度. 如果测出物体的质量 m 和体积 V,则其密度为

$$\rho = \frac{m}{V} \tag{4.1.1}$$

在国际单位制中,密度单位是 kg/m^3.

当物体是一个形状简单并且规整的匀质体时,可以直接测量其几何尺寸,计算其体积. 本实验具体测量圆柱体和圆环形管的密度.

如果物体是一个直径为 d,高为 H 的圆柱体时,其体积为

$$V = \frac{1}{4}\pi d^2 H \tag{4.1.2}$$

于是

$$\rho = \frac{4m}{\pi d^2 H} \tag{4.1.3}$$

如果物体为圆环管时,其体积为

$$V = \frac{1}{4}\pi(D^2 - d^2)H \tag{4.1.4}$$

式中,D 为管外径,d 为管内径,H 为管长.

因此

$$\rho = \frac{4m}{\pi(D^2 - d^2)H} \tag{4.1.5}$$

一般说来,待测圆柱体和圆环管的各个断面的大小和形状都不尽相同,从不同位置测量它们的直径和高度,其数值会稍有差异. 为此,要精确测定被测物的体积,就必须在不同的位置上测量直径和高度,求出直径和高度的算术平均值.

［**实验仪器**］

游标卡尺、螺旋测微计、物理天平、待测物体(圆柱、圆环管).

［实验方法］

(1) 用物理天平称量各待测物体的质量 m. 为了消除天平的不等臂误差，要求采取"交换称量法"测量. 这时应注意游码读数值的"＋""－".

(2) 用螺旋测微计测量圆柱的直径 d，在上、中、下端各沿直径的方向测量，共测 6 次，用游标卡尺测量其高度 H(单次测量).

(3) 用螺旋测微计在不同位置上测圆环管的高度 H，测量 6 次，用游标卡尺沿不同方位测量圆环管的内径 d、外径 D，各测 6 次. 数据记录见表 4.1.1.

表 4.1.1　测量圆柱体

测量部位	上　端		中　端		下　端		平均值
次数	1	2	3	4	5	6	$(\overline{d'})$
d_i/mm							
$\Delta d_i/\mu$m							$s=$

［实验记录］

1. 圆柱体

1) 质量

$$m_{右} = \_\_\_\_ \text{ g} \quad m_{左} = \_\_\_\_ \text{ g} \quad m = \overline{m} \pm \Delta m = \_\_\_\_ \text{ g}$$

2) 直径 d(用螺旋测微计)

螺旋测微计的零点偏差 $\delta_0 =$

螺旋测微计的量具不确定度 $\Delta_{仪} = 4\mu$m

其中

$$\overline{d'} = \frac{1}{6}\sum_{i=1}^{6} d_i \tag{4.1.6}$$

将式(4.1.6)的直径平均值 $\overline{d'}$ 扣除 δ_0 得测量值

$$\overline{d} = \overline{d'} - \delta_0 \tag{4.1.7}$$

$$\Delta d_i = d_i - \overline{d'} \tag{4.1.8}$$

$$s = \sqrt{\frac{\sum_{i=1}^{6} (\Delta d_i)^2}{6-1}} \tag{4.1.9}$$

$$\Delta d = \sqrt{s^2 + \Delta_{仪}^2} \tag{4.1.10}$$

直径的测量结果为

$$d = \overline{d} \pm \Delta d = \_\_\_\_ \text{ mm}$$

3) 高度

$$H = \overline{H} \pm \Delta H = \_\_\_\_ \text{ mm}$$

2. 圆环管

记录表格自行设计.

[数据处理]

1. 计算密度 $\bar{\rho}$

根据密度计算公式(4.1.3)和式(4.1.5),计算出圆柱、圆环管的密度.

2. 误差分析

1) 圆柱体

$$E_r(\rho)=\sqrt{\left(\frac{\Delta m}{\bar{m}}\right)^2+\left(2\,\frac{\Delta d}{\bar{d}}\right)^2+\left(\frac{\Delta H}{\bar{H}}\right)^2} \tag{4.1.11}$$

$$\Delta\rho=\bar{\rho}E_r(\rho) \tag{4.1.12}$$

最终结果

$$\rho=\bar{\rho}\pm\Delta\rho=\underline{\qquad}\ \mathrm{kg/m^3}$$

*2) 圆环管

$$E_r(\rho)=\sqrt{\left(\frac{\Delta m}{\bar{m}}\right)^2+\left(\frac{2\bar{d}\Delta d}{\bar{D}^2-\bar{d}^2}\right)^2+\left(\frac{2\bar{D}\Delta D}{\bar{D}^2-\bar{d}^2}\right)^2+\left(\frac{\Delta H}{\bar{H}}\right)^2} \tag{4.1.13}$$

$$\Delta\rho=\bar{\rho}E_r(\rho) \tag{4.1.14}$$

最终结果

$$\rho=\bar{\rho}\pm\Delta\rho=\underline{\qquad}\ \mathrm{kg/m^3}$$

[思考题]

(1) 试扼要地说明为什么圆柱体的高度要用游标卡尺测量,直径要用螺旋测微计测量?

(2) 一个小圆柱,其长度为3cm左右,直径为1cm左右,若采用螺旋测微计和游标卡尺测量它的尺寸,你认为怎样安排最合理?用卡尺测量它的长度,会不会严重降低它的精度?

(3) 说明螺旋测微计、游标卡尺使用中应注意的事项.

4.2 测金属丝的线膨胀系数

因物质内部的分子都处于不停地运动状态中,而分子热运动强弱的不同,使得绝大多数物质都具有"热胀冷缩"的特性. 在工程结构的设计以及材料的加工、仪表的制造过程中,都必须考虑物体的这种现象,因为这些因素直接影响到结构的稳定性和仪表的精度.

金属的线膨胀是金属材料受热时,在一维方向上伸长的现象. 线膨胀系数的测定在工程技术中是非常重要的,是衡量材料的热稳定性好坏的一个重要的指标. 特别是新材料的研制,都得对材料的线膨胀系数做测定. 本实验用光杠杆测微小长度的方法来测量金属丝的线膨胀系数.

[实验目的]

(1) 掌握一种测线膨胀系数的方法.

(2) 了解光杠杆法测定微小长度的原理和方法.

(3) 掌握几种长度测量的方法及其误差分析.

(4) 学习用作图法处理数据.

[实验原理]

当固体温度升高时,分子间的平均距离增大,其长度增加,这种现象称为线膨胀.长度的变化大小取决于温度的改变、材料的种类和材料原来的长度.实验表明,在一定的温度范围内,原长为 L 的物体,受热后其伸张量 ΔL 与其温度的增加量 Δt 近似成正比,与原长 L 亦成正比,即

$$\Delta L = \alpha L \Delta t \tag{4.2.1}$$

式中,α 是固体的线膨胀系数.不同的材料,线膨胀系数不同.对同一材料,α 本身与温度稍有关.但从实用的观点来说,对于绝大多数的固体在不太大的温度变化范围内可以把它看做常数.表 4.2.1 是几种常见材料的线膨胀系数.

表 4.2.1 几种材料的线膨胀系数

材 料	铜、铁、铝	普通玻璃、陶瓷	殷 钢	熔凝石英	蜡
α(数量级)	$\sim 10^{-5}/℃^{-1}$	$\sim 10^{-6}/℃^{-1}$	$2\times 10^{-6}/℃^{-1}$	$\sim 10^{-7}/℃^{-1}$	$\sim 10^{-6}/℃^{-1}$

假设温度 t_1 时杆长 L,受热后温度到 t_2 时杆伸长量为 ΔL,则该材料在温度 $t_1 \sim t_2$ 的线膨胀系数为

$$\alpha = \frac{\Delta L}{L(t_2 - t_1)} \tag{4.2.2}$$

可理解为当温度升高 1℃时,固体增加的长度和原长度的比,单位为$℃^{-1}$.

式(4.2.2)中 ΔL 是杆的微小伸长量,也是我们主要测量的量.其测量方法类同于实验 4.3(用光杠杆法测量金属丝的杨氏模量)金属丝伸长量的测量方法,采用的是光杠杆放大法.光杠杆放大原理可参看实验 4.3.因此有

$$\Delta L = \frac{b}{2D}(x_2 - x_1) \tag{4.2.3}$$

式中,x_2,x_1 为 t_2,t_1 温度时标尺上对应的读数,D 为镜面到直尺的距离,b 为光杠杆前足尖连线与后足尖之间的垂直距离.

$$A = \frac{2D}{b} \tag{4.2.4}$$

称为光杠杆的放大倍数.本实验中 $D=(1\sim 2)\text{m}$,$b=(7\sim 8)\text{cm}$,则放大倍数为 30~50 倍.适当增大 D,减小 b,可增大光杠杆的放大倍数(或称为提高光杠杆的灵敏度).将式(4.2.3)代入式(4.2.2),可得出光杠杆法测线膨胀系数的公式为

$$\alpha = \frac{(x_2 - x_1)b}{2LD(t_2 - t_1)} \tag{4.2.5}$$

[实验仪器]

线膨胀系数测定装置,尺读望远镜,最小刻度为 0.2℃温度计,钢卷尺.

用光杠杆测量金属杆的线膨胀系数实验装置如图 4.2.1 所示.

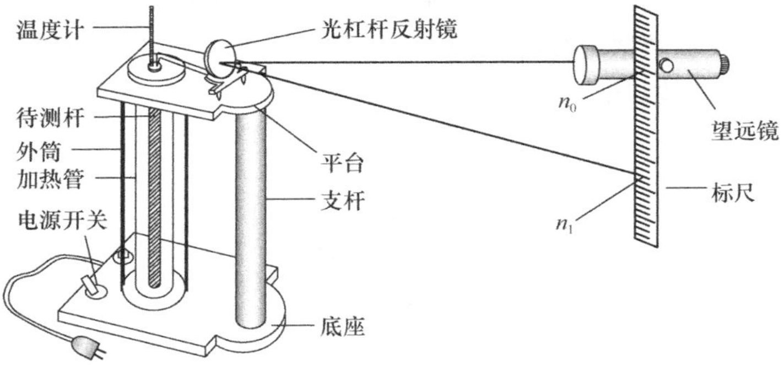

图 4.2.1 线膨胀系数实验装置

整个装置主要由加热系统和光杠杆测量系统组成. 加热系统由底座、外筒、支杆以及给待测金属杆加热的加热管组成. 支杆、平台与底座牢固地连接在一起,加热管中可放置待测金属杆和插入温度计.

光杠杆测量系统中有光杠杆反射镜 M(使用时,前面两足放在平台上,后足放在待测金属杆的柱面上),水平放置的望远镜 T 和竖直标尺 S 组成的,它们用支架进行支撑和固定.

［**实验内容**］

1. 实验步骤

(1) 用卷尺测量杆长 L,记录实验开始前温度 t_1,温度计放入管内适当的位置.

(2) 光杠杆的两前足放于平台槽内,后足立于被测杆顶端,并使三足尖尽可能在一水平面上.

(3) 望远镜的调节步骤、光杠杆系统的光路调节,可参看实验 4.3 操作步骤.

(4) 接通电源加热被测杆,每隔 3℃记录一次标尺的读数,将数据记录于表 4.2.2 中.

表 4.2.2

温度 t_i/℃													
读数 x_i/mm													
$D=$ cm		$L=$ cm					$b=$ cm						

(5) 测量 D,b.

加热系统如图 4.2.2 所示. 实验前先测量金属棒在室温的长度 L,再把被测棒慢慢放入线膨胀仪的孔中,直到被测棒的下端接触底面;调节温度计,使其下端长度为 15～20cm,不要掉入加热管孔内. 另外,实验中仪器不能有任何变动或者受干扰.

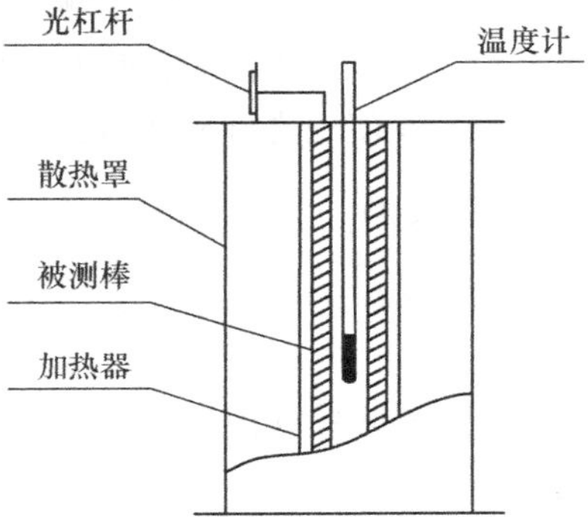

图 4.2.2 加热系统

2. 数据记录与处理

线膨胀仪编号________,光杠杆编号码________,待测材料:________.

在实验4.3中，已学过用逐差法处理数据，同学们可以自行模仿，本实验不做要求.

本实验用作图法处理数据. 以 x 为纵轴，温度 t 为横轴，做 x-t 曲线. 注意图上的有效数字位数一定要与实验数据的有效数字位数相同. 坐标原点的选取要使曲线与纵轴交点落在横轴上方，便于处理数据.

由 $\Delta L=\alpha L\Delta t$ 与 $\Delta L=\dfrac{b}{2D}\Delta x$，可得

$$\alpha=\frac{b}{2DL}\frac{\Delta x}{\Delta t} \tag{4.2.6}$$

式中 $\dfrac{\Delta x}{\Delta t}$ 即为 x-t 曲线的斜率，可在图上求出.

3. 误差分析

1) 系统误差.

(1) 铜棒温度不均匀，中间温度高，上部温度偏低，可能使 α 偏小.

(2) 温度计的热惯性，在连续的观测中，实际温度高于读数温度，可使 α 值增大.

2) 误差计算.

由测量公式(4.2.5)可以导出 α 相对误差公式为

$$\left(\frac{\Delta_\alpha}{\alpha}\right)^2=\left(\frac{\Delta_{(x_2-x_1)}}{x_2-x_1}\right)^2+\left(\frac{\Delta_b}{b}\right)^2+\left(\frac{\Delta_D}{D}\right)^2+\left(\frac{\Delta_L}{L}\right)^2+\left(\frac{\Delta_{(t_2-t_1)}}{t_2-t_1}\right)^2 \tag{4.2.7}$$

式中 Δ_L 由钢卷尺仪器误差估计，卷尺仪器误差取 $\Delta_{仪}=0.3\text{mm}$. 先计算出 S_L，再求出 $\Delta_L=\sqrt{S_L^2+\dfrac{\Delta_{仪}^2}{3}}$；$\Delta_D$ 考虑到测量时钢卷尺有弯度，取 $\Delta_D=3\text{mm}$；Δ_b 由钢卷尺仪器误差估计. 对于这5项分误差，先作粗略估算，弄清哪几项是主要的，在实验中应注意减小这些主要误差的产生.

[注意事项]

(1) 正式加热前必须认真检查各仪器装置，注意金属杆底端必须顶在支架下端的支柱上，以避免杆向下伸长，影响测量.

(2) 实验前不要按"加热"开关，以免为恢复加热前温度而延误实验时间，或因短时间内温度忽升忽降而影响实验测量的准确度.

(3) 为了避免体温传热对炉内外热平衡扰动的影响，不要用手抓握待测试件.

(4) 在使用光杠杆法时，要注意在测量过程中，保持光杠杆及望远镜位置的稳定.

[思考题]

(1) 本实验中，式(4.2.7)中哪一个量的测量误差对结果影响最大？在操作时应注意什么？

(2) 本实验在温度连续变化的条件下进行时，读标尺时应注意什么？本实验能否任选若干组测量数据？

(3) 望远镜的调节分哪几步？

4.3 用光杠杆法测量金属丝的杨氏模量

杨氏弹性模量 E 是描述固体材料抵抗长度形变能力的物理量，它是材料力学性质的重要物理常数.

以金属丝为例. 长度 L，截面积为 A 的均匀金属丝，在受到拉力 F 的作用下被拉伸. 设伸长量为 h，依据胡克定律，在其弹性限度内，伸长的应变 $\varepsilon=h/L$ 与拉应力（胁强）$\sigma=F/A$ 成正比.

$$\varepsilon \propto \sigma \tag{4.3.1}$$

写成等式，取比例系数为 $\frac{1}{E}$，则有

$$\varepsilon = \frac{\sigma}{E} \tag{4.3.2}$$

式中，E 为钢丝的杨氏模量. 由此可得

$$E=\frac{\sigma}{\varepsilon}=\frac{F/A}{h/L}=\frac{FL}{Ah} \tag{4.3.3}$$

［实验目的］

(1) 学习用光杠杆法测量微小的长度变化.

(2) 学会用逐差法处理测量数据.

(3) 学习望远镜的调节及其在测量上的应用.

［实验原理］

根据式(4.3.3)，其中的 F,L,A 用常规方法可以测得较准. 但 h 较小，难于直接测量. 为此，本实验采取光学放大法——光杠杆法进行测量. 如图 4.3.1 所示，由几何关系可得

$$h=\frac{L_1 S}{2L_2} \tag{4.3.4}$$

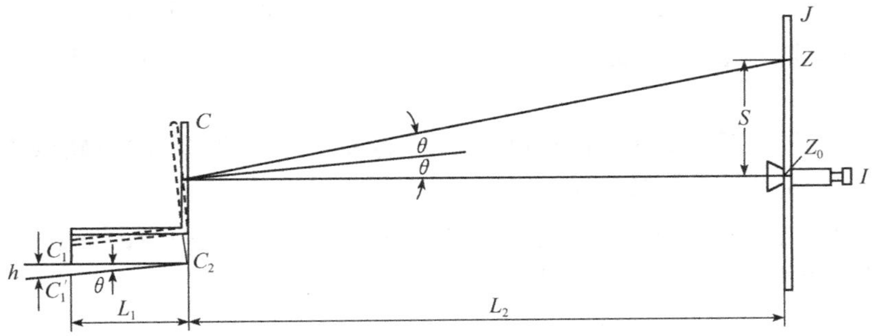

图 4.3.1 光杠杆放大原理

将式(4.3.4)代入式(4.3.3)，且 $A=\frac{\pi}{4}d^2$（d 为钢丝直径），$F=mg$，得到实验公式

$$E = \frac{8FLL_2}{\pi d^2 L_1 S} = \frac{8mgLL_2}{\pi d^2 L_1 S} \tag{4.3.5}$$

注意：式(4.3.5)成立的条件是①拉伸不超过钢丝的弹性限度；②光杠杆的前后足基本在同一水平面上；③θ很小，即$h \ll L_1$或者说$S \ll L_2$.

［实验仪器］

杨氏模量测量装置如图4.3.2所示，包括光杠杆、砝码、测高仪(望远镜)、标尺、钢卷尺与螺旋测微计.

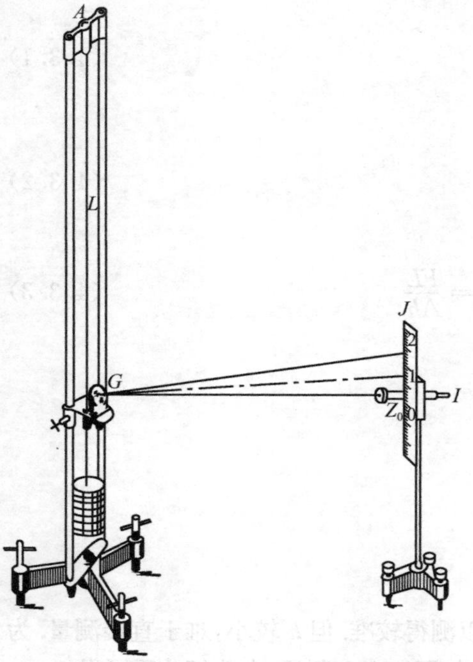

图4.3.2　杨氏模量测量装置

［实验方法］

1. 安置实验装置

用游标卡尺测量光杠杆前后足的距离L_1. 由于对准较困难及眼睛分辨能力所限，测量精度一般不高于0.2mm，即ΔL_1应取0.2mm左右. 然后将光杠杆置于平台上，且后足放在圆柱端面上. 适当调整平台的高度，使光杠杆的前后足基本水平. 平面反射镜铅直放置，面向望远镜.

放置望远镜系统，使之距反射镜>150cm，处于铅垂状态，使望远镜高度与光杠杆反射镜差不多同高. 并用荧光灯照亮高度尺尺面.

2. 调整(测高仪)望远镜与光杠杆

先根据(测高仪)望远镜底座上的水准泡调其支脚，使之铅直. 随后调整望远镜：

(1) 先轻轻旋动目镜，使得分划板上的黑色标准线(水平，垂直)达到最清晰的程度.

(2) 旋动望远镜中部套筒，使能看清反射镜的位置，这时将望远镜转动位置，对准反射镜，并进一步调整它的高度，使反射镜的中心正处于望远镜分划板水平标准(黑色)线上.

(3) 调整光杠杆反射镜的方位及角度，使它将高度尺上的Z_0位置(略低于望远镜筒中心高度2～5cm)反射到望远镜中.

调整时应当先以自视引导，再在望远镜中观察. 同时仍要进一步调整望远镜焦距，使尺像达到最清楚的程度. 为此，要用消除“视差”的方法加以解决.

3. 加载与减载，测量Z_i

在调好望远镜与光杠杆后，检查测量架的砝码盘上是否空载. 空载时作为$F_1=0$，并通过望远镜观察，读取并记录Z_1^+值(望远镜水平准线所对数值，应估读到0.1mm的数量级). 然后逐次增加一个砝码，一直增加到 $2n-1$ 个($n=2,3,4,\cdots$;由实验室给出). 通过望远镜依次测量并记录. 再逐个取下砝码，依次记录 Z_i^-，直到全部取下为止.

4. 测量 d、L_2

用螺旋测微计在 6 个以上的位置测量钢丝的直径 d，应注意不要测量钢丝弯曲的部位，并且应注意螺旋测微计的零点修正问题. 用钢卷尺测量标尺与反射镜之间距离 L_2.

[注意事项]

(1) 光杠杆的后足不要太靠近钢丝，也不要太靠边，以免它下降时受阻而影响测量.

(2) 加、减砝码时必须轻、稳，以免扰动光杠杆，并且待钢丝稳定后再测量.

(3) 用钢卷尺测量 L_2 时注意勿碰动反射镜，读数要求达到毫米级. 由于镜面的厚度等因素，ΔL_2 可取 5mm.

[数据处理]

1. 钢丝尺寸

(1) 钢丝直径 d

$$d=\bar{d}\pm\Delta d=\underline{\quad\quad}\ \text{mm};$$

(2) 钢丝长度

$$L=\bar{L}\pm\Delta L=\underline{\quad\quad}\ \text{cm(由实验室给出)}.$$

2. 光杠杆比例臂 L_1 与 L_2

$$L_1\pm\Delta L_1=\underline{\quad\quad}\ \text{mm},\quad L_2\pm\Delta L_2=\underline{\quad\quad}\ \text{cm}$$

3. Z_i 的测量与 S 的确定

$$Z_i=\frac{1}{2}(Z_i^+ + Z_1^-),\quad S_j=Z_{j+n}-Z_j$$

4. 数值计算

由测量所得诸值，依逐差法计算 S、ΔS 及 m 值，代入式(4.3.5)，计算 E 的数值($m=nm_0$，m_0 为单个砝码的质量).

5. 误差分析

由于 m、L_1、L_2 的精度比 d、S 的精度高，所以可略去不计，因此，由式(4.3.5)只讨论 d、s 的不确定度，先导出 ΔE 的表达式，计算 ΔE 及 $E_r(E)$，并给出测量结果.

[思考题]

(1) 在测量微小长度变化中，光杠杆法有什么优点？怎样提高光杠杆测量灵敏度？

(2) 在计算 S 时，为什么没有简单地取相邻测量值之差的平均值，而采用逐差法？

(3) 在望远镜调节时，为什么要消除“视差”？

(4) 在开始读数时,如果 Z_0 与望远镜中心的标高位置相差很大,对测量有什么影响?

(5) 引起 E 测量不确定度的主要因素是哪些?你是怎样提高测量精度的?

(6) E 的物理意义是什么?对于材料相同,但粗细、长度不同,在不同外力作用下(未超过弹性限度)的几根金属丝,E 的数值是否相同?为什么?

4.4 空气密度与气体普适常量的测定

气体普适常量是热力学中的一个重要常数,而气体密度是分子物理学中的一个重要物理量.

[**实验目的**]

(1) 学习用抽真空法测量环境空气的密度,并换算成干燥空气在标准状态下(0℃、1标准大气压)的数值,与标准状态下的理论值比较.

(2) 从理想气体状态方程出发,推导出变压强下气体普适常量的表达式,利用逐次降压的方法测出气体压强 p_i 与总质量 m_i 的关系并作图,由直线拟合求得气体普适常量 R,并与理论值比较.

[**实验原理**]

1. 真空

气压低于一个大气压(约 10^5Pa)的空间,统称为真空.其中,按气压的高低,通常又可分为粗真空($10^5\sim10^3$Pa)、低真空($10^3\sim10^{-1}$Pa)、高真空($10^{-1}\sim10^{-6}$Pa)、超高真空($10^{-6}\sim10^{-12}$Pa)和极高真空(低于 10^{-12}Pa)五部分.其中在物理实验和研究工作中经常用到的是低真空、高真空和超高真空三部分.

2. 真空表

大气压:地球表面上的空气柱因重力而产生的压力.它和所处的海拔高度、纬度及气象状况有关.

压差:两个压力之间的相对差值.

绝对压力:介质(液体、气体或蒸气)所处空间的所有压力.

负压(真空表压力):如果绝对压力和大气压的差值是一个负值,那么这个负值就是负压力,即负压力=绝对压力-大气压<0.

3. 空气密度

空气的密度 ρ 由下式求出,$\rho=\frac{m}{V}$,式中 m 为空气的质量,V 为相应的体积.取一只比重瓶,设瓶中有空气时的质量为 m_1,而比重瓶内抽成真空时的质量为 m_0,那么瓶中空气的质量 $m=m_1-m_0$.如果比重瓶的容积为 V,则 $\rho=\frac{m_1-m_0}{V}$.由于空气的密度与大气压强、温度和绝对湿度等因素有关，故由此而测得的是在当时实验室条件下的空气密度值．如要把所测得的空气密度换算为干燥空气在标准状态下(0℃、1标准大气压)的数值，则可采用下述公式

$$\rho_n=\rho\frac{p_n}{p}(1+\alpha t)\left(1+\frac{3}{8}\frac{p_\omega}{p}\right) \tag{4.4.1}$$

式中，ρ_n 为干燥空气在标准状态下的密度；ρ 为在当时实验条件下测得的空气密度；p_n 为标准大气压强；p 为实验条件下的大气压强；α 为空气的压强系数($0.003674℃^{-1}$)；t 为空气的温度(℃)；p_ω 为空气中所含水蒸气的分压强(即绝对湿度值)，p_ω=相对湿度$\times p_{\omega 0}$，$p_{\omega 0}$为该温度下饱和水蒸气压强．在通常的实验室条件下，空气比较干燥，标准大气压与大气压强比值接近于1，公式(4.4.1)近似为

$$\rho_n=\rho(1+\alpha t) \tag{4.4.2}$$

4．气体普适常量的测量

理想气体状态方程

$$pV=\frac{m}{M}RT \tag{4.4.3}$$

式中，p 为气体压强，V 为气体体积，m 为气体总质量，M 为气体的摩尔质量，T 为气体的热力学温度，其值 $T=273.15+t$. R 称为理想气体普适常量，也称为摩尔气体常量，理论值 $R=8.31\text{J}/(\text{mol}\cdot\text{K})$.

各种实际气体在通常压强和不太低的温度下都近似地遵守这一状态方程，压强越低，近似程度越高．

本实验将空气作为实验气体．空气的平均摩尔质量 M 为 28.8g/mol.(空气中氮气约占80%，氮气的摩尔质量为28.0g/mol；氧气约占20%，氧气的摩尔质量为32.0g/mol.)

取一只比重瓶，设瓶中装有空气时的总质量为 m_1，而瓶的质量为 m_0，则瓶中的空气质量为 $m=m_1-m_0$，此时瓶中空气的压强为 p，热力学温度为 T，体积为 V. 理想气体状态方程可改写为

$$p=\frac{mT}{MV}R,\quad 即\ p=\frac{m_1T}{MV}R+C'\quad\left(C'=-\frac{m_0T}{MV}R,为常数\right) \tag{4.4.4}$$

设实验室环境压强为 p_0，真空表读数为 p'，则 $p'=p-p_0<0$，式(4.4.4)改写为

$$p'=\frac{m_1T}{MV}R+C'-p_0=\frac{m_1T}{MV}R+C\quad(C为常数) \tag{4.4.5}$$

式中 $C=C'-p_0$，测出在不同的真空表负压读数 p' 下 m_1 的值，然后作出 p'-m_1 关系图，求出直线的斜率 $k=\frac{RT}{MV}$，便可得到气体普适常量的值．

［实验仪器］

ZX-1型旋片式真空泵、真空表(−0.1～0MPa，最小分度0.002MPa)、真空阀、真空管、比重瓶、电子物理天平(0～1kg，最小分度0.01g)及水银温度计(0～50℃，最小分度0.1℃).

［实验内容］

1. 测量空气的密度

(1) 测量比重瓶的体积. 用游标卡尺量出比重瓶的外径 D，长度 L，上底板厚度 δ_1，下底板厚度 δ_2，侧壁厚度 δ_0（侧壁厚度应该多量几次取平均值），算出比重瓶的体积 V.

(2) 将比重瓶开关打开，放到电子物理天平上称出空气和比重瓶总质量 m_1，然后将其平放桌面上，瓶口与真空管相接，参考图 4.4.1.

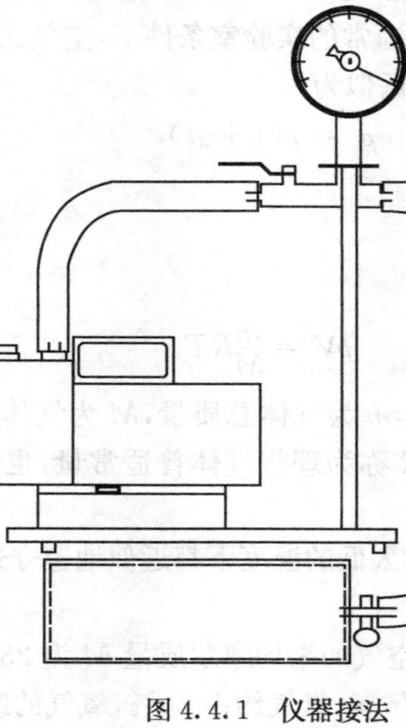

图 4.4.1 仪器接法

(3) 将真空阀打开，插上真空泵电源，打开真空泵开关（打开开关前应检查真空泵油位是否在油标中间位置），待真空表读数非常接近 −0.1MPa 时（只需要等几分钟即可），先关上比重瓶开关，再关上真空阀门，最后才关闭真空泵（**顺序千万不能弄错，否则真空泵中的油可能会倒流入比重瓶中**）.

(4) 将比重瓶从真空管中拔下来，**注意这个过程应该缓慢进行，防止外界空气突然进入真空管中把真空表的指针打坏.**

(5) 将比重瓶放到电子物理天平上称出比重瓶的质量 m_0，算出气体质量，由公式 $\rho=\dfrac{m_1-m_0}{V}$ 算出环境空气密度.

(6) 由水银温度计读出实验室温度 t(℃)，由公式 $\rho_n=\rho(1+\alpha t)$ 算出标准状态下空气的密度，与理论值比较.

2. 测定普适气体常量 R

(1) 用水银温度计测量环境温度 t_1(℃)（此实验过程较长，环境温度可能发生变化，应该测出实验始末温度取平均).

(2) 在实验内容 1 的基础上,将比重瓶与真空管重新连起来,打开比重瓶开关,真空表读数变到-0.1MPa 到-0.09MPa 之间,由于比重瓶与真空管接口处没有严格密封,所以存在缓慢的漏气,整个系统的压强会缓慢降下来,等降到-0.09MPa 时,迅速关闭比重瓶开关,缓慢将比重瓶拔下来.

(3) 称出比重瓶在-0.09MPa 的质量 m_1.

(4) 又将比重瓶与真空管相连,打开比重瓶开关,真空表读数变为-0.09MPa 到-0.08MPa之间,同样等到压强降为-0.08MPa 之后缓慢拔下比重瓶称出此时质量.

(5) 同步骤(2)、(3)、(4)一样测出真空表读数分别为-0.07,-0.06,-0.05,-0.04,-0.03,-0.02,-0.01,0(MPa)时的质量.

(6) 测量环境的温度 t_2(℃).

(7) 作出 p'-m_1 图,拟合出直线的斜率 $k=\dfrac{RT}{MV}$,算出气体普适常量的值.

[注意事项]

(1) 关阀门的顺序千万不能弄错,否则真空泵中的油可能会倒流入比重瓶中.

(2) 将比重瓶口从真空管中拔出来的过程应该缓慢进行,防止外界空气突然进入真空管中把真空表的指针打坏.

(3) 应该保证环境温度不能变化太大,否则将影响实验结果.

(4) 手不能长时间接触比重瓶,防止传热引起瓶内气体温度改变.

[思考题]

(1) 如果先关闭真空泵开关,后关闭真空阀门和比重瓶开关,会发生什么事故?

(2) 环境温度变化太大,会对测量结果产生什么影响?

4.5 气垫导轨上测量速度、加速度

[实验目的]

(1) 学习使用气垫导轨和电脑通用计数器.

(2) 观察滑块运动的规律,并测量速度、加速度.

(3) 验证牛顿第一、第二定律.

[实验原理]

1. 速度的测量

依据牛顿第一定律,作用在质点上的合外力为零时,质点将保持静止或做匀速直线运动.实验中,由于摩擦阻力极小而可以忽略不计,因此漂浮在水平放置的平直气轨上的滑块,所受的合外力可视为零.这样,滑块在气轨上将保持静止,或以一定速度做匀速直线运动.

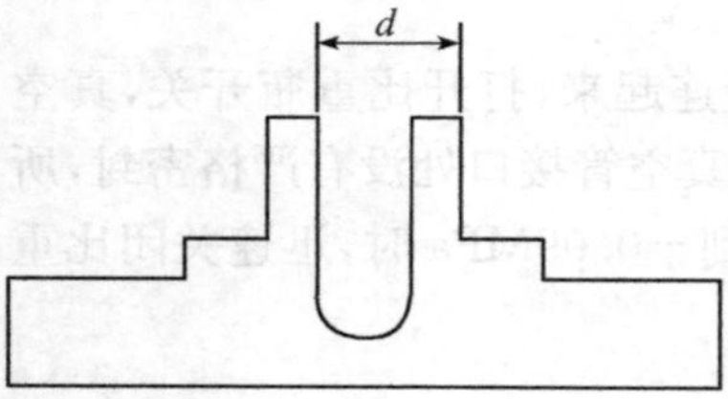

图 4.5.1　遮光板示意图

滑块上装有一个遮光板，如图 4.5.1 所示. 当滑块在气轨上运动通过光电门时，由于遮光板的遮光作用，光电二极管将先后产生两个脉冲信号. 该信号作为启动和终止计时的信号. 电脑通用计数器将显示出滑块在该光电门处通过距离 d(遮光杆间距)所用的时间. 若以 t 表示这一时间，那么

$$v = \frac{d}{t} \tag{4.5.1}$$

式中，v 为在距离 d 中的平均速度. 由于 d 比较小，在遮光板通过光电门的时间范围内滑块的速度变化很小，故可将该速度看成滑块通过光电门所在处的瞬时速度.

显然，如果滑块做匀速直线运动，滑块通过设在气轨上任一位置的光电门时，计数器上显示的时间 t 或速度 v 均是不变的.

2. 加速度的测量

把调平的导轨倾斜一个微小角度 θ(方法是在导轨单脚调平螺钉支座下加垫块)，则滑块在斜面上所受的合外力 F(忽略了摩擦力)(图 4.5.2)有

$$F = mg\sin\theta = mg\,\frac{h}{L} \tag{4.5.2}$$

在此恒力 F 作用下，滑块将沿斜面做匀加速直线运动. 如果测出滑块通过光电门 C_1、C_2 时的速度 v_1 和 v_2 及经过两光电门所需的时间 t，计数器就可以计算出滑块运动的平均加速度 $\bar{a}$

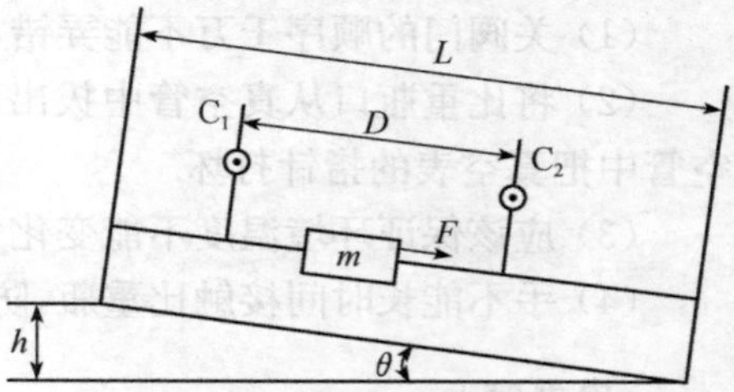

图 4.5.2　滑块在气轨上加速下滑示意图

$$\bar{a} = \frac{v_2 - v_1}{t} \tag{4.5.3}$$

3. 验证牛顿第一定律

依据牛顿第一定律，滑块在光滑水平面上应做匀速直线运动. 若测得滑块在通过两光电门时速度的变化值小于实验不确定度，则表明定律得到了验证.

4. 验证牛顿第二定律

依据牛顿第二定律，滑块在光滑斜面上下滑的加速度 a_0 应当是

$$a_0 = \frac{F}{m} = \frac{mg\sin\theta}{m} = g\,\frac{h}{L} \tag{4.5.4}$$

将实验值与 a_0 比较，若其间的差别小于实验不确定度的范围，定律就得到了验证.

[实验仪器]

1) 气垫导轨　L-QG-T-2000 型.

导轨工作面长度——2m；

导轨直线度——全长不确定度小于 0.10mm；

导轨脚距——1140mm.

2) 电脑通用计数器 MUJ-Ⅱ型.

计时范围——0.00～35.5min；

测加速度范围——0.00～2000cm/s^2；

测速范围——0.00～2000cm/s；

电源电压——交流 220V.

3) 气源 DC-Ⅱ型 微音洁净气泵.

电源——220V,50Hz；

功率——>500W.

4) 滑块.

长度——120mm,240mm.

［**实验方法**］

1. 观察匀速直线运动——测量速度

1) 调整光电门,设置计数器

先将光电门 C_1 放置在距气轨一端 50cm 处,再将光电门 C_2 放置在距 C_1 50cm 处. 打开通用计数器开关,按功能键将功能选至计时挡,按转换键将单位转至 cm/s. 打开气源.

2) 调平气垫导轨

(1) 静态调节. 将滑块置于导轨上. 调节单脚调平螺钉(顺时针旋转为升高导轨),直到滑块能保持不动或稍有些滑动,但无方向性,这可粗略地认为气轨已调平. 为求得最佳状态,应在气轨上几处不同地点调节.

(2) 动态调节. 令滑块以某一速度(30～70cm/s)运动,比较其通过两光电门时的速度 v_1、v_2. 因存在一定的空气黏滞阻力,如果气轨是水平的,那么通过第二个光电门时的速度 v_2 应小于通过第一个光电门时的速度 v_1. 经过正、反两方向多次调节,若 v_1、v_2 速度差值均不超过 1cm/s 即认为气轨已调平.

3) 测量速度

先将通用计数器内部所存数据删除,然后把滑块放在气轨一端,推动滑块,使它获得一个初速度,并保证通过两个光电门速度控制在 30～70cm/s,经过 5 次如此往复运动,取下滑块. 按下通用计数器的取数键,取出 10 组数据(20 个速度值)填入表格中(表格自行设计).

2. 测量加速度

(1) 重新调节气轨,以彻底消除滑块在一个方向运动(由单支脚到双支脚方向)时所受的阻力. 使滑块沿此方向运动的速度 v_1、v_2 满足:在 30～70cm/s,速度差值均不超过 0.3cm/s.

(2) 按通用计数器的功能键将功能选至加速度挡，按转换键使单位转至 cm/s^2，调节两光电门间距 D，使 D=50cm，然后在气轨单脚支座下分别加 h_1=1.0cm，h_2=1.5cm 的垫块，使气轨面形成一定的倾斜角，让滑块从同一位置自由下滑，重复测量 6 次，记录每一次的加速度值.

注意：每次测量记录完毕后，要按功能键使仪器复位，否则通用计数器将循环显示第一次的测量数据.

改变光电门间距 D，使 D=70cm，重复上述实验. 记录表格如表 4.5.1 所示.

表 4.5.1　滑块在气轨上做匀加速直线运动

D/cm	50.0		70.0	
h/cm	1.0	1.5	1.0	1.5
a_1/(cm/s^2)				
a_2/(cm/s^2)				
a_3/(cm/s^2)				
a_4/(cm/s^2)				
a_5/(cm/s^2)				
a_6/(cm/s^2)				
$\bar{a}_i$/(cm/s^2)				

[数据处理]

1. 对 D=50cm，$h=h_1$ 的情况进行不确定度分析

1) 计算 Δa 及 $E_r(a)$

$$\Delta a=\sqrt{s^2+\Delta_0^2}\qquad s^2=\frac{1}{n-1}\sum\Delta a_i^2\qquad \Delta_0=0.3\text{cm/s}^2$$

2) 测量结果

$$a=\bar{a}\pm\Delta a=\_\_\_\_\_\_(\text{cm/s}^2)$$

$$E_r(a)=\_\_\_\_\_\_\%$$

2. 验证牛顿第一定律

分别计算出每次测量数据的$\frac{v_1-v_2}{v_1}$.

由于空气的黏滞阻力不可避免，以及系统误差的存在，尽管气轨已调平，但滑块仍减速运行. 所以，若$\frac{v_1-v_2}{v_1}\times 100\%<3\%$即可认为验证了牛顿第一定律.

3. 验证牛顿第二定律(只对 D=50cm，$h=h_1$；D=70cm，$h=h_2$ 的情况验证)

1) 计算 a_0 值

$$a_0=g\frac{h}{L}$$

式中，g=(980.3±0.1)cm/s^2(沈阳地区)，L=(114±1)cm

2) 计算 $E_r(\bar{a})$、$E_r(a)$

$$E_r(\bar{a}) = \frac{|\bar{a} - a_0|}{a_0} \times 100\%$$

将 $E_r(\bar{a})$ 与 $E_r(a)$ 进行比较，若 $E_r(\bar{a}) \leqslant E_r(a)$ 就验证了牛顿第二定律.

［**思考题**］

(1) 什么是“气垫”原理?

(2) 实验前如何调平气垫导轨?

(3) 为什么在未开气源的情况下严禁在轨面上来回拖动滑块?

(4) 在测量加速度之前，为什么要重新调整(单向调节)气垫导轨?

(5) 引起加速度测量不确定度的主要原因有哪些?

气垫导轨实验仪器简介

气垫导轨是一种较理想的低摩擦力学装置，如图 4.5.3 所示. 它是利用气源将压缩空气注入导轨内腔，再由导轨表面上的小孔喷出气流，在导轨与滑块之间形成很薄的“气垫”，将滑块浮起，从而使滑块能在导轨上做近似无阻力的直线运动(不存在接触摩擦阻力，而仅有极微小的空气黏滞阻力及运动阻力). 这样就可以利用气垫导轨观察和研究在近似无阻力的情况下物体的各种运动规律.

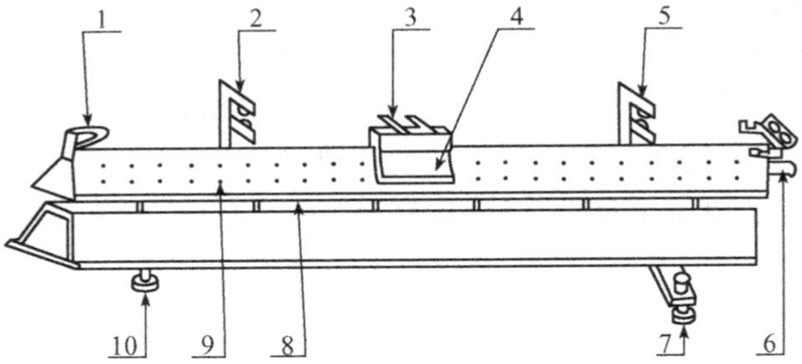

图 4.5.3 气垫导轨装置图

1. 缓冲弹簧；2. 光电门 C_1；3. 挡光片；4. 滑块；5. 光电门 C_2；6. 进气口；7. 调平螺钉(双)；8. 标尺；9. 排气孔；10. 调平螺钉(单)

1. 气垫导轨的基本结构

(1) 气源. 小型立式气泵(DC-Ⅱ型). 可产生 1.4m 水柱的风压，风量达 1.13m^3/min. 该机不宜长时间连续工作，因而用完后应随时停机. 压缩空气通过导管进入导轨腔体内.

(2) 导轨体. 中空的铝合金三角形导轨体(L-QG-T-2000/5.8 型)，全长 2m，表面上均匀分布两排细小(Φ=0.6mm)的气孔，压缩空气由小孔中喷出，将滑块托起 0.06～0.2mm.

(3) 支架. 包括(中空)矩形铝型材底座和前、后支座. 双脚支座可以用螺旋调整导轨两侧面与铅垂面的夹角，以保证滑块运动(两侧面)的平稳. 单脚支座可用螺旋调节整个导轨面(顶脊)的水平度.

(4) 滑块. 由直角形铝合金制成，与导轨表面相配合. 根据实验需要，可以在其两端安装弹性环或尼龙搭扣，在其顶部装上挡光板等.

(5) 光电门. 光电门是光电转换装置. 光电门由光源(红外发光管)和装在对面的光电二极管组成. 当射向二极管的光线被遮挡时，在切断光线的瞬间，二极管的通电状态发生跃变，以此电信号来控制通用计数器的计数或停止.

2. 气垫导轨使用注意事项

(1) 气轨是较精密的实验设备，实验中必须确保导轨不变形、表面不受砸、碰. 未通气的情况下，不能在导轨上强行推动滑块. 实验完毕后，应先取下滑块，后关闭气源.

(2) 导轨与滑块的工作表面必须保持清洁. 油污、灰尘及水珠等都会影响实验的精度. 发现污物时，只能在开动气源的情况下用毛刷或用蘸有少量乙醇的棉花擦拭干净.

4.6　稳态法测量不良导体的导热系数

导热系数是表征物质热传导性质的物理量. 材料结构的变化与所含杂质的不同对材料导热系数数值都有明显的影响，因此材料的导热系数常常需要由实验去具体测定.

测量导热系数的实验方法一般分为稳态法和动态法两类. 在稳态法中，先利用热源对样品加热，样品内部的温差使热量从高温向低温处传导，样品内部各点的温度将随加热快慢和传热快慢的影响而变动；当适当控制实验条件和实验参数使加热和传热的过程达到平衡状态，则待测样品内部可能形成稳定的温度分布，根据这一温度分布就可以计算出导热系数. 而在动态法中，最终在样品内部所形成的温度分布是随时间变化的，如呈周期性的变化，变化的周期和幅度亦受实验条件和加热快慢的影响，与导热系数的大小有关.

本实验应用稳态法测量不良导体(橡皮样品)的导热系数，学习用物体散热速率求传导速率的实验方法.

[实验目的]

(1) 了解物体导热的机理及影响导热性能的因素.

(2) 测定橡胶的导热系数.

[实验原理]

1898年，C. H. Lees首先使用平板法测量不良导体的导热系数，这是一种稳态法，实验中，样品制成平板状，其上端面与一个稳定的均匀发热体充分接触，下端面与一均匀散热体相接触. 由于平板样品的侧面积比平板平面小很多，可以认为热量只沿着上下方向垂直传递，横向由侧面散去的热量可以忽略不计，即可以认为，样品内只有在垂直样品平面的方向上有温度梯度，在同一平面内，各处的温度相同.

设稳态时，样品的上下平面温度分别为 θ_1、θ_2，根据傅里叶传导方程，在 Δt 时间内通

过样品的热量 ΔQ 满足下式

$$\frac{\Delta Q}{\Delta t}=\lambda\frac{\theta_1-\theta_2}{h_B}S \tag{4.6.1}$$

式中 λ 为样品的导热系数，h_B 为样品的厚度，S 为样品的平面面积，实验中样品为圆盘状，设圆盘样品的直径为 d_B，则由式(4.6.1)得

$$\frac{\Delta Q}{\Delta t}=\lambda\frac{\theta_1-\theta_2}{4h_B}\pi d_B^2 \tag{4.6.2}$$

实验装置如图 4.6.1 所示，固定于底座的三个支架上，支撑着一个铜散热盘 P，散热盘 P 可以借助底座内的风扇，达到稳定有效的散热. 散热盘上安放面积相同的圆盘样品 B，样品 B 上放置一个圆盘状加热盘 C，其面积也与样品 B 的面积相同，加热盘 C 是由单片机控制的自适应电加热，可以设定加热盘的温度.

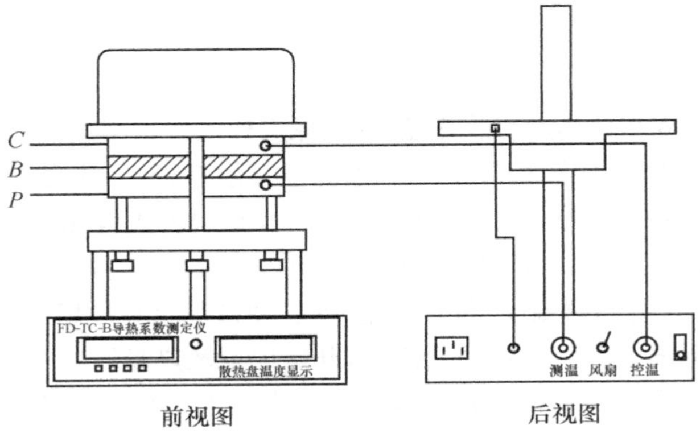

图 4.6.1 FD-TC-B 导热系数测定仪装置图

当传热达到稳定状态时，样品上下表面的温度 θ_1 和 θ_2 不变，这时可以认为加热盘 C 通过样品传递的热流量与散热盘 P 向周围环境散热量相等. 因此可以通过散热盘 P 在稳定温度 θ_2 时的散热速率来求出热流量 $\frac{\Delta Q}{\Delta t}$.

实验时，当测得稳态时的样品上下表面温度 θ_1 和 θ_2 后，将样品 B 抽去，让加热盘 C 与散热盘 P 接触，当散热盘的温度上升到高于稳态时的 θ_2 值 20℃或者 20℃以上后，移开加热盘，让散热盘在电扇作用下冷却，记录散热盘温度 θ 随时间 t 的下降情况，求出散热盘在 θ_2 时的冷却速率 $\left.\frac{\Delta\theta}{\Delta t}\right|_{\theta=\theta_2}$，则散热盘 P 在 θ_2 时的散热速率为

$$\frac{\Delta Q}{\Delta t}=mc\left.\frac{\Delta\theta}{\Delta t}\right|_{\theta=\theta_2} \tag{4.6.3}$$

其中 m 为散热盘 P 的质量，c 为其比热容.

在达到稳态的过程中，P 盘的上表面并未暴露在空气中，而物体的冷却速率与它的散热表面积成正比，为此，稳态时铜盘 P 的散热速率的表达式应作面积修正

$$\frac{\Delta Q}{\Delta t}=mc\left.\frac{\Delta\theta}{\Delta t}\right|_{\theta=\theta_2}\frac{(\pi R_P^2+2\pi R_P h_P)}{(2\pi R_P^2+2\pi R_P h_P)} \tag{4.6.4}$$

其中 R_P 为散热盘 P 的半径，h_P 为其厚度.

由式(4.6.2)和式(4.6.4)可得

$$\lambda\frac{\theta_1-\theta_2}{4h_B}\pi d_B^2=mc\frac{\Delta\theta}{\Delta t}\bigg|_{\theta=\theta_2}\frac{(\pi R_P^2+2\pi R_P h_P)}{(2\pi R_P^2+2\pi R_P h_P)} \tag{4.6.5}$$

所以样品的导热系数 λ 为

$$\lambda=mc\frac{\Delta\theta}{\Delta t}\bigg|_{\theta=\theta_2}\frac{(R_P+2h_P)}{(2R_P+2h_P)}\frac{4h_B}{(\theta_1-\theta_2)}\frac{1}{\pi d_B^2} \tag{4.6.6}$$

[实验仪器]

FD-TC-B型导热系数测定仪. 测试样品装置如图4.6.1所示，它由电加热器、铜加热盘 C，橡皮样品圆盘 B，铜散热盘 P、支架及调节螺丝、温度传感器以及控温与测温器组成.

[实验内容]

测定橡胶的导热系数

(1) 将橡皮样品放在加热盘与散热盘中间，橡皮样品要求与加热盘、散热盘完全对准. 调节底部的三个微调螺丝，使样品与加热盘、散热盘接触良好，但注意不宜过紧或过松.

(2) 接上导热系数测定仪的电源，开启电源后，左边表头首先显示 FDHC，然后显示当时温度，当转换至 b==·=，设定控制温度 70℃. 设置完成按“确定”键，加热盘即开始加热，右边显示散热盘的当时温度. 打开风扇开关，使散热盘在风扇的作用下散热.

(3) 加热盘的温度上升到设定温度值时，开始记录散热盘的温度，可每隔两分钟记录一次，待在20分钟或更长的时间内加热盘和散热盘的温度值基本不变，可以认为已经达到稳定状态了.

(4) 按复位键停止加热，取走样品，调节三个螺栓使加热盘和散热盘接触良好，再设定温度到70℃，加快散热盘的温度上升，使散热盘温度上升到高于稳态时的 θ_2 值 20℃左右即可.

(5) 移去加热盘，让散热圆盘在风扇作用下冷却，每隔30秒记录一次散热盘的温度示值，由临近 θ_2 值的温度数据中计算冷却速率 $\frac{\Delta\theta}{\Delta t}\Big|_{\theta=\theta_2}$.

(6) 根据测量得到的稳态时的温度值 θ_1 和 θ_2，以及在温度 θ_2 时的冷却速率，由公式 $\lambda=mc\frac{\Delta\theta}{\Delta t}\Big|_{\theta=\theta_2}\frac{(R_P+2h_P)}{(2R_P+2h_P)}\frac{4h_B}{(\theta_1-\theta_2)}\frac{1}{\pi d_B^2}$ 计算不良导体样品的导热系数.

[注意事项]

(1) 为了准确测定加热盘和散热盘的温度，实验中应该在两个传感器上涂些导热硅脂或者硅油，以使传感器和加热盘、散热盘充分接触；另外，加热橡皮样品的时候，为达到稳定的传热，调节底部的三个微调螺丝，使样品与加热盘、散热盘紧密接触，注意不要中间有空气隙；也不要将螺丝旋太紧，以影响样品的厚度.

(2) 导热系数测定仪铜盘下方的风扇做强迫对流换热用，减小样品侧面与底面的放热比，增加样品内部的温度梯度，从而减小实验误差，所以实验过程中，风扇一定要打开.

(3) 在实验过程中，需移开加热盘时，请先关闭加热电源，移开热圆筒时，手应握固定轴转动，以免烫伤手；实验结束后，切断总电源，保管好测量样品，不要使样品两端面划伤，以至影响实验的精度.

(4) 已知实验参数如下：

橡皮样品的厚度：$h_B=8.06$mm；橡皮样品的直径：$d_B=129.02$mm

散热盘比热容(紫铜)：C=385J/(Kg·K)；散热盘质量：$m=891.42$g

散热盘 P 的厚度：$h_P=7.66$mm； 散热盘 P 的半径：$R_P=65.00$mm

［思考题］

(1) 应用稳态法是否可以测量良导体的导热系数？如可以，对实验样品有什么要求？实验方法与测不良导体有什么区别？

(2) 为什么温度升高会使导热系数减小？

4.7 超声波的声速测量

声波是在空气这种弹性介质中传播的机械波，为纵波. 人耳能感知的声波频率范围在20Hz～20kHz，<20Hz 的声波为次声波，>20kHz 的声波为超声波. 声速是描述声波在介质中传播特性的一个重要物理量，与介质的性质有着密切的关系，因此，借助声速的测量，常常可以间接获得材料的弹性模量、气体成分、液体密度和溶液浓度等物理量.

［实验目的］

(1) 理解超声波发生和接受原理，学习测量超声波在空气中传播速度的方法.

(2) 了解压电传感器的功能，熟悉示波器与信号源的使用.

(3) 加深对驻波及振动合成的理解.

［实验原理］

波动过程是振动状态的传播过程. 某一个振动状态在单位时间内传播的距离称波速，用 v 表示. 波速的大小取决于介质的性质，在不同的介质中，波速是不同的. 声波在空气中传播的速度为

$$v=\sqrt{K/\rho}$$

式中，K 为空气的体积模量，ρ 为空气的密度.

在标准状态下，声波在空气中传播的速度为 331.45m/s. 由波动理论可知，声速(v)、波长(λ)和声波频率(f)满足

$$v=\lambda f \tag{4.7.1}$$

当频率已知时，通过测量波长 λ，就可以由式(4.7.1)计算出声速 v. 另外，也可以通过测量声波传播的距离 l 和所用的时间 t，由

$$v=\frac{l}{t} \tag{4.7.2}$$

通过计算而获得声速 v.

1. 超声波与压电陶瓷换能器

超声波具有波长短，易于定向发射等优点. 超声波的传播速度就是声波的传播速度. 本实验所采用的声波频率在 20～60kHz. 在此频率范围内，采用压电陶瓷换能器作为声波的发射器、接收器具有较好的效果.

超声波发射和接收的核心器件是超声换能器. 换能器的作用是将其他形式的能量换成超声波的能量(发射换能器)或将超声波的能量换成可以检测的能量(接受换能器). 最常使用的是由压电晶体或压电陶瓷组成的压电换能器件. 压电晶体或压电陶瓷材料受到应力时会在材料内部产生电场，在端面产生电位差，这种现象称做压电效应. 压电材料受到超声波的作用时，可以将超声波引起的应力变化转换成电信号，超声波接受换能器就是根据该原理制成的. 通过测量电信号的大小、频率等信息，可以得出超声波的强度、位相等. 同样，压电材料还有逆压电效应，即压电材料在周期变化的电场作用下会产生周期性的压缩和伸长，发射换能器就是利用这一特点制成的. 当压电材料的固有周期和外界信号的周期相同时，将产生共振，此时转换效率最高.

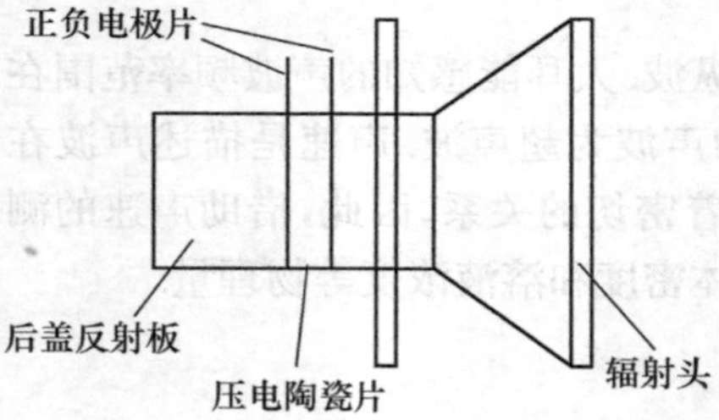

图 4.7.1　压电陶瓷换能器示意图

根据压电晶体或压电陶瓷换能器的工作方式，分为纵向振动换能器、径向振动换能器及弯曲振动换能器. 实验中所用的是纵向振动换能器. 图 4.7.1 为纵向振动换能器的结构示意图. 其头部用轻金属做成喇叭状，尾部用重金属做成锥形或圆柱形，中间部分为压电材料. 这种结构增大了辐射和接收面积，增强了与波介质的耦合作用.

2. 驻波法(共振法)测量声速

假设在自由声场中，仅有一个点声源 S1(发射换能器)和一个接收平面(接收换能器 S2). 从点声源发出的声波，经过距离 x 达到 S2 面，并在 S2 面反射，如图 4.7.2 所示. 反射的声波沿着 Ox 反向传播. 在不考虑声波在 S1、S2 两面之间的多次反射情况下，将有如下的结论.

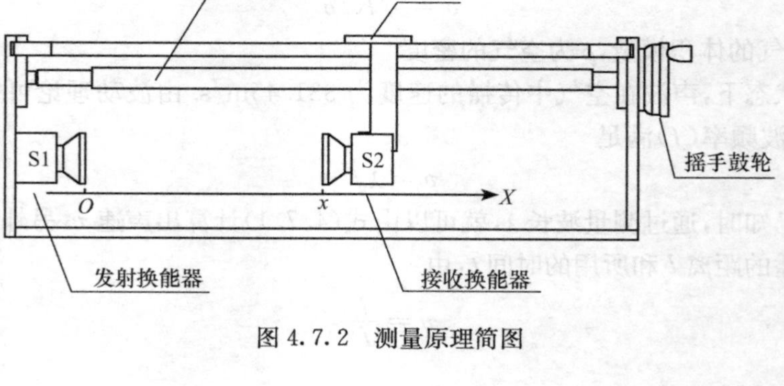

图 4.7.2　测量原理简图

从点声源 S1 发射的超声波传播到 S2 时，振动状态为

$$y_1 = A_1\cos(\omega t - 2\pi x/\lambda)$$

声波在 S2 处产生反射，反射波在 S2 处振动状态为

$$y_2 = A_2\cos(\omega t + 2\pi x/\lambda + \pi)$$

声波在 S2 面反射时，有能量损耗，所以反射波的振动幅度 $A_2 < A_1$. 因此可将 A_1 写成

$$A_1 = A_2 + \beta A_1,\quad 0 \leqslant \beta \leqslant 1$$

y_1 与 y_2 在反射面 S2 处叠加，合成波的振动状态为

$$\begin{aligned} y_3 = y_1 + y_2 &= (A_2 + \beta A_1)\cos\left(\omega t - \frac{2\pi x}{\lambda}\right) + A_2\cos\left(\omega t + \frac{2\pi x}{\lambda} + \pi\right) \\ &= 2(1-\beta)A_1\cos\left(\frac{2\pi x}{\lambda} + \frac{\pi}{2}\right)\cos\left(\omega t + \frac{\pi}{2}\right) + \beta A_1\cos\left(\omega t - \frac{2\pi x}{\lambda}\right) \end{aligned} \quad (4.7.3)$$

由此可见，在 S2 面处的接收换能器接受到的振动可以看成是在幅值为 βA_1 的入射波的基础上，叠加一个驻波成分. 驻波的振幅为 $2(1-\beta)A_1\cos\left(\frac{2\pi x}{\lambda} + \frac{\pi}{2}\right)$，随着 S2 面的位置 x 不同呈现周期为 $\lambda/2$ 的变化特性. 考虑到超声波在接收换能器处损耗较小(声波能量大部分都反射回来了)，因此，可以认为换能器接受到的信号主要成分是式(4.7.3)中驻波项对应的信号，如图 4.7.3 所示.

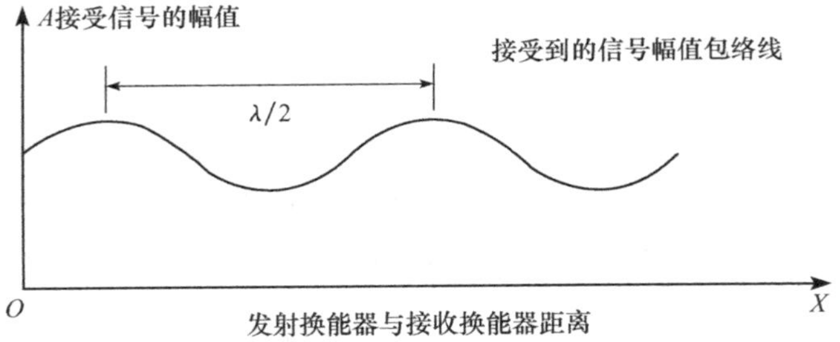

图 4.7.3 超声波接收换能器接受的信号

实验装置如图 4.7.4 所示，图中 S1 和 S2 为压电陶瓷换能器. S1 作为超声波发射换能器，它由信号源供给频率为数十千赫的正弦电信号，由逆压电效应发出一列超声波；

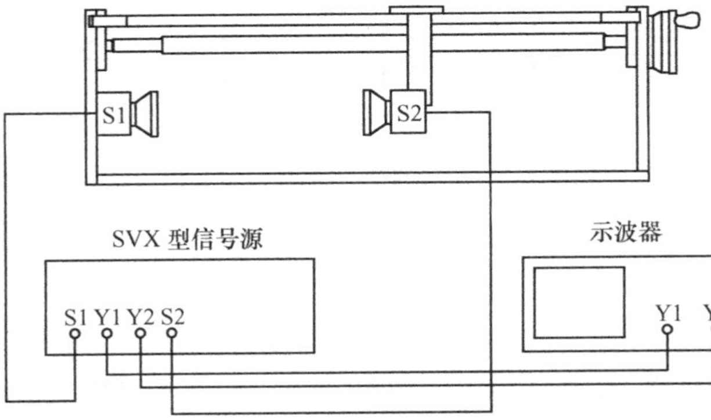

图 4.7.4 驻波法、相位法连线图

而 S2 则作为声波的接收换能器，压电效应将接收到的声压信号转换成电信号. 将它输入示波器，就可看到一组由声压信号产生的正弦波形.

在示波器上观察到的实际上是由式(4.7.3)所描述的两个相干波合成后的振动状态. 当移动 S2 位置(即改变 S1 和 S2 之间的距离 x)时，可从示波器上观察到，当 S2 在某些位置时振幅有最小值、在某些位置上有最大值. 由式(4.7.3)可以得出：任何两相邻振幅最大值的位置之间(或两相邻的振幅最小值的位置之间)的距离为 $\lambda/2$. 因此缓慢的改变 S1 和 S2 之间的距离，记录示波器上声信号两次极大值(或两次极小值)时对应的 S2 位置，就可算出超声波的波长 λ.

改变超声换能器 S2 至 S1 之间的距离，可通过转动鼓轮来实现；超声波的频率可由声速测试仪信号源频率显示窗口直接读出. 在连续多次测量相隔半波长的 S2 的位置变化及声波频率 f 以后，用逐差法处理测量的数据，计算出声速.

3. *相位法测量原理*

由式(4.7.3)可知，在 S2 处接收到的入射波成分为 $\beta A_1\cos\left(\omega t-\frac{2\pi x}{\lambda}\right)$，设 S2 在 x_2 处时，入射波的相位为 $\varphi_2=\omega t-\frac{2\pi x_2}{\lambda}$，当 S2 在 x_1 处时，相位 $\varphi_1=\omega t-\frac{2\pi x_1}{\lambda}$. 因此，入射波在 x_2、x_1 之间的相位差为

$$\Delta\varphi=\frac{2\pi(x_2-x_1)}{\lambda} \tag{4.7.4}$$

可以通过检测相位变化量和对应的距离，计算出超声波的波长.

相位变化量可以用示波器，通过李萨如图形的方法来进行观察和测量，如图 4.7.5 所示. 由式(4.7.4)可知，相位差改变量为 2π 时，对应 $\Delta x=x_2-x_1=\lambda$.

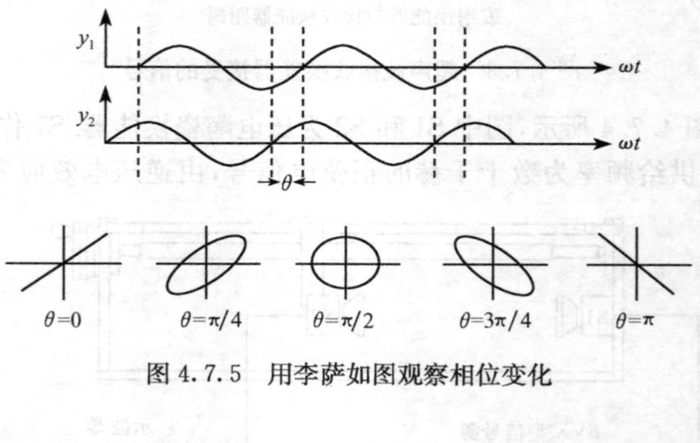

图 4.7.5　用李萨如图观察相位变化

4. *时差法测量原理*

连续波经脉冲调制后由发射换能器 S1 发射至被测介质中，声波在介质中传播，经过 t 时间后，到达接收换能器 S2 处. 由波的传播距离 x 及时间 t，可由式(4.7.2)直接计算出声波在介质中传播的速度，如图 4.7.6 所示.

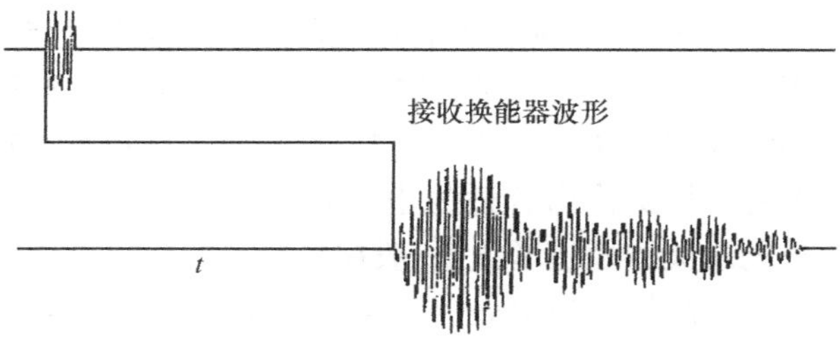

图 4.7.6 时差法测量

[**实验仪器**]

(1) SV-DH-7 型声速测试仪.
(2) SVX-5 型综合声速测定信号源.
频率范围——20k～45kHz;
最大输出电压——$15V_{p\text{-}p}$;
最大输出功率——5W;
脉冲信号频率——36.5kHz;
脉冲宽度——200μs;
脉冲周期——8ms;
计数定时范围——1μs～1s;
分辨率——1μs.
(3) YB43020B 型示波器(20MHz).

[**实验方法**]

1. 准备

在接通综合声速测定仪电源后,仪器自动工作处于连续波方式,选择的介质为空气的初始状态. 预热 15min 后,即可稳定地工作.

2. 驻波法测量

1) 测量装置的连接

如图 4.7.4 所示,信号源面板上的发射端换能器接口 S1,用于输出一定功率的频率信号,通过连接线接至测试架的发射换能器 S1;用连接线将信号源面板上的发射端接口 Y1,接至双踪示波器的 CH1 通道 Y1,用于观察发射波波形. 信号源面板上的接收换能器接口 S2,用于检测接收信号,用连接线接至接收换能器 S2;用连接线将信号源面板上的接收端接口 Y2,接至示波器的 CH2 通道 Y2,用于观测接收到的超声波信号.

2) 测定压电陶瓷换能器的最佳工作点

只有当换能器 S1 的发射面和 S2 的接收面保持平行时才有较好的接收效果. 为了得到较清晰的接收波形,应将外加的驱动信号频率调节到换能器 S1、S2 的谐振频率点附近，这样才能较好地进行声能与电能的相互转换，以得到较好的实验效果. 实际上，在谐振频率点附近有一个较小的通频带. 按照调节到压电陶瓷换能器谐振点处的信号频率，估计一下示波器的扫描时间 t/div，并进行调节，使在示波器上获得稳定波形.

超声换能器工作状态的调节方法如下：各仪器都正常工作以后，首先调节超声波发射强度旋钮，使声速测试仪信号源输出合适的电压($V_{p\text{-}p}=8\sim10$V)，再调整信号频率(在25～45kHz)，选择合适的示波器通道增益，一般在0.2～1V/div的位置，观察频率调整时接收波的电压幅度变化，若在某一频率处(在34.5～37.5kHz)电压幅度最大，此频率即是压电换能器S1、S2谐振频率，记录频率f，通过调节鼓轮改变S1和S2间的距离，适当选择位置，重新调整，再次测定工作频率，共测5次，计算平均频率$\bar{f}$，并将此频率作为基本测量频率.

3) 测量

将测试方法设置到连续波方式. 完成前述1、2步骤后，观察示波器，找到接收波形的最大值，记录下振幅为最大时的位置x_{i-1}. 然后转动鼓轮，这时波形的振幅会发生变化，再向前或者向后(必须是一个方向，为什么?)移动S2，当接收波振幅经变小后再到最大时，记录下此时的S2位置x_i. 此时波长$\lambda_i=2\mid x_i-x_{i-1}\mid$，多次测后用逐差法处理数据.

3. 相位法(李萨如图法)测量

将测试方法设置到连续波方式. 在上面实验的基础上，将示波器置于"X-Y"工作方式，并选择合适的通道增益. 转动鼓轮，观察波形为一定角度的斜线，记录下此时的位置x_{i-1}；再向前或者向后(必须是一个方向)移动S2，使观察到的波形又回到前面特定角度的斜线，记录下此时的位置x_i. 则波长$\lambda_i=|x_i-x_{i-1}|$. 多次测量后，用逐差法处理数据.

4. 时差法测量

将测试方法设置到脉冲波方式. 将S1和S2之间的距离调到一定距离(大于50mm)，再调节接收增益(一般取较小的幅度)，使显示的时间值读数稳定，此时仪器内置的计时器工作在最佳状态. 然后记录此时的距离值和信号源计时器显示的时间值x_{i-1}、t_{i-1}. 移动S2，如果计时器读数有跳字，则微调(距离增大时，顺时针调节；距离减小时，逆时针调节)接收增益，使计时器读数稳定. 记录下此时的距离值和显示的时间值x_i、t_i. 则声速$v_i=(x_i-x_{i-1})/(t_i-t_{i-1})$.

[数据处理]

(1) 自己设计表格记录所有的实验数据，表格要便于用逐差法求相应位置的差值和计算λ.

(2) 计算出驻波法和相位法测得的波长平均值$\bar{\lambda}$及其标准偏差s_λ，同时考虑仪器的示值读数不确定度为1.0mm. 经计算可得波长的测量结果$\lambda=\bar{\lambda}\pm\Delta\lambda$、$E_r(\lambda)$.

(3) 按理论值公式$v_s=v_0\sqrt{\dfrac{T}{T_0}}$，算出理论值$v_s$.

式中 $v_0=331.45\text{m/s}$，为 $T_0=273.15\text{K}$ 时的声速，$T=(t+273.15)\text{K}$. t 为介质温度(℃).

(4) 计算 v 以及 Δv 值，将实验结果与理论值比较，计算精度. 分析不确定度产生的原因.

［思考题］

(1) 声速测量中驻波法、相位法、时差法有何异同？

(2) 为什么要在谐振频率条件下进行声速测量？如何调节和判断测量系统是否处于谐振状态？

(3) 为什么发射换能器的发射面与接收换能器的接收面要保持互相平行？

(4) 声音在不同介质中传播是否有区别？声速是否一样？

(5) 在空气中传播的声波是纵波还是横波？为什么？

4.8 用三线摆测量刚体的转动惯量

转动惯量是描述刚体转动惯性大小的物理量，是研究和描述刚体转动规律的一个重要物理量，它不仅取决于刚体的总质量，而且与刚体的形状、质量分布以及转轴位置有关. 对于质量分布均匀、具有规则几何形状的刚体，可以通过数学方法计算出它绕给定转动轴的转动惯量. 对于质量分布不均匀、没有规则几何形状的刚体，用数学方法计算其转动惯量是相当困难的，通常要用实验的方法来测定其转动惯量. 因此，学会用实验的方法测定刚体的转动惯量具有重要的实际意义.

实验上测定刚体的转动惯量，一般都是使刚体以某一形式运动，通过描述这种运动的特定物理量与转动惯量的关系来间接地测定刚体的转动惯量. 测定转动惯量的实验方法较多，如三线摆法、恒力矩转动法等.

［实验目的］

(1) 学会正确测量长度和时间.

(2) 用三线摆测定圆盘、圆环和圆柱体的转动惯量.

(3) 验证转动惯量的平行轴定理.

［实验仪器］

三线摆实验仪、多功能毫秒仪、水准仪、米尺、游标卡尺及待测物体等.

［实验原理］

三线摆装置如图 4.8.1 所示.

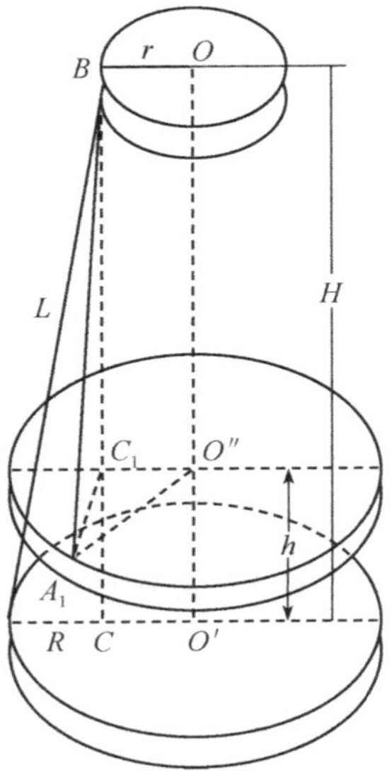

图 4.8.1 三线摆装置示意图

1. 测量悬盘对中心轴的转动惯量

设悬盘的质量为 m_0，扭转时沿两盘中心轴上升的高度为 h，其势能的增量为 $E_p=m_0gh$，悬盘回到平衡位置所具有的动能为：$E_k=\frac{1}{2}J_0\omega_0^2$，式中 J_0 是悬盘对中心轴的转动惯量，ω_0 是悬盘回到平衡位置时的角速度，若忽略空气阻力和悬线扭力的影响，根据机械能守恒有

$$E_p = m_0 gh = E_k = \frac{1}{2}J_0\omega_0^2 \tag{4.8.1}$$

当悬盘作小角度扭转摆动时（摆角小于 5 度）可看做简谐振动，其角位移 θ 与时间 t 的关系是 $\theta=\theta_0\sin\frac{2\pi}{T_0}t$，式中 T_0 为悬盘扭转摆动周期，θ_0 为悬盘的最大角位移. 于是，悬盘的角速度是 $\omega=\frac{d\theta}{dt}=\frac{2\pi}{T_0}\theta_0\cos\frac{2\pi}{T_0}t$.

悬盘经过平衡位置的角速度 ω_0 应为角速度的最大值，由上式得

$$\omega_0 = \frac{2\pi\theta_0}{T_0} \tag{4.8.2}$$

悬盘扭转 θ_0 角度时，其上升高度为

$$h=\frac{4Rr\sin^2\frac{\theta_0}{2}}{2H-h}$$

式中，R 为悬盘悬点到盘中心的距离，r 为启动盘悬点到盘中心的距离，H 为两盘间垂直距离.

当扭摆角小于 5 度时，$\sin^2\frac{\theta_0}{2}\approx\frac{\theta_0^2}{4}$，且 $2H\gg h$，则有

$$h = \frac{Rr\theta_0^2}{2H} \tag{4.8.3}$$

将式(4.8.2)、式(4.8.3)代入式(4.8.1)，整理后得

$$J_0 = \frac{m_0 gRr}{4\pi^2 H}\cdot T_0^2 \tag{4.8.4}$$

注意：式(4.8.4)成立的条件是：忽略空气阻力和悬线扭力的影响、启动盘与悬盘水平；三条悬线等长；转角很小、转轴为通过上下两中心的轴线.

由实验测出 m_0、R、r、H 和 T_0 后，用式(4.8.4)就可测出悬盘对中心轴的转动惯量. 其中沈阳地区 $g=(9.8033\pm0.0003)\frac{m}{s^2}$.

2. 测量质量为 m_1 的待测物体对中心轴的转动惯量

将 m_1 放在悬盘上，并使其质心落在启动盘和悬盘的中心轴上，则由式(4.8.4)可知，圆柱体和悬盘对中心轴的总转动惯量为

$$J_1 = \frac{(m_0+m_1)gRr}{4\pi^2 H}\cdot T_1^2$$

则 m_1 的圆柱体对中心轴的转动惯量为 $J_{m_1}=J_1-J_0$.

3. 验证转动惯量的平行轴定理

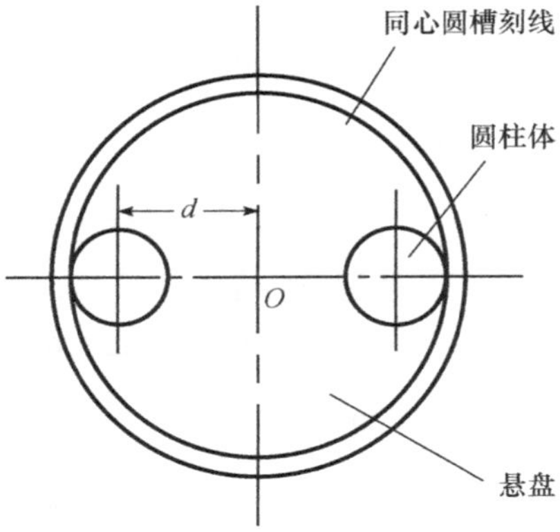

图 4.8.2 悬盘的俯视图

平行轴定理:质量为 m_2 的物体绕通过其质心转轴的转动惯量为 J_C,当转轴平行移动距离 d 时,其绕新轴的转动惯量为:$J'=J_C+m_2d^2$.

将两个质量均为 m_2 的相同圆柱体对称地放在悬盘上,如图 4.8.2 所示. 它们与悬盘对扭摆中心轴的总转动惯量为 $J_2=\dfrac{(m+2m_2)gRr}{4\pi^2H}\cdot T_2^2=J+2J_{m_2}$,所以 m_2 对扭摆中心的转动惯量为

$$J_{m_2}=\frac{1}{2}(J_2-J_0) \qquad (4.8.5)$$

由平行轴定理计算,m_2 对扭摆中心的转动惯量为

$$J_{m_2}=J_C+m_2d^2=\frac{1}{2}m_2r_{柱}^2+m_2d^2 \qquad (4.8.6)$$

比较式(4.8.5)和式(4.8.6),即可验证平行轴定理.

[**实验内容**]

1. 仪器的调整

调整启动盘水平,再调节悬盘的水平. 然后调节霍尔探头位置,使其恰好在悬盘下粘着的小磁钢的下方 10mm 左右. 将记时器的“次数预置”调节为 40;按 RESET 复位键,使记时液晶屏清零.

2. 测量悬盘对其中心轴的转动惯量 J_0

测量启动盘、悬盘的悬点到盘中心的距离 $\bar{r}$ 和 $\bar{R}$,如图 4.8.3 所示. $\bar{r}=\dfrac{\sqrt{3}}{3}\bar{a}$;$\bar{R}=\dfrac{\sqrt{3}}{3}\bar{b}$.

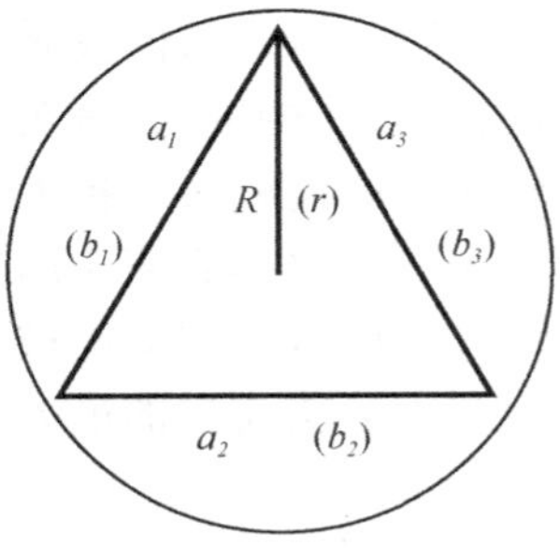

图 4.8.3 启动盘、悬盘的俯视图

用卡尺测量悬盘的直径 D_1,用米尺测启动盘与悬盘间垂直距离 H,记录悬盘质量 m_0.

测量悬盘扭转摆动周期 $\overline{T_0}$. 轻轻扭转启动盘,待悬盘作稳定扭转摆动后,按 RESET 键,记录 20 个周期的时间,重复 5 次,算出周期的平均值 $\overline{T_0}$.

3. 测量质量为 m_1 的圆环对其中心轴的转动惯量 J_{m_1}

记录质量 m_1,用卡尺测环的内外径;然后将其放在悬盘上使其中心对准悬盘中心. 使悬盘稳定扭转摆动后,测出 20 个周期的时间,重复 5 次,算出周期平均值 $\overline{T_1}$.

4. 验证平行轴定理

测定圆柱体直径 $D_{柱}$ 和悬盘上的刻度线直径 $D_{线}$,记录圆柱体的质量 m_2;将两个相同

圆柱体如图 4.8.2 所示，放在悬盘上，相距的距离为 $2d=D_{线}-D_{柱}$；使悬盘稳定扭摆后，测出 20 个周期的时间，重复 5 次，算出平均值$\overline{T_2}$.

[注意事项]

(1) 启动盘启动后应复原到起始位置.
(2) 悬盘扭转角小于 5 度.
(3) 悬盘只能扭转不能晃动.

[思考题]

(1) 实验中的公式都做了哪些近似？操作中应该如何尽量满足这些近似？
(2) 悬盘上放上待测量物后，其摆动周期是否一定比空盘时的周期大？为什么？

4.9　电表的扩程与校准

电流计(表头)只允许通过微安数量级的电流，一般只能测量很小的电流或电压. 如果需要用它来测量较大的电流和电压，就必须进行改装，以扩大其量程. 经过改装后的表头能测量较大电流和电压.

[实验目的]

(1) 学会一种测量电表内阻的方法.
(2) 掌握将电流计改装成较大量程电流表和电压表的原理和方法.
(3) 学会校准电流表和电压表的方法.

[实验原理]

1. 改装表头为电流表

使表针偏转到满刻度所需要的电流 I_g 称为表头的量程. 这个电流越小，表头的灵敏度就越高. 表头内线圈的电阻 R_g 称为表头的内阻，表头一般能测的电流很小，若要测量较大的电流就必须扩大其量程，将其改装成电流表. 扩大量程的办法是在表头两端并联一个分流电阻 R_S，如图 4.9.1 所示，这样就使被测电流的一部分从分流电阻 R_S 流过而表头流过的最大电流仍然是 I_g.

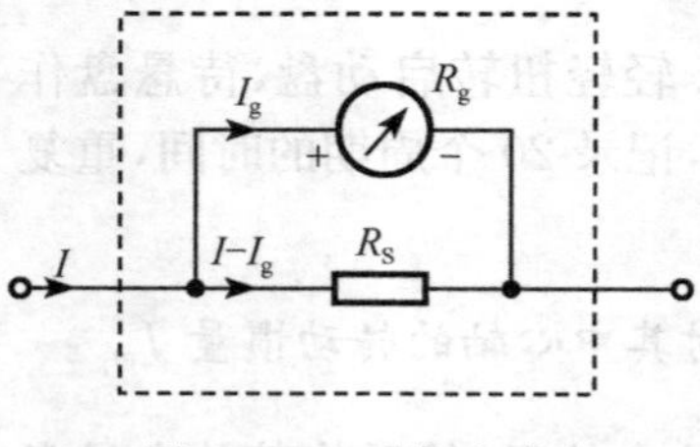

图 4.9.1　改装电流表
虚框中即为改装后的电流表

在图 4.9.1 中，I 为改装后的电流表的量程，依欧姆定律得

$$I_gR_g=(I-I_g)R_S$$

$$R_S=\frac{I_gR_g}{I-I_g} \tag{4.9.1}$$

式中，表头的满偏电流 I_g 及表头的内阻 R_g 应事先给出或测出，然后再代入式(4.9.1)即可求出分流电阻 R_S 的数值.

2. 改装表头为电压表

表头虽然可以测量很低的电压，但不能满足实际需求，为了测量较大的电压，需在表头的一端串联一个分压电阻 R_H，如图 4.9.2 所示，这样就使被测电压大部分都落在分压电阻上，而表头仍然保持原来的电压 I_gR_g.

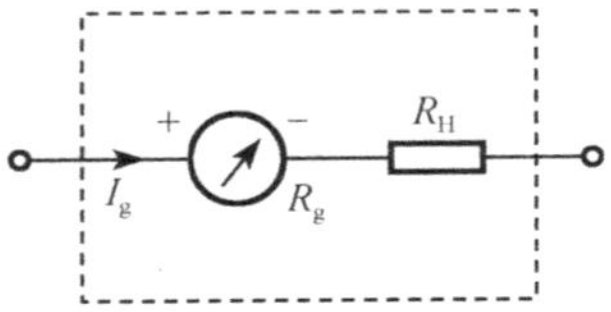

图 4.9.2 改装电压表
虚框中即为改装后的电压表

在图 4.9.2 中 U 为改装后的电压表的量程，依欧姆定律得

$$U = I_gR_g + R_HI_g = I_g(R_g + R_H)$$

$$R_H = \frac{U}{I_g} - R_g \tag{4.9.2}$$

式中，表头的内阻 R_g 及满偏电流 I_g 应事先给出或测出，然后再代入式(4.9.2)求出分压电阻 R_H.

3. 电表的校准

一般电表用的时间长了，或者自己改装了一只电表，都要进行精度等级的校准. 校准的方法是用高一两个等级的电表作标准表与待校表同时测量某一电流或(电压)，最好它们的量程也一样，逐点比较待校表和标准表的差值，选取其中最大的差值，除以量程，得到一个数值，根据这个数值来确定表的级别. 电表分为不同的等级，根据国家标准，电表可分为 0.1，0.2，0.5，1.0，1.5，2.5，5.0 共七个等级，标明在电表面板上右下角处. 例如，右下角标上 1.0 则表示该表的级别为 1.0 级，表示电表的测量不确定度不超过量程的 1.0%. 为了减小测量不确定度，在满足测量要求的前提下，应尽可能选用较小的量程. 另外，电表的精度等级标志电表质量的好坏，等级低的电表其稳定性、重复性等性能都差些，需经常校准.

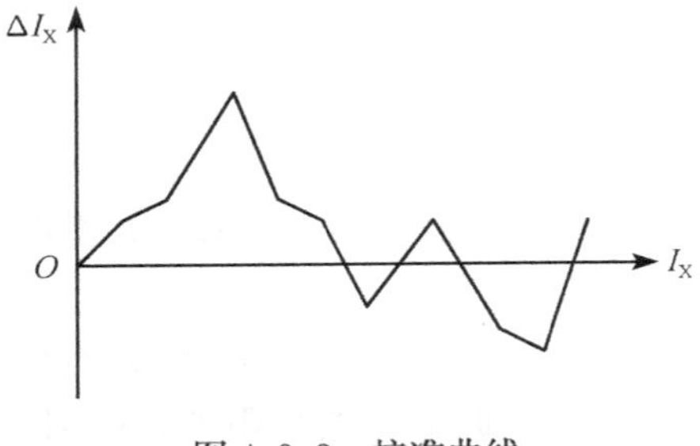

图 4.9.3 校准曲线

图 4.9.3 中 I_X 为表头各次测量指示值，I_S 为标准表对应的指示值，$\Delta I_X = I_S - I_X$ 为两表读数的差值.

[实验仪器]

待测表头，直流稳压电源，电阻箱，滑线变阻器，直流毫安表(标准表)，直流电压表(标准表).

[实验方法]

1. 用替代法测量表头内阻 R_g 和量程 I_g

(1) 按图 4.9.4 连接好电路，保护电阻 R 先取较大值. 经教师检查合格后合上开关 K_1，先将 K_2 与“1”点相连.

(2) 调节滑线变阻器，同时逐步降低保护电阻 R(尽量小)，使待测表头 G 指针偏转到满刻度值. 记下此时标准表的读数，即表头量程 I_g.

(3) 把开关 K_2 与"2"点相连,此时,滑线变阻器与保护电阻及电源不能作任何改变,调节电阻箱电阻 R_0 值,使标准表读数等于 I_g 的值,此时电阻箱上的电阻值即等于待测表的内阻 R_g.

2. 将表头改装成电流表并作校准

(1) 将表头改装成量程是 50mA 的电流表. 根据式(4.9.1)计算出分流电阻 R_S,并将电阻箱 R_0 调到此数值.

(2) 照图 4.9.5 连好电路,经教师检查合格后,合上开关 K,接通电路,调节滑线变阻器,使标准表读数为 50mA 观察表头示数是否为满刻度值,如有偏差,调整电阻箱 R_0 阻值,使标准表读数 50mA 时,改装表示数恰好为满刻度值. 记下此时电阻箱的实际阻值 $(R_S)_{实}$,并与理论值 R_S 比较,计算两者偏差的百分率.

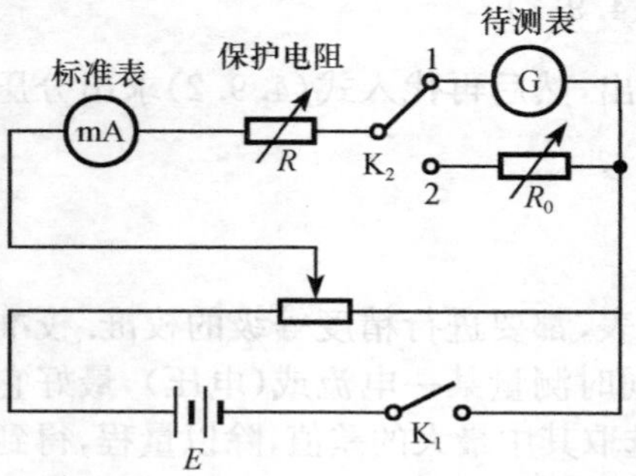

图 4.9.4 测表头量程及内阻

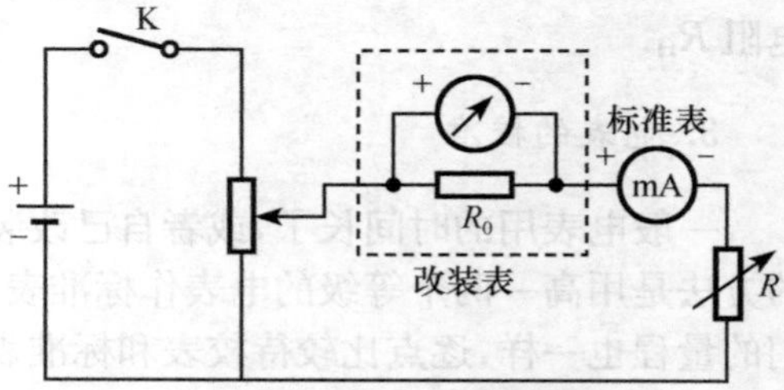

图 4.9.5 改装电流表

(3) 调节滑线变阻器,使改装表的读数 I_X 分别为 50.0,45.0,40.0,…,0.0mA,同时记录标准表的读数 I_S. 顺序由大到小再由小到大各进行一次. 计算两表读数的偏差 ΔI_X,表格自行设计.

(4) 画出 ΔI_X-I_X 校准曲线. 确定改装表的级别.

3. 将表头改装成电压表并校准

(1) 把表头改装成量程为 3V 的电压表. 根据式(4.9.2)计算出分压电阻 R_H,并将电阻箱调到此数值.

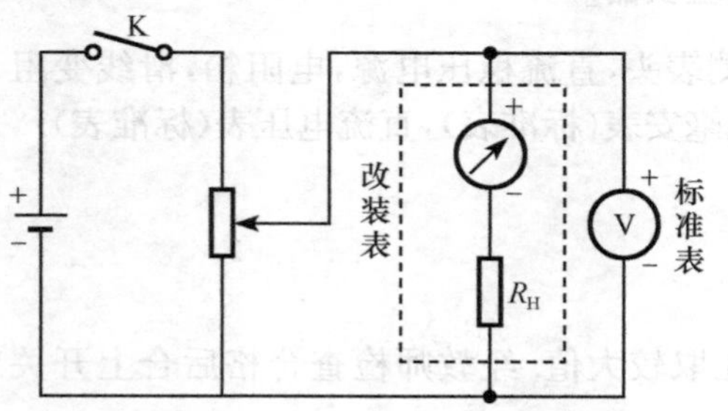

图 4.9.6 改装电压表

(2) 照图 4.9.6 连好线路,经教师检查合格后,合上开关 K,调节滑线变阻器,观察标准表读数为 3V 时,表头是否满偏. 如有偏差,调节电阻箱阻值,使表头恰好为满偏值,记下此时电阻箱的阻值 $(R_H)_{实}$,并与理论计算的 R_H 值比较,计算两者偏差的百分率.

(3) 调节滑线变阻器,使改装表读数分别为 3.00,2.50,2.00,…,0.00V 时,记录标准表的读数,电压值由大到小和由小到大各校测一遍,计算两者的偏差值,记入表格中.

(4) 画出校准曲线 ΔV_X-V_X，并确定改装表的级别.

［注意事项］

(1) 表的级别只能取所列出的国家标准值. 若计算的结果不是标准值，则应取稍大一点的标准值作为该表的级别.

(2) 被检测的电表级别比标准表低至少一两个级别.

［思考题］

(1) 校准电流表(电压表)时，如发现改装表的读数相对于标准表的读数都偏高(偏低)，此时改装表的分流电阻(分压电阻)应调大还是调小？为什么？

(2) 如果被改装表的表头为 1.5 级，标准表是 0.5 级，若改装后的最大校准偏差百分率小于 0.2%，为什么不能说改装表是 0.2 级？你认为应如何确定它的级别？

4.10 用惠斯通电桥测电阻

电桥线路在电磁测量技术中得到了非常广泛的应用，利用桥式电路制成的电桥是一种用比较法进行测量的仪器. 电桥可以被用来测量电阻、电容、电感、频率、温度、压力等许多物理量，也广泛应用于自动控制. 根据用途不同，电桥有多种类型，其性能和结构各有特点，但它们有一个共同点，就是基本原理相同. 惠斯通电桥是直流电阻电桥的一种，它可以测量的电阻范围为 $10\sim10^6\,\Omega$.

［实验目的］

(1) 掌握用惠斯通电桥测量电阻的原理和方法.

(2) 测量金属(铜)导线的电阻温度系数，得出电阻与温度关系的经验公式.

［实验原理］

1. 电桥的工作原理

惠斯通电桥的基本线路如图 4.10.1 所示. 其基本组成部分是：桥臂(4 个电阻 R_1、R_2、R_S 和 R_X)，“桥”平衡指示器(检流计 G)和工作电源 E，灵敏度调节器(滑线变阻器 R_h). 当通过检流计 G 的电流 I_g 等于零时，指针不偏转，B、D 两点的电势相等，桥臂上 4 个电阻间的关系为

$$\frac{R_1}{R_2}=\frac{R_X}{R_S}$$

此式即为电桥平衡条件. 由此得

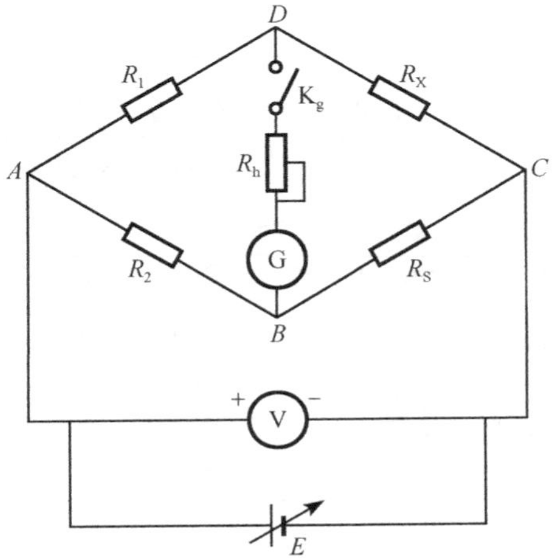

图 4.10.1 直流电桥原理图

$$R_X = \frac{R_1}{R_2} \cdot R_S \tag{4.10.1}$$

若比值 R_1/R_2 和 R_S 均已知，待测 R_X 可由式(4.10.1)求出.

2. QJ23 型箱式惠斯通电桥

本实验所使用的 QJ23 型箱式惠斯通电桥，其外观与内部线路如图 4.10.2 所示. 用一个步进旋钮 N 直接给出 R_1/R_2 的十进固定比值，从“×0.001”到“×1000”共分 7 挡，$k=R_1/R_2$ 称为倍率，电阻 R_S 为一个四位数字的电阻箱，当电桥平衡(即检流计 G 指针不动)时，把二者的数值相乘，即得待测电阻 R_X 的值.

QJ23 型箱式电桥的面板如图 4.10.2(a)所示. 待测电阻接到接线柱“R_X”两端，使用方法在实验步骤中详述.

3. 电桥的灵敏度

电桥的灵敏度定义如下：设电桥已达到平衡，若使电阻 R_S 改变一很小的值 δR_S 时，检流计指针偏离平衡位置的读数为 $\delta n=|n-n_0|$ 格，则

$$S = \frac{\delta n}{\delta R_S/R_S} \tag{4.10.2}$$

称为电桥的灵敏度. 即 S 在数值上等于电桥臂有单位相对不平衡值 $\delta R_S/R_S$ 时所引起的检流计指针偏转格数. 显然，当电阻变化相同时，检流计指针偏转得越大，则电桥的灵敏度 S 也就越大，对电桥平衡的判断就越准确. 为了提高对 S 的测量精度，指针的平衡位置 n_0 和偏离后的位置 n 应估读到 0.1 格位，而且应使 δn 不宜太小，如使 $\delta n \geqslant 5$ 格. 在高精度测

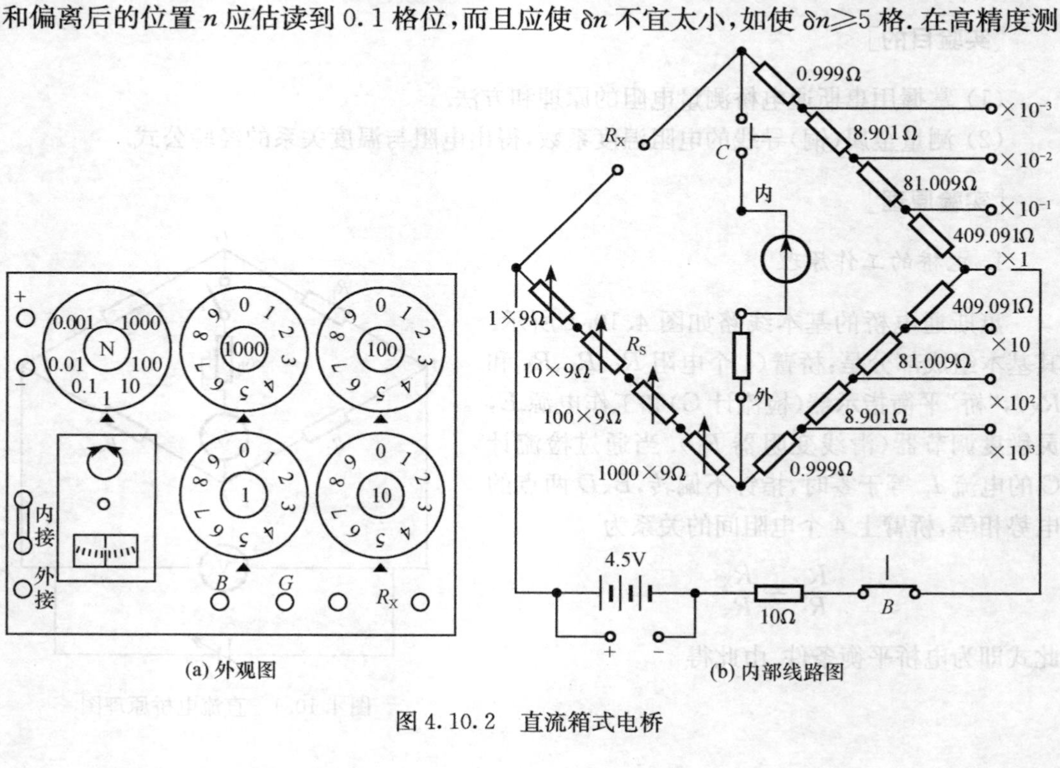

(a) 外观图　　(b) 内部线路图

图 4.10.2　直流箱式电桥

量时，可由 n_0 对 R_X 作修正

$$R_X = kR_S + \delta R_X \tag{4.10.3}$$

其中

$$\delta R_X = kR_S n_0 / S$$

4. 金属导线的电阻温度系数

导体的电阻 R 随温度 t 的升高而增大，R 与 t 之间的关系通常用经验公式(4.10.4)表示

$$R_t = R_0(1 + \alpha t + \beta t^2 + \gamma t^3 + \cdots) \tag{4.10.4}$$

式中，R_t 和 R_0 分别为 t℃和 0℃时电阻值；$\alpha, \beta, \gamma, \cdots$ 称为电阻温度系数，并有 $\alpha > \beta > \gamma > \cdots$ 对于纯金属，β 已经很小，所以在温度不太高时，金属的电阻与温度的关系可近似地认为是线性的，即

$$R_t = R_0(1 + \alpha t) \tag{4.10.5}$$

在实验中，由升温(或降温)过程中测出的一系列温度及对应的电阻值(R_i, t_i)($i = 1, 2, \cdots, n$)，在直角坐标纸上画出 R-t 关系图线(一条直线)．用图解法或由最小二乘法原理，求出线性回归方程．

［实验仪器］

QJ23 型惠斯通电桥，电阻温度系数测量装置．

［实验步骤］

1. 测量固定电阻值

(1) 将检流计连接片从“外接”换到“内接”，调节检流计指针指零．

(2) 将待测电阻接到接线柱“R_X”两端．

(3) 估计待测电阻近似值，选择适当的倍率．

(4) 先按下按钮 B(接通电源)，再按下按钮 G(接通检流计)，观察检流计指针偏转情况，若指针满偏须迅速松开按钮 G，以防烧毁检流计．若检流计指针向“－”方向偏转，可适当调小 R_S 值；反之指针向“＋”方向偏转时，应适当调大 R_S 值，直到按下 B、G 两个按钮时，指针指零为止．记录下此时的倍率 k 和 R_S 值，其乘积即为被测电阻值．

2. 测量电桥的灵敏度 S

分别测量 $R_X = 5\Omega$ 和 $R_X = 2\text{k}\Omega$ 时电桥的灵敏度．

3. 测量铜导线的电阻温度系数

用电炉加热，当温度升至 30℃时开始测量铜导线的电阻值，每升高 5℃测量一次，直

至80℃为止，将测量数据填入预先自行设计的表格中.

停止加热，测量降温过程中上述温度下的电阻值，并计算升温、降温时电阻的平均值.

4. 整理仪器

将检流计连接片从"内接"换到"外接"，拔掉电炉电源插头，整理仪器和其他器具.

［数据处理］

(1) 计算灵敏度 S，并对 $R_X \approx 2\text{k}\Omega$ 的电阻测量值按式(4.10.3)作修正.

(2) 计算铜导线的电阻温度系数.

在根据各次测量值在坐标纸上画出 R-t 关系图线后，在该直线上选取 P_1、P_n 两点(相应的 t_1、t_n 是最低和最高测量温度；R_1、R_n 均为直线上的相应点的纵坐标值). 代入

$$\alpha = \frac{R_n - R_1}{t_n R_1 - t_1 R_n}$$

和

$$R_0 = \frac{t_n R_1 - t_1 R_n}{t_n - t_1}$$

算出 α 和 R_0 的数值.

*(3) 用最小二乘法计算铜导线的电阻温度系数，并与图解法结果比较.

［误差分析］

ΔR 的确定既包含惠斯通电桥的测量不确定度，又包含图示不确定度(测量值与相应图线上值的偏差及坐标格值误差)，应将它们按"方和根"法合成.

测量结果表示为

$$\alpha \pm \Delta\alpha, E_r(\alpha), \quad R_0 \pm \Delta R_0, \quad R_t = R_0(1 + \alpha t)$$

惠斯通电桥测量 R_X 时的仪器不确定度为

$$|\Delta R_X| \leqslant k(a\% R_S + b\Delta R_S)$$

式中，$k = \dfrac{R_1}{R_2}$ 为倍率，R_S 为电阻箱读数值，ΔR_S 为电阻箱最小步进值，a 为电桥精度级别，b 为固定不确定度系数. 例如，QJ23 型电桥，当取 k 为 0.01～10 时，$a=0.2$，$b=0.5$(若应用 S 对测量值作尾数修正后 b 为零)，$\Delta R_S = 1\Omega$，这时 $\Delta R_X \approx k(0.2\% R_S + 0.5) = 0.2\% R_X + 0.5k$.

［思考题］

(1) 当电桥达到平衡后，互换电源与检流计的位置，电桥是否仍保持平衡？试证明之.

(2) 测量带有电感的电阻(如本实验所测铜导线绕组)结束时，为什么必须先松开按钮 G，后松开按钮 B?

(3) 对几十万欧、几千欧、几欧的待测电阻，倍率 k 分别选取哪一挡？如果 k 选挡不

当，将对测量结果产生什么影响，请举例说明.

(4) 图解时为何不用直接测量值而用图线上的值?

(5) 图解时，为什么 P_1 和 P_n 两点不宜选得相距太近?

4.11 灵敏电流计的性能与应用

[**实验目的**]

(1) 了解灵敏电流计的基本原理与性能.

(2) 测定灵敏电流计的临界阻尼电阻、内阻及灵敏度.

(3) 掌握灵敏电流计的使用方法.

[**实验原理**]

灵敏电流计是一种高灵敏度的仪表，可以用来测量微弱电流($10^{-11}\sim10^{-6}$A)、微小电压($10^{-7}\sim10^{-3}$V)或微电量. 例如，用于测量光电流、生理电流、温差电动势等等，更常常用做检流计. 现结合 AC15 系列直流复射式检流计对灵敏电流计介绍如下：

1. 基本结构

灵敏电流计的基本结构如图 4.11.1(a)所示，它由磁场、偏转线圈、光学读数装置三个主要部分组成.

1) 磁场部分

和磁电系电流计一样，永久磁铁 N、S 产生磁场，圆柱形软铁柱芯 F 使磁极与软铁柱缝隙间磁场分布大致呈均匀的辐射状，如图 4.11.1(b)所示.

2) 偏转线圈部分

一个用细导线绕制成的矩形线圈悬挂在磁场缝隙之中，可以自由转动，上下由导电的青铜薄丝带张紧. 它既作为线圈的引线，又代替了普通电表的支持转轴与轴承，因而去掉了机械摩擦，极大地提高了旋转的灵敏度；同时因青铜丝带具有良好的弹性，从而省去了产生反作用力矩的外加弹簧游丝.

3) 光学读数装置

小镜 M 与偏转线圈固定在一起，它把光源射出来的光反射到标尺上，形成一个光标，如图 4.11.2 所示. 当电流流过线圈时，线圈受磁力矩的作用而带动小镜转过 θ 角，因而反射光线随之偏转过 2θ 角，光标在圆弧形标尺上移动了弧长

$$d = 2\theta L \tag{4.11.1}$$

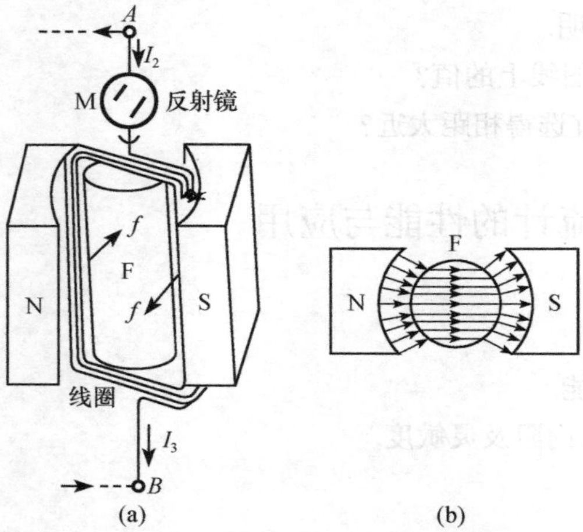

图 4.11.1 灵敏电流计的基本结构与磁场

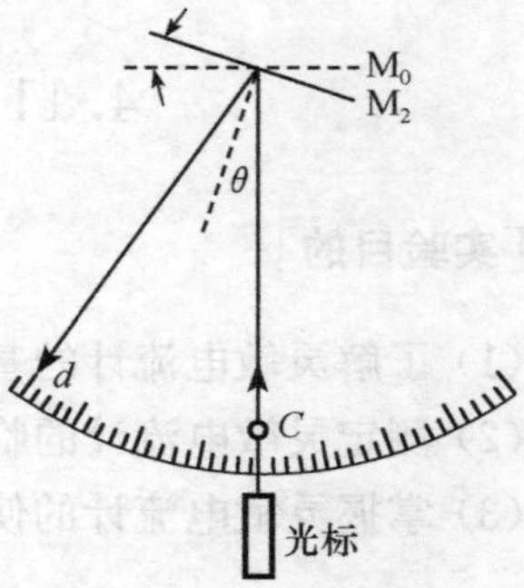

图 4.11.2 镜尺读数原理

由此看出,L 越大,d 放大得越大. AC15 系列检流计特别设计了多次反射的光学放大系统. 如图 4.11.3 所示. 采取了光标(光指针)代替普通电表的金属指针,相当于加长了指针的长度,进一步提高其灵敏度.

由于线圈与小镜的偏转角 θ 正比于电流,所以光标的位移 d 也就与电流 I_g 的大小成正比. 在确定了相应的单位之后,可以由标尺读数得出电流值:

$$I_g = K_i d \tag{4.11.2}$$

式中,K_i 为比例系数,亦称为仪器的电流分度常数,其单位是 A/格. 在数值上等于光标移动一格时通过电流计上的电流值,其大小由电流计的本身结构所决定,对每一台仪器是一个确定的常数. K_i 值越小,表示它的电流灵敏度越高(一般达 10^{-11}~10^{-7} A/格).

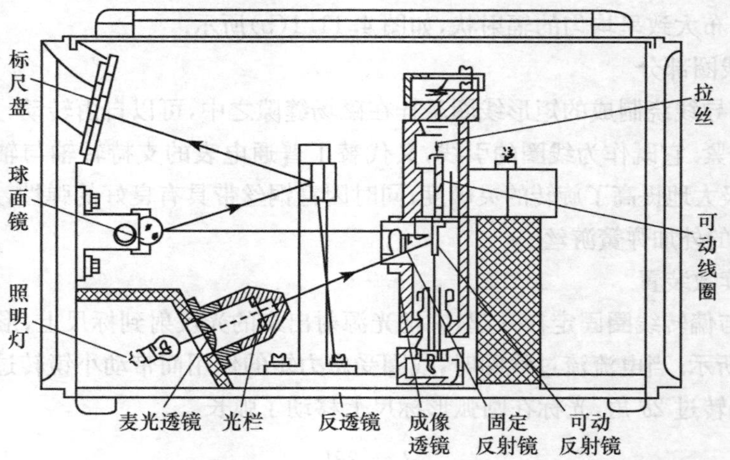

图 4.11.3 检流计光学放大系统

2. 线圈运动特性

当外加电流刚刚接入灵敏电流计线圈时或通电电流刚刚切断时,电磁力矩和悬丝扭力矩失去平衡,使线圈发生转动.由于线圈具有的惯性,不可能立即停止在电磁力矩与悬丝扭力矩相平衡的位置上.若没有相应措施,它就会在平衡位置的两侧往复运动,一时停不下来.在一般磁电式电表中这种矛盾不突出,因其通常由空气阻尼使之迅速停下来.为此,通常利用电流阻尼来控制线圈的运动.

线圈在偏转时,除受到外加电流 I 引起的电磁力矩 M_1 及悬线的扭转反力矩 M_2 外,还受到空气阻力矩 M_3 及电磁感应阻尼力矩 M_4,它们的大小分别为

$$M_1 = NBSI = \phi_0 I \tag{4.11.3}$$

式中,B 为磁感强度,S 为线圈面积,N 为线圈匝数,它是一个恒量.

悬丝抗扭力矩 M_2 与线圈偏转角成正比:

$$M_2 = -K\theta \tag{4.11.4}$$

式中,K 为抗扭强度系数,"一"号表示 M_2 与 θ 反向.

空气阻力矩与转动角速度有关.在转速很小时,可以近似地看成与角速度 ω 成正比,即

$$M_3 = K_\alpha \omega = -K_\alpha \frac{\mathrm{d}\theta}{\mathrm{d}t} \tag{4.11.5}$$

电磁阻尼力矩是由于线圈闭合回路在磁场中运动所产生的感生电流 I_l 受磁场的作用引起的.由于感生电动势 $\varepsilon = -NBS\frac{\mathrm{d}\theta}{\mathrm{d}t}$,因而

$$I_l = \frac{\varepsilon}{R_g + R_{外}} = -\frac{NBS}{R_g + R_{外}}\frac{\mathrm{d}\theta}{\mathrm{d}t} \tag{4.11.6}$$

它引起的阻尼力矩为

$$M_4 = NBSI_l = -\frac{\phi_0^2}{R_g + R_{外}}\frac{\mathrm{d}\theta}{\mathrm{d}t} \tag{4.11.7}$$

依据转动定律,得到线圈转动运动微分方程为

$$J\frac{\mathrm{d}^2\theta}{\mathrm{d}t^2} = \sum M = \phi_0 I - K\theta - \left(K_\alpha + \frac{\phi_0^2}{R_g + R_{外}}\right)\frac{\mathrm{d}\theta}{\mathrm{d}t} \tag{4.11.8}$$

式(4.11.8)是一个二阶常系数微分方程,不难求解.现着重讨论其运动特性.

由式(4.11.8)可见,运动状态的诸多量中,只有 $R_{外}$ 是便于调节改变的.它的大小改变着电磁阻尼力矩的大小,从而可以改变线圈运动状态.大体有下列 3 种状态(图 4.11.4)

(1) $R_{外} > R_C$——欠阻尼状态.

(2) $R_{外} = R_C$——临界阻尼状态,R_C 称为临界电阻.

(3) $R_{外} < R_C$——过阻尼状态.

当 $R_{外}$ 较大时,M_4 较小,线圈做振幅逐渐衰减的振动,需经过较长时间才能停在平衡位置上,$R_{外}$ 越大,M_4 越小,振动的时间越长.这称做欠阻尼运动状态(图 4.11.4 中曲线Ⅰ).

当 $R_{外}$ 很小时 M_1 较大,线圈只能缓慢运动,要花较长时间才能接近平衡位置,而且不会越过它,这称做过阻尼运动状态(图 4.11.4 中曲线Ⅲ).当 $R_{外}=0$(短路)时,阻尼最大,线圈运动特别缓慢.在 AC15 系列电表内装有短路线路,只要将分流器旋钮旋到短路挡,就可使线圈停在零平衡位置,保护其免受强烈振动.也可以在仪表外在其正、负极之间用导线联一个阻尼开关 K_3(图 4.11.5).在断开外电路电流时,光标点在零点左右反复摆

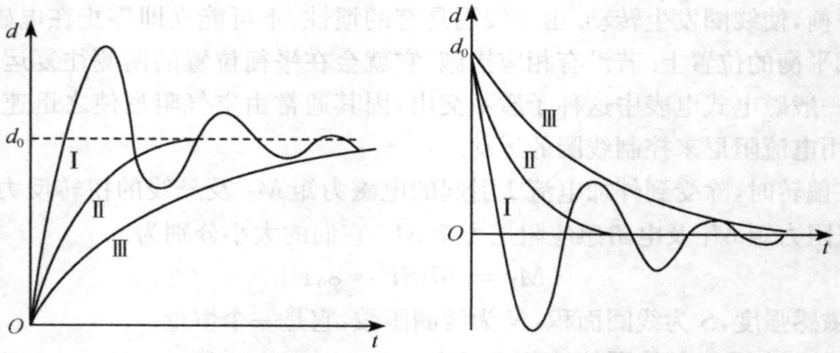

(a) 刚接通外电流过程　　　(b) 切断外电流过程

图 4.11.4　阻尼特性曲线

动，当光点通过零点近旁时，迅速按下 K_3，使 $R_外=0$，线圈就会立即“停住”，慢慢地回到零平衡位置上，这极大地方便了我们的调节.

当 $R_外$ 适当时，线圈能很快地达到平衡位置而又不发生振动(即不越过平衡位置)，这是前面 $R_外$ 两种状态的中间状态，称做临界阻尼状态(图 4.11.4 中的曲线Ⅱ). 这时所对应的 $R_外$ 即临界电阻 R_C.

3. 调节系统及电源

AC15 型光点检流计是一种轻便的灵敏电流计，其面板布局如图 4.11.6 所示.

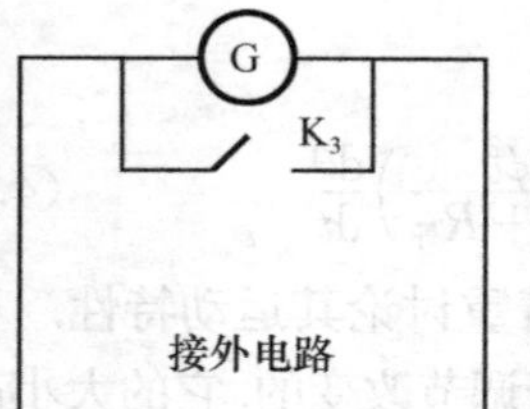

图 4.11.5　阻尼电键

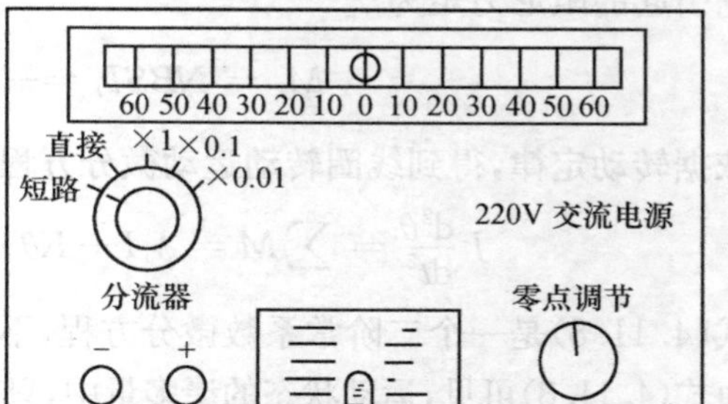

图 4.11.6　AC15 检流计面板图

在检流计背后有两个插孔，分别适用于 220V 交流电源和 6V 直流电源. 面板上电源定向钮应扳到相应电压值一边. 在电源插孔旁有一接地接线柱. 应将地线接上，以消除漏电和寄生电动势对测量的影响(机壳屏蔽).

检查、调零时一般采取“直接”挡，测量时应取“×1”挡，它们是高灵敏度的挡. 实际检测时，为避免损坏仪器，应首先将分流器旋到最低灵敏度的“×0.01”挡. 如果光标偏离很小，可逐步提高灵敏度，以便测量或检查调节，平时应旋到“短路”挡，短路阻尼作用可保护线圈避免振动损伤.

调零时应将分流器旋到“直接”挡. 用零点调节旋钮进行粗调(注意：不可旋过太多，以免损伤悬丝)，而标盘调零器则可以使光标在左右各 5 格的范围内调至零点(细调).

［实验仪器］

AC15/4 式光点检流计，电压表(0.5 级)，滑线变阻器，标准电阻箱(0.1 级)，定值电阻(约 5Ω、25kΩ 各一个)，稳压电源，双刀双掷开关，单刀开关.

［实验方法］

1. 观察阻尼运动

(1) 按图 4.11.7 接好线路. K_1、K_2 应先断开；将滑线变阻器调至最小分压($r\approx0$)；稳压电源电压调到 6V 挡，电路中的定值电阻 R_0 在 10Ω 以下，R_2 值先取外临界电阻 R_C(由仪器铭牌上读取)的 3 倍左右(取整值)；R_1 为定值电阻，为 R_0 的 5000 倍左右. 经教师检查后，再接通电源 E 及检流计的照明电源. 注意：在接通检流计 G 照明电源之前，应将面板上的电源扳钮扳到 220V 侧，并将 220V 交流电源线插头准确地插入背面 220V 插孔中，同时接好接地线.

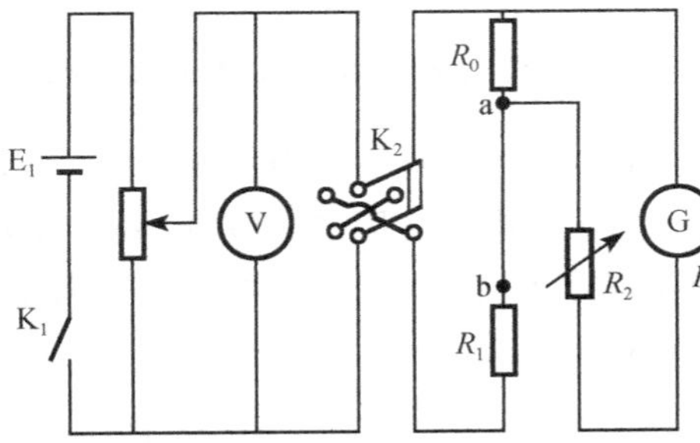

图 4.11.7 实验线路图

(2) 将仪器倍率开关旋至“直接”挡，进行光标调零.

(3) 接通开关 K_1，调节滑线变阻器至 0，使电压表读数接近为 0.

(4) 接通双刀双掷开关 K_2，随之逐渐调大 r，增加电压 U，注视光标的移动，直到光标大约偏转到满刻度的一半左右(取 30.0 格).

(5) 断开 K_2，观察并记录光标回零时的阻尼振动情况.

(6) 再反向接通 K_2 观察光标振动的情况. 待光标稳定后，又一次断开 K_2，继续观察光标的振动情况(并说明这是哪一种阻尼状态).

(7) 逐渐调小 R_2(直至 R_2 降至接近铭牌上的 R_C 值)，重新对光标“调零”；并调小 r，降低分压 U，在接通 K_2 后，使光标仍保持在满刻度的一半左右. 然后断开 K_2，继续观察并记录光标回零偏转时的运动情况.

(8) 调节 R_2 的阻值，使光标运动处于临界阻尼状态，记下此时的 R_{2C} 值，即得电流计的外监界电阻值 $R_C=R_{2C}+R_0\approx R_{2C}$.

(9) 继续降低 R_2，观察并记录光标回零与偏转时的过阻尼情况.

(10) 注意观察 R_2 取何值时，光标稳定回到零点所花时间最少.

*2. 测检流计内阻 R_g

测定 K_i 时，必须用到检流计内阻 R_g. 测量过程如下：

(1) 将 R_2 调节到某一数值 R_{21}(本实验取 $R_{21}\leqslant1k\Omega$)，调节零点后，接通开关 K_2 并调节滑线变阻器，使光标偏转 d_1 满刻度(本实验中取 50.0 格).

(2) 保持其他条件不变，仅仅增大 R_2，使光标偏转平均值 d_2 为原值 d_1 的一半(25.0

格)，记下此时的 R_{22} 值(d_1、d_2 的测量均左、右各一次，取平均值).

(3) 由于 $U_0=\frac{R_0}{R_1}U$ 不变

第1次
$$I_{g1}=\frac{U_0}{R_{21}+R_g}=K_i d_1$$

第2次
$$I_{g2}=\frac{U_0}{R_{22}+R_g}=K_i d_2=\frac{1}{2}I_{g1}$$

由此可以导出

$$R_g=\frac{d_2R_{22}-d_1R_{21}}{d_1-d_2}=R_{22}-2R_{21} \tag{4.11.9}$$

3. 测定电流常数 K_i(电压表应改置于3V挡)

(1) 将检流计分流器旋至×0.1挡，R_2 调至 R_C(按仪表标牌上的数值).

(2) 调滑线变阻器，使电压表读数为 V_1(1.000V)，读取此时的光标位移 d. 为消除零点不确定度，扳动双刀开关，左、右各测三次，取平均值.

(3) 由式(4.11.10)

$$K_i=\frac{I_g}{d}=\frac{UR_0}{dR_1(R_2+R_g)} \tag{4.11.10}$$

计算出$(K_i)_1$.

(4) 改变电压为 U_2(2.000V)、U_3(3.000V)重复上述2、3步骤，计算出$(K_i)_2$，$(K_i)_3$.

(5) 计算出平均值 $\bar{K}_i$.

［注意事项］

(1) 调节 U 时，不应使光标超出满刻度值，若要超出，应调小 U_3(如取2.500V)，进行测量，绝不允许以大电流通过检流计.

(2) 实验结束，应将分流器旋至"短路".

［数据处理］

(1) R_g、K_i 的测量值可以与铭牌上的标定值比较，计算精度.

(2) K_g 的不确定度.

在式(4.11.9)中，R_{21}、R_{22} 的精度远小于 d_1、d_2，因而可以略去不计. 由

$$\frac{\partial R_g}{\partial d_1}=\frac{-d_2(R_{22}-R_{21})}{(d_1-d_2)^2},\quad \frac{\partial R_g}{\partial d_2}=\frac{d_1(R_{22}-R_{21})}{(d_1-d_2)^2}$$

且设 $\Delta d_1=\Delta d_2=\Delta d$ 得

$$\Delta R_g=\frac{R_{22}-R_{21}}{(d_1-d_2)^2}\sqrt{d_1^2+d_2^2}\,\Delta d \tag{4.11.11}$$

式中，Δd 为光标位置的不确定度，通常可取仪表精度误差(1.0格).

(3) K_i 的不确定度(只分析 $U=U_2$ 时的情况).

由于 R_1、R_2 的精度较高，R_g 对 K_i 的影响较小，因而它们的不确定度可以略去不计，

即只分析由 ΔR_0(由实验室给出)、ΔU(根据电压表量程与精度计算)及 Δd 引起 K_i 的不确定度.

[思考题]

(1) 灵敏电流计具有较高的灵敏度,是由于采取了哪些措施?

(2) 图 4.11.7 的实验电路图上,采取了几级分压,每级各起什么作用?

(3) 在实验线路中,二级分压后与 R_2 连线是由 R_0 一端的 a 点接出去的,为什么不从 R_0 另一端的 b 点接出? 它们有什么差别,有什么道理?

(4) 已知一个灵敏电流计 G 的内阻 $R_g=1\text{k}\Omega$,$R_C=1.3\text{k}\Omega$,量程为 I_{gm}. 用来测量一个真空光电管 F($R_F\approx\infty$)的光电流 I. 采用图 4.11.8 三种接法,电流计分别处于哪一种阻尼状态? 它们能测量的最大光电流 I_m 是 I_{gm}的几倍?

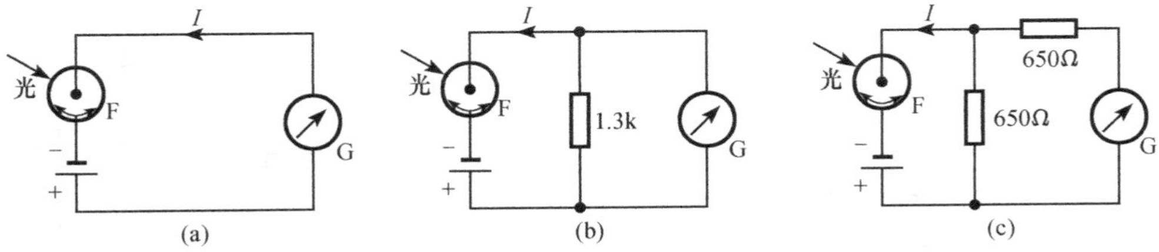

图 4.11.8 测量光电流的线路图

(5) 电流计同(4)题,测温差电偶的温差电动势 ε($R_\varepsilon\approx0$),图 4.11.9 所示,下列 3 种情况下,电流计的阻尼情况如何及能测量的最大温差电动势 ε_m 是多少?

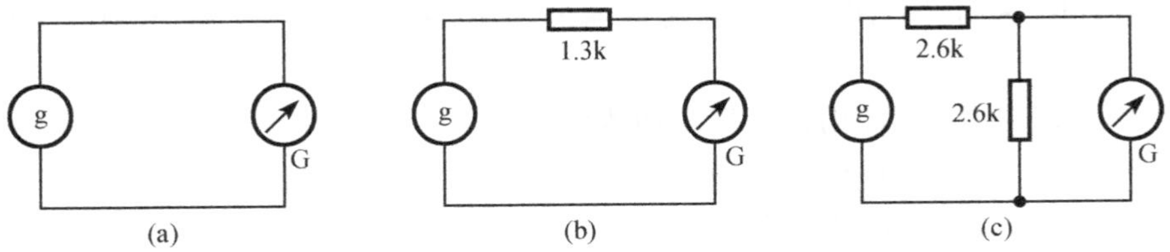

图 4.11.9 测量温差电动势

(6) 总结本次实验的收获和体会.

4.12 用电势差计测量电动势

[实验目的]

(1) 掌握电势差计的工作原理和结构特点.

(2) 学会用电势差计测量电动势.

(3) 了解温差电偶测温原理,练习用箱式电势差计测量热电偶的温差电动势.

［实验原理］

1. 电势差测量原理

要测量电源的电动势 E，如果用电压表并联到电源两端(图 4.12.1)，将有电流 I 通过电源内部，电表的指示值只是它的端电压，由于测量系统对被测量的干扰，产生了测量偏差. 在用伏安法测电阻时，电流表的分压与电压表的分流效应也是如此. 实验中消除附加偏差的办法是采用修正公式对测量值作出修正. 而在本实验中则介绍另一种有效的方法——补偿法：采用另一个附加系统，对被测量产生相反的作用以补偿原测量系统的干扰效应.

仍以测电源电动势为例. 如图 4.12.2 所示，附加一个电源 $E_0 > E$ 及相应电路，向被测系统提供补充能量.

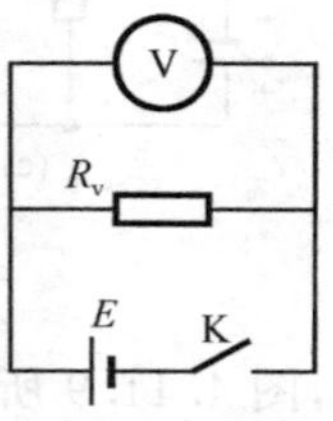

图 4.12.1　对被测量的干扰效应

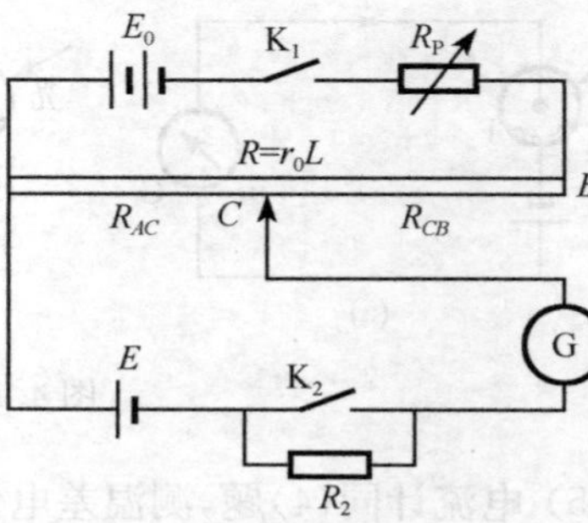

图 4.12.2　补偿电路

合上 K_1(K_2 先打开)，使 R 上有电流 I_0 通过，则在 AC 段(R_{AC})上测得的电势降 $U_{AC} = I_0R_{AC}$.

合上 K_2，调节 R_P，可能出现下列 3 种情况：

(1) $E > U_{AC}$，G 中有电流正向通过；

(2) $E < U_{AC}$，G 中有电流反向通过；

(3) $E = U_{AC}$，G 中无电流通过，达到“补偿平衡”状态.

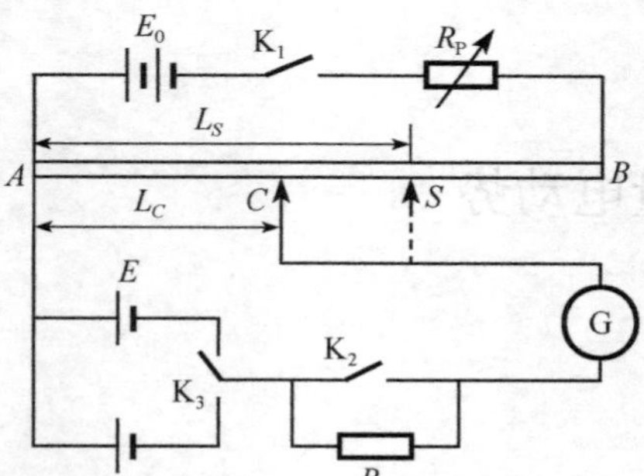

图 4.12.3　电势差计测电动势的电路

依据上述补偿原理，能够正确地测量电势差. 为提高测量精度，进一步使用一个标准电池(它有着十分精确、稳定的电动势)E_S，组成图 4.12.3 的电路，进行对比测量(比较法). 图中 AB 间是一条十分均匀的电阻丝(单位长度上的电阻值 r_0). 在调节好 R_P 之后，则在 R_{AB} 上有稳定的电流 I_0 通过. 电阻丝上任一段(长 L)的电势降：

$$U_L = I_0 r_0 L$$

测量时，先将开关 K_3 扳到 E_S 一侧，移动活动触点至 S，使 G 中无电流通过，这时有

$$E_S = U_{AS} = I_0 r_0 L_S$$

再将开关 K_3 扳到 E 一侧，调整活动触点至 C，使 G 中无电流通过，则有

$$E = U_{AC}E = I_0 r_0 L_C$$

两相对比，得

$$E = E_S L_C / L_S$$

这表明，待测电源电动势 E 可用标准电池的电势 E_S 和处于同一工作电流(I_0)下的电势差计处于补偿平衡状态测得的 L_S、L_C 数值来确定.

2. 热电偶测量温度的原理

把两种不同材料的金属焊接起来，结成一个闭合回路，构成温差电偶(图 4.12.4).

实验发现：在温差($T-T_0$)不太大的情况下，温差电动势 E 与($T-T_0$)成正比，即

$$E = \alpha(T - T_0)$$

式中，T 为热电偶热端的温度，T_0 为冷端的温度，α 为比例常数，称做温差电动势系数. 可以利用这个原理来测量温度.

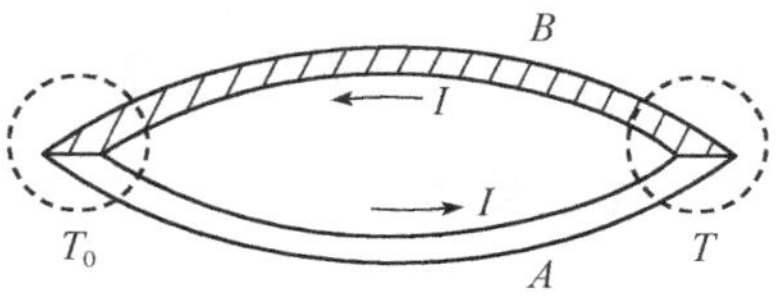

图 4.12.4 温差电偶

［实验仪器］

UJ36 电势差计，铜—康铜热电偶，温差电实验装置.

［实验方法］

(1) 按图 4.12.5 连接好电路.

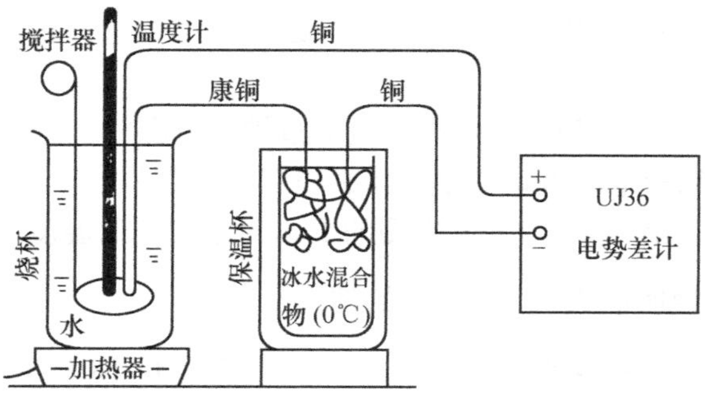

图 4.12.5 实验仪器图

注意：①热电偶的极性不允许接错. ②低温端必须良好地浸没在冰水混合物中，保持稳定的 0℃.

(2) 按 UJ36 电势差计使用说明的规定，将倍率旋钮 K_1 旋至"×0.2"挡，再进行检流计调零和电流调节.

(3) 接通电炉，加热烧杯，使温度缓慢升高.

(4) 把电势差计电键开关扳向未知侧，对温差电动势进行测量. 由 T=40℃开始记

录，以后每上升10℃作一次记录，直到$T=100℃$为止. 操作时，应一面观察T的上升情况，一面随时调节滑线盘，使检流计G的指针保持平衡. 每当温度T与记录值还差5℃时，应将电键K扳至"标准"一侧，检查电势差计的工作电流，如若此时检流计G的指针已偏离平衡位置，应立即调节R_P(电流调节)，使恢复平衡. 再将电键K扳至"未知"一侧，并调节滑线盘，使检流计平衡. 等到温度T达到所要求时，迅速调准滑线盘，使G指针准确对零，读取相应的E值.

当滑线盘旋过10mV(盘值)时，应旋动步进旋钮顺时针前进一挡(增加10mV).

(5) 停止加热，任其高温端自然冷却，并记录不同温差下的温差电势. T由100℃开始，每10℃记录一次，直至降到40℃时为止. 这一过程中应适当搅拌杯中热水，以保证温度均匀.

(6) 记录完毕应及时断开电势差计电源("倍率"旋至"断"位置)，电键K扳回中间位置，经教师检查同意后，拆除线路.

[数据处理]

(1) 记录表格自行设计.

记录升温、降温时对应于T的温差电动势E_+与E_-，并计算其平均值$\bar{E}$(注意乘以倍率值0.2). 如果出现E_+与E_-的差别超过4倍的仪器不确定度($4\Delta_{仪}$)就表明测量失准. 对于这样的个别值可以当做坏值加以剔除. 如若这样的点超过3个，就表明测量失败.

(2) 最小二乘法处理数据.

(3) 实验测量结果.

说明测量条件及将测量结果表示为$\alpha \pm \Delta\alpha$及$E_r(\alpha)$.

[思考题]

(1) 通常用电压表接在电源两端，所测的是它的什么量？它与电动势有什么关系及差别？

(2) 在测量电动势时，如何使得没有电流通过被测电源？

(3) 标准电池在测量电源电动势中起什么作用？

(4) 升温过程中测得的E_+与降温中测的E_-，对于相同的温度下通常前者大于后者，这是为什么？并由此说明取$E=\dfrac{E_+ + E_-}{2}$的理由.

(5) 如果在实验中温差电偶与电势差计的极性接反了，你怎样由电势差计的不正常状态发现它是接错了？

UJ36电势差计简介

UJ36是一种携带式箱式直流电势差计.

1. 电路原理

如图4.12.6所示，其特点是固定R_S数值，调R_P，即调节分压电路的电流I，使之达到

IR_S 等于 E_S，当将电键开关 K 扳到标准一侧时，电路正好处于“被补偿状态”，G 指针指零. 而待测的“未知”电动势 E_X 所对应的“补偿电阻”R_X 直接换算成电压数值. 标示在面盘上，E_X 值可以直接读出.

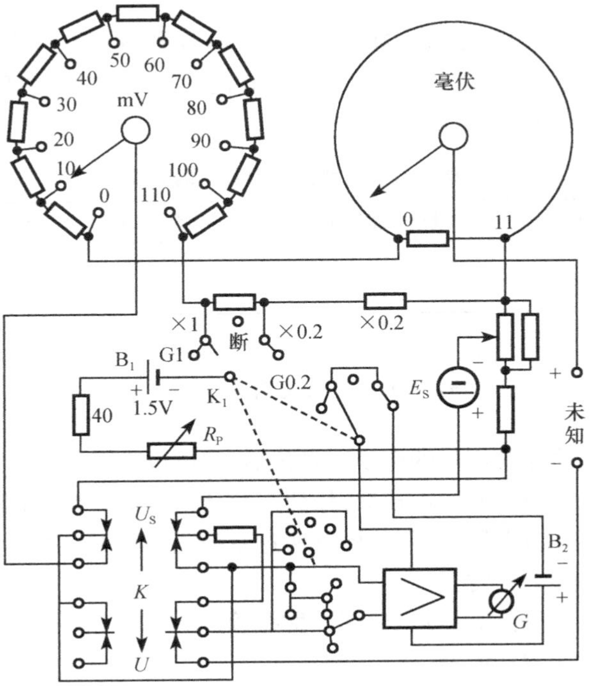

图 4.12.6 UJ36 电路原理图

面板如图 4.12.7 所示.

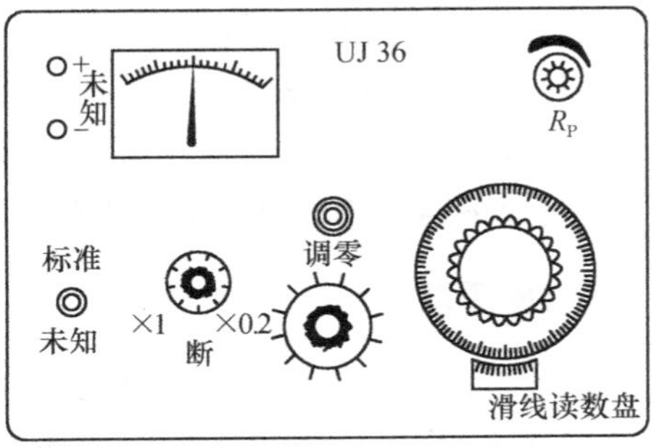

图 4.12.7 UJ36 电势差计面板图

2. 使用说明

(1) 把被测的未知电动势(电压)接在“未知”的两个接线柱上. 注意：极性不允许接错. 为此，可以先用毫伏表(或万用表)进行检验.

(2) 根据所测电压的最大值把倍率旋钮 K_1 旋至所需的位置上(×1 挡最大达 120mV，×0.2 挡最大达 24mV)，同时也就接通了电势差计的工作电源和检流计放大器电源. 3min 以后，调节检流计右下角的调零旋钮，使检流计指针指零.

(3) 将电键 K 扳向“标准”一侧，调节(多圈)变阻器 R_P，使检流计达到平衡(检流计指零).

(4) 再将电键 K 扳向“未知”一侧，调节步进旋钮和滑线(读数)盘，使检流计再次达到平衡(指零)，则未知电动势(电压)表示为

$$E_X(\text{mV}) = (\text{步进盘读数} + \text{滑线盘读数}) \times \text{倍率}$$

(5) 仪器使用完毕，应将“倍率”旋钮旋至“断”的位置，电键 K 应扳回中间位置，以切断内部电源.

3. 仪器的技术指标

工作温度：5～45℃. 当环境温度在 12～28℃时，仪器测量允许不确定度如表 4.12.1 所示（超过上述范围，而在允许工作温度内时，有附加不确定度：温度达下限时，不超过 $0.5\Delta_0$；达上限时，不超过 $1.0\Delta_0$）.

表 4.12.1 测量范围及不确定度

倍　率	测量范围/mV	最小分度值/μV	工作电流/mA	仪器测量不确定度/mV
×1	0～120	50	50	$\Delta_0<0.1U_X+0.050$
×0.2	0～24	10	1	$\Delta_0<0.01U_X+0.010$

4.13 示波器的使用

示波器是一种用途非常广泛的电子测量仪器，它可以直接显示出电信号的电压波形，并能测量信号的电压幅值、频率、周期等. 任何一个物理量，只要它是随时间变化的，并且可以通过某种方法转化成电压信号，就可以通过示波器，观察信号的波形，并能测量信号的一些特征量，如频率、上升时间等.

示波器的显示器件有液晶显示屏、阴极射线管（cathode ray tube，CRT）等方式. 本实验采用阴极射线管方式的示波器.

［实验目的］

(1) 了解示波器的原理.
(2) 学习使用示波器.
(3) 观察交流正弦信号、整流及滤波后的波形.
(4) 观测李萨如图形，加深对相互垂直运动合成理论的理解.

［实验原理］

示波器的种类非常多，电路的组成也多种多样，性能也有很大的差别. 就其组成原理而言是基本相同的，可用图 4.13.1 来说明. 其主要包括 X、Y 放大电路，触发同步电路、扫描信号发生器和阴极射线管（CRT）. CRT 是其核心器件.

阴极射线管的构造如图 4.13.2 所示. 阴极射线管是一个真空管器件，主要有三部分组成，即电子枪、偏转系统和荧光屏.

1. 电子枪

电子枪由灯丝、阴极、控制栅极、加速阳极构成. 通过灯丝加热阴极，阴极受热后，在其表面产生自由电子，自由电子在阳极的加速电压作用下高速运动，通过控制栅极，可以调

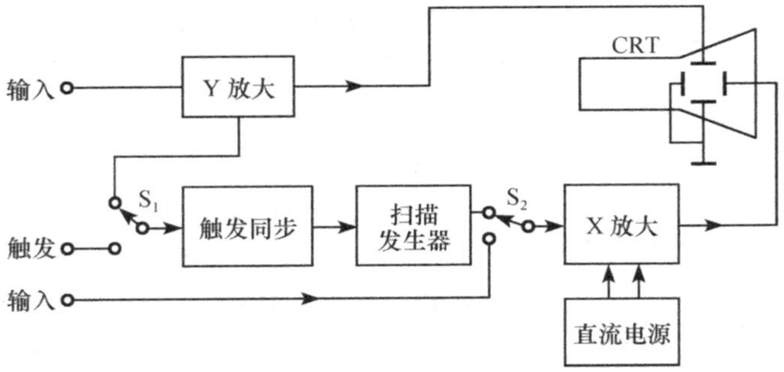

图 4.13.1 示波器的原理

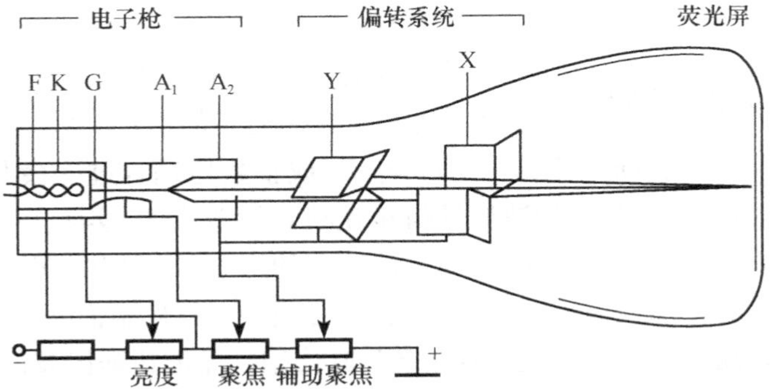

图 4.13.2 阴极射线管的构造

节、控制从阴极发射出来的电子. 比如,可以调节栅极的电压大小,控制射向荧光屏的电子束密度,从而达到亮度调节的目的.

2. 偏转系统

偏转系统是由两对互相垂直的金属平板组成. 一对称做竖直偏转板(Y 方向),另一对称做水平偏转板(X 方向). 在偏转板上加上电压后,就可以控制电子束的运动方向,使电子束产生水平和竖直方向的偏转.

3. 荧光屏

在真空管屏幕的内侧涂有荧光粉,当电子打到荧光粉上时,荧光粉就会发光,形成光斑. 光斑的颜色、亮度及持续显示时间(余辉时间)与荧光材料特性有关.

当将正弦信号加到竖直偏转板上,并保持水平方向的偏转板的电压为零. 这时,射向荧光屏的电子束只受到竖直方向(Y 方向)偏转电压(信号电压)的调制,将在荧光屏上留下一竖直的亮线段. 线段的长度是与调制电压幅值(信号的电压)成比例的.

当将信号加到水平偏转板上,保持竖直偏转板的电压为零,将观察到一段水平的亮线,线段的长度与信号的电压成比例.

同理,如果在 Y 方向偏转板加上正弦电压信号,在 X 方向偏转板加上锯齿波电压信号,如图 4.13.3 所示,且保证锯齿波信号与正弦信号同时过零点(同步),则可以显示正弦

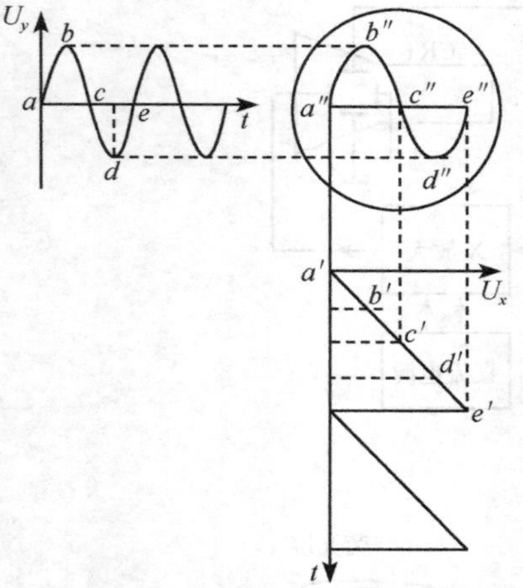

图 4.13.3　显示正弦波的原理

波的图形. 若锯齿波的周期与正弦波的周期相同时，在屏上将显示一个完整的正弦波信号，当锯齿波的周期是正弦波周期的 2 倍时，将显示两个完整的正弦波信号，依此类推.

如果锯齿波信号的周期 T_x 与信号的周期 T_y 稍有不同，这时信号是不稳定的. 当 T_x 稍大于 T_y 时，信号的图形向左移动；当 T_x 稍小于 T_y 时，信号的图形向右移动. 当 T_x 与 T_y 相差较大时，屏幕上的曲线变化较剧烈，看不清楚曲线的具体形状. 为了保证在屏上能观察到完整的稳定的波形，在示波器上都有一个"TIME/div"调节旋钮，称做时间分度旋钮，用来调节锯齿波信号的周期 T_x，使 T_x 与 T_y 成整数比，这时在屏上将观察到完整的信号波形.

在实际使用中，当把波形调稳定了(T_x 与 T_y 成整数比)后，过一会儿波形又开始左、右移动了，这是由待测信号与锯齿波信号的相互独立性造成的. 实际上，待测信号的周期和锯齿波信号的周期，由于环境的因素和其他原因的影响，常常有微小的变化. 在观察高频信号时，这种现象更加突出. 为解决这样的问题，在示波器面板上都设有"TRIGE LEVER"旋钮，称做触发电平或整定同步旋钮. 其作用是保证让锯齿波信号扫描起始点自动跟随待测信号的变化. 此时调整该旋钮，可使波形稳定. 与触发电平配合使用的还有触发方式选择开关. 一般都分成内触发(锯齿波信号来自示波器内)、外触发(锯齿波信号来自示波器外部，通常是由另一个通道输入的). 另外还有正触发(用来检测脉冲信号的正跳沿)和负触发(用来检测脉冲的负跳沿).

由以上讨论可以看出，在观察信号波形时，一个是待测信号，加在竖直偏转板上，也称 Y 通道. 一个是锯齿波信号，加在水平偏转板上，也称 X 通道. 示波器屏幕上光斑的运动，可以看成是两个互相垂直运动的合成. 如果在示波器的 X 通道和 Y 通道加上频率相同或频率成简单的整数比的两个正弦信号，这时在屏幕上将出现一些特殊形状的曲线，这种曲线称做李萨如图形，如图 4.13.4 所示.

例如，当两个信号的频率相同时，有

$$x = A_1\cos(\omega t + \varphi_1)$$
$$y = A_2\cos(\omega t + \varphi_2)$$

因此

$$\frac{x^2}{A_1^2} + \frac{y^2}{A_2^2} - \frac{2xy}{A_1A_2}\cos(\varphi_2 - \varphi_1) = \sin^2(\varphi_2 - \varphi_1) \tag{4.13.1}$$

两个电信号的初位相 φ_1、φ_2 确定合成曲线的形状.

当 $\Delta\varphi = \varphi_2 - \varphi_1 = 0$ 时

$$y = \frac{A_2}{A_1}x$$

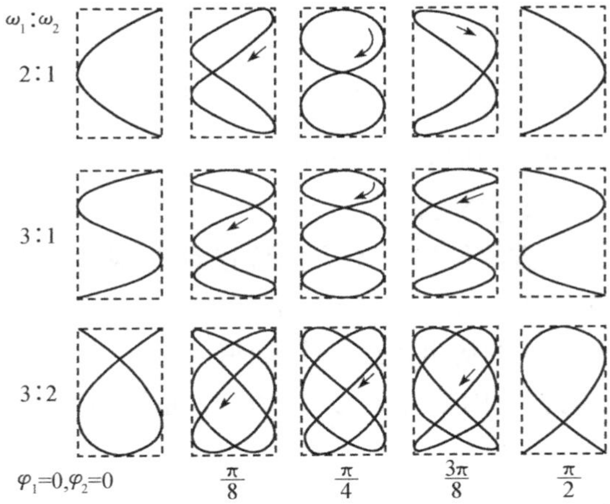

图 4.13.4 李萨如图形

当 $\Delta\varphi=\varphi_2-\varphi_1=\dfrac{\pi}{2}$时

$$\frac{x^2}{A_1^2}+\frac{y^2}{A_1^2}=1$$

可以通过图 4.13.5 来说明其规律.

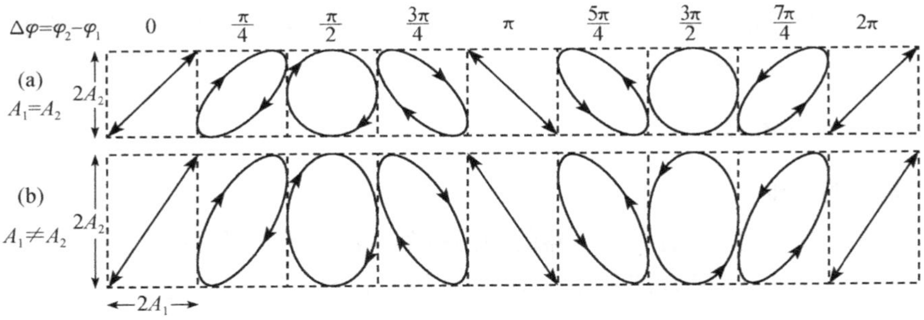

图 4.13.5 $f_y:f_x=1:1$ 时图像与位相差的关系

在示波器上观察时,可通过改变触发电平来观察图形的变化. 实际上,输入信号自身的微弱变化,将导致示波器屏幕上的图形交替地变化着.

李萨如图形与信号的频率有以下简单的关系:

$$\frac{x\text{ 方向切线对图形的切点数 }N_x}{y\text{ 方向切线对图形的切点数 }N_y}=\frac{f_y}{f_x}$$

因此,如果一个信号的频率已知(标准频率),则可以用李萨如图形的切点数来计算另一个信号的频率.

[**实验仪器**]

XJ4328 型二踪示波器,XJ1630 型函数信号发生器,ZL-1 整流波形仪.

［实验方法］

1. 观察 ZL-1 整流波形仪的输出波形

(1) 按下示波器电源开关，预热 2～3min.

(2) 按下垂直方式开关，选择 CH_2.

(3) 调节辉度、聚焦、Y 方向位移和 X 方向位移旋钮，使水平扫描线显示在屏幕上合适的位置；此时选择时间分度(t/div)在 20ms 左右.

(4) 将 ZL-1 整流波形仪的输出接至 CH_2 通道.

(5) 调节 CH_2 通道的偏转因数开关⑧，(V/div)，也称电压分度，微调⑨及时间分度旋钮，使波形稳定.

(6) 绘出波形曲线.

(7) 改变 ZL-1 整流方式，依次观察各种波形.

2. 测量交流信号的峰-峰电压

(1) 选择 ZL-1 整流波形仪输出波形为交流信号.

(2) 调节 CH_2 偏转因数开关⑧，选择合适的挡位，将偏转因数微调旋钮⑨(在电压分度 V/div 开关的同轴中心部分)顺时针旋足，并接通开关. 此时达到校准的位置.

(3) 测量交流信号的峰-峰位置对应的屏幕上的方格值(应估读)，并记录.

(4) 由估读的方格值乘以电压分度值，即 V/div 所指示的挡位，可得交流电的峰-峰电压值.

3. 观察李萨如图形

在实验 2 的基础上：

(1) 将 XJ1630 型函数信号发生器的输出接到示波器的 CH_1 通道上.

(2) 选择 XJ1630 型函数信号发生器的输出波形为正弦波并选择频率范围在 50Hz 左右.

(3) 选择触发方式开关为外触发. 选择水平方式选择开关⑳为 X-Y 方式.

(4) 调节 CH_1 通道的电压分度(V/div)开关及 XJ1630 型函数信号发生器的输出频率，直到在屏幕上能观察到 $f_y : f_x = 1 : 1$ 的李萨如图形. 并记录其中的一种图形.

(5) 改变 XJ1630 信号发生器的输出频率，观察其他的李萨如图形，并记录观察结果.

课后在坐标纸上绘出观察到的各种图形.

［思考题］

(1) 用示波器能否测量交流正弦信号的周期或频率？

(2) 交流电的峰-峰值与有效值有什么关系？

(3) 用示波器能否测量直流电的电压？如何测量？

(4) 总结本次实验的体会.

4.14 冲击法测螺线管磁场

[实验目的]

(1) 了解用冲击电流计测量磁场的基本原理.

(2) 学会用冲击法测直螺线管内部磁场.

[实验原理]

实验原理如图 4.14.1 所示,其中 M 是一个标准互感器,L_1 是长直螺线管,L_2 是探测线圈,G 为冲击电流计.

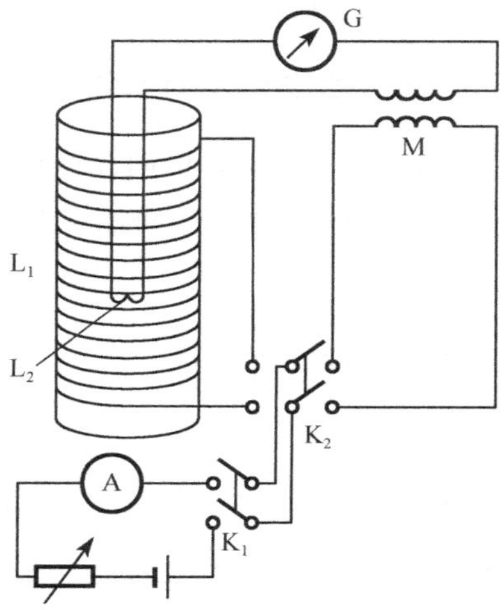

图 4.14.1 实验原理图

1. 螺线管内部的磁感应强度

如果螺线管足够长,根据理论分析在螺线管内部各点的磁场是均匀的,其磁感应强度为

$$B = \mu_0 nI$$

而在螺线管两端口的磁感应强度为

$$B = \frac{1}{2}\mu_0 nI$$

2. 冲击法测螺线管磁场的原理

冲击法测螺线管的磁场是利用磁通量迅速变化时,处在磁通变化区域内的探测线圈将产生感应电动势这一原理来进行测量的.

把一匝数为 N 的探测线圈放在螺线管内部,当磁通量变化时,根据法拉第电磁感应定律,在线圈回路中产生感应电动势

$$\varepsilon = -\frac{\mathrm{d}\phi}{\mathrm{d}t}$$

引起感应电流

$$i = \frac{\varepsilon}{R} = -\frac{1}{R}\frac{\mathrm{d}\phi}{\mathrm{d}t}\text{(}R\text{ 为整个回路的电阻)}$$

那么,通过线圈的总电量为

$$q = \int_0^t i\mathrm{d}t = \int_0^t\left(-\frac{1}{R}\frac{\mathrm{d}\phi}{\mathrm{d}t}\right)\mathrm{d}t = \frac{1}{R}(\phi_1 - \phi_2) \tag{4.14.1}$$

冲击电流计是测量瞬时脉冲电流所迁移电量的一种仪器,由于探测线圈与冲击电流计相连,则通过线圈的电量将直接由冲击电流计测出.

实验时,利用电键的提起、闭合,来实现磁通量变化.设探测线圈的匝数为 N,有效截面积为 S,则

变化前(K_2 打到螺线管一端)

$$\phi_1 = NBS$$

变化后(K_1 或 K_2 提起)

$$\phi_2 = 0$$

代入式(4.14.1),有

$$q = \frac{NBS}{R} \tag{4.14.2}$$

则

$$B = \frac{qR}{NS} \tag{4.14.3}$$

式中,$q=Kd$,K 为冲击电流计的冲击常数,表示单位偏转量时所需的电量,d 为冲击电流计光标的位移量.

3. 冲击常数 K 的测定

将 K_1 闭合,K_2 倒向标准互感器 M 一侧,使互感器的初级线圈通以电流 I',则次级线圈的磁通量 $\phi_1 = MI'$,将电键 K_1 或 K_2 提起时 $\phi_2=0$,磁通量变化量为 MI',则

$$q' = \frac{MI'}{R} = Kd' \tag{4.14.4}$$

所以冲击常数为

$$K = \frac{MI'}{Rd'} \tag{4.14.5}$$

式中,d 和 d' 为冲击电流计的位移量,用数字式冲击电流计,它可直接测出电量 q' 和 q. 由公式 $B=\frac{qR}{NS}$,$q'=\frac{MI'}{R}$ 得

$$B = \frac{MI'}{NS}\frac{q}{q'} \tag{4.14.6}$$

[实验仪器]

直流稳压电源,螺线管磁场装置,冲击电流计,滑线变阻器(电阻箱),电流表,双刀开关,标准互感器.

[实验方法]

(1) 按图连好电路,经教师检查合格后,打开电源 E.

(2) 将 K_1 闭合,K_2 打向标准互感器一侧,调节稳压电源与滑线变阻器,使电流表指示值 $I'=10\text{mA}$.

(3) 将 K_1 不动,K_2 提起、闭合,分别记下两次冲击电流计测得的数值,再使 K_2 不动,K_1 提起、闭合,分别记下两次冲击电流测得的数值,求 4 次平均值

$$\bar{q} = \frac{1}{4}(|q'_1| + |q'_2| + |q'_3| + |q'_4|)$$

(4) 将 K_1 闭合,K_2 打到螺线管一侧,调节稳压电源与滑线变阻器,使 $I=1\text{A}$.

(5) 将探测线圈放在距螺线管中心 0cm、5cm、10cm、12cm、14cm 处,重复步骤 3,求

出螺线管各处的 q 值.

[实验数据]

螺线管长度 $L=28\text{cm}$,螺线管匝数 $N'=2800$ 匝,探测线圈匝数 $N=1000$ 匝,探测线圈截面面积 $S=27.31\times10^{-6}\text{m}^2$,标准互感系数 $M=0.1\text{H}$.

(1) 将所测得的 q、q' 代入公式 $B=\dfrac{MI'}{NS}\dfrac{q}{q'}$,计算 B 值.

(2) 按公式 $B=\mu_0 nI$ 计算中心磁场的理论值,并与测量值进行比较,求出百分差.

(3) 在坐标纸上画出 B-L 曲线图.

[思考题]

(1) 要使冲击电流计处于临界阻尼状态,应如何调节?

(2) 在实验过程中,通过螺线管的电流为什么应保持不变?

(3) 式(4.14.1)中的 R 包括哪几部分? 为什么在测 B 时,标准互感器的次级线圈需接在回路中?

(4) 分析影响测量精度的主要原因.

4.15 分光仪的调整与棱镜折射率的测量

许多光学量的测量都可以归结为对有关角度的测量,所以了解分光仪的基本结构,学习分光仪的调整及使用方法,是非常重要的.

[实验目的]

(1) 学会分光仪的调整与使用.

(2) 学会用分光仪测定三棱镜顶角的方法.

(3) 掌握用最小偏向角测定三棱镜的折射率.

[实验原理]

如图 4.15.1 所示,有一束波长为 λ 的单色平行光入射到 AB 面上,经棱镜折射后偏转一定角度射出,偏转的角度 δ 为入射光线与出射光线的夹角,这个夹角称为偏向角. δ 随入射角的改变而改变,可以证明当入射角等于出射角即 $i_1=i_2$ 时,偏向角最小,记为 $\delta_{\min}$.

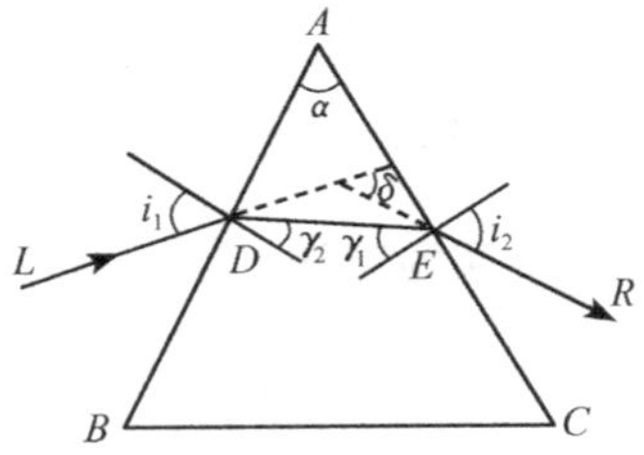

图 4.15.1 棱镜折射原理图

设棱镜的顶角为 α,光束的入射角和出射角分别为 i_1、i_2,由几何关系

$$\delta=(i_1-\gamma_1)+(i_2-\gamma_2) \tag{4.15.1}$$

而顶角 α 满足

$$\alpha=\gamma_1+\gamma_2 \tag{4.15.2}$$

所以

$$\delta = (i_1 + i_2) - \alpha \tag{4.15.3}$$

由折射定律可知

$$\sin i_1 = n \sin\gamma_1$$

$$\sin i_2 = n \sin\gamma_2 \tag{4.15.4}$$

由式(4.15.2)～式(4.15.4)可以看出,偏向角 δ 是入射角 i_1 的函数.偏向角最小时,应满足

$$\frac{d\delta}{di_1} = 1 + \frac{di_2}{di_1} = 0 \tag{4.15.5}$$

分别对式(4.15.2)和式(4.15.4)求微分并代入式(4.15.5)可得

$$1 + \frac{\cos\gamma_2 \cos i_1}{\cos i_2 \cos\gamma_1} = 0$$

将上式移项,方程两边取平方可得

$$\cos^2\gamma_1(1 - \sin^2 i_2) = \cos^2\gamma_2(1 - \sin^2 i_1)$$

再利用式(4.15.4)可得

$$\cos^2\gamma_1(1 - n^2\sin^2\gamma_2) = \cos^2\gamma_2(1 - n^2\sin^2\gamma_1)$$

解之可得

$$\cos^2\gamma_2 = \cos^2\gamma_1$$

因此有 $\gamma_1 = \gamma_2$,或 $i_1 = i_2$,此时 $\delta = \delta_{\min}$,由此可计算出棱镜的折射率为

$$n = \frac{\sin i_1}{\sin\gamma_1} = \frac{\sin\frac{1}{2}(\alpha + \delta_{\min})}{\sin\frac{1}{2}\alpha} \tag{4.15.6}$$

这就是折射率 n 与棱镜顶角 α 及最小偏向角 $\delta_{\min}$ 之间关系式.

因此,对某一波长的单色光而言,只要测出棱镜的顶角 α 及相应的最小偏向角 $\delta_{\min}$,就可以计算出棱镜的折射率 n.

物质的折射率是与光的波长有关的,当入射光是复色光时,虽然入射角对各种波长的光都相同,但出射角并不相同,这表明折射率也不相同,对于一般的透明材料来说,折射率随波长的减小而增大,折射率大,光线偏折也大,折射率 n 随波长 λ 变化的现象称为色散.

［实验仪器］

分光仪,汞灯,钠光灯,竖直平面镜,三棱镜.

［实验方法］

1. 调整分光仪

(1) 为保证测量的准确性,首先要调整好分光仪.调整的主要技术要求为:

① 平行光管能发出平行光.

② 望远镜能够接收到平行光.并使之聚焦于分划板上,通常称为使望远镜聚焦于无

限远处.

③ 望远镜和平行光管的光轴与分光仪的中心轴相垂直.

调节前,应对照实物和结构图熟悉仪器,了解各个调节螺钉与锁紧螺钉的位置和作用,调节时要先粗调,后细调.

a. 粗调.用眼睛观察判断并通过调节螺钉 3、19,使望远镜的光轴和平行光管的光轴在一条直线上,并使它们与中心轴垂直.调节小平台下螺钉 9(对等 3 个),使小平台与中心轴垂直.

b. 细调.

(2) 调节望远镜.

① 目镜调焦:调节目镜与分划板的距离,直到双水平“十”字叉丝准线清晰为止(旋动目镜调焦鼓轮).

② 将平面反射镜放到载物平台中间,平面镜的平面应对准平台下方其中一个调节螺钉,平面镜的平面应与其他两个调节螺钉的连线相垂直.平面镜的摆放位置如图 4.15.2 所示.

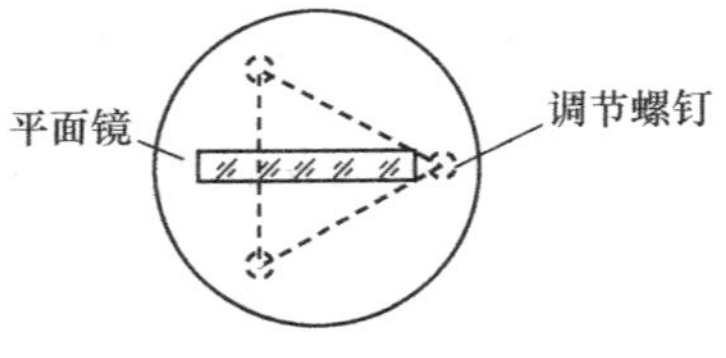

图 4.15.2　平面镜放置位置图

③ 接通分光仪电源,点亮照明灯泡.通过望远镜寻找分划板上亮“十”字光源照到平面镜后反射回来的像.先使望远镜与平面镜的平面相垂直,缓慢地左右转动平台,并用眼睛从望远镜中寻找“十”字光源的反射像.如果找不到,说明望远镜的轴线与平面反射镜不够垂直,这时应在调整望远镜倾、仰角的同时,左右旋转望远镜(与平面镜相垂直的附近);上下、左右地搜索“十”字的反射像.一般总可以在几次搜索后找到亮“十”字像,并把它调到视场的中心区域.

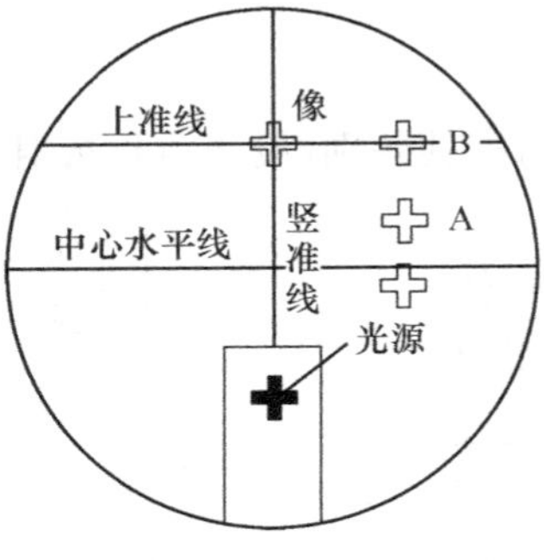

图 4.15.3　二步靠拢法示意图

找到的“十”字像如不清晰,应调节望远镜的物镜调焦鼓轮 15,以调节“十”字光源与物镜间的距离,直到从目镜中看到清晰的“十”字形光源像为止.

④ 将“十”字像调到分划板上方并与上准线“十”字叉丝重合.

通常情况下,在目镜中看到的“十”字像不可能一步就达到上述要求,其位置不是偏高就是偏低,所以要采取“二步靠拢法”来进行渐近调节,如图 4.15.3 所示,即第一步调节平台下螺钉 9(靠望远镜最近的螺钉),使像向着上准线靠拢一半,达到 A 的位置;第二步调节望远镜螺钉 19 使之达到 B 的位置.

然后将载物平台旋转 180°,使平面镜的另一个平面(背面)对准望远镜,这时观察寻找亮“十”字像所在位置,并采用“二步靠拢法”将亮“十”字像调到双水平“十”字准线的上准线上.

重复上述步骤,如此反复几次,逐渐逼近,使平面镜正反面反射“十”字像都与上准线完全重合.再将平面镜相对平台转动 90°,并使平面镜的反射面与望远镜轴线相垂直.再继续观察寻找“十”字像,这时不允许再调整望远镜的高度,只需调整载物平台上离望远镜最近的螺钉9将“十”字像调到与上准线相重合的位置，此时望远镜光轴已垂直于分光仪中心轴.

(3) 调节平行光管.

① 打开汞灯，使平行光管正对着光源，取下载物平台上的平面反射镜，用已调整好的望远镜，正对着平行光管进行观察. 打开锁紧螺钉6，前后移动平行光管内套管，调节狭缝与透镜间的距离，使狭缝位于透镜的焦平面上，这时从望远镜中看到的是一清晰的狭缝像.

② 调节平行光管上螺钉3，使竖直狭缝像的中心在中心水平线上，而狭缝像与竖准线重合，并读出此时望远镜的角度位置 $\theta_{0左}$、$\theta_{0右}$(初始方位角).

2. 测量三棱镜的顶角 α

将三棱镜放在载物平台上，使其两个光学表面 AB、AC 间的顶角 A 处于平台中央，正对着平行光管(图 4.15.4). 转动望远镜，寻找棱镜两个侧面反射光束的方向，并记录下相应的方位角 θ_1、θ_2. 显然这两侧反射光束方向之间的夹角为

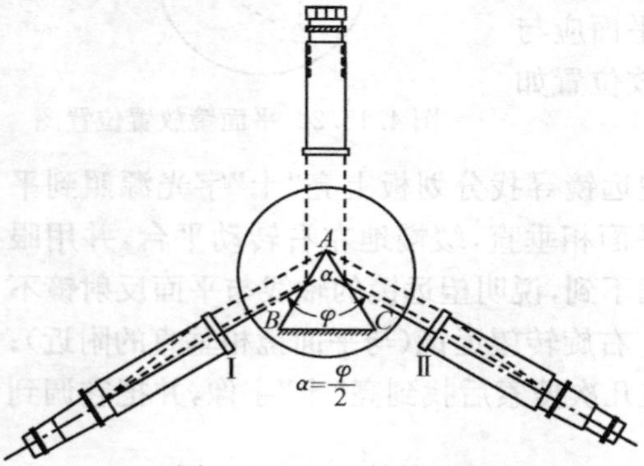

图 4.15.4　测棱镜顶角

$$\varphi = 2\alpha.$$

所以

$$\alpha = \varphi/2 = \frac{1}{4}\left|(\theta_{2左}-\theta_{1左})+(\theta_{2右}-\theta_{1右})\right|$$

为了提高测量精度，应对 θ_1、θ_2 各测3次，取平均值.

3. 测量最小偏向角

不同波长的光线折射后的偏向角是有差别的，这反映了折射率的差别(波长愈长折射率愈小)，因而相应的最小偏向角也不一样.

将三棱镜按图 4.15.5 所示放在载物平台上，让棱镜的 AB 侧面斜对着平行光源，使平行光束射入 AB 面，折射后由 AC 面射出. 转动望远镜寻找折射偏向后的光束方向，一直到能清楚看到汞灯经棱镜色散所形成的光谱. 将竖直准线对准明亮的绿谱线，轻缓地转动平台，使绿谱线向偏向角 δ 减小的方向移动，同时用望远镜跟踪这条绿谱线. 当平台转到某一位置时，可以看到谱线不再移动，也就是说偏向角不再减小. 超过这一位置时，谱线向反方向移动，这说明偏向角有一极小值. 这条谱线开始反向移动极限位置就是棱镜对该谱线的最小偏向角的位置. 反复调节确认这个位置，将载物台固定，并使望远镜竖准线对准该谱线，记下这时望远镜的角度位置 $\theta_{1左}$、$\theta_{1右}$. 则最小偏向角

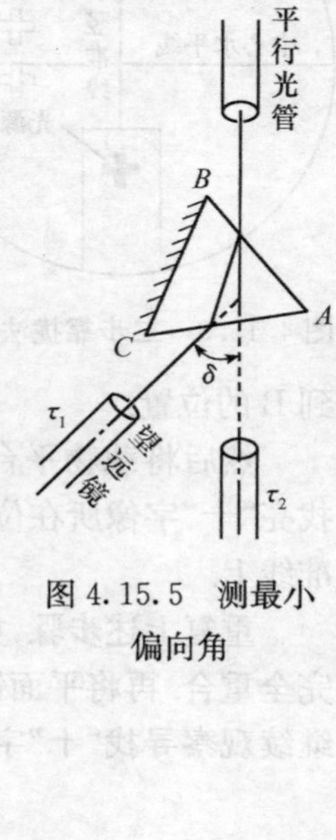

图 4.15.5　测最小偏向角

$$\delta_{\min}=|\theta_1-\theta_0|=\frac{1}{2}|(\theta_{1左}-\theta_{0左})+(\theta_{1右}-\theta_{0右})|$$

对于绿光，重复测 3 次后取平均值. 然后移动望远镜，测得其他几条谱线(蓝紫、黄)的最小偏向角(只测 1 次).

[注意事项]

(1) 分光仪的调整常常要多次反复才能成功，因而要耐心细致、掌握要领、动作稳慢，严禁随意扭动，猛力操作.

(2) 测顶角时，三棱镜顶点应放在靠近载物台中心，否则，棱镜两光学表面的反射光不能进入望远镜.

(3) 读数务必求精、求准.

[数据处理]

(1) 计算出不同谱线的最小偏向角、折射率.

(2) 只对绿光 $n_{绿}$ 进行不确定度分析.

由式(4.15.6)推导求得 Δn 及 $E_r(n)$，给出测量结果.

仪器不确定度：FGY-1 型分光仪测量精度不确定度 $\Delta_0=0.29\times10^{-3}$ 弧度. 棱镜顶角精度不确定度 $\Delta\alpha$ 由实验室给出. 考虑到仪器精度与调整不确定度，取 $\Delta\delta\approx4\Delta_0$.

[思考题]

(1) 用自准法调节望远镜时，如果发现有视差，应当如何消除它?

(2) 在找到平面镜正面反射亮“十”字像，要将它调到标准高度时，为什么要采取“二步靠拢”法? 单调望远镜或载物平台为什么不行?

(3) 在观察汞灯的折射光谱时，你看到是什么颜色光谱的偏向角大? 什么颜色光谱的偏向角小? 这说明什么问题?

(4) 在测两个方向的最小偏向角 δ_1、δ_2 时，测得折射光束相应的方位角 $\theta_1(\theta_{1左}、\theta_{1右})$，$\theta_2(\theta_{2左}、\theta_{2右})$，以及光束入射时的方位角 $\theta_0(\theta_{0左}、\theta_{0右})$，你是怎样判断测量是基本正确的?

分光仪简介

分光仪是应用几何光学的原理制造的光学仪器. 从它的结构来说，主要部分是由透镜、棱镜、球面镜或平面镜组成的. 分光仪是用来精确测量角度的仪器，如三棱镜的棱角、最小偏向角、衍射角和布儒斯特角等. 在分光仪的载物平台上放置棱镜或光栅，可以组成一台简单的光谱仪；通过测量相关角就可以计算相关的光学量；利用最小偏向角法计算棱镜的折射率；利用掠入射线法测定固体和液体的折射率；利用衍射光栅测量光栅常数或光波的波长. 另外也可以用来观察一些基本光学现象，如光在介质中的色散、光的单缝衍射、双缝干涉和光栅衍射等. 还可以观察和分析光的偏振现象，例如，线偏振光、椭圆偏振光、圆偏振光的产生和检验以及它们与部分偏振光、自然光的区别等.

1. 分光仪的结构

分光仪是由平行光管、望远镜、载物平台和刻度盘系统等 4 大部分所组成(如图 4.15.6).

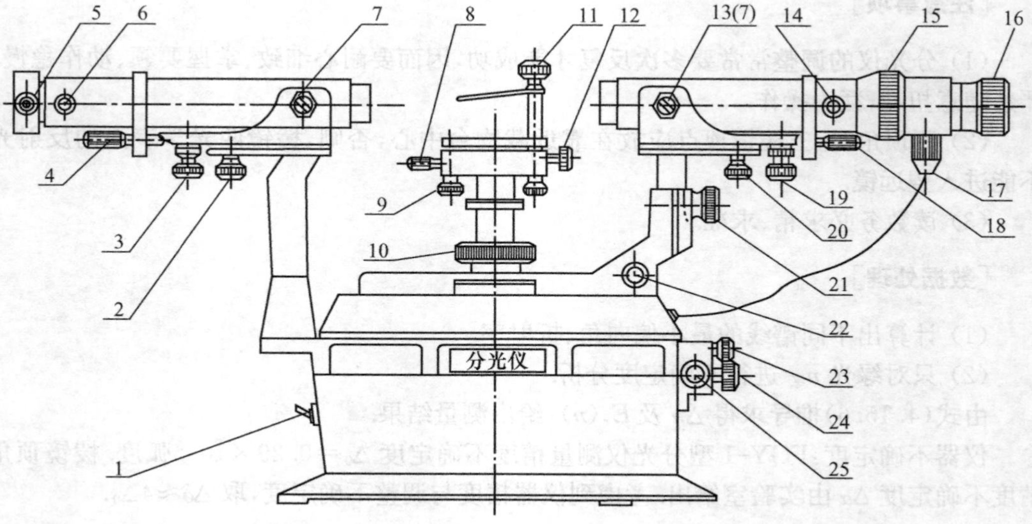

图 4.15.6 分光仪

1. 电源开关;2. 平行光管转角锁定螺钉;3. 平行光管倾角调整螺钉;4. 平行光管倾角锁定螺钉;5. 狭缝宽度调节螺钉;6. 狭缝套管锁紧螺钉;7. 平行光管定位螺母;8. 平台锁定螺钉;9. 平台调节螺钉;10. 载物平台升降杆锁紧螺钉;11. 压杆;12. 压杆锁定螺钉;13. 望远镜定位螺母;14. 望远镜焦距锁定螺钉;15. 物镜调焦鼓轮;16. 目镜调焦鼓轮;17. 分划板照明灯;18. 望远镜倾角锁定螺钉;19. 望远镜倾角调节螺钉;20. 望远镜转角锁定螺钉;21. 望远镜支架锁定螺钉;22. 望远镜方位角微调旋钮;23. 望远镜方位角锁紧螺钉;24. 度盘系统锁定螺钉;25. 度盘系统微调旋钮

1) 平行光管

平行光管是产生平行光的装置,由狭缝、内套管、物镜和镜筒组成,如图 4.15.7 所示. 狭缝的一个活动边刃依靠螺钉 5 及压紧的弹簧可以精确地调节缝宽. 狭缝连着内套管靠螺钉 6 固定,松开螺钉,可以前后推移套管,狭缝与物镜之间的距离可以通过伸缩狭缝套管来调节,使狭缝正好处在物镜的焦平面上. 这样,外来的光源透过狭缝变成线光源进入镜筒,经透镜会聚后成为平行光. 狭缝的刃口是经过精密研磨制成的,为避免损伤狭缝,只有在望远镜中看到狭缝像的情况下才能调节狭缝宽度,一般缝宽调节在 0.50mm 左右.

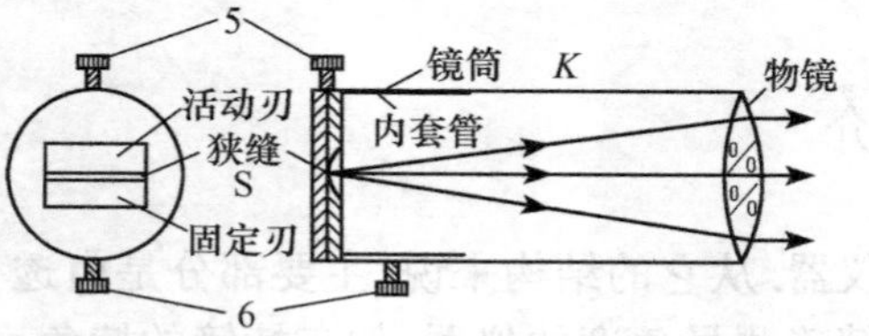

图 4.15.7 平行光管原理图

2) 望远镜

分光仪采用的是阿贝目镜式自准直望远镜,用来观察和接受平行光. 它由目镜、全反射小棱镜、叉丝分划板和物镜组成,分别装在三个套筒中,彼此可相对调节(图 4.15.8). 物镜固定在镜筒前部，旋转镜筒上的调焦鼓轮15，可以改变物镜与分划板的距离，使物镜接受到的平行光线聚焦在分划板上. 中间套筒装有分划板，其上刻有双水平“十”字叉丝准线，分划板下方与45°小棱镜和一个直角面紧贴着，直角面上刻有一个“十”字形透光的叉丝，套筒上正对棱镜的另一直角面处开有小孔，装有灯泡. 打开它，灯光进入小孔后经棱镜照亮“十”字叉丝，如果叉丝平面正好处在物镜的焦平面上，那么从目镜中可以同时看到双水平“十”字叉丝准线，“十”字叉丝的反射像，并且不应有视差.

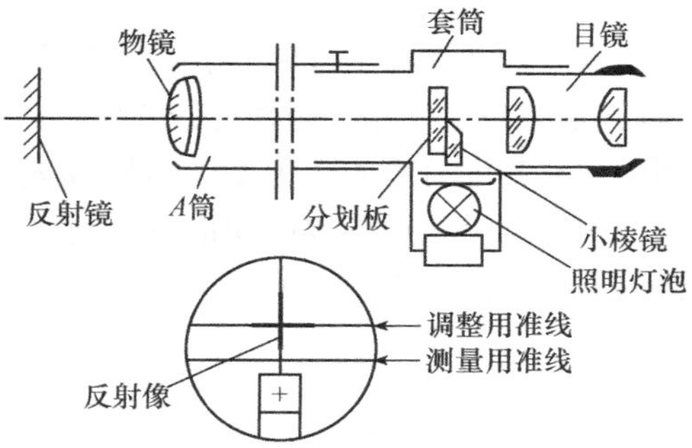

图 4.15.8 望远镜原理图

通过螺钉19、20调节镜筒的仰俯角度与水平方位，使望远镜的轴线与载物平台的中心轴相垂直，螺钉18的作用是将镜筒锁定在支架上.

3）载物平台

载物平台用来放置待测元件. 它安装在度盘系统之上与其同轴，并能绕分光仪中心轴旋转、靠螺钉8锁定. 台面下有三个调整螺钉，各自相差120°，用来调整台面与中心轴的垂直度及小平台高度. 松开螺钉12，可调节(带有弹簧片的)压杆的高度.

4）度盘系统

该系统同轴地安装主刻度盘和游标盘(图4.15.9). 游标盘与望远镜联动，可绕主轴转动. 锁紧螺钉23，则可通过旋动螺钉22对游标盘系统相对于度盘进行角度微调. 锁紧螺钉8，松开螺钉24，可使度盘与载物平台联动.

注意：工作时应锁紧螺钉24，不允许旋动它侧面的度盘系统微调旋钮.

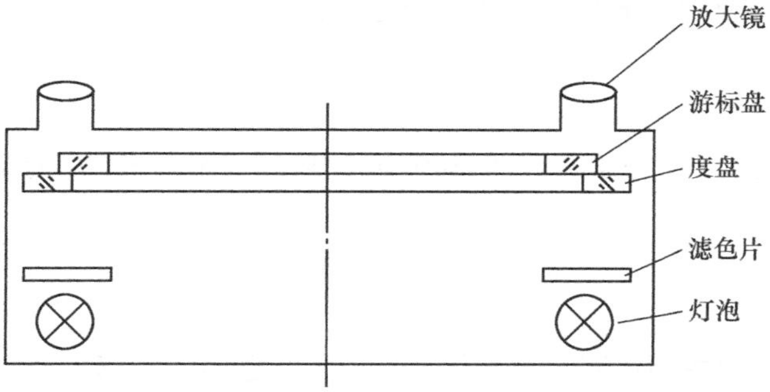

图 4.15.9 度盘系统示意图

2. 分光仪的读数

度盘表面镀有金属薄膜，按圆周均匀等分刻有1080条透光线条，按顺时针方向标记角度值. 每度均分为三格，格值20′. 游标盘表面镀有金属薄膜，在13°的范围内等分40条透光线条，格值为19′30″，与度盘格值相差30″.

1) 读数原理

当度盘和游标重叠时，每一对准线条格值为 30″. 因度盘刻线间距与游标盘间距不等，其他线条由于相互阻挡光线无法透过而看不到. 刻度盘的结构和读数方法与游标卡尺相同，"0"刻度对准的数为度盘读数，游标盘与度盘线条联通的位置读游标盘数值，如相邻两条刻线同时联通则取中间值. 然后度盘与游标盘两读数相加即为角位置读数. 分光仪的读数原理如图 4.15.10 所示.

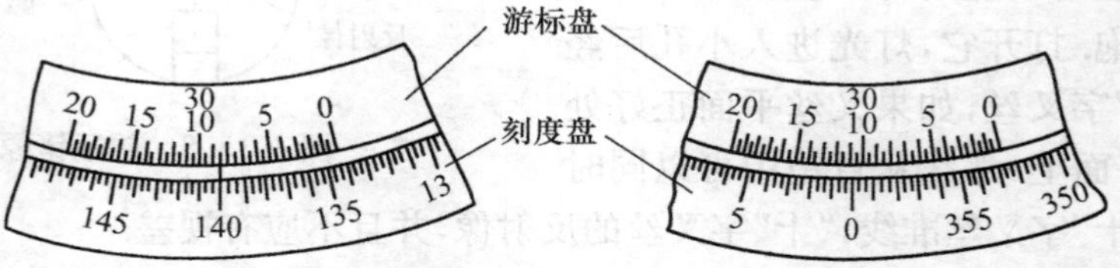

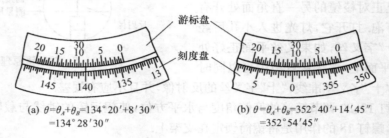

(a) $\theta=\theta_A+\theta_B=134°20'+8'30''=134°28'30''$　　(b) $\theta=\theta_A+\theta_B=352°40'+14'45''=352°54'45''$

图 4.15.10　分光仪读数原理

2) 读数精度

读数时，若水平地移动眼睛就会看到贯通的亮条纹随之串跳，这是由视差引起的. 度盘和游标盘表面是真空镀铬，在观察窗中会同时有数字标记的反射像. 为了增加观察精度，利用反射原理，使眼睛、透过的亮条纹和反射像在一个垂直平面上，就可以准确读数了.

3) 仪器偏心差

为了提高测量精度，消除仪器偏心误差，在仪器相对 180°的方向上设置两个读数系统，取两边读数的 $\theta_{左}$ 和 $\theta_{右}$ 的平均值作为测量值：

$$\theta=\frac{1}{2}(\theta_{左}+\theta_{右})$$

注意：当游标盘基准 0 线转过度盘 360°刻度线时，应将小于 90°的角度值加上 360°.

4.16　牛　顿　环

在实验室中，常用牛顿环测定光波的波长或平凸透镜的曲率半径，在工业上利用牛顿环检查透镜的质量，还可以测量油膜的折射率等.

［实验目的］

(1) 观察了解牛顿环的干涉现象.

(2) 学习用观察到的干涉圆环测量透镜球面的曲率半径.

(3) 熟悉读数显微镜的使用.

[实验原理]

如图 4.16.1 所示，牛顿环仪是由一块平凸透镜和一块平玻璃板构成的. 平凸透镜的球面与平板玻璃之间形成薄薄的气隙. 该气隙厚度在中心处(接触点)为零，趋向边缘则逐渐增加，而且同一圆环上是等厚的. 当以单色平行光垂直入射时，入射光将在此空气薄膜的上、下两表面分别反射，形成两束相干光. 在读数显微镜中可以明显地观察到它的干涉图样——以接触点为中心的一系列明暗相间的同心圆环. 两束反射光的光程差 Δ 与反射处的气隙厚度 e 的关系式是

$$\Delta = 2e + \lambda/2 \tag{4.16.1}$$

式(4.16.1)中增加了一项 $\lambda/2$，是因为在气膜的下表面反射时有"半波损失"；λ 为入射单色光的波长. 由几何关系可以找出气隙厚度 e 与其位置 r 的关系：

$$r^2 = R^2 - (R-e)^2 = 2eR - e^2 \approx 2eR$$

这是由于 $e \ll R$，所以 e^2 项可略去.

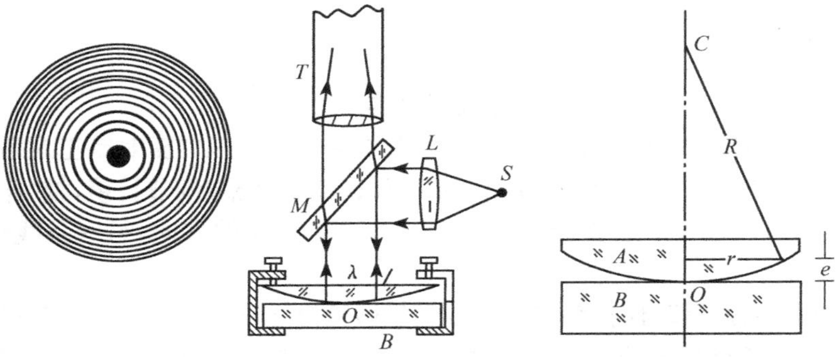

(a) 观察牛顿环的仪器示意图 (b) 牛顿环半径的计算

图 4.16.1 观察牛顿环的实验装置及其产生的干涉图像

从而

$$e = \frac{r^2}{2R} \tag{4.16.2}$$

由光的干涉原理，当光程差满足

$$\Delta = (2k+1)\frac{\lambda}{2}, \quad k = 0,1,2,\cdots \tag{4.16.3}$$

干涉形成暗条纹，由式(4.16.1)～式(4.16.3)可见，对应于 k 级暗纹处的 r 有

$$r_k^2 = kR\lambda, \quad k = 0,1,2,\cdots \tag{4.16.4}$$

在 $r_k=0$ 处，对应于 $k=0$ 的零级暗斑. 这从干涉图像中可以清楚看出. 然而，由于接触处有局部变形，不只是一个点相接触，而是形成一个小圆接触面. 因而式(4.16.1)应给予修正，即取 $e \to e+\delta_0$，可得

$$r_k^2 = kR\lambda + 2R\delta_0, \quad k = 0,1,2,3,\cdots$$

现取不同级次 m、n 暗纹处的 r_m 与 r_n，则分别有

$$r_m^2 = mR\lambda + 2R\delta_0, \quad r_n^2 = nR\lambda + 2R\delta_0$$

其差值为

$$r_m^2 - r_n^2 = (m-n)R\lambda \tag{4.16.5}$$

这就与局部形变 δ_0 无关了.

在测量中,暗环的中心点很难确定,因而须以暗环直径 D 代替半径 r

$$D_m^2 - D_n^2 = 4(m-n)R\lambda \tag{4.16.6}$$

从而得到透镜球面的曲率半径 R 与入射的单色光波长 λ,干涉暗环直径 D_m、D_n 之间的关系式为

$$R = \frac{D_m^2 - D_n^2}{4(m-n)\lambda} \tag{4.16.7}$$

［实验仪器］

牛顿环仪,钠光灯,读数显微镜.

［实验方法］

1. 调节仪器

(1) 点燃钠光灯,等待它发出强烈的黄色光束.

(2) 初步调整读数显微镜的方位与高度,使其镜筒下的45°反射镜正对着钠光灯.转动读数鼓轮,使镜筒水平位置处于20～30mm.从镜筒中观察、调节目镜,使"十"字叉线达到最清晰的程度;并将其一条线转到垂直于镜筒水平运动的方向,另一条线也就平行于"水平"方向了.

(3) 放置好牛顿环仪,使接触点基本处于显微镜筒之下.从镜筒中观察并适当调整镜筒上下位置,使能看清圆环形的干涉条纹,仔细调整显微镜的目镜与物镜,以消除干涉条纹像与"十"字叉线的视差.适当移动牛顿环仪,使干涉圆斑的中心处于"十"字叉丝位置上.

2. 测量干涉圆环直径 D_m、D_n

(1) 沿一个确定方向平稳地旋动读数鼓轮,同时注意观察条纹的移动,以中央暗斑为0级,逐个地查数"十"字叉线竖线所对的干涉条纹级数 k;并且每4级记录一次坐标位置 $Y'_{k左}$ $(k=4,8,\cdots,36,40)$.

(2) 在消除"空程"之后,倒过来重测 $Y''_{k左}$ $(k=40,36,\cdots,8,4)$.

(3) 继续沿逆行方向,越过 Y_0、测取 $Y''_{k右}$ $(k=4,8,\cdots,36,40)$.

(4) 再一次在消除了"空程"之后,顺行测读 $Y'_{k右}$ $(k=40,36,\cdots,8,4)$.

(5) 检查 Y'_k 与 Y''_k 之差值 $\Delta Y_k(=Y'_k - Y''_k)$,它主要是"空程"及条纹对准不确定度所致,"空程"接近一个定值,条纹对准不确定度也很小.如若诸 ΔY_k 的差别过大(>0.05mm),就是测量失准,应当重测.

［注意事项］

(1) 调节读数显微镜筒向下运动时应缓慢、稳当,勿使其下端的45°反射镜架碰到牛

顿环仪的透镜上.

(2) 测牛顿环时,级数不能查错.

(3) 测量时防止由于推进螺旋间隙引起的"空程". 旋进必须平稳,且只能沿着一个方向而不"过头". 万一过了头,就必须多倒退一些,再重新旋进,以消除"空程"影响.

[**数据处理**]

(1) 自行设计记录表格. 要求既便于记录,又便于计算.

(2) 不确定度分析

① 确定 k 级暗环左、右坐标值

$$Y_{k左} = (Y'_{k左} + Y''_{k左})/2, \quad Y_{k右} = (Y'_{k右} + Y''_{k右})/2$$

② 计算 k 级圆环直径

$$D_k = (Y_{k左} - Y_{k右})$$

③ 计算凸透镜曲率半径 R. 先后取 $n=4,8,\cdots,20$ 且取 $m-n=20$,依次代入式(4.16.7),算得 5 个 $R_{m,n}$ 及其平均值 $\bar{R}$.

④ 依据式(4.16.7),对 R 进行不确定度分析:a. 略去 λ 的不确定度,推导 R 的不确定度公式;b. 对 D_m 及 D_n 的测量不确定度采取读数显微镜的不确定度 $\Delta D_m = \Delta D_n = 6\times 10^{-3}$mm;c. 条纹不确定度 $\Delta_m \approx \Delta_n = 0.1$;d. 对 $m=32, n=12$ 计算 ΔR,并将测量结果表示为

$$R = \bar{R} \pm \Delta R$$

[**思考题**]

(1) 牛顿环干涉条纹是同心圆环,环间隙为什么不相等?

(2) 如果入射光不是从上面射向牛顿环仪,而是从下面射入,形成透射式干涉,那么干涉图样应有什么变化?

(3) 测量凸透镜曲经半径,为什么不用式(4.16.4)而用式(4.16.7)?

(4) 为了提高测量精度,采取了哪些措施? 你认为应如何进一步提高测量精度?

4.17 光栅衍射

光的衍射现象是光的波动性的一种表现,研究光的衍射不仅有助于加深对光的波动特性的理解,也有助于进一步学习近代光学实验技术,如光谱分析、晶体结构分析、全息照相、光学信息处理等.

[**实验目的**]

(1) 进一步熟悉分光仪的调整与使用.

(2) 观察光栅的衍射现象,理解光栅的分光特性.

(3) 掌握光栅常数、光波长的测定方法.

［**实验仪器**］

分光仪，透射光栅，钠光灯，汞灯.

［**实验原理**］

光栅是在其表面上具有大量等宽度、等间距平行刻痕的光学元件，它具有较高的分辨本领，不仅适用于可见光波，还能用于红外光波和紫外光波，常应用在光谱仪上.

光栅在结构上分为透射光栅和反射光栅，本实验选用的是透射式平面光栅. 每条透光狭缝的宽度为 a、遮光部分宽度为 b、两者之和为光栅常数 d.

$$d = a + b$$

在实际应用中，常用每毫米刻线数 $N=1/d$(条/mm)来表示.

一束波长为 λ 的单色平行光垂直照射在光栅平面时，光通过光栅上每一条缝就像通过单缝一样要发生衍射，由于光栅上各缝的宽度 a 相同，所以各缝的衍射图样相同，又由于各缝衍射图样的平行光线都经过透镜 L 聚焦，所以所有各缝的衍射图样是彼此重合的. 正如两相干光波在相遇区域要发生干涉一样，来自各缝的光在相遇区域，即在单缝衍射的各级明条纹区域要发生干涉，形成光栅的衍射图样. 如图 4.17.1 所示，光经过透镜后，由于各狭缝所发出的光互相干涉的结果，在其焦平面(分划板)上呈现出各级衍射干涉条纹——分离的狭窄明条纹. 明纹与明纹之间是一片暗区.

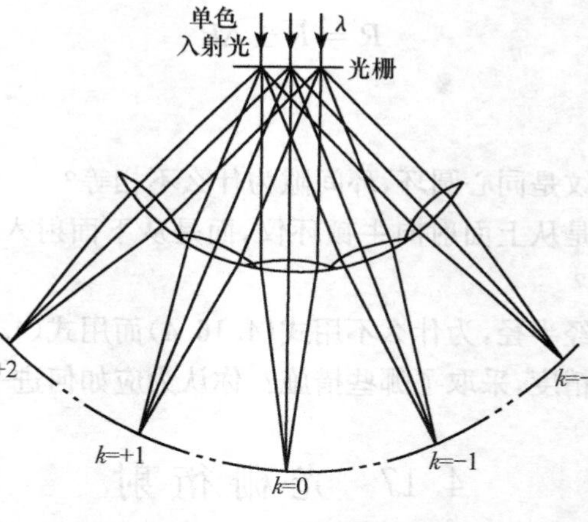

图 4.17.1　光栅衍射原理

根据光栅衍射理论，产生衍射明条纹的条件是

$$d\sin\phi_k = k\lambda, \quad k = 0, \pm 1, \pm 2, \cdots \tag{4.17.1}$$

式(4.17.1)称为光栅方程. 其中，d 为光栅常数，k 为光谱级数，ϕ_k 为衍射角，λ 为入射光波长.

由式(4.17.1)可以看出，如果入射光波长 λ 已知，第 k 级谱线相对应的衍射角 ϕ_k 由分光仪测出，就可计算光栅常数 d；反之，若已知光栅常数 d，则可以计算出入射光的波长 λ.

如果入射光是复色光，则由于光的波长不同，对非零的同一级上其衍射角 ϕ_k 也各不相同，于是复色光将被分开，在中央 $k=0$，$\phi_k=0$ 处，各色光仍重叠在一起，形成与复色光颜色相同的中央明条纹. 在中央明条纹两侧对称地分布着 $k=1,2,\cdots$ 级光谱，各级光谱都按波长大小的顺序依次排列成一组彩色谱线，形成光谱图，如图 4.17.2 所示.

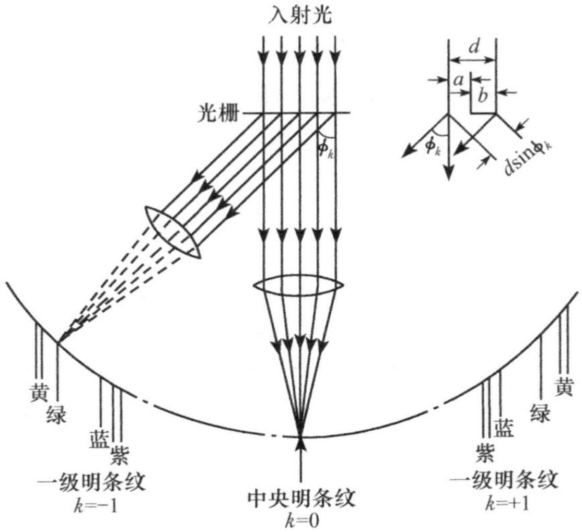

图 4.17.2 光栅光谱图

［实验内容］

1. 调整分光仪

具体要求和调整方法参照实验 4.15.

2. 调整光栅

要求光栅平面与平行光管的光轴垂直.

调整时用光栅片代替平面镜，但由于光栅的正、反两面都反射光线且不严格平行，因而在望远镜中出现两个反射的“十”字像. 这时，应以光栅面的反射像为准.

在调整好平行光管后，应将光栅正面旋转到正对着望远镜，使它反射的亮“十”字像、狭缝像与望远镜竖准线一道对齐(即三线重合). 随即拧紧螺钉 8，锁定载物平台(即光栅)的方位，再也不允许移动它了，这时光栅平面与望远镜光轴垂直，也就与平行光管光轴垂直，从而保证平行光垂直照射到光栅平面上.

3. 测光栅常数 d 及每毫米条纹数 N

(1) 点燃钠光灯，经过几分钟后，钠光灯才能发出耀眼的黄光.

已知钠光的波长为 $\lambda_0=(589.3\pm0.3)\,\text{nm}=(0.5893\pm0.0003)\,\mu\text{m}$(实际上是十分相近的 588.995nm 及 589.592nm 两条黄色光谱线，只是由于差别较小，通常就取平均值).

(2) 读取光栅衍射光谱的中央明条纹所在基准角度值 $\theta_{0左}$、$\theta_{0右}$ 以及 $k=\pm2$ 时明纹所对应的角度值 $\theta_{k左}$、$\theta_{k右}$.

(3) 为保证读数正确,应反复测读3次以上.

钠光衍射条纹出现双线时,取其中间平均位置为测量线.

4. 测定汞灯可见光谱线波长

将钠光灯换成汞灯,使之对准分光仪平行光管狭缝,读取光栅衍射光谱的中央明纹所对应的角度值 $\theta_{0左}$、$\theta_{0右}$,再转动望远镜,分别对准 $k=\pm1$ 的蓝紫光、绿光、黄光$_1$、黄光$_2$,读取相应的方位角数值.

[数据处理]

记录数据表格参考如表 4.17.1 所示.

表 4.17.1 记录数据表

k	$\theta_{左}$	$\theta_{右}$	θ	ϕ_k	$\bar{\phi}_k$
+					
θ_0					
−					

数据计算

1) 衍射角计算公式

$$\theta=\frac{1}{2}(\theta_{左}+\theta_{右}) \tag{4.17.2}$$

$$\phi_k=|\theta_k-\theta_0| \tag{4.17.3}$$

$$\phi_{-k}=|\theta_0-\theta_{-k}| \tag{4.17.4}$$

$$\bar{\phi}_k=\frac{1}{2}(\phi_k+\phi_{-k}) \tag{4.17.5}$$

2) 光栅常数

$$d=\frac{k\lambda}{\sin\bar{\phi}_k} \tag{4.17.6}$$

3) 波长

$$\lambda=\frac{d\sin\bar{\phi}_k}{k} \tag{4.17.7}$$

4) 测量精度

将测得的光波长与标准波长相对比,给出测量精度.相对应的汞标准谱线见书后附录.

[思考题]

(1) 本实验对分光仪的调整为什么必须做到"三线对齐"?

(2) 复色光(例如汞灯光)的光栅光谱,零级条纹与其他各级条纹有何区别?

(3) 观察汞灯光谱时,二级与一级有何差别?

4.18 单缝和单丝衍射光强分布

光的衍射现象是光的波动性标志之一，单缝、单丝衍射是典型的衍射实验. 通过这一实验，既能直观地观察到光的衍射现象，又能通过简单的测量获得衍射的光强分布，从而加深对衍射本质的理解.

［实验目的］

(1) 观察单缝、单丝、小孔的夫琅禾费衍射现象.

(2) 了解缝宽、线径、孔径变化引起衍射图样的变化规律，加深对光的衍射理论的理解.

(3) 利用衍射图样测量单缝的宽度和单丝的宽度.

［实验原理］

光作为一种电磁波，在传播过程中经过障碍物时，如不透明物体的边缘、小孔、细丝、狭缝等，一部分光会传播到几何阴影中去，产生衍射现象. 如果障碍物的尺寸与波长相近，那么，衍射现象就比较容易观察到.

依照光源、障碍物及屏的位置关系，可将衍射分成菲涅尔衍射和夫琅禾费衍射. 菲涅尔衍射是光源、屏与障碍物之间的距离为有限远，或者说入射波和衍射波至少有一个是球面波；夫琅禾费衍射是光源、屏和衍射物体相距无限远或相当于无限远，入射波和衍射波都可看做是平面波. 用惠更斯-菲涅尔原理，能较好地解释光的衍射现象.

1. 单缝衍射

用散射角极小的激光器（<0.002rad）产生的激光束，通过一条很细的狭缝（0.1～0.3mm），在狭缝后面较远处（>0.5m）放观察屏，就可看到衍射条纹，这实际上就是夫琅禾费衍射条纹，如图 4.18.1 所示.

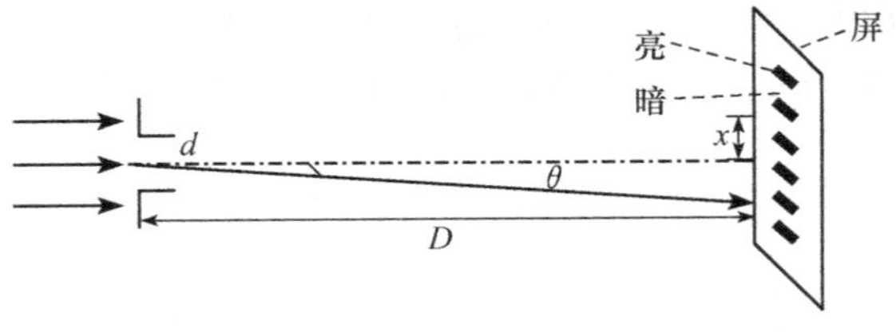

图 4.18.1 衍射原理图

当激光照射在单缝上时，根据惠更斯-菲涅耳原理，单缝上每一点都可看成是向各个方向发射球面子波的子波源. 由于子波干涉叠加的结果，在屏上可以得到一组平行于单缝的明暗相间的条纹. 理论上可以定量地求出单缝衍射的光强分布规律.

$$I_\theta = I_0 \frac{\sin^2 u}{u^2}, \qquad u = \frac{\pi d \sin\theta}{\lambda} \tag{4.18.1}$$

式中，d 为狭缝宽度，λ 为单色光波长，θ 为衍射角. 由式(4.18.1)可以看出，当 $\theta=0$ 时，

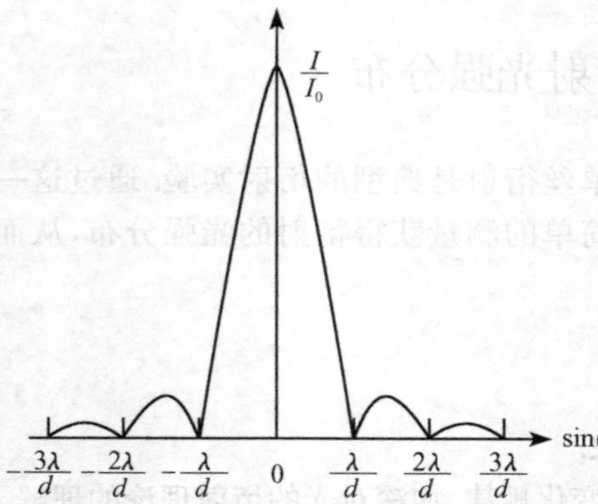

图 4.18.2 单缝衍射光强分布

$I=I_0$，光强最强，该条纹称做中央明条纹. 当 $\sin\theta=k\lambda/d$ 时，其中 $k=\pm1,\pm2,\cdots$ 是暗条纹中心，在暗条纹中心处，光强 $I=0$. 通常情况下 θ 很小，故 $\sin\theta\approx\theta$，所以近似认为暗条纹中心出现在 $\theta=k\lambda/d$ 处. 中央亮条纹的角宽度 $\Delta\theta=2\lambda/d$，其他任意两条相邻暗条纹之间夹角 $\Delta\theta=\lambda/d$，即暗条纹以 $x=0$ 处为中心，等角间距地左右对称分布. 图 4.18.2 给出单缝衍射的光强分布.

由单缝衍射图可以看出，衍射光的能量大部分都集中在中央明条纹内，各次极大条纹的相对光强为

$$\frac{I_\theta}{I_0}=0.047,\ 0.017,\ 0.008,\cdots \tag{4.18.2}$$

当单缝与屏距离 $D\gg d$ 时，θ 很小，此时 $\sin\theta\approx\tan\theta=\frac{x_k}{D}$，所以各级暗条纹衍射角应为

$$\sin\theta\approx\frac{k\lambda}{d}=\frac{x_k}{D} \tag{4.18.3}$$

单缝的宽度为

$$d=\frac{k\lambda D}{x_k} \tag{4.18.4}$$

式中，k 为暗条纹级数，D 为单缝与屏之间的距离，x_k 为第 k 级暗条纹距中央主极大中心位置距离. 因此，如果测量了第 k 级暗条纹的位置、单缝和屏之间的距离 D，用光的衍射方法可以测量狭缝的宽度. 同理，如果已知单缝的宽度，可以测量未知的光波长.

2. 单丝衍射

根据互补原理，光束照射在细丝上时，其衍射效应和狭缝一样，在接收屏上得到同样的明暗相间的衍射条纹. 于是，利用上述原理也可以测量单丝尺寸，如图 4.18.3 所示.

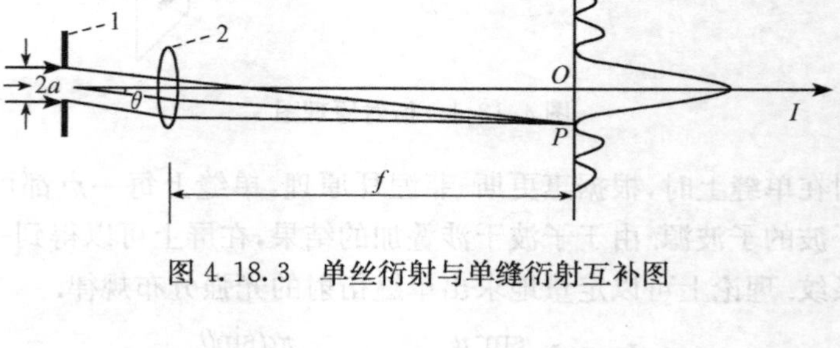

图 4.18.3 单丝衍射与单缝衍射互补图

3. 光电检测

光强的相对大小常用光功率计来测量，其核心部件是光电池. 根据光电池的光电特性可知：只要工作电压不太小，光电流与工作电压无关，短路电流和入射光能量成正比，光电特性是线性关系，光电池的开路电压与入射光的能量之间呈非线性关系. 因此，负载电阻越小，光电流与入射光的能量之间的线性关系越好. 光功率计的内部电路，在测量范围内其等效输入电阻达到规定的要求. 所以，用光功率计可以测量入射光的相对强度，并直接显示出来.

由于硅光电池的受光面积较大，所以在硅光电池前安装一个狭缝光栏（0.5mm），用以控制光电池的受光面积. 把硅光电池安装在带有螺旋测微装置的底座上，可沿横向方向移动，这样就可以检测不同衍射角的光强.

［**实验仪器**］

(1) FD-OD-1 型单缝、单丝衍射光强分布仪.
激光器波长——650.0nm；
功率——2mW.
(2) 读数显微镜.

［**实验方法**］

实验装置如图 4.18.4 所示.

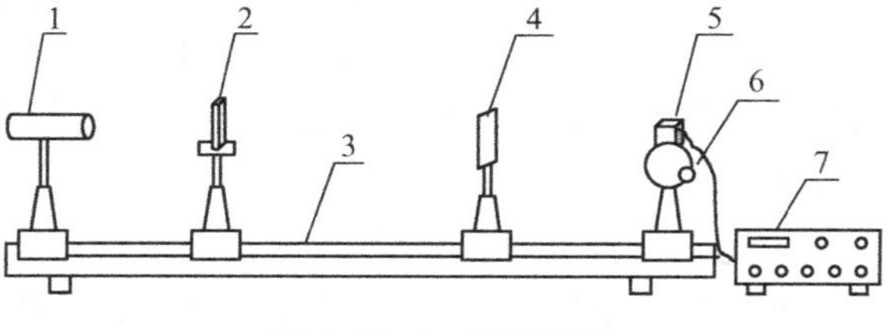

图 4.18.4　实验装置

1. 激光器；2. 单缝；3. 光导轨；4. 屏；5. 光电探头；6. 一维测量装置；7. 光功率计

1. 观察夫琅禾费单缝衍射、单丝衍射、圆盘衍射、小孔衍射现象

将半导体激光器、单缝、屏通过滑块和支架放置于光具座上，屏与单缝的间距大于1m，屏和缝之间的距离可以由滑块下面对应的直尺测量. 观察狭缝宽不同时，屏上衍射图样的变化，试解释其变化的原因；再用单丝和小孔替代单缝，观察不同宽度细丝或不同大小孔径时，屏上观察到衍射图样的变化，说明衍射图样变化原因.

2. 测量一维光强分布

调整好光路，保证光电池在移动的范围内，能正确地检测到衍射光. 选择一个恰当的起始位置，沿着一个固定方向，每隔一定的距离（如 0.5mm）检测、记录一组坐标值和光强值.在坐标纸上绘制出单缝衍射光强分布图.

3. 测量某一单丝宽度

测量屏与细丝的间距 D.测量第 k 级暗条纹中心与第 $-k$ 级暗条纹中心的距离 $2\overline{X}_k$，测量6次，求平均值 $\overline{X}_k$.已知激光器波长 $\lambda=650.0\text{nm}$，求单丝宽度 d，并与读数显微镜测量的值进行比较，或与标准尺寸(实验室给出)进行比较，给出实验结果.测量时应单向旋转手轮，以消除回程不确定度.

*4. 测量单缝宽度

用上述相似的方法，测量单缝宽度 d，并与读数显微镜测量结果或实验室给出的结果比较.

*5. 观察双缝、双丝干涉现象

观察双缝、双丝干涉现象，并与单缝衍射现象比较，说明其异同点.

注意：①不要正对着激光束观察，以免损坏眼睛.②半导体激光器工作电压为直流电压3V，用专用220V/3V直流电源工作(该电源可避免接通电源瞬间由电感效应产生高的电压)，以延长半导体激光器的工作寿命.

[思考题]

(1) 什么叫光的衍射？试说明衍射有哪些种类？

(2) 夫琅禾费衍射应符合什么条件？本实验为什么可认为是夫琅禾费衍射？

(3) 如果激光器输出的单色光照射在一根头发丝上，将会产生怎样的衍射图样？

(4) 利用激光衍射测量细丝直径，它与普通物理实验中的其他测量细丝直径方法相比较有何不同？试举例说明.

(5) 实验中如何判断激光束垂直入射在单缝上？

(6) 当缝的宽度满足什么条件时光的衍射现象明显？在什么条件下衍射现象不明显？

(7) 若环境背景光对实验有干扰，将采取什么方法消除其影响？

(8) 在实验过程中，如激光输出光强有变动，对于单缝衍射图样和相对光强分布曲线有无影响？为什么？

(9) 硅光电池前的缝宽对测量是否有影响？

(10) 为什么要单向移动光电池？

(11) 干涉与衍射有何不同？

4.19　迈克耳孙干涉仪

迈克耳孙干涉仪是100多年前迈克耳孙设计制成的分波振幅法产生双光束干涉的仪器.它可以产生等倾干涉和等厚干涉.干涉仪具有广泛的用途，如用于测量长度、测折射率和检查光学元件的质量等.

［**实验目的**］

(1) 观察干涉现象.

(2) 掌握用单色光源调整迈克耳孙干涉仪的方法.

(3) 测量氦氖激光器输出的激光波长.

［**实验仪器**］

迈克耳孙干涉仪，扩束透镜，支架，氦氖激光器.

［**实验原理**］

迈克耳孙干涉仪结构如图 4.19.1 所示，G_1、G_2 为两块平行平面玻璃板，分别称为分光板 G_1 和补偿板 G_2，并 45°角固定，M_1、M_2 是两块平面反射镜，M_2 是固定的，M_1 是可移动的，其背面各有 3 个调节螺钉，用来调节镜面方向. L_1、L_2 是微调 M_2 方位的. M_1 镜通过精密导轨，由大小两轮操纵，转动大轮 M_1 镜在导轨上进行粗动，轮转小轮进行微动. M_1 镜在导轨上做微小移动的距离，可由导轨上的标尺和大轮、小轮上的刻度读出.

图 4.19.2 是迈克耳孙干涉仪的光路. 从单色光源发出的一束光射向分光板 G_1，因 G_1 板后面镀有半透膜，光束被镀有半透膜的分光板分成两部分，图中光束Ⅰ是反射部分，光束Ⅱ是透过的部分，然后两束光分别垂直入射 M_1、M_2，再经 M_1、M_2 反射后沿原路返回. 在 E 处相遇形成干涉条纹. G_2 是补偿板，它的作用是补偿光束Ⅱ少走的光程. G_1、G_2 的材料、厚度相同.

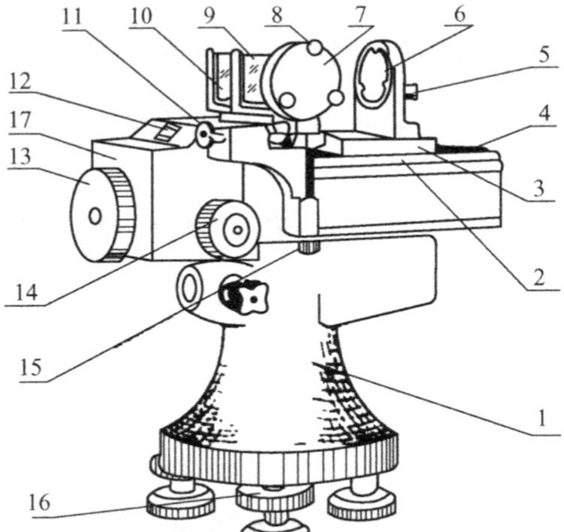

图 4.19.1 GS-1 迈克耳孙干涉仪的结构

1. 底座；2. 导轨；3. 拖板；4. 精密丝杆；5. 调节螺丝；6. 可移动反射镜 M_1；7. 固定反射镜 M_2；8. 调节螺丝；9. 补偿板 G_2；10. 分光板 G_1；11. 水平拉簧螺丝 L_1；12. 读数窗口；13. 粗调手轮；14. 微调螺丝；15. 垂直拉簧螺丝 L_2；16. 水平调节螺丝；17. 传动盒盖

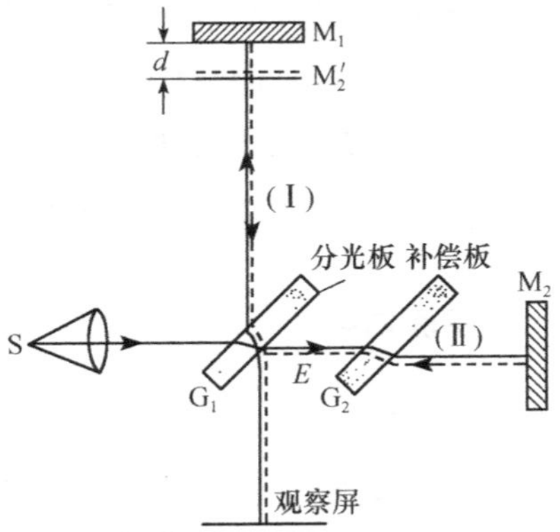

图 4.19.2 迈克耳孙干涉仪的光路

观察到的干涉现象，可以等效地看作光源 M_1、M_2 两个反射镜中的虚光源 S_1' 和 S_2' 发出的光相干涉的结果. M_2' 是 M_2 的像，S_1'、S_2' 是光源 S 的等效光源.

图 4.19.3 中如果 M_1 和 M_2' 之间的距离为 d，当观察者的视角和轴线 Oz 成 θ 角时，光程差：

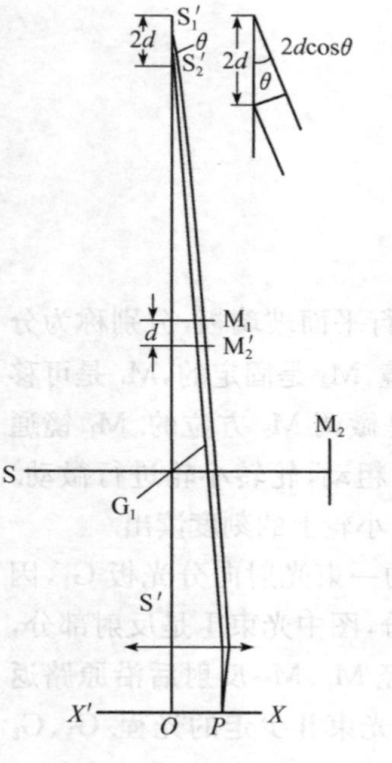

图 4.19.3　干涉光路

$$\Delta = n_0 2d\cos\theta \approx 2d\cos\theta$$

$n_0 \approx 1$ 为空气的折射率，相应的相位差为

$$\varphi = \frac{2\pi}{\lambda}\Delta = \frac{4\pi}{\lambda}d\cos\theta$$

在远离 S_1'、S_2' 的观察屏 $X'X$ 上，$\Delta = k\lambda$（k 为整数）的各点光强加强为亮条纹，在 $\Delta = \left(k+\frac{1}{2}\right)\lambda$ 的各点，光强相消成为暗条纹. 从图上可见，在 X' 和 X 的连线上的 O 点，$\theta=0$，$\cos\theta=1$，因而两束光的光程差最大（$\Delta=2d$），随着 $|OP|$ 的增加，θ 增大，$\cos\theta$ 减小，光程差减小. 因此，屏上的干涉条纹是一些环绕着 O 的相互不相交的环形条纹，若 P 点远离观察屏的中心，则在屏上看到的是一些不很弯曲，相互平行的圆弧状条纹. 由于这种干涉条纹是从虚光源发出的倾角相同的光线干涉的结果. 因此，称为“等倾干涉条纹”.

因为产生明暗条纹的条件为

$$2d\cos\theta = \left(k+\frac{1}{2}\right)\lambda,\quad k=0,1,2,\cdots \quad 暗纹$$

$$2d\cos\theta = k\lambda,\quad k=0,1,2,\cdots \quad 明纹$$

所以当 d 增加时，对于观察屏上某干涉点，相当于增加 k 级所对应的角（或圆锥角）θ. 因此，条纹沿半径向外移动，有条纹从圆心“涌出”的现象. 每当 d 值改变 $\pm\frac{\lambda}{2}$，就从圆心（$\theta=0$）处“涌出”或“陷入”一个暗（或明）条纹.

如果转动微动手轮使 M_1 镜移动的距离为 Δd，“涌出”或“陷入”的圆环数目为 N 则 $\Delta d = \frac{1}{2}N\lambda$，从仪器上可读出 Δd，并数出相应的 N，便可计算出波长 λ.

［**实验内容**］

1. 仪器调节

(1) 转动粗动手轮，使 M_1、M_2 反射镜处在相对于 G_1 板大致相等的距离上.

(2) 开启氦氖激光器，调节激光器高低，左右位置，使光束垂直地射向 G_1 板的中心，观察光束是否落在 M_1、M_2 两平面反射镜的中心.

(3) 移去观察屏，使Ⅰ、Ⅱ光束射向墙面，可看到两排亮点，调节 M_1、M_2 后螺钉，使两排中最亮光点大致重合，则 M_1、M_2 大致垂直.

(4) 在氦氖激光器前放一扩束透镜（短焦距透镜），在观察屏上可看到干涉条纹，然后慢慢调节 M_2 镜旁水平微调螺钉 L_1 和垂直 L_2 螺钉，使条纹成圆形，即为等倾干涉圆条纹.

2. 测量氦氖激光器输出激光波长

观察屏上出现等倾干涉条纹后，转动微动手轮，使圆条纹“陷入”或“涌出”，这时记下移动镜 M_1 初始位置 L_0，继续转动微动手轮，当条纹变化 N 时，记下移动镜 M_1 位置 L_N，则镜移动的距离 $\Delta d=|L_N-L_0|$，根据公式 $\Delta d=\frac{1}{2}N\lambda$，则 $\lambda_{测}=2\Delta d/N$，由此可算出激光波长的测量值 $\lambda_{测}$. 实际测量时，取 $N=50$，并沿一个方向连续测 $2P(P\geqslant 4)$ 个 L_N 值，在消除“空程”后再沿反方向测一遍，然后用逐差法算出距离 $\Delta\bar{d}$，再算出 $\bar{\lambda}_{测}$，分析测量不确定度，将测得的结果写成 $\lambda=\bar{\lambda}\pm\Delta\lambda$，并与波长标准值 λ_0(632.8nm)相比较.

[注意事项]

(1) 仪器放在干燥、清洁的房间内，防止振动.

(2) 反射镜分光板一般不允许擦拭，必要时需先用毛刷小心擦去灰尘，再用脱脂棉球滴上乙醇、乙醚混合液轻拭.

(3) 使用仪器时，各调整部分用力要适当，不要强旋、硬拔.

(4) 不能用手触摸各镜的光学面.

(5) 不能直接用眼观察激光器输出的激光，以免损伤眼睛.

[思考题]

(1) 在实验中怎样调节迈克耳孙干涉仪，说明它的调节要点?

(2) 什么是“等倾干涉”?

(3) 用迈克耳孙干涉仪能否产生“等厚干涉”?

4.20　蔗糖的旋光度测量

法国物理学家阿拉果(Arago)在1811年首先发现，当偏振光沿石英的光轴方向传播时，偏振光的振动平面会发生旋转，这种现象称做旋光性. 具有旋光性的物质称做旋光物质. 石英、松节油、糖溶液都是旋光物质，许多高分子有机化合物都具有旋光性. 物质的旋光性揭示了分子空间结构的异构现象，不仅在光学上有特殊意义，而且在化学、生物学上也有较为广泛的应用.

偏振光在国防、科研和生产中有着广泛的应用：海防前线用于瞭望的偏光望远镜，偏光显微镜，立体电影中的偏光眼镜，分析化学和工业中用的偏振计和糖量计都与偏振光有关. 随着科学技术的飞跃发展，偏振光成为研究晶体、表面物理的重要手段之一.

测量旋光本领的仪器称做旋光计. 旋光计经常被用来测量糖溶液的浓度，因此有时也称这种仪器为糖量计.

[实验目的]

(1) 熟悉光偏振的基本规律.

(2) 了解旋光物质的旋光性质.

(3) 理解糖量计工作原理.

［实验原理］

光是电磁波，它的电场矢量 **E** 和磁场矢量 **H** 互相垂直，且又垂直于光的传播方向. 其中电场矢量 **E** 具有生理作用，通常称做光矢量，并将该矢量与光的传播方向所构成的平面称为光振动面. 在与传播方向垂直的平面内，光矢量可能有各种各样的振动状态，被称为光的偏振态. 若光矢量方向是任意的，且各方向上光矢量大小的时间平均值是相等的，这种光称为自然光. 若光矢量可以采取任何方向，但不同的方向其振幅不同，某一方向振动的振幅最强，而与该方向垂直的方向振动最弱，则称这种光为部分偏振光. 若光矢量的方向始终不变，只是它的振幅随位相改变，光矢量的末端轨迹是一条直线，则称为线偏振光.

当线偏振光通过旋光物质(如糖溶液)后，偏振光的振动面将以光的传播方向为轴线旋转一定角度 φ，旋转的角度 φ 称为旋光度. 不同的旋光性物质可使偏振光的振动面向不同方向旋转. 如果面对光线，使振动面顺时针旋转的物质称为右旋物质；使振动面逆时针旋转的物质称为左旋物质. 如蔗糖(比旋光度为 $[\alpha]_D^{20}=+66.5°$)、葡萄糖(比旋光度为 $[\alpha]_D^{20}=+52.3°$)是右旋物质，果糖(比旋光度为 $[\alpha]_D^{20}=-92.3°$)是左旋物质. 其中的 D 代表钠黄光.

旋光现象是与分子空间构像有关的. 例如，丁醇就有左旋和右旋两种结构，它们的结构如按照平面来书写，很难看出有什么两样，可是原子在空间排列上是不同的，它们互成镜像，不重合. 它们的物理性质和化学性质基本上相同，只是在对偏振光的作用上有差异：一个是右旋物质；另一个是左旋物质. 它们旋光度也相同，分别是 $[\alpha]_D^{25℃}=+13.52°$ 和 $[\alpha]_D^{25℃}=-13.52°$，如图 4.20.1 所示.

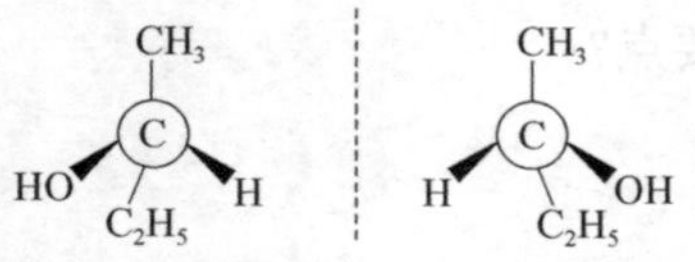

左旋 2-丁醇　　右旋 2-丁醇

图 4.20.1　丁醇分子的空间构像

实验证明，对某一旋光溶液，当给定入射光的波长时，旋光度与偏振光通过溶液的长度 l、溶液的浓度 c 成正比，即

$$\varphi=[\alpha]_\lambda^t cl \tag{4.20.1}$$

式中，旋光度的单位为“度”，偏振光通过溶液的长度 l 的单位为 dm，溶液浓度的单位为 g/mL，$[\alpha]_\lambda^t$ 为该物质的比旋光度，它在数值上等于偏振光通过单位长度(dm)、单位浓度(g/mL)的溶液后引起的振动面的旋转角度. 其单位为：(°) · mL/(dm · g). 由于测量时的温度及所用波长对物质的比旋光度都有影响，因而应当标明测量比旋光度时所用波长及测量时的温度. 例如 $[\alpha]_{589.3nm}^{50℃}=66.5°$，它表明在测量温度为 50℃，所用光源的波长为 589.3nm 时，该旋光物质的比旋光度为 66.5°.

在糖溶液浓度 c(以每 100mL 溶液中溶质克数表示)已知的情况下，测出溶液试管的长度 l 和旋光度，就可以计算出该溶液比旋光度，即

$$[\alpha]_\lambda^t=\frac{\varphi}{cl}\times 100 \tag{4.20.2}$$

若已知某溶液的比旋光度，且测出溶液试管的长度 l 和旋光度，可根据式(4.20.1)求出待测溶液的浓度，即

$$c=\frac{\varphi}{l[\alpha]_{\lambda}^{t}} \tag{4.20.3}$$

通常溶液的浓度用每 100mL 溶液中的溶质克数来表示，此时式(4.20.3)改写成

$$c=\frac{\varphi}{l[\alpha]_{\lambda}^{t}}\times 100 \tag{4.20.4}$$

用人工的方法，使物质处于外场的作用下，也可以产生旋光现象. 法拉第在 1845 年发现，磁场可以使磁性介质产生旋光性，这种现象称做磁致旋光，为了纪念法拉第的贡献，有时也称做法拉第旋光. 能产生磁致旋光的介质称做磁光介质. 实验表明，对于给定的磁光介质，光振动面的转角与样品的长度 L 及外加的磁感应强度 B 成正比，即

$$\varphi=VLB \tag{4.20.5}$$

式中，比例系数 V 称做韦尔代常量，一般都很小.

对于自然的旋光物质，左旋和右旋的特性取决于物质本身的分子空间结构，与光的传播方向无关. 因此，若线偏振光通过自然旋光物质，再经过反射镜反射，沿原光路返回时，光的偏振面又回到原来的方向. 而对于磁致旋光来说，左旋和右旋都与光的传播方向有关. 当线偏振光沿着磁场方向通过磁光介质时，迎着光线观察，光振动面是右旋的. 当线偏振光逆着磁场方向通过磁光介质时，迎着光线观察，光振动面是左旋的. 所以，当线偏振光沿着磁场方向透过磁光介质，再经过反射镜反射，沿原光路返回时(线偏振两次通过磁光介质)，光振动面总共转过 2 倍的角度. 利用这一特点可以制成光隔离器. 光隔离器可以使光从一个方向通过，而不能从反方向通过. 光隔离器在激光的多级放大装置中有重要的应用，它可以消除光学放大器中光学界面的多次反射，这种反射往往会对前级的装置造成干扰和损害.

[实验仪器]

(1) 实验仪器，WXG-4 圆盘旋光仪.

主要技术指标：

旋光度测量范围——$-180°\sim+180°$；

度盘游标读数值——0.05°；

放大镜倍数——×4；

单色光源波长——589.44nm；

试管长度——100mm±1mm、200mm±1mm.

(2) 仪器测量原理.

见本节附录.

[实验方法]

1. 调整旋光仪

(1) 接通电源，开启电源开关，约 5min 后，钠光灯发光正常，便可使用.

(2) 调节旋光仪调焦手轮，使其能观察到清晰的三分视场.

(3) 转动检偏镜，观察并熟悉视场明暗变化的规律，掌握零度视场的特点是测量旋光度的关键. 所谓的零度视场是指三分视界线消失，三部分亮度相等，且视场较暗.

(4) 测量仪器零位置. 将试管注满蒸馏水，轻轻拧上螺帽，擦拭干净，放入镜筒盒内，并盖上镜盖. 试管有圆泡的一端应朝上，以便气泡存入圆泡中，不致影响观察和测试. 调节物、目镜组，以便清楚地看到三分视场分界线. 然后转动检偏器，在暗视场条件下使三个区域亮度相等(零度视场)，记录左右刻度盘上的读数，重复 6 次. 记录表格见表 4.20.1，计算平均值，作为旋光仪的零点位置.

表 4.20.1 测量仪器零位偏差

单位:(°)

n	1	2	3	4	5	6
$\varphi_{左}$						
$\varphi_{右}$						
$\bar{\varphi}_i$						
$\bar{\varphi}_0$						

2. 测定旋光溶液的比旋光度

(1) 将试管中蒸馏水倒入水桶中. 用少量的待测标准溶液清洗试管，并将清洗后的废液倒入废液桶中，重新注满该标准溶液.

实验室提供已配制好的标准溶液(0.100g/mL，0.125g/mL，0.150g/mL，0.175g/mL，0.200g/mL，0.250g/mL). 实验时应注意记录所选的溶液浓度，不要弄混了.

表 4.20.2 测量标准溶液的比旋光度

温度:________℃

$c/(\mathrm{g/mL})$							
1	$\varphi'_{左}$						
	$\varphi'_{右}$						
	$\bar{\varphi}_1$						
2	$\varphi'_{左}$						
	$\varphi'_{右}$						
	$\bar{\varphi}_2$						
3	$\varphi'_{左}$						
	$\varphi'_{右}$						
	$\bar{\varphi}_3$						
$\varphi=\bar{\varphi}_i-\bar{\varphi}_0$							
$l(\mathrm{dm})$							
α_i							
$\bar{\alpha}$							

(2) 轻轻拧上试管的螺帽，擦拭干净，将试管放入旋光仪镜筒盒内，并盖上镜盖. 调节物、目镜组，以便清楚地看到三分视场分界线. 转动度盘，再次观察到零度视场时，读取 φ'，重复 3 次求出平均值 $\bar{\varphi}_i$. 算出旋光度 $\varphi=\bar{\varphi}_i-\bar{\varphi}_0$.

(3) 将 φ、l、c 代入式(4.20.2)，计算出标准溶液的比旋光度. 并注意标明测量时所用的波长和测量时的温度. 数据记录见表 4.20.2.

3. 测量未知糖溶液的浓度

方法同 2，只是用未知浓度的同种溶液. 将测得的旋光度 φ、溶液试管长度 l 和前面测出的比旋光度$[\alpha]_\lambda^t$ 代入式(4.20.4)中，求出该溶液的浓度 c. 记录表格见表 4.20.3.

表 4.20.3　测量未知糖溶液的浓度

t/℃						
l/dm						
$[\alpha]_\lambda^t$						
n	1	2	3	4	5	6
$\varphi_{左}$						
$\varphi_{右}$						
$\bar{\varphi}_i$						
$\varphi=\bar{\varphi}_i-\bar{\varphi}_0$						
c_i/(g/mL)						
$\bar{c}$/(g/mL)						

[注意事项]

(1) 溶液注满试管，旋上螺帽，两端不能有气泡，螺帽不宜拧得太紧，以免玻璃窗受力而发生双折射，引起测量不确定度.

(2) 试管应擦拭干净，尤其是试管两端应擦拭干净方可放入旋光仪.

(3) 在测量中应维持溶液温度不变.

(4) 更换溶液时，应清洗试管，并保持测试溶液的浓度不变.

(5) 试管中溶液不应有沉淀，否则应更换溶液.

[思考题]

(1) 测量糖溶液浓度的基本原理是什么？

(2) 什么叫左旋物质和右旋物质？ 如何判断？

(3) 振动面旋转的角度与哪些因素有关？

(4) 罗兰片的作用是什么？

(5) 为何要选择亮度相等的暗视场进行读数？

(6) 测量不同浓度的溶液时需要将物、目镜调至不同状态，这是为什么？

(7) 为什么不能将试管的螺帽拧得太紧？ 会有什么现象？

圆盘旋光仪

WXG-4 圆盘旋光仪的光路如图 4.20.2 所示.

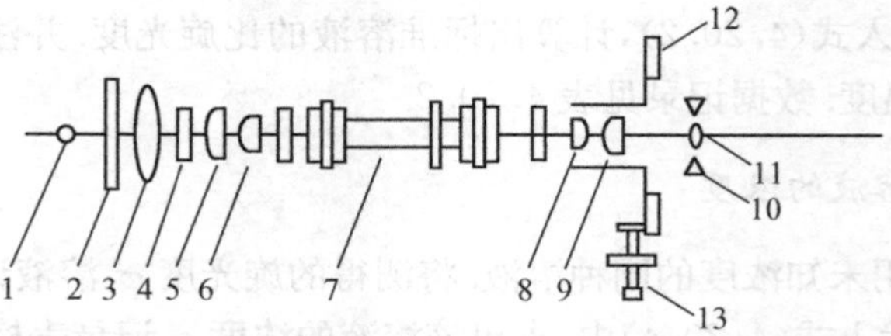

图 4.20.2　旋光仪的光学系统

1. 光源；2. 毛玻璃；3. 聚光镜；4. 滤色镜；5. 起偏镜；6. 半波片；7. 试管；8. 检偏镜；9. 物、目镜组；10. 读数放大器；11. 调焦手轮；12. 度盘与游标；13. 度盘转动手轮

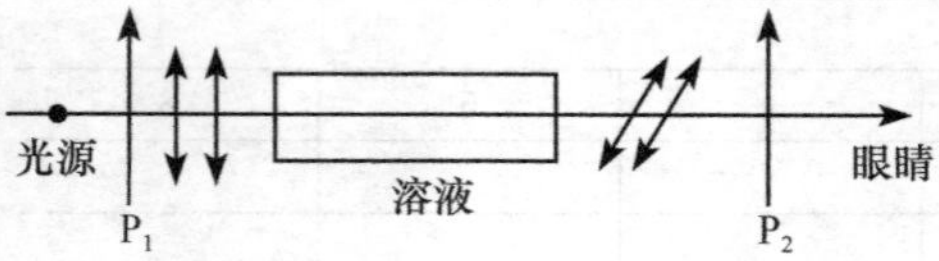

图 4.20.3　物质的旋光性测量简图

物质的旋光性测量的简单原理如图 4.20.3 所示. 首先将起偏镜与检偏镜的偏振化方向调到正交，观察到视场最暗. 然后装上待测旋光溶液的试管，因旋光溶液的振动面的旋转，视场变亮，调节检偏镜，再次使视场调至最暗，这时检偏镜所转过的角度，即为待测溶液的旋光度. 若检偏器向右（顺时针方向）转动，表示旋光液体将偏振光的偏振面向右（顺时针方向）旋转了，该溶液称做右旋液体. 反之，称做左旋液体.

由于人的眼睛很难准确地判断视场是否全暗（人眼对亮度变化不敏感，原因是人眼有较强的调节能力），因而会引起测量不确定度. 但是，人眼对“亮度”的“比较”较为敏感. 为此，常采用一种称做半荫法的方法来进行测量，以提高测量的准确度. 这种方法不是用亮和暗来确定其振动面，而是通过对比观察两个区域的亮度是否相同来进行测量，从而大大提高人眼的判断精度.

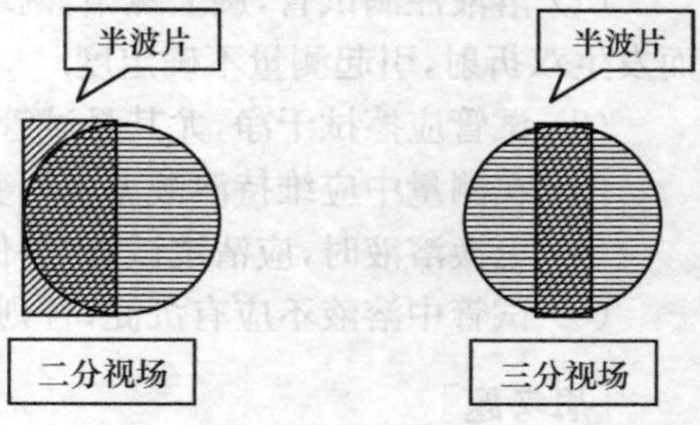

图 4.20.4　二分视场和三分视场

半荫法的方法是在起偏器后面加一个石英半波片（仪器中 6）. 随半波片放置的位置不同，可将视场分成两部分或三部分，称做二分视场或三分视场，如图 4.20.4 所示.

为消除石英半波片对入射光的吸收损耗，在石英半波片旁边装上一定厚度的玻璃片，使玻璃片吸收和反射光的强度与石英半波片的吸收和反射光的强度相同. 这种装置常称做罗兰片. 石英半波片的主截面（由晶体光轴和入射光线组成的平面）与起偏器的偏振化方向成一个较小角度 θ. 线偏振光通过半波片时，o 光（寻常光，其光矢量振动方向垂直于主截面）和 e 光（非寻常光，其光矢量在自己的主截面内）产生大小为 π 的位相差，所以，通过石英半波片后，仍然为线偏振光，不过其偏振面转过 2θ 角度. 线偏振光通过玻璃时，其偏振化方向不变. 若以 $\boldsymbol{A}$ 表示透过石英半波片的光矢量，$\boldsymbol{A}'$ 表示透过玻璃的光矢量，则 $\boldsymbol{A}$ 和 $\boldsymbol{A}'$ 夹角为 2θ. $\boldsymbol{A}$、$\boldsymbol{A}'$ 光矢量通过旋光液体时，都将转过相同的角度，因此 $\boldsymbol{A}$、$\boldsymbol{A}'$ 的夹角保持不变. 若以 OP 表示检偏器的偏振化方向，偏振光与检偏器偏振化方向将有如下 4 种特殊组合方式，分别对应视场中的 4 种不同的图像，如图 4.20.5 和图 4.20.6 所示.

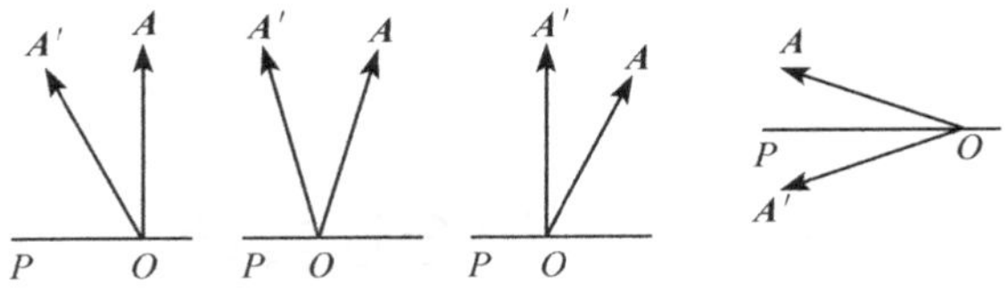

图 4.20.5 四种特殊组合的光矢量图

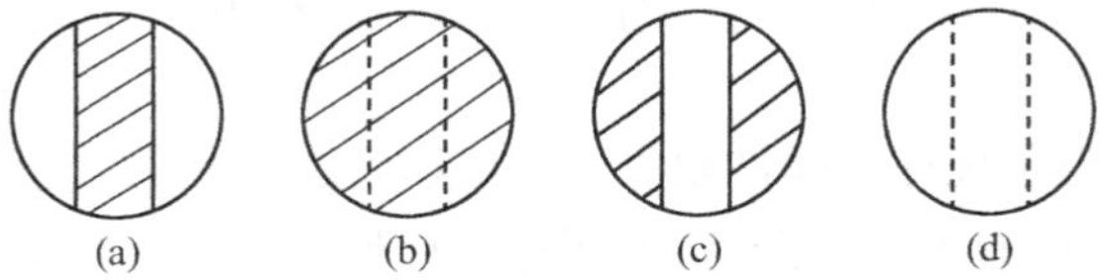

(a) 中间为暗区两边为亮区；(b) 视界消失视场较暗；
(c) 中间为亮区两边为暗区；(d) 视界消失视场较亮

图 4.20.6 转动检偏镜时，目镜中视场明暗变化

WXG-4 圆盘旋光仪采用了三分视场的方法来测量旋光溶液的旋光度. 从旋光仪目镜中观察到的视场分为三个部分，一般情况下，中间部分和两边部分的亮度不同. 当转动检偏镜时，中间部分和两边部分将出现明暗交替变化. 图 4.20.6 中列出 4 种典型情况，即：①中央为暗区，两边为亮区；②三分视界消失，视场较暗；③中间为亮区，两边为暗区；④三分视界消失，视场较亮.

由于在亮度不太强的情况下，人眼辨别亮度微小差别的能力较大，所以常取图 4.20.6(b)所示的视场为参考视场. 并将此时检偏镜的位置作为刻度盘的零点，故称该视场为零度视场.

当放进了待测旋光液的试管后，由于溶液的旋光性，使线偏振光的振动面旋转了一定角度，使零度视场发生了变化，只有将检偏镜转过相同的角度，才能再次看到图 4.20.6(b)所示的视场，这是检偏器转过的角度就是旋光度，它的数值可以在刻度盘和游标上读出.

为了操作方便，整个仪器的光学系统以 50°倾角安装在基座上. 光源为 50W 钠光灯，波长为 589.44nm. 检偏镜与刻度盘连接在一起，利用手轮可做精细转动. WXG-4 旋光仪采用的是双游标读数，以消除刻度盘的中心偏差. 刻度盘分度 360 格，每格 1°，游标分 20 格，它和刻度盘 19 格等长，故仪器的精密度为 0.05°. 度盘和检偏器固定在一起，通过手轮能做粗、细调节. 目镜片旁边装有两块 4 倍的放大镜，正对着游标卡尺，供读数使用.

第 5 章　综合性实验

5.1　用动力学法测量金属材料的杨氏模量

杨氏模量与切变模量统称为弹性模量. 弹性模量反应材料抵抗形变的能力，是进行热应力计算、选择构件材料的主要依据. 精确测量弹性模量对强度理论和工程技术都具有重要意义. 实验 4.3 中采用的拉伸法(属静态法)测量杨氏模量，通常适用于常温条件金属材料大形变状态下的测量. 该方法载荷大、加载速度慢并伴有弛豫过程，不适用于脆性材料，也不能完成高温状态下的测量. 本实验用支撑、悬挂的方法测量弯曲(横向)共振频率进而计算出动态杨氏模量. 此方法设备易得，理论与实践吻合度好，适用于各种金属与非金属(如石墨、玻璃、陶瓷等脆性材料)材料，也是我国国家标准 GB2105—80、GB/T2105—91 所采用的测量方法.

［实验目的］

(1) 了解用动力学法测量杨氏模量的原理，掌握实验方法.

(2) 学习用内插法测量、处理实验数据.

(3) 培养综合运用知识、使用实验仪器的能力.

［实验原理］

1. 杨氏模量与细长棒弯曲振动共振频率的关系

如图 5.1.1 所示，当一细长直棒(长度 $L \gg$ 径向尺寸 d)在竖直面内做与其长度方向相垂直的微小振动(称为弯曲振动)时，棒上任一位置 x 处截面在竖直方向(Z 方向)的位移 η 满足如下动力学方程：

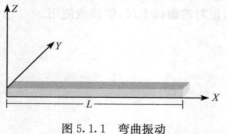

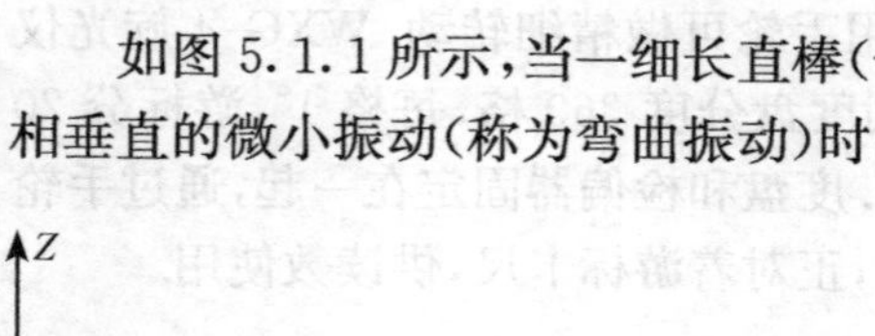

图 5.1.1　弯曲振动

$$\frac{\partial^2 \eta}{\partial t^2} + \frac{EI}{\rho S}\frac{\partial^4 \eta}{\partial x^4} = 0 \tag{5.1.1}$$

式中，E——棒的杨氏模量；

ρ——棒的质量密度；

S——棒的横截面积；

I——棒横截面的惯性矩 $\left(I = \iint_s z^2 \mathrm{d}s\right)$.

可用分离变量法求方程的解. 令

$$\eta(x,t) = X(x)T(t)$$

代入式(5.1.1),得

$$\frac{1}{X}\cdot\frac{\mathrm{d}^4X}{\mathrm{d}x^4}=-\frac{\rho S}{EI}\cdot\frac{1}{T}\cdot\frac{\mathrm{d}^2T}{\mathrm{d}t^2}$$

令两边都等于同一任意常数 k^4,得

$$\frac{\mathrm{d}^4X}{\mathrm{d}x^4}-k^4X=0$$

$$\frac{\mathrm{d}^2T}{\mathrm{d}t^2}+k^4\cdot\frac{EI}{\rho S}\cdot T=0$$

设棒中每点都做简谐振动,得此两方程的通解

$$X(x)=B_1\mathrm{ch}kx+B_2\mathrm{sh}kx+B_3\cos kx+B_4\sin kx$$

$$T(t)=A\cos(\omega t+\varphi)$$

则式(5.1.1)的通解为

$$\eta(x,t)=(B_1\mathrm{ch}kx+B_2\mathrm{sh}kx+B_3\cos kx+B_4\sin kx)A\cos(\omega t+\varphi) \tag{5.1.2}$$

式中

$$\omega=\left(\frac{k^4EI}{\rho S}\right)^{1/2} \tag{5.1.3}$$

ω 为棒振动的圆频率,式(5.1.3)称为频率公式,式(5.1.3)对任意形态截面,不同边界条件的试样均成立. 只要根据特定的边界条件确定常数 k,代入特定的截面惯性矩 I,便可以得到具体条件下频率与杨氏模量的关系式.

若将细棒支撑(或悬挂)在节点(即处于共振状态时棒上位移恒等于零的位置)时,细棒两端都处于自由状态,则两端的作用力和力矩均为零. 即

$$F=-\frac{\partial M}{\partial x}=-EI\frac{\partial^3\eta}{\partial x^3}=0,\quad M=EI\frac{\partial^2\eta}{\partial x^2}=0$$

则边界条件为

$$\left.\frac{\mathrm{d}^3X}{\mathrm{d}x^3}\right|_{x=0}=0,\quad \left.\frac{\mathrm{d}^3X}{\mathrm{d}x^3}\right|_{x=L}=0$$

$$\left.\frac{\mathrm{d}^2X}{\mathrm{d}x^2}\right|_{x=0}=0,\quad \left.\frac{\mathrm{d}^2X}{\mathrm{d}x^2}\right|_{x=L}=0$$

将通解代入边界条件得到

$$\cos kL\cdot\mathrm{ch}kL=1 \tag{5.1.4}$$

由数值解法可求得满足式(5.1.4)的一系列根 $k_nL=0,4.730,7.583,10.996,14.137,\cdots$ 其中 $k_nL=0$ 的根,对应静止状态,因此将 $k_1L=4.730$ 记做第一个根,其对应的振动频率称为基振频率.

表 5.1.1 给出了 $n=1,2,3$ 时的节点位置和振幅分布

表 5.1.1 节点位置与振幅分布

n	共振频率	节点位置	振幅分布图
1	基频 f_1	0.224L 0.776L	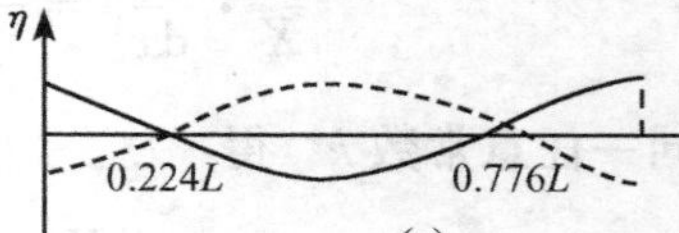 (a)
2	$f_2 \approx 2.76 f_1$	0.132L 0.500L 0.868L	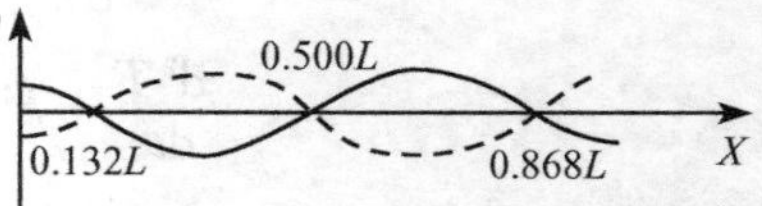 (b)
3	$f_3 \approx 5.40 f_1$	0.094L 0.356L 0.644L 0.906L	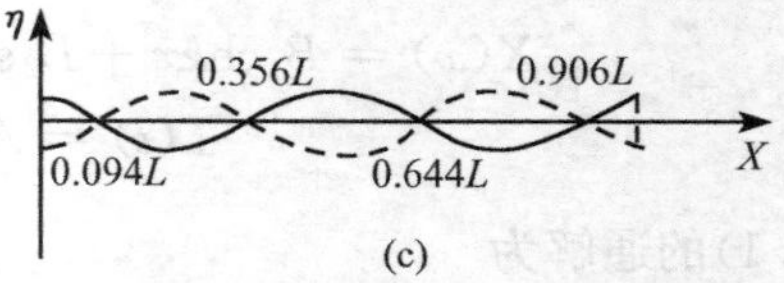 (c)

将 $k_1 = \dfrac{4.730}{L}$ 代入式(5.1.3)，得到棒作基频振动的固有频率

$$f_1 = \frac{\omega_1}{2\pi} = \frac{1}{2\pi}\left(\frac{4.730^4 I}{\rho L^4 S}E\right)^{1/2}$$

解出杨氏模量

$$E = 1.9978 \times 10^{-3} \frac{\rho L^4 S}{I}\omega_1^2 = 7.8870 \times 10^{-2} \frac{L^3 m}{I} f_1^2 \tag{5.1.5}$$

对于直径为 d 的圆棒，惯性矩 $I = \iint_s z^2 \mathrm{d}s = \dfrac{\pi d^4}{64}$，代入式(5.1.5)，得

$$E = 1.6067 \frac{L^3 m}{d^4} f_1^2 \tag{5.1.6}$$

在推导式(5.1.6)的过程中，没有考虑试样任一截面两侧的剪切作用和试样在振动过程中的回转作用. 所以式(5.1.6)只适用于试样直径与长度之比(径长比)趋于零时的情形. 而实际测量时，如果径长比过小，会因为试样易于变形而增大实验结果的不确定度. 因此，精确测量时需要根据试样的径长比对式(5.1.6)作出修正，即乘上一修正系数 R，实际测量计算杨氏模量的公式为

$$E = 1.6067 \frac{L^3 m}{d^4} f_1^2 R \tag{5.1.7}$$

表 5.1.2 列出了泊松比在 0.25～0.35 内材料不同径长比对应的 R 值.

表 5.1.2 R 与 d/L 的对应关系

d/L	0.01	0.02	0.03	0.04	0.05	0.06	0.08	0.10
R	1.001	1.002	1.005	1.008	1.014	1.019	1.033	1.051

2. 试样共振频率的测量

图 5.1.2 是测量试样共振频率所用实验装置示意图. 被测试样可以用支撑法放在激

发换能器(也称激振器)和接收换能器(也称拾振器)上,也可以用细线悬挂在两换能器下面.由函数信号发生器输出的等幅正弦信号加在激振器上,把电振动转变为膜片的机械振动.膜片的振动激发试样在竖直面内做弯曲受迫振动.试样的振动传给拾振器,将机械振动又转变成电信号.同时,将函数信号发生器的输出信号直接输入示波器的 X 轴,拾振器信号输入示波器的 Y 轴,使两电振动信号叠加合成为李萨如图形.

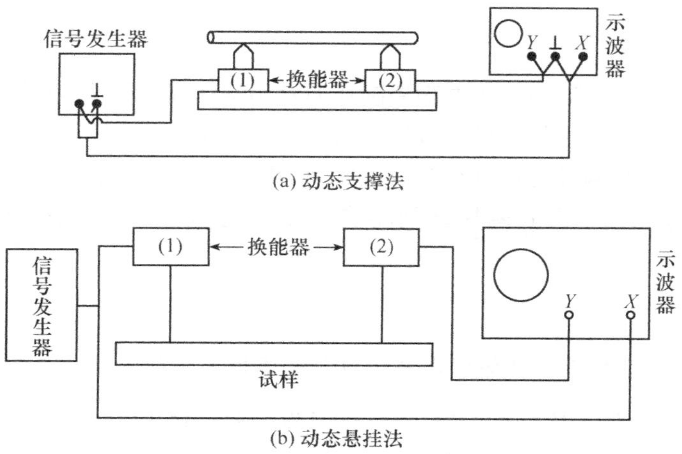

图 5.1.2 动态法测量杨氏模量实验装置示意图

当信号发生器输出频率不等于试样的共振频率时,试样不发生共振,示波器 Y 轴信号幅度很小,屏幕上图形如图 5.1.3(a),当信号频率逐渐接近试样共振频率时,屏幕上的图形由图 5.1.3(a)逐渐变化为图 5.1.3(b),当频率非常接近共振频率时,示波器上呈现如图 5.1.3(c)、图 5.1.3(d)所示的李萨如图形.因在共振点会发生相位突变,当输入频率等于共振频率时,椭圆主轴在 Y 轴方向,幅度达最大如图 5.1.3(e),由合成图形便可以确定共振频率.

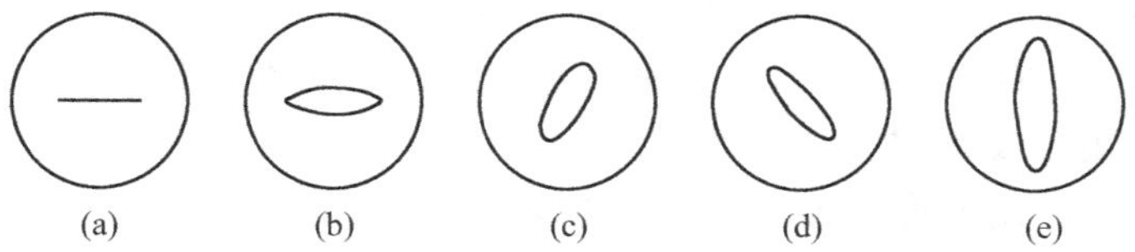

图 5.1.3 示波器屏幕上的合成图形

[实验仪器]

DCY-3 动态弹性模量测定仪(由一对换能器、功率函数信号发生器、示波器组成),天平,直尺,螺旋测微计.

[仪器简介]

1. 功率函数信号发生器

输出正弦波、方波、三角波信号. 输出频率范围 5Hz～500kHz；正弦波输出衰减范围 －40～＋10dB，有分挡及功率输出专用挡，并设有 0～10dB 细调；工作环境为 0～40℃，相对湿度＜85%；工作电源交流 220V，50Hz.

2. 换能器

本实验采用压电式换能器. 压电陶瓷圆片通常用锆钛酸铅做成. 在陶瓷圆片的上下表面镀上极薄的银电极. 经过处理后具有压电效应. 压电陶瓷用胶粘在圆形薄铜片上，该铜片四周固定，当陶瓷片两极间加有交变电压时，铜片将产生弯曲形变；反之，当外界周期运动传到压电陶瓷片上时，在其两极之间将有交变电压信号产生，信号大小与振动幅度有关.

[实验内容]

1. 用支撑法练习调节出共振频率并学习判断真假共振的方法

(1) 按仪器上的标示连接好线路. 打开信号发生器预热 15min. 打开示波器.

(2) 调整换能器底座、支架，使其处于水平、稳定状态.

(3) 将试样按支撑法放在换能器上，两支点对称，频率范围置 2.5kHz. 由小到大连续调节并观察示波器屏幕上图形的变化，确定共振频率.

(4) 由于换能器、底座、支架、悬丝等部件都有自己的共振频率，都可能以其自身的基频或高次谐波频率发生共振. 信号过强还可以直接通过空气或支架传递给拾振器. 因此可采用下面的方法进行判断：

共振频率预估法——由理论公式估算出共振频率的大致范围，然后在此频率附近仔细寻找；

峰宽判别法——在共振时，示波器显示的椭圆竖直方向幅度可达最大，只要稍改变激振信号频率，椭圆主轴便会在 Y 轴左右发生变化，真共振的峰宽十分尖锐；

撤耦判别法——如果将试样用手托起，或用笔杆、小螺丝刀杆轻轻与试样中点接触，则示波器的图形闭合成 X 轴上的一条直线；

耳听判别法——用胶管沿试样纵向移动能听出波腹处声音大，波节处声音小；

改变温度法——用打火机烧试样，试样共振频率会发生变化，示波器图形发生偏移.

为尽量减小产生虚假共振信号的可能性，测试时激振信号不要过强. 测试样品材质应均匀. 用悬挂法测量时吊扎必须牢靠，两根悬丝必须在通过试样直径的铅垂面上.

2. 用支撑法测样品的弯曲振动基振频率

理论上，测量要求试样两端自由，支点应置于基振时两节点处. 但节点静止，棒的振动无法被激发. 激发棒的振动，支点只能取在节点以外. 这样测得的共振频率与理论条件不一致,势必导致系统误差,可采用内插测量法测出支撑点在节点时试样的共振频率.具体的测量方法是逐步改变两支撑点的位置 x 和 $L-x$,测出相对应的共振频率.以 $\frac{x}{L}$ 为横坐标,共振频率 f 为纵坐标作图,从图中可准确求出支点在节点位置的基频共振频率.由于试样材质内部可能不均匀,试样径向放置方向不同,测得的 f 值不同.在每个支点测过之后,将试样绕轴转 90°再测一遍,f 取两次测量的平均值(表 5.1.3 供参考).

表 5.1.3　共振频率与支撑点位置的关系

室温:____时间:____

x/L $(L-X)/L$	0.05	0.10	0.15	0.20	0.21	0.24	0.25	0.30	0.35
f_{i1}/Hz									
f_{i2}/Hz									
$\overline{f}_i$/Hz									

3. 用天平测量试样质量

用交换称衡法测量试样质量;用直尺测量棒长,测量一次;用螺旋测微计测量直径,测量 6 次.

*4. 用悬挂法测量棒的基振频率

用不同的悬丝进行实验,分析测量结果与测量条件的关系确定最佳实验条件.

5. 计算杨氏模量 E

将测量结果代入式(5.1.7),计算杨氏模量 E.

[注意事项]

(1) 样品要轻拿轻放,以免损毁换能器.
(2) 交变电信号及相应测量仪器均有地线,接线时注意要共地.

[数据处理]

(1) 计算 $\overline{d}$、Δd,给出 $d=\overline{d}\pm\Delta d=$________ mm.
(2) 计算 E,推导 $E_r(E)$ 公式或 ΔE 公式,计算 $E_r(E)$、ΔE,给出 $E=\overline{E}\pm\Delta E=$________ N/m^2.

[思考题]

(1) 为什么要采用内插法测量样品基振频率?
(2) 如何判断示波器上显示的信号是否为试样真正共振信号,为什么?
(3) 如何提高测量精度,减小不确定度?

5.2 超声光栅实验

[实验目的]

(1) 了解超声致光衍射的原理.

(2) 利用声光效应测量声波在液体中的传播速度.

[实验原理]

压电陶瓷片(PZT)在高频信号源(频率约 10MHz)所产生的交变电场的作用下,发生周期性的压缩和伸长振动,其在液体中的传播就形成超声波,当一束平面超声波在液体中传播时,其声压使液体分子作周期性变化,液体的局部就会产生周期性的膨胀与压缩,这使得液体的密度在波传播方向上形成周期性分布,促使液体的折射率也做同样分布,形成了所谓疏密波,这种疏密波所形成的密度分布层次结构,就是超声场的图像,此时若有平行光沿垂直于超声波传播方向通过液体时,平行光会被衍射. 以上超声场在液体中形成的密度分布层次结构是以行波运动的,为了使实验条件易实现,衍射现象易于稳定观察,实验中是在有限尺寸液槽内形成稳定驻波条件下进行观察,由于驻波振幅可以达到行波振幅的两倍,这样就加剧了液体疏密变化的程度. 驻波形成以后,某一时刻 t,驻波某一节点两边的质点涌向该节点,使该节点附近成为质点密集区,在半个周期以后,$t+T/2$ 这个节点两边的质点又向左右扩散,使该波节附近成为质点稀疏区,而相邻的两波节附近成为质点密集区.

图 5.2.1 为在 t 和 $t+T/2$(T 为超声振动周期)两时刻振幅 y、液体疏密分布和折射率 n 的变化分析. 由图 5.2.1 可见,超声光栅的性质是,在某一时刻 t,相邻两个密集区域的距离为 λ,为液体中传播的行波的波长,而在半个周期以后,$t+T/2$. 所有这样区域的位置整个漂移了一个距离 $\lambda/2$,而在其他时刻,波的现象则完全消失,液体的密度处于均匀状态. 超声场形成的层次结构消失,在视觉上是观察不到的,当光线通过超声场时,观察驻波场的结果是,波节为暗条纹(不透光),波腹为亮条纹(透光). 明暗条纹的间距为声波波长的一半,即为 $\lambda/2$. 由此我们对由超声场的层次结构所形成的超声光栅性质有了了解. 当平行光通过超声光栅时,光线衍射的主极大位置由光栅方程决定.

$$d\sin\phi_k = k\lambda \quad (k=0,1,2,\cdots) \tag{5.2.1}$$

光路图如图 5.2.2 所示.

实际上由于 ϕ 角很小,可以认为:

$$\sin\phi_k = l_k/f \tag{5.2.2}$$

其中 l_k 为衍射零级光谱线至第 k 级光谱线的距离,f 为 L_2 透镜的焦距,所以超声波的波长

$$d = k\lambda/\sin\phi_k = k\lambda f/l_k \tag{5.2.3}$$

超声波在液体中的传播速度:

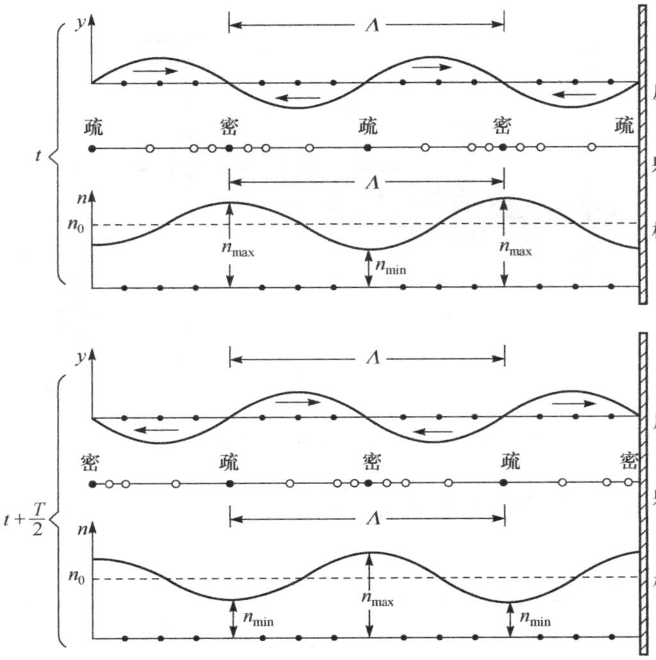

图 5.2.1

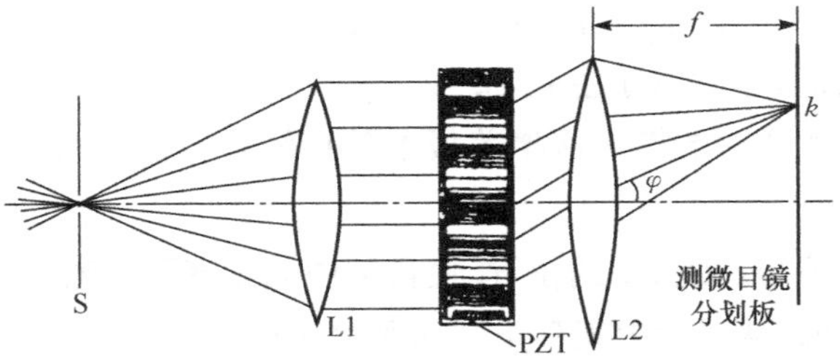

图 5.2.2　超声光栅实验光路图

$$v=\lambda\nu \tag{5.2.4}$$

式中，ν 为信号源的振动频率.

[实验仪器]

实验装置主要由控制主机(超声信号源)、低压钠灯、光学导轨、光学狭缝、透镜、超声池、测微目镜以及高频连接线组成，如图 5.2.3 所示.

[实验过程]

(1) 将器件按图 5.2.3 放置. 低压钠灯与超声光栅实验仪相连.

(2) 调节狭缝与透镜 L1 的位置，使狭缝与载物台分光计垂直，狭缝中心法线与透镜

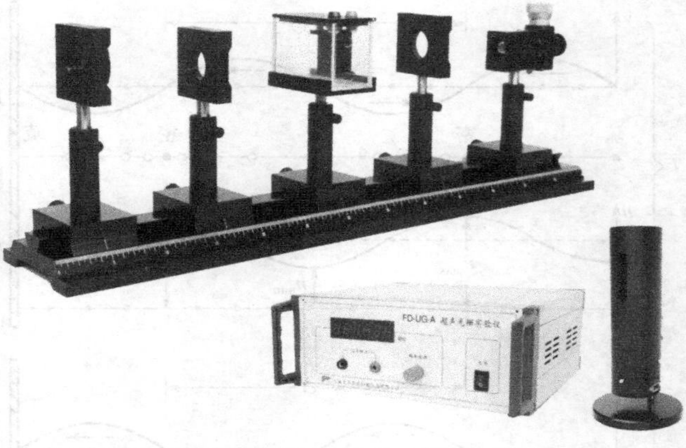

图 5.2.3　超声光栅实验装置

L1 的光轴(即主光轴)重合,且与载物台分光计平行. 二者间距为透镜 L1 的焦距(即透镜 L1 射出平行光).

(3) 调节透镜 L2 与测微目镜的高度,使二者光轴与主光轴重合. 调节目镜,使十字丝清晰.

(4) 开启电源. 调节钠灯位置,使钠灯照射在狭缝上,并且上下均匀,左右对称,光强适宜.

(5) 将待测液体(如蒸馏水、乙醇或其他液体)注入液槽,将液槽放置于载物台上,放置时,使液槽两侧表面基本垂直于主光轴.

(6) 将高频连接线的一端接入液槽盖板上的接线柱,另一端接入超声光栅仪上的输出端.

(7) 调节测微目镜与透镜 L2 的位置. 使目镜中能观察到清晰的衍射条纹.

(8) 前后移动液槽,从目镜中观察条纹间距是否改变,若是,则改变透镜 L1 的位置,直到条纹间距不变.

(9) 微调超声光栅仪上的调频旋钮,使信号源频率与压电陶瓷片谐振频率相同,此时,衍射光谱的级次会显著增多且谱线更为明亮. 微转液槽,使射于液槽的平行光束垂直于液槽,同时观察视场内的衍射光谱亮度及对称性. 重复上述操作,直到从目镜中观察到清晰而对称稳定的 2～4 级衍射条纹为止.

(10) 利用测微目镜逐级测量各谱线位置读数,测量时单向转动测微目镜鼓轮,以消除转动部件的螺纹间隙产生的空程误差(例如,从−3,…,0,…,+3).

(11) 自拟数据表格,如表 5.2.1. 记录各级各谱线的位置读数,计算各谱线衍射条纹平均间距,并计算液体中的声速 V.

[**实验数据**]

单色光源波长　　　$\lambda=(589.3\pm0.3)$nm

透镜 L2 焦距 $f=$ mm, $\Delta f=0.4$mm

被测液体 普通水

液体温度 $t=$________℃

$$V_t=V_0+\alpha(t-t_0)$$

信号频率 $\nu=$______ MHz

表 5.2.1 衍射级次 k 和衍射谱线位置

k	L_k	$L_{\|k\|}-L_{\|k\|-1}$(mm)	$(L_{\|k\|}-L_{\|k\|-2})/2$(mm)	$(L_{\|k\|}-L_{\|k\|-3})/3$(mm)
−3				
−2				
−1				
0				
1				
2				
3				

$$\Delta l_k=\frac{1}{12}\sum\left[L_{|k|}-L_{|k|-1}+(L_{|k|}-L_{|k|-2})/2+(L_{|k|}-L_{|k|-3})/3\right]$$

$$V=\frac{\lambda f\nu}{\Delta l_k}\quad(\text{m/s})$$

$$E=\frac{|V_t-V|}{V_t}\times 100\%$$

[**注意事项**]

(1) 调节器件时,注意保持其同高共轴.

(2) 液槽置于载物台上必须稳定,在实验过程中应避免震动,以使超声在液槽内形成稳定的驻波.导线分布电容的变化会对输出信号频率有影响,因此不能触碰连接液槽和信号源的导线.

(3) 压电陶瓷片表面与对面的液槽壁表面必须平行,此时才会形成较好的驻波,因此实验时应将液槽的上盖盖平.

(4) 在稳定共振时,数字频率计显示的频率应是稳定的,最多只有最末尾有 1~2 个单位数的变动.

(5) 实验时间不宜过长,因为声波在液体中的传播与液体温度有关,时间过长,液体温度可能有变化.实验时,特别注意不要使频率长时间调在高频,以免振荡线路过热.

(6) 提取液槽应拿两端面,不要触摸两侧表面通光部位,以免污染,如已有污染,可用酒精清洗干净,或用镜头纸擦净.

(7) 实验时液槽中会产生一定的热量，并导致媒质挥发，槽壁可见挥发气体凝聚，一般不影响实验结果，但须注意若液面下降太多致使压电陶瓷片外露时，应及时补充液体至正常液面线处.

(8) 实验完毕应将被测液体倒出，不要将压电陶瓷片长时间浸泡在液槽内.

(9) 计算时，透镜焦距 f 为透镜 L2 的焦距.

(10) 传声媒介在含有杂质时对测量结果影响较大，建议使用纯净水(市售饮用纯净水即可)、分析纯酒精、甘油等，对某些有毒副作用的媒质(如苯等)，不建议学生实验使用，教师教学或科研需要时，应注意安全.

(11) 仪器长时间不用时，请将测微目镜收于原装小木箱中并放置干燥剂. 液槽应清洗干净，自然晾干后，妥善放置，不可让灰尘等污物侵入.

[思考题]

(1) 为什么声光器件可相当于相位光栅?

(2) 怎样判断平行光束垂直入射到超生光栅面? 怎样判断压电陶瓷片处于共振状态?

(3) 从实验数据去检验声光衍射条件是否满足.

5.3　弗兰克-赫兹实验

1914 年，弗兰克(J. Frank)和赫兹(G. Hertz)用慢电子轰击稀薄气体原子的方法，使汞原子从低能级激发到高能级，通过测量发现，电子和原子碰撞时交换的能量是一确定的值. 该实验直接证明了原子能级的存在，同时也证明了原子发生能级跃迁时吸收和发射的能量是完全确定的、不连续的，实验为玻尔的氢原子模型理论提供了直接而独立的证据，这一实验至今仍是科研中探索原子结构的重要手段之一，弗兰克和赫兹也由此获得 1925 年诺贝尔物理学奖.

[实验目的]

(1) 理解弗兰克-赫兹管的工作原理.

(2) 观察实验现象，加深对玻尔氢原子理论的理解.

(3) 通过测定氩原子的第一激发电势 U_0，证实原子分立能级的存在.

[实验原理]

根据玻尔的氢原子理论，在原子内部存在一些稳定状态(即定态)，处于稳定状态的原子不辐射能量. 每个定态都具有确定的能量，其数值是彼此分立的，称为能级. 最低能级所对应的状态称为基态，其他能级的状态称为激发态. 原子只能从一个定态跃迁到另一个定态，同时吸收或辐射一定份额的能量，此能量大小取决于原子所处两定态能级间的能量差

$$\varepsilon = h\nu = E_m - E_n \tag{5.3.1}$$

在正常情况下,绝大部分原子处于基态,当原子吸收电磁波或受到其他具有足够能量的粒子的碰撞时,可由基态跃迁到能量较高的激发态. 弗兰克及赫兹就是利用了低能电子和原子碰撞时交换能量的规律来研究原子的能级结构的.

本实验用电场加速电子,并使之与稀薄气体的氩原子发生碰撞. 初速度为零的电子在电势为 U 的加速电场作用下将获得能量 eU,当此能量小于氩原子激发的临界能量时,电子与氩原子的碰撞为弹性碰撞. 由于电子的质量远小于氩原子的质量,故碰撞后,电子的能量几乎没有损失. 如果碰撞时电子的能量大于等于氩原子激发所需的临界能量,氩原子就会以一定的概率从电子那里获得能量,并从基态 E_1 跃迁到第一激发态 E_2,即电子和氩原子发生了非弹性碰撞,电子损失特定大小的能量

$$eU_0 = E_2 - E_1 \tag{5.3.2}$$

氩原子获得此能量并跃迁到高一能级,这个电势差 U_0 称为氩原子的第一激发电势,测出 U_0 就可以求出氩原子的基态和第一激发态之间的能量差.

弗兰克-赫兹实验仪的核心部件为弗兰克-赫兹管(F-H 管),F-H 管由加热式阴极、双栅极和板极等四极组成,其工作原理如图 5.3.1 所示.

充氩气的 F-H 管中电子由热阴极 K 发出,阴极 K 和第一栅极 G_1 间加有电压 V_{G_1} 用于控制进入 G_1G_2 空间的电子数,第二栅极 G_2 与阴极 K 之间加有 V_{G_2} 电压,电子在 V_{G_2} 电压作用下获得一定能量向 G_2 方向做加速运动,只有当到达 G_2 的电子能量大于等于 eV_P 时,电子才可能克服拒斥电场的作用到达板极 P,形成板极电流 I_P,可由微电流计测出.

实验时使 V_{G_2} 电压逐渐增加,观察板极电流 I_P 随 V_{G_2} 变化的情况. 如果原子确实只具有分立能级,且基态与第一激发态之间有着确定的能量差的话,就应观察到如图 5.3.2 所示的 I_P 与 V_{G_2} 之间规则起伏的特征曲线.

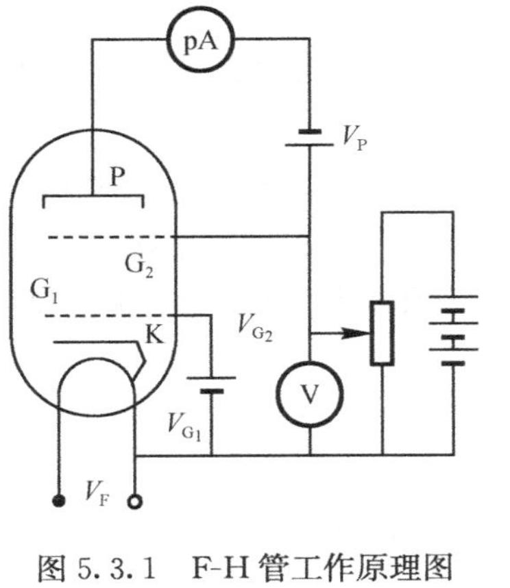

图 5.3.1 F-H 管工作原理图

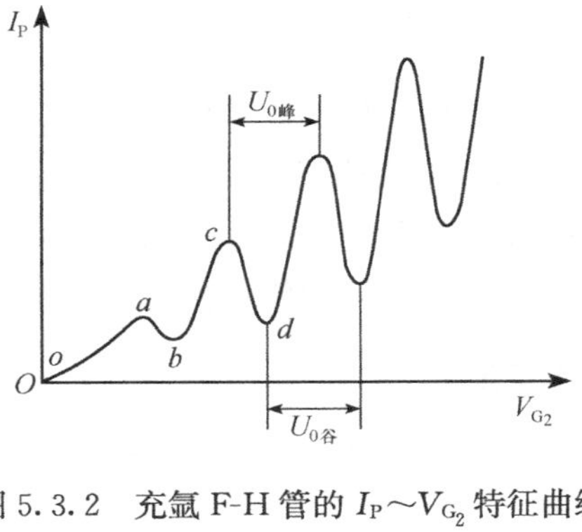

图 5.3.2 充氩 F-H 管的 $I_P \sim V_{G_2}$ 特征曲线

图 5.3.2 所示的曲线反映了氩原子在 K-G_2 空间与电子进行能量交换的情况. 当 V_{G_2} 电压逐渐增加时,电子在其间被加速而获取越来越大的能量. 但起始阶段(oa 段),由于电压较低,电子所获得的能量较少,尚不足以激发氩原子,即使在运动过程中它与氩原子发

生碰撞也只是弹性碰撞，因此，I_P 将随 V_{G_2} 的增大而增大. 当达到氩原子的第一激发电位时，电子在第二栅极 G_2 附近与氩原子相撞，可将自己从加速电场中获得的能量（$eV_{G_2}=eU_0$）传递给后者，使后者从基态跃迁到第一激发态. 而电子本身失去能量，即使穿过栅极 G_2 后也不能穿过 G_2 与 P 间的拒斥电场，而只能折回到栅极，所以板极电流将显著减少. a 点之后，随着 V_{G_2} 的继续增加，电子的能量在失去 eU_0 后尚有剩余，但在 ab 段获得的能量还不足以克服拒斥电场的作用，I_P 继续下降. 只有当 V_{G_2} 进一步增加，使电子在碰撞中失去 eU_0 后仍剩余足够的能量冲到板极 P，这时 I_P 又开始回升（bc 段），直到 V_{G_2} 达到 $2eU_0$ 时，电子又会在 G_2 与 K 间与氩原子发生两次碰撞而失去能量，造成 I_P 的再次下降（cd 段），以后又会在 d 点之后再次上升. 同理，凡满足式(5.3.3)的地方，I_P 都相应的开始下降，形成规则的起伏变化的 I_P-V_{G_2} 特征曲线. 而各次板极电流 I_P 下降（或回升）时所对应的 V_{G_2} 电压的增量 $U_{n+1}-U_n$ 都应该是氩原子的第一激发电势 U_0.

$$V_{G_2}=nU_0,\quad n=1,2,3,\cdots \tag{5.3.3}$$

处于激发态的原子是不稳定的，总要迅速跳回基态. 在进行跃迁时，就以光子的形式向外辐射 eU_0 大小的能量. 这种光辐射的波长为

$$eU_0=h\nu=\frac{hc}{\lambda} \tag{5.3.4}$$

$$\lambda_{氩}=hc/eU_0=108.1\text{nm}$$

从光谱分析中确实观察到了这条谱线.

［**实验仪器**］

FD-HZ-1 弗兰克-赫兹实验仪.

［**实验方法**］

(1) 熟悉实验装置结构和使用方法.

(2) 逆时针调节 V_{G_2}，V_{G_1}，V_P，V_F 电压旋钮至最小，扫描开关置于“手动”挡，打开主机电源.

(3) 选取合适的实验条件，置 V_{G_1}，V_P，V_F 于适当值，用手动方式逐渐增大 V_{G_2}，同时观察 I_P 变化. 适当调整预置 V_{G_1}，V_P，V_F 值，使 V_{G_2} 由小到大能够出现 6 个峰（谷）.

(4) 设置好参数后，仪器预热 15min. 缓慢调节 V_{G_2} 电压旋钮，使 V_{G_2} 电压值在 0.0～90.0V 按步长 0.5V 变化，逐点记录相应的 I_P 值.

［**注意事项**］

(1) 仪器应该检查无误后才能接电源，开关电源前应先将各电位器逆时针旋转至最小值位置.

(2) 灯丝电压 V_F 不宜放得过大，一般在 2V 左右，如电流偏小再适当增加.

(3) 要防止 F-H 管击穿（电流急剧增大），如发生击穿应立即调低 V_{G_2} 以免 F-H 管受损.

(4) F-H 管为玻璃制品，不耐冲击，应重点保护.

(5) 实验完毕，应将各电位器逆时针旋转至最小值位置.

[数据处理]

(1) 在坐标纸上按一定比例画出 I_P-V_{G_2} 特征曲线，并确定 I_P 的各个峰、谷对应的电压值.

(2) 用逐差法对由板极电流的峰、谷对应的 U_i 计算出氩原子的第一激发电位 $U_{0峰}$、$U_{0谷}$ 的平均值，并与公认值相比较，计算测量精度.

[思考题]

(1) 当电子与氩原子发生碰撞时会产生什么现象?

(2) 为什么 I_P-V_{G_2} 曲线上的各谷点电流随 V_{G_2} 的增大而增大?

(3) 分析 V_{G_1}，V_P，V_F 电压对 I_P-V_{G_2} 特征曲线的影响?

5.4　光电效应测普朗克常量

[实验目的]

(1) 通过光电效应实验了解光的量子性.

(2) 测定不同频率入射光所对应的遏止电压 U_s.

(3) 验证爱因斯坦方程，并由此求出普朗克常量.

[实验原理]

1887 年赫兹在验证电磁波存在时意外发现，一束入射光照射到金属表面，会有电子从金属表面逸出，这个物理现象被称为光电效应. 用经典理论无法解释光电效应实验，1905 年爱因斯坦把 1900 年普朗克在进行黑体辐射研究过程中提出的辐射能量不连续观点应用于光辐射，提出“光量子”概念，从而给光电效应以正确的理论解释. 光电效应实验原理如图 5.4.1 所示.

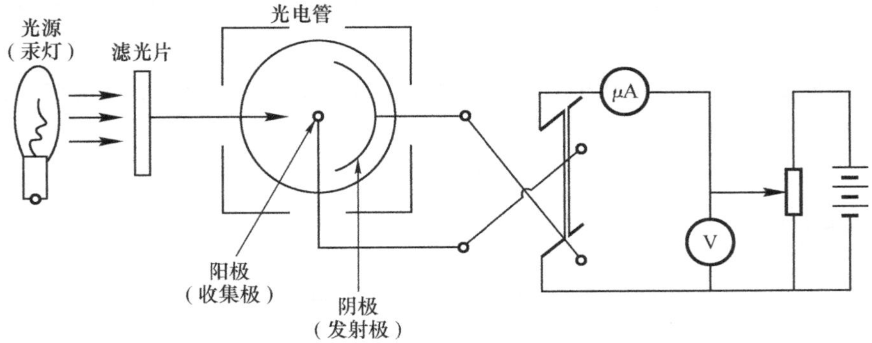

图 5.4.1　光电效应实验原理图

研究光电效应现象，得到如下规律:

(1) 光电响应时间$<10^{-9}$s.

(2) 光电流 I 与极间电压 U 的关系如图 5.4.2 所示. 饱和光电流 I_C 与入射光的强度成正比. 如果反接电极,光电子将受到反向电场的遏阻,直到此反向电压达到 U_s 时光电流才完全被遏止. 此 U_s 称为遏止电压. 它与光电子的初动能 E_k 的关系为

$$E_k = \frac{1}{2}mv^2 = eU_s \tag{5.4.1}$$

(3) 光电子的初动能随入射光频率 ν 的增加而线性地增加,而与入射光强无关(图 5.4.3),即

$$E_k = eU_s = eK(\nu - \nu_0) \tag{5.4.2}$$

可见遏止电压 U_s 与 ν 的关系为

$$U_s = K(\nu - \nu_0) \tag{5.4.3}$$

(4) 对不同的电极材料,U_s-ν 图线的斜率 K 是相同的,差别只是 ν_0(图 5.4.3).

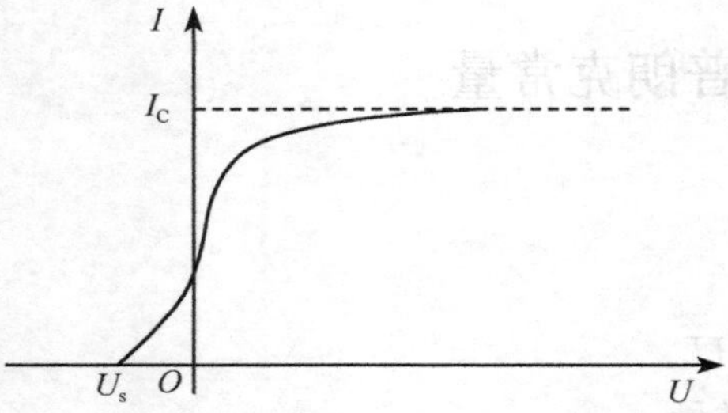

图 5.4.2　光电流 I-U 关系曲线

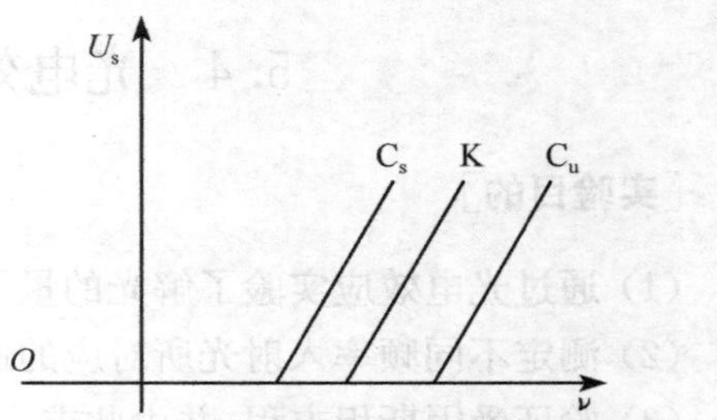

图 5.4.3　遏止电压 U_s 与入射光频率 ν 之间的关系

对每一种电极材料来说,只有当入射光的频率大于某一频率 ν_0 时,才能出现光电流,这个频率 ν_0 称做截止频率(也称做红限频率). 当入射光频率小于此频率时,无论光强多强,也不会发生光电流,反之,入射光频率大于 ν_0 时,无论光多弱,也都会有光电流出现.

1905 年爱因斯坦研究了这些规律,提出了光子假说:光本身是由光子流构成的. 光子以光速前进着. 对于频率为 ν 的光束,光子的能量为

$$\varepsilon = h\nu \tag{5.4.4}$$

式中,h 为普朗克常量. 光电效应是电子吸收光子获得能量而激发所致,关系式为

$$h\nu = E_k + W \tag{5.4.5}$$

这就是著名的爱因斯坦方程. 式中,W 为与光电管阴极材料有关的电子逸出功,而 h 与 K 的关系可由式(5.4.1)~式(5.4.5)解得

$$h = eK \tag{5.4.6}$$

[**实验内容**]

本实验是用比较简单的装置,进行光电效应实验,并测定普朗克常量.

*1. 观察光电效应现象

对某一频率(如波长 λ=577nm)的入射光,观察当极间电压 U 改变时,光电流 I 的变

化情况.

2. 测定不同频率入射光所对应的遏止电压 U_s

由于光电管的结构特点，在测试中，不可避免地存在反向电流(图 5.4.4). 这是因为：①在制造过程中，无法避免阴极材料溅射到收集极丝上，因而在光照射时它也会有光电子发射. 形成所谓"阳极电流"，尤其当加上负的极间电压时，加速电场对"阳极电流"有利. 它与正常的"阴极电流"方向相反，光电流是其代数和，所以，当"阴极电流"已遏止住时，还有一定的反向电流. ②电极都存在热电子发射，即使在没有光照的情况下，也会有电流——"暗电流". ③极间电阻不可能无限大，它们之间总会有漏电流——与极间电压成正比关系的"暗电流". 由此可见，所谓外加遏止电压 U_s 并不是光电流 $I=0$ 时所对应的外电压值(图 5.4.4 上 A 点)，而是曲线上电流刚刚开始明显增长的 B 点(转折点)所对应的外电压. 准确找出每种频率 ν 入射光所对应的 U_s，是测定普朗克常量可靠程度的关键所在. 为此，在实验中必须做到：

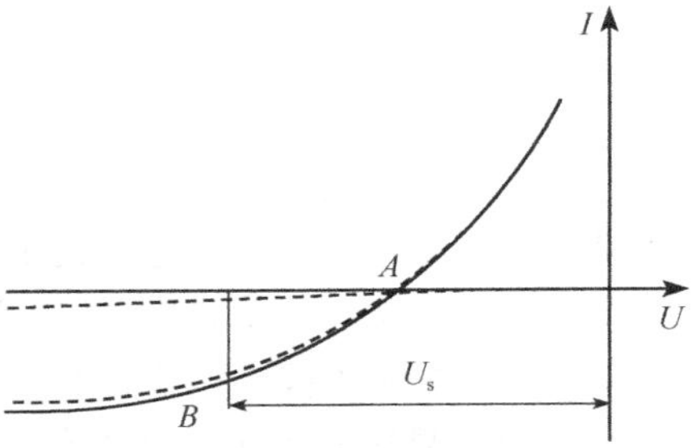

图 5.4.4 暗电流及截止电压的确定

(1) 尽量减小光电管反向电流，一方面，避免入射光直接照射到阳极(收集极)丝上；另一方面，尽量保持管壁的清洁与干燥.

(2) 测出光电管的"暗电流"，在处理 I-U 关系时应予消除.

(3) 操作必须细致、认真，尤其是在 B 点附近应多测一些数据，以利于判断.

3. 计算普朗克常量

根据上述测定的一系列 $U_s(\nu)$ 值，计算普朗克常量实验值 $h_{实}$.

4. 截止频率的确定

由 $U_s=0$，确定截止频率(红限)ν_0.

［实验仪器］

1. 光源

50W 高压汞灯及电源. 谱线范围 302.3～612.3nm. 其主要谱线 λ 有：365.01nm、404.66nm、435.84nm、491.60nm、546.07nm、576.96nm、579.07nm 等.

2. 滤光片

滤光片一组(5 片)，允许通过的光频率如表 5.4.1 所示.

表 5.4.1　滤光片型号

型　号	365	405	436	546	577
光频率/$10^{14}s^{-1}$	8.2108	7.4065	6.8767	5.4884	5.1947

［**实验方法**］

1. 实验前的准备

(1) 将光电管暗盒上A端和地端分别接在光电效应测试仪的背板电压输出红、黑两接线柱上，光电流端接背板电流输出端子.

(2) 接通交流220V电源线，打开总开关，预热20min左右. 电流正负换挡开关打至负，把电流换挡开关拨到调零，然后调节调零旋钮至电流表指针为零，接着把电流换挡开关拨到满度，调整满度旋钮使电流表指针正好满刻度. 这样反复几次，使电流换挡开关切换至调零和满度时，电流表分别指示为零和满度.

*2. 观察测量暗电流

用遮光罩罩住光电管暗盒的光窗，将测量放大器“倍率”旋钮旋到“10^{-6}”挡，顺时针缓慢旋转“电压调节”旋钮，并适当地改变“电压量程”和“电压极性”开关. 仔细记录在不同电压下的相应电流值(电流值＝倍率×电流表读数)，单位为A，此时所读得的即为光电管的暗电流.

3. 测量光电流

(1) 盖上汞灯的遮光罩，取下光电管暗盒的遮光罩，迅速装上365号滤光片. 注意：一切涉及光电管的操作都必须先盖上汞灯的遮光罩，以避免灯光对它的直接强烈照射. 打开汞灯遮光罩，使其对准光电管暗盒入射窗口. 如果照射偏斜，将出现较大的光电流. 这时应适当调整暗盒方位，使其对正光源(光电流将降到适当数值).

(2) 依据教师的指示，从某一电压最低值开始，逐渐增大电压. 每0.05V作一次电压与光电流的记录，直到光电流为0时止. 在观察到光电流由缓慢变化转到迅速变化的转变点时，应在这前后各0.05V的区间内重新做仔细观测——每0.01V测一个值.

(3) 依次调换滤光片型号：405、436、546、577，重复上述的测量步骤(注意测量区间的改变)，并作出详细记录.

［**数据处理**］

(1) 在坐标纸上画出各个光频率ν下的I-U曲线，并由此分别确定相应的$U_s(\nu)$值. 列成表格.

(2) 图解：画出U_s-ν图线. 依式(5.4.3)的关系，K是线性方程中的斜率，而ν_0对应于x轴截距a. 再由式(5.4.6)求得普朗克常量实测值$h_{实}$.

U_s的测量不确定度ΔU_s一般可确定为约0.03V，而图示不确定度应取实测值与U_s-ν直线上对应值差数的平均值. 将它们合成作为ΔU_s(一般应不小于0.04V)，ν的“测量不确定度”极小，略去不计，而只以图示格值作为它的不确定度 $\Delta\nu_0$。按照图解法原则求得 ΔK 与 $\Delta\nu.e$ 的不确定度极小，则 $h_{实}$ 的不确定度就等于 K 的不确定度.

将 $h_{实}$ 与公认值 h 相比较，计算相应的测量精度.

［**思考题**］

（1）什么是光电效应？

（2）光电效应的基本实验规律是什么？

（3）光电效应实验揭示了什么现象？

5.5 密立根油滴实验测量电子电荷

20 世纪初，由于电子技术的广泛应用和对物质结构的电性质研究，促使人们对电的本质做出正确的解释. 美国物理学家密立根（Robert A. Milliken）在 1909～1917 年，做了无数次的测量微小油滴上所带电荷的实验，即油滴实验. 通过该实验，得出两条重要结论：①电荷的量子性，即所有电荷都是基本电荷 e（电子电荷）的整数倍；②精确地测定了电子电荷的数值 $e=1.60\times10^{-19}$C. 因此，他荣获了 1923 年度的诺贝尔物理学奖.

密立根油滴实验是物理学发展史上具有重要意义的实验. 该实验对近代物理的发展起到了重要的作用，为近代电子论的建立、为人类研究物质结构奠定了实验基础. 密立根油滴实验有着巧妙的设计、精确的构思，用简单的方法测出精确、稳定的结果，堪称是物理实验的精华和典范. 近年来根据这一实验的设计思想改进的磁飘浮方法测量分数电荷的实验，使经典的实验又焕发了青春.

［**实验目的**］

（1）了解密立根油滴仪的结构，油滴实验测定电子电荷的设计思想和方法.

（2）了解 CCD 图像传感器的原理和电视显微测量方法.

（3）用动态法和平衡法测量电子电量的大小.

（4）验证电荷的量子性.

［**实验原理**］

按油滴做匀速直线运动或静止两种运动方式分类，可将测量电子电荷分为动态测量法和平衡测量法.

1. 动态测量法

一个质量为 m 带电量为 q 的油滴处在两块平行板之间，在平行板未加电压时，油滴受重力的作用而加速下降，由于空气阻力 $\boldsymbol{f}_e$ 的作用，下降一段距离后，油滴将匀速运动，速度为 v_g，此时 $\boldsymbol{f}_e$ 与 $\boldsymbol{mg}$ 平衡，如图 5.5.1 所示.

由斯托克斯定律知，黏滞阻力为

$$f_e = 6\pi a\eta v_g = mg \tag{5.5.1}$$

式中，η 为空气黏滞系数，a 为油滴的半径.

若在平行板上加电压 V，油滴处在场强为 $\boldsymbol{E}$ 的静电场中，此时油滴受到静电场力 $q\boldsymbol{E}$、重力 mg 的作用，如图 5.5.2 所示.

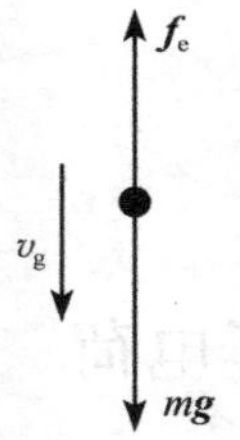

图 5.5.1 重力场中油滴受力图

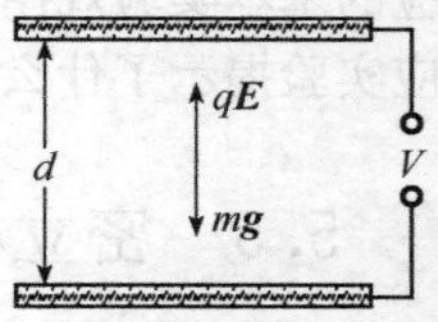

图 5.5.2 油滴在静电场中受力图

当 $qE > mg$ 时，油滴加速上升，由于 f_e 的作用，上升一段距离后，重力、阻力和静电力达到平衡，此时，油滴将以 v_e 的速度匀速上升，于是有

$$\begin{cases} 6\pi a\eta v_e + mg = qE = q\dfrac{V}{d} \\ 6\pi a\eta v_g = mg \end{cases} \tag{5.5.2}$$

由式(5.5.2)可知，为了测定油滴所带的电荷量 q，除应测平行板上所加电压 V、两块平行板之间距离 d、油滴匀速上升的速度 v_e 和下降速度 v_g 外，还需知道油滴质量 m. 由于油滴在空气中悬浮以及表面张力的作用，可将油滴视为圆球，其质量为

$$m = \frac{4}{3}\pi a^3 \rho \tag{5.5.3}$$

由式(5.5.2)和式(5.5.3)可得出油滴半径为

$$a = \sqrt{\frac{9\eta v_g}{2\rho g}} \tag{5.5.4}$$

由于油滴半径 a 非常小(10^{-6}m 左右)，油滴的半径接近于空气中气体分子平均间隙的大小，空气介质已不能认为是均匀的、连续的，所以，空气的黏滞系数应修正为

$$\eta' = \frac{\eta}{1 + \dfrac{b}{pa}} \tag{5.5.5}$$

式中，p 为大气压强，b 为压强修正常数，将式(5.5.5)代入式(5.5.4)，得

$$a = \sqrt{\frac{9\eta v_g}{2\rho g\left(1 + \dfrac{b}{pa}\right)}} \tag{5.5.6}$$

设油滴匀速下降和匀速上升的距离相等，均为 l，则有

$$v_g = \frac{l}{t_g} \quad v_e = \frac{l}{t_e}$$

所以油滴所带的电荷量为

$$q=\frac{18\pi}{\sqrt{2\rho g}}\left[\frac{\eta l}{1+\frac{b}{pa}}\right]^{\frac{3}{2}}\frac{d}{V}\left(\frac{1}{t_e}+\frac{1}{t_g}\right)\left(\frac{1}{t_g}\right)^{\frac{1}{2}} \tag{5.5.7}$$

令

$$K=\frac{18\pi}{\sqrt{2\rho g}}\left[\frac{\eta l}{1+\frac{b}{pa}}\right]^{\frac{3}{2}}d$$

表示只与实验条件有关的常数,则式(5.5.7)变为

$$q=K\left(\frac{1}{t_e}+\frac{1}{t_g}\right)\left(\frac{1}{t_g}\right)^{\frac{1}{2}}V^{-1} \tag{5.5.8}$$

式(5.5.8)就是动态法测量油滴带电荷的公式.

实验时,将功能控制开关拨至"测量"挡位,让油滴自由下落 l 距离,测得所用时间 t_g,再加上电压 V(将功能控制开关拨至"提升"挡位),使油滴上升相同的 l 时,测得所用时间 t_e,代入式(5.5.8)便求得油滴所带电荷量的 q 值.

2. 静态法测量

若调节平行板间电压,使油滴不动,此时 $qE=mg$,$v_e=0$,$t_e\to\infty$,则式(5.5.8)变为

$$q=K\left(\frac{1}{t_g}\right)^{\frac{3}{2}}\frac{1}{V} \tag{5.5.9}$$

式(5.5.9)就是静态法计算油滴所带电荷的公式.实验时,只需测得油滴自由下落距离 l 所用的时间 t_g 和油滴平衡时所加的电压 V,便可求得 q 的值.

3. 基本电荷的测量

测量油滴所带电荷的目的是找出电荷的最小单位 e.为此可以对不同的油滴,分别测出其所带的电荷值 q_i,它们应近似为某一最小单位的整数倍,即油滴电荷量的最大公约数,或油滴带电量之差的最大公约数,即为基本电荷.

实验中可采用紫外线、X 射线或放射源等改变同一油滴所带的电荷,测量油滴上所带电荷的改变值 Δq_i,而 Δq_i 值应是基本电荷的整数倍.

$$\Delta q_i = n_i e,\quad n_i \text{ 为整数} \tag{5.5.10}$$

也可以用作图法求 e 的值,根据式(5.5.10),e 为直线方程的斜率,通过曲线拟合,即可求得 e 值.

[实验仪器]

本实验选用的密立根油滴仪由油滴盒、油雾室、CCD 电视显微镜、电路箱、监视器等组成,如图 5.5.3 所示.

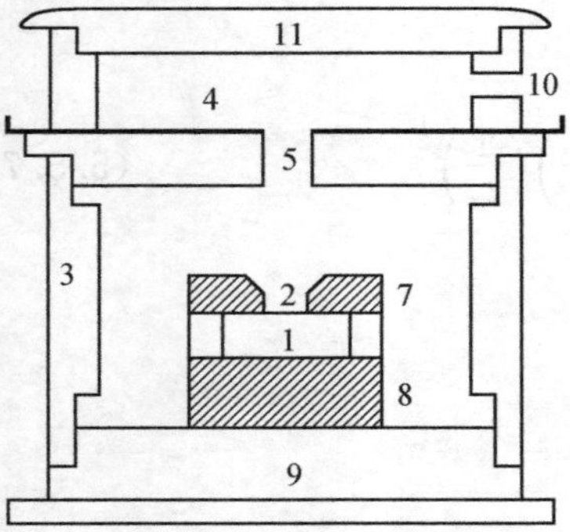

图 5.5.3 油滴盒结构

1. 油滴盒

油滴盒1是个重要部件,由精密加工的平板垫在胶木圆环上,在上电极板7中心有一个0.4mm的油雾落入孔2,在胶木圆环上开有显微镜观察孔、照明孔和一个备用孔,备用孔为采用紫外线等手段改变油滴带电量时使用,在上电极板的上方有一个可以左右移动的压簧,保证上电极板与下电极板8始终平行.油滴盒外套有防风罩3及照明灯.照明灯采用聚光半导体发光器件,其光路与CCD显微镜光路的夹角为150°～160°.在照明座左上方有一个安全开关.当取下油雾室时,平行电极就自动断电.油滴盒整体固定在油雾盒基座9上.

2. 油雾室

油雾室4放置在防风罩上,可以取下.油雾室底中心有一个落油孔5和一个挡板6,用来开关油雾孔.旁边有一个喷雾口10,喷雾器产生油雾由此喷入.为了防止灰尘和空气中的水分落入,油雾室顶部有上盖板11.

3. CCD电视显微镜

CCD电视显微镜包括显微物镜、CCD摄像头.在显微镜上有两个对称的调焦旋钮,用来调节像的聚焦.

4. 电路箱

电路箱内有高压产生装置和测量控制等电路.主要开关功能叙述如下:
电源开关——按下时将接通电源,整机开始工作.
平衡电压调节旋钮——调节平板电压的大小.
功能控制开关——功能控制开关共分三挡.

(1) 平衡位置.处于"平衡"挡位时,可通过调节平衡电压调节旋钮调节平衡电压,使被测油滴处于平衡位置.

(2) 升降位置.处于"升降"位置时,控制电路将在上、下极板间的平衡电压基础上,自动增加200～300V直流提升电压.此时,油滴在电场的作用下,将向上运动.

(3) 测量位置.处于"测量"位置时,加到极板的电压为0V.油滴将在重力场的作用下均匀下降,此时可打开计时器计时.当达到预定地点时,迅速停止计时,同时拨到平衡挡.

计时按钮——按下此按钮开始计时;
清零按钮——按下此按钮,将计时器清零.

[实验方法]

1. 仪器的连接与调整

调节底部3只调平手轮,使水平指示器中的水泡在中间位置.此时油滴盒及电极板处于水平的位置.

2. 测量练习

喷油后，功能控制开关置于“平衡”挡，调节平衡电压调节旋钮，使电极板间的电压在200V 左右. 注意选择几颗缓慢运动，较为清晰明亮的油滴. 将功能控制开关置“测量”挡位，观测其下落的大概速度，让油滴在屏幕上匀速下降四格(0.50mm×4=2.00mm)的时间在 10～30s. 从中选一颗为测量对象(目视直径在 0.5～1mm 为宜). 将功能控制开关拨至“升降”位置，或通过平衡电压调节旋钮，让油滴向上运动. 反复调节后，将油滴移至某条刻度线上，仔细调节平衡电压，这样反复操作几次，经过一段时间观测，油滴确实不再移动认为是平衡了.

3. 测量

(1) 静态法测量.

将已经调平衡的油滴，通过功能控制开关“升降”或平衡电压调节旋钮，将油滴定位在“起跑”线上，并重新调平衡. 按清零按钮将计时器清零. 将功能控制开关拨向“测量”位置同时按压计时按钮，计时器开始计时. 此时油滴开始匀速下降，当油滴到“终点”时迅速将功能控制开关拨至“平衡”，油滴将停止运动，计时也立即停止. 记下运动的时间.

重复上述测量 5 次，计算油滴运动时间的平均值 $\bar{t}_g$.

分别选择不同的 6～10 颗油滴进行测量，计算电子电量.

注意：每次测量都需检查平衡电压，分别记下电压值，实验数据记录表可参考表 5.5.1.

表 5.5.1 静态法测量油滴电量

天气：__________室温：__________

油滴	序号	V/V	t_g/s	$q/(10^{-19}\text{C})$	n	$e/(10^{-19}\text{C})$	$a/(10^{-7}\text{m})$	$m/(10^{-15}\text{kg})$
1	1							
	2							
	3							
	4							
	5							
2	6							
	7							
	8							
	9							
	10							
…	…	…	…	…	…	…	…	…
10	50							

*(2) 动态法测量.

动态测量需要检测提升电压、油滴上升 l 时所需的时间 t_e 和油滴下降 l 时所需的时间 t_g. 实验方法同 1). 实验中选择 6～10 颗不同的油滴分别测量，对每一颗油滴测量 5 次，数据记录表可参考表 5.5.2.

表 5.5.2　动态法测量

天气:＿＿＿＿＿＿室温:＿＿＿＿＿＿

油滴	序号	V/V	t_g/s	t_e/s	$q/(10^{-19}\text{C})$	n	$e/(10^{-19}\text{C})$	$a/(10^{-7}\text{m})$	$m/(10^{-15}\text{kg})$
	1								
	2								
1	3								
	4								
	5								
	6								
	7								
2	8								
	9								
	10								
…	…	…	…		…	…	…	…	…
10	50								

实验中所用的有关参考数据，以实验室提供的为准．

油滴密度——$\rho=981\text{kg/m}^3$；

重力加速度——$g=9.80\text{m/s}^2$；

空气黏滞系数——$\eta=1.83\times10^{-5}\text{kg/(m·s)}$；

油滴匀速下降距离——$l=2.00\times10^{-3}\text{m}$；

两块平行板之间距离——$d=5.00\times10^{-3}\text{m}$；

压强修正常数——$b=6.17\times10^{-6}\text{m·cmHg}$；

大气压强——$p=76.0\text{cmHg}$；

基本电荷的最佳公认值——$e=(1.60217733\pm0.00000049)\times10^{-19}\text{C}$．

［数据处理］

1. 计算

(1) 将实验测量和计算得到的一组油滴带电量数据除以公认值 e 得到各油滴的带电量子数(一般为非整数)，再对其四舍五入取整，作为各油滴的带电量子数 n，计算油滴带电量 q/n. 得电子电量.

(2) 在测量和计算得到的一组油滴带电量 q 的数据中，找出它们的最大公约数，用该最大公约数代替单位电荷电量的公认值 e. 再进行计算，得到各油滴的带电量子数 n(一般为非整数)，再对这些数四舍五入取整作为各油滴带电的量子子数 n.

(3) 由油滴带电量 $\bar{q}_i$，$i=1,2,3,4,5,6$ 的数据依次求取差值，在这组差值中求取最大公约数，将此最大公约数代替单位电荷电量 e 的公认值，求出各组油滴的带电量子数 n.

2. 计算电子电量

计算电子电量，采用最小二乘法线性回归计算电子电量.

［思考题］

(1) 对油滴进行测量时，有时油滴逐渐变得模糊不清，这是为什么？
(2) 为何每测量一次油滴上升和下降时间后，都要对油滴重新调一次平衡？
(3) 实验中选择合适油滴的原则是什么？
(4) 实验中如何保证油滴在测量范围内做匀速运动？
(5) 一个油滴下降极快，说明了什么？若上升得快，又说明什么？
(6) 为减小测量不确定度，希望油滴运动不要太快，是否让油滴运动越慢越好？
(7) 本实验是如何证明电荷的量子性？
(8) 若油滴室内两容器极板不平行，对实验结果有何影响？

5.6 利用霍尔效应测磁场

美国物理学家霍尔在1879年发现，把通有电流的半导体放在磁场中时，在垂直磁场 $\boldsymbol{B}$ 和电流 I 的方向上，出现一个横向电势差，这种现象称为霍尔效应. 相应的电势差称做霍尔电势差(V_H). 霍尔效应对金属来说并不显著，而在半导体中确是非常显著的.

霍尔效应在测量技术、电子技术、自动化技术等科学技术领域内有着广泛的应用. 例如，利用霍尔效应可以测量磁场的大小，利用霍尔效应可以制成磁控开关等. 目前用霍尔效应制成的专门器件可以在市场上买到，使用起来相当方便. 本实验是利用霍尔效应来测磁场.

［实验目的］

(1) 了解产生霍尔效应的物理过程.
(2) 了解蹄形电磁铁磁隙横截面内的磁场分布规律.
(3) 掌握用霍尔元件测磁场的方法.

［实验原理］

如图5.6.1所示，长为 l、宽为 b、厚度为 d 的一块半导体片(N型或P型)，由四个端面 M、N、P、S 引出4条导线就构成了霍尔元件，若将该元件放置在沿 Z 轴方向的外磁场 B 中，当 M、N 方向通以电流 I_s(通常称为工作电流)时，则在 P、S 两端面上有电势差 V_H，这种现象称做霍尔效应，产生的电势差 V_H 称做霍尔电势差.

实验表明：在磁场不太强时，霍尔电势差 V_H 的大小与工作电流 I_s 和磁感应强度 B 成正比，与霍尔元件的厚度 d 成反比，即

$$V_H = R_H \frac{I_s B}{d} \tag{5.6.1}$$

式中，比例系数 R_H 称做霍尔系数，它与霍尔元件的材料有关. 在国际单位制中，霍尔系数的单位是 m^3/C.

霍尔效应是由于在磁场中运动的电荷受到洛伦兹力的作用而产生的. 设半导体中的

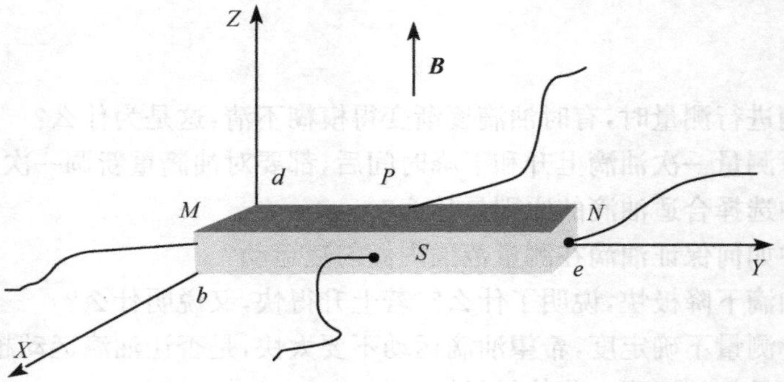

图 5.6.1　霍尔元件

载流子(电子或空穴)电量为 q,载流子的浓度为 n,则工作电流 I_s 可以表示成

$$I_s = \frac{\mathrm{d}Q}{\mathrm{d}t} = nqvbd \tag{5.6.2}$$

若沿 Z 坐标轴的磁感应强度为 $\boldsymbol{B}$,载流子受到洛伦兹力 $\boldsymbol{F}_{\mathrm{m}}$ 的作用

$$\boldsymbol{F}_{\mathrm{m}} = q\boldsymbol{v}\times\boldsymbol{B};\quad \text{或}\quad F_{\mathrm{m}} = qvB \tag{5.6.3}$$

载流子在洛伦兹力的作用下将改变运动方向并聚集在 P、S 两个端面上. 这样就在 P、S 两个端面上出现剩余的正或负电荷,因而在 P、S 两端面之间就产生一个电势差,这就是霍尔电势差 V_{H}. 聚集在 P、S 端面的电荷,在元件内部形成一个自建电场 E,$E=V_{\mathrm{H}}/b$,因此,载流子又受到一个电场力 $\boldsymbol{F}_{\mathrm{e}}=q\boldsymbol{E}$ 的作用,该力将阻止载流子继续偏转. 最终达到平衡状态

$$\boldsymbol{F}_{\mathrm{e}} + \boldsymbol{F}_{\mathrm{m}} = 0$$

即

$$q\frac{V_{\mathrm{H}}}{b} = qvB \tag{5.6.4}$$

以上过程在短短的 $10^{-13}\sim10^{-11}$ s 时间内就能完成. 由式(5.6.1)、式(5.6.2)和式(5.6.4)可知

$$R_{\mathrm{H}} = \frac{1}{nq} \tag{5.6.5}$$

可以由 R_{H} 的正负判断出是 N 型或 P 型半导体.

伴随着霍尔效应,在半导体内部还有几个副效应,即埃廷斯豪森效应、能斯特效应、里吉-勒迪克效应及不等位电势等.

1) 埃廷斯豪森效应

在半导体内部,载流子沿 Y 轴的迁移速率并不完全相等. 由式(5.6.3)可知,载流子受到的洛伦兹力的大小也不完全相等. 速率较大的载流子,其受到的洛伦兹力大于电场力,因而偏向某一个端面;而对速率较小的载流子则偏向另一个端面. 速率较大的载流子能量较大,因而它所偏向的那边温度较高,而另一边则温度较低. 这样在 P、S 两端面间就形成温度梯度. 由于霍尔元件的电位引线与半导体的材料不同,于是在 P、S 两端面间就产生温差电势差 V_{t}. 显然,V_{t} 与工作电流 I_s 的方向及磁感应强度 $\boldsymbol{B}$ 的方向有关.

2）能斯特效应

霍尔元件 M、N 两端面上的工作电流引线与半导体接触电阻是不同的，当通以电流 I_s 时，在 M、N 焊点附近产生焦耳热（I^2Rt）就不同，因此造成霍尔元件两端温度不同. 于是，在 M、N 之间出现热扩散电流. 在磁场的作用下，在 P、S 之间产生类似于霍尔电势差的电势差 V_p. V_p 与工作电流的方向无关，与磁感应强度的方向有关.

3）里吉-勒迪克效应

里吉-勒迪克效应是在能斯特效应的基础上产生的，能斯特效应产生热扩散电流的载流子迁移速率是不同的，于是又产生埃廷斯豪森效应，在 P、S 两端又产生温差电势差 V_s. V_s 与磁感应强度 $\boldsymbol{B}$ 的方向有关，与工作电流 I_s 的方向无关.

4）不等位电势

当给霍尔元件通一工作电流 I_s 时，在 M、N 两端面间就有一电势差，在 M、N 两端面间就有电场存在. 由于霍尔元件材料的不均匀性、性能上的差异以及 P、S 两端面的引线位置的不对称性等等，实际上不可能保证 P、S 端面上的引线处在同一等势面上. 这样，或多或少地存在由于 P、S 电势不相等而造成的电势差 V_0. 显然，V_0 与工作电流 I_s 的方向有关，与磁感应强度 $\boldsymbol{B}$ 的方向无关.

综上所述，在 P、S 两端面测得的电势差是由以上 5 种效应引起的电势差的代数和.

$$U = V_H + V_t + V_p + V_s + V_0 \tag{5.6.6}$$

为了消除副效应对测量霍尔电势差 V_H 的影响，可以通过改变 $\boldsymbol{B}$ 和 I_s 的方向来实现. 由以上的分析可以看出，通过改变 $\boldsymbol{B}$ 和 I_s 的方向可以直接消除 V_p、V_s、V_0 对测量影响，而 V_t、V_H 同时随 B、I_s 的方向改变而变化，因此不能直接消除，通过改变 $\boldsymbol{B}$、I_s 的方向（保持大小不变）共有 4 种组合，如表 5.6.1 所示.

表 5.6.1

序　号	$\boldsymbol{B}$、I_s 的方向组合	测量值	式中包含的各个量
1	$\boldsymbol{B}(+)$、$I_s(+)$	U_1	$U_1=V_H+V_t+V_p+V_s+V_0$
2	$\boldsymbol{B}(+)$、$I_s(-)$	U_2	$U_2=-V_H-V_t+V_p+V_s-V_0$
3	$\boldsymbol{B}(-)$、$I_s(-)$	U_3	$U_3=V_H+V_t-V_p-V_s-V_0$
4	$\boldsymbol{B}(-)$、$I_s(+)$	U_4	$U_4=-V_H-V_t-V_p-V_s+V_0$

将 4 种组合的测量值 U_1、U_2、U_3、U_4，联立解方程组可得

$$V_H = \frac{1}{4}(U_1 - U_2 + U_3 - U_4) - V_t$$

$$V_H \approx \frac{1}{4}(U_1 - U_2 + U_3 - U_4) \tag{5.6.7}$$

在实际实验中，由于霍尔电势差建立的时间非常短，相应的 V_t 建立时间较长，而且其值一般都比较小，因此可以忽略 V_t 对测量的影响. 磁场方向可通过改变产生磁场的电流（称励磁电流 I_m）方向来直接改变.

通常将 $K_H = R_H/d = 1/nqd$ 定义为灵敏度，其单位是 mV/(mA · T). 对给定的霍尔元件，霍尔系数 R_H 和霍尔元件的几何尺寸 d 都是常数，所以 K_H 是一个常数. K_H 越大则

霍尔效应越明显，而 K_H 与载流子浓度 n 成反比，因此半导体中的霍尔效应较明显. 为了增大灵敏度，一般都将霍尔元件做得比较薄. 当引入 K_H 后，式(5.6.1)可表示成

$$B=\frac{V_H}{I_s K_H} \tag{5.6.8}$$

由式(5.6.8)可知，通过测量霍尔电势差 V_H 及工作电流 I_s，就可以求出磁感应强度 B. 霍尔电势差 V_H 可由式(5.6.7)计算，即

$$V_H=\frac{1}{4}(U_1-U_2+U_3-U_4)=\frac{1}{4}(|U_1|+|U_2|+|U_3|+|U_4|) \tag{5.6.9}$$

［实验仪器］

(1) 霍尔实验台；

(2) 霍尔磁场测试仪.

［实验方法］

1. *测量磁感应强度 B 和励磁电流 I_m 的关系*

打开霍尔实验装置的所有开关. 按图 5.6.2 将 HL-Ⅱ型霍尔磁场测试仪的工作电流输出 I_s 和励磁电流输出 I_m 分别接到 K_S 和 K_m 开关上；将霍尔实验台的霍尔电势差输出 K_V 接到 HL-Ⅱ型霍尔磁场测试仪霍尔电势差输入端，接好线路. 通过 X-Y 调节器，将霍尔元件调到蹄型电磁铁的磁隙正中间部位. 向上合上工作电流开关 K_S，调整调节旋钮，使霍尔元件通的工作电流 I_s=8.00mA；向上合上 K_V；向上合上励磁电流开关 K_m，调整调节旋钮，使励磁电流从 I_m=0.10A 开始，以 0.10A 的间隔递增，一直测到 I_m=0.90A，记录检测到的电势差(表 5.6.2).

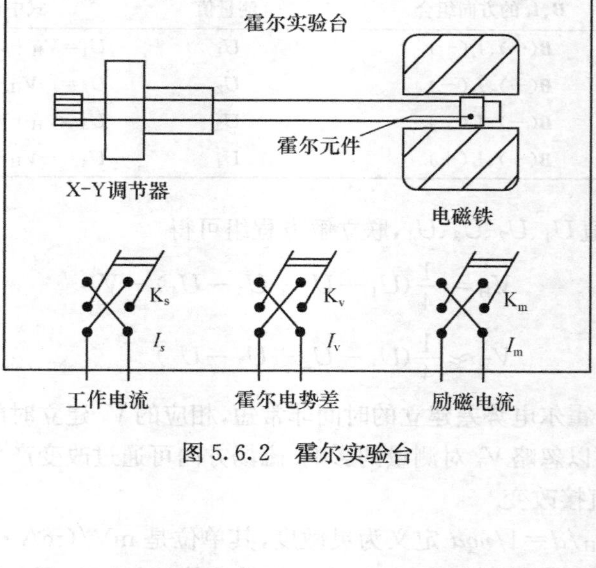

图 5.6.2 霍尔实验台

表 5.6.2 测量励磁电流和磁场的关系

工作电流 I_s=________ mA 时间：________

位置/mm	X				Y				
次数	1	2	3	4	5	6	7	8	9
I_m/A									
U_1/mV									
U_2/mV									
U_3/mV									
U_4/mV									
V_H/mV									
B/mT									

2. 测量蹄型电磁铁磁隙间隙横截面内磁场的分布

用 X-Y 调节器，使霍尔元件在可移动的范围内沿着某个方向穿过磁隙间隙，测量 B-X 或 B-Y 的分布规律.

测量时，工作电流 I_s=8.00mA. 固定某一个坐标(比如 $Y=Y_0$)，改变另一个坐标 X 值，测量对应的电势差. 在电势差变化比较剧烈的地方，应多测量一些数据. 表格自己设计.

[数据处理]

(1) 计算 V_H、B，在直角坐标纸上绘出 B-I_m 的关系曲线.

(2) 在直角坐标纸上绘出 B-X 或 B-Y 的关系曲线. 给出定性的结论.

*(3) 用线性回归法，给出 B-I_m 的表达式，并说明其相关性.

[思考题]

(1) 怎样利用霍尔效应来判别半导体材料是 N 型还是 P 型半导体?

(2) 若磁感应强度 B 的方向不垂直于霍尔元件平面，对所测量的结果有何影响? 如何消除?

(3) 励磁电流 I_m 方向改变时，磁场的方向也改变，磁感应强度 B 的大小是否变化? 为什么?

(4) 倘若工作电流 I_s 中有交流成分，对测量结果是否有影响?

(5) 霍尔元件一般都做得比较薄，为什么?

(6) 金属是否也有霍尔效应? 为什么?

5.7 太阳能电池基本特性研究

太阳能作为一种丰富的“绿色”能源，具有极其广阔的开发利用前景. 特别是在目前煤、石油、天然气等不可再生能源的大量消耗，能源危机已对全球的经济发展产生相当不利的影响，对太阳能的研究和开发利用已成为21世纪新型能源开发的重要课题. 然而，由于技术及成本等方面的问题，太阳能的利用尚不够广泛和普及，除应用于航天领域外，在交通、广播、通信和乡电等方面也有一定的应用. 本实验将测量并研究太阳能电池的一些基本特性.

［实验目的］

（1）测量光电池在正向偏压的伏安特性曲线，并求得电压和电流关系的经验公式.

（2）通过测量太阳能电池的短路电流、开路电压和最大输出功率，计算其填充因子.

（3）求出短路电流、开路电压与相对光强之间的近似函数关系.

［实验原理］

太阳能电池在没有光照时其特性可视为一个二极管，其正向偏压U与通过电流I的关系为

$$I = I_0(e^{\beta U} - 1) \tag{5.7.1}$$

式中，I_0和β为常数.

由半导体理论可知，二极管主要是由能隙为E_C-E_V的半导体构成，如图5.7.1所示. E_C为半导体的导电带，E_V为半导体的价电带. 当入射光子能量大于能隙时，光子会被半导体吸收，产生电子和空穴对. 电子和空穴对会分别受到二极管内电场的作用而产生光电流.

太阳能电池的理论模型是由一个理想电流源（光照产生光电流的电流源），一个理想二极管、一个并联电阻R_{sh}所组成，如图5.7.2所示.

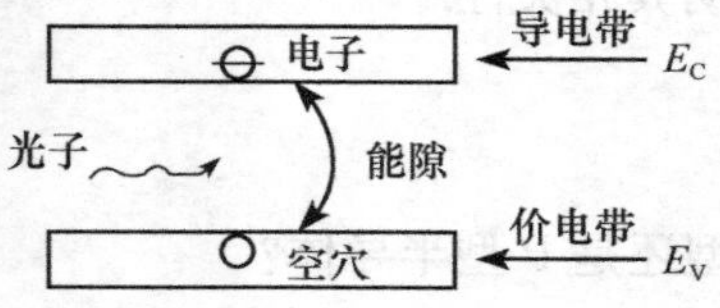

图5.7.1　半导体的能隙结构

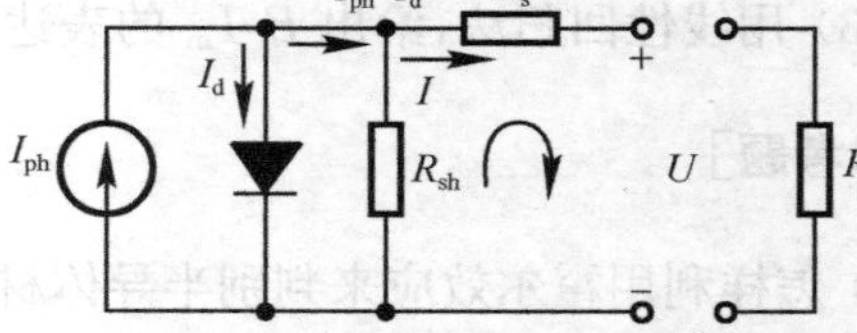

图5.7.2　等效电路

图5.7.2中，I_{ph}为太阳能电池在光照时等效电流源的输出电流，I_d为光照时通过太阳能电池内部二极管的电流. 由基尔霍夫定律得

$$IR_s + U - (I_{ph} - I_d - I)R_{sh} = 0 \tag{5.7.2}$$

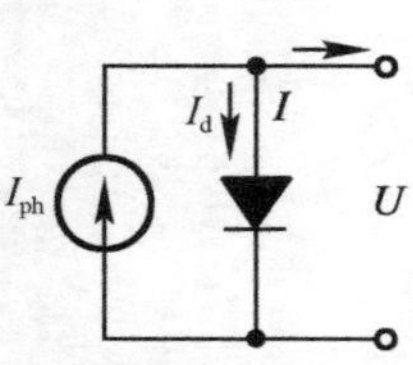

图5.7.3　太阳能电池简化电路

式中，I为太阳能电池的输出电流，U为输出电压. 由式(5.7.2)可得

$$I\left(1 + \frac{R_s}{R_{sh}}\right) = I_{ph} - \frac{U}{R_{sh}} - I_d \tag{5.7.3}$$

假定$R_{sh} = \infty$和$R_s = 0$，太阳能电池可简化为图5.7.3所示的电路. 这里

$$I = I_{ph} - I_d = I_{ph} - I_0(e^{\beta U} - 1)$$

在短路时

$$U=0,\quad I_{ph}=I_{sc}$$

而在开路时

$$I=0,\quad I_{sc}-I_0(e^{\beta U_{oc}}-1)=0$$

所以有

$$U_{oc}=\frac{1}{\beta}\ln\left(\frac{I_{sc}}{I_0}+1\right) \tag{5.7.4}$$

式(5.7.4)即为在 $R_{sh}=\infty$ 和 $R_s=0$ 的情况下，太阳能电池的开路电压 U_{oc} 和短路电流 I_{sc} 的关系式. 其中，I_0 和 β 为常数.

[实验仪器]

FD-OE-4 型太阳能电池基本特性测定仪，其包括：

(1) 光具座与滑块座；

(2) 具有引出线的盒装太阳能电池；

(3) 数字电压表、电阻箱，直流稳压电源或干电池；

(4) 白光源遮板及遮光罩.

[实验内容]

实验装置如图 5.7.4 所示.

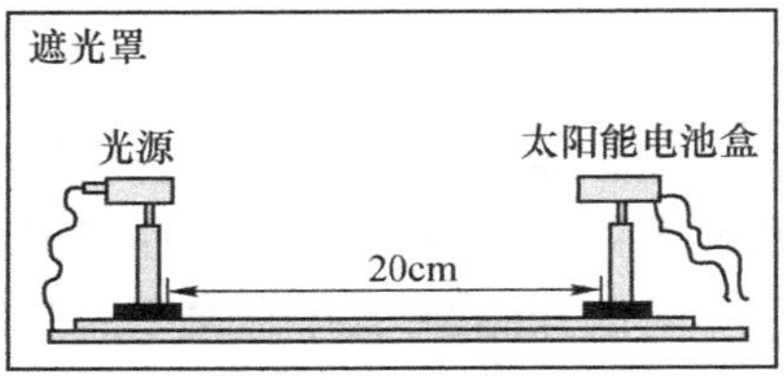

图 5.7.4 实验装置图

1. 测太阳能电池 I-U 特性

在没有光照(全黑)的条件下，测量太阳能电池正向偏压时的 I-U 特性(直流偏压 0～3.0V).

(1) 画出测量线路图.

(2) 利用测得的正向偏压时 I-U 关系数据，画出 I-U 曲线并求得常数 β 和 I_0 的值.

*2. 测太阳能电池特性

在不加偏压时，用白色光源照射，测量太阳能电池的一些特性. 注意此时保持光源到太阳能电池间的距离为 20cm.

(1) 画出测量线路图.

(2) 测量太阳能电池在不同负载电阻下，I 对 U 的变化关系，画出 I-U 曲线图.

(3) 求短路电流 I_{sc} 和开路电压 U_{oc}.

(4) 求太阳能电池的最大输出功率及最大输出功率时的负载电阻 R.

(5) 计算填充因子 $F_F=\frac{P_m}{I_{sc}U_{oc}}$.

3. 测量太阳能电池的光照效应与光电性质

在暗箱中(用遮光罩挡光)，取距离白光源 20cm 水平距离光强作为标准光照强度，用光功率计测量该处的光照强度 J_0；改变太阳能电池到光源的距离 x，用光功率计测量距离 x 时的光照强度 J，求光强 J 与位置 x 的关系. 测量太阳能电池接收到相对光强 J/J_0 为不同值时，相应的 I_{sc} 和 U_{oc} 值.

(1) 描绘 I_{sc} 和相对光强 J/J_0 之间的关系曲线，求 I_{sc} 与相对光强 J/J_0 之间的近似函数关系.

(2) 描绘 U_{oc} 和相对光强 J/J_0 之间的关系曲线，求 U_{oc} 与相对光强 J/J_0 之间的近似函数关系.

[思考题]

(1) 由式(5.7.1)可以看出，I 与 U 之间是什么函数关系？基于这种函数关系，可用什么数据处理方法计算出 β 和 I_0？

(2) 在不加偏压，用白色光源照射进行测量时，为什么必须使光源到太阳能电池之间的距离保持不变？

(3) 太阳能电池和光电管(参阅实验5.4)都是把光能转换成电能的换能装置，二者在能量转换的机理方面有什么不同？

5.8　磁阻传感器的特性测量

磁阻器件由于其灵敏度高、抗干扰能力强等优点，在工业、交通、仪器仪表、医疗器械、探矿等领域应用十分广泛，如用于数字式罗盘、交通车辆检测、导航系统、伪钞检测、位置测量等的探测器. 其中最典型的锑化铟(InSb)磁阻传感器是一种价格低廉、灵敏度高的磁电阻，有着十分重要的应用价值，它可以用于制造在磁场的微小变化时测量多种物理量的传感器. 本实验通过测量锑化铟(InSb)磁阻传感器在不同磁感应强度下的电阻值，研究磁阻效应的物理规律.

[实验目的]

(1) 测量锑化铟传感器的电阻与磁感应强度的关系.

(2) 作出锑化铟传感器的电阻随磁感应强度变化的关系曲线.

(3) 对此关系曲线的非线性区域和线性区域分别进行曲线和直线拟合.

[实验原理]

一定条件下，导电材料的电阻值 R 随所在位置磁感应强度 B 的变化而变化的现象称为磁阻效应. 如图5.8.1所示，当导体或半导体处于磁场中时，其中的载流子将受洛伦兹力的作用，发生偏转，在两端产生积聚电荷并产生霍尔电场. 如果霍尔电场和某一速度的载流子所受洛伦兹力的作用刚好抵消，那么小于或大于该速度的载流子将发生偏转，因而沿外加电场方向运动的载流子数量将减少，导电材料中的电流强度将减小，相当于其电阻增大，表现出横向磁阻效应. 如果将图5.8.1中的 a 端和 b 端短路，磁阻效应更明显. 通常以电阻率的相对改变量来表示磁阻效应的大小，即用 $\Delta\rho/\rho(0)$ 表示. 其中 $\rho(0)$ 为零磁场的电阻率，设磁电阻在磁感应强度为 B 的磁场中的电阻率为 $\rho(B)$，则 $\Delta\rho=\rho(B)-\rho(0)$. 由于磁阻传感器电阻的相对变化率 $\Delta R/R(0)$ 正比于 $\Delta\rho/\rho(0)$，其中 $\Delta R=R(B)-R(0)$，因此也可以用磁阻传感器电阻的相对改变量 $\Delta R/R(0)$ 表示磁阻效应的大小.

测量磁电阻阻值 R 与磁感应强度 B 之间关系的实验装置及线路如图 5.8.2 所示，实验证明，当导体或半导体处于较弱磁场中时，磁阻传感器的电阻相对变化率 $\Delta R/R(0)$ 正比于磁感应强度 B 的二次幂，而在强磁场中 $\Delta R/R(0)$ 与磁感应强度 B 呈线性函数关系. 磁阻传感器的上述特性在物理学和电子学中有着重要应用.

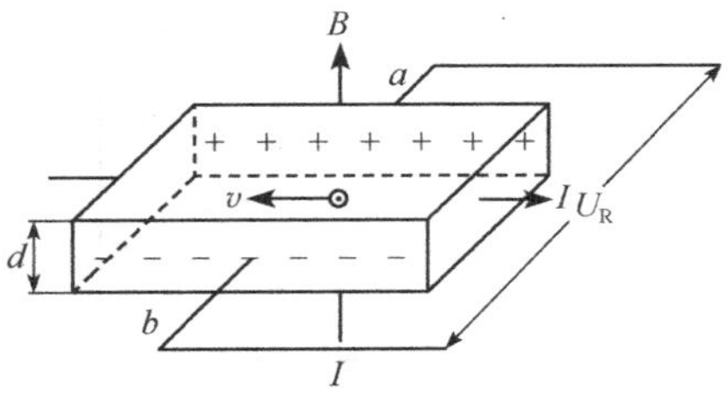

图 5.8.1 磁阻效应

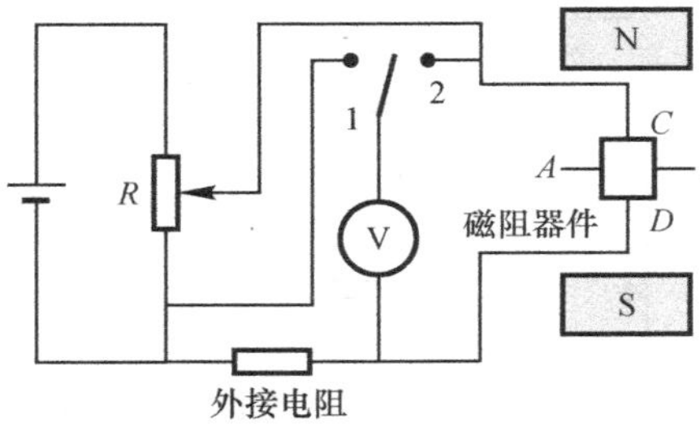

图 5.8.2 测量磁电阻的实验装置

如果半导体材料磁阻传感器处于角频率为 ω 的弱正弦交变磁场中，由于磁电阻相对变化率 $\Delta R/R(0)$ 正比于 B^2，那么磁阻传感器的电阻 R 将以角频率为 2ω 作周期性变化. 也就是在弱正弦交变磁场中磁阻传感器具有交流倍频性能. 若外界交变磁场的磁感应强度 B 为

$$B=B_o\cos(\omega t) \tag{5.8.1}$$

式中，B_o 为磁感应强度的振幅，ω 为角频率，t 为时间.

设在外磁场中

$$\Delta R/R(0)=kB^2 \tag{5.8.2}$$

式中，k 为常数. 由式(5.8.1)和式(5.8.2)可得

$$\begin{aligned}R(B)&=R(0)+\Delta R=R(0)+R(0)[\Delta R/R(0)]\\&=R(0)+R(0)kB_o^2\cos^2(\omega t)\\&=R(0)+\frac{1}{2}R(0)kB_o^2+\frac{1}{2}R(0)kB_o^2\cos(2\omega t)\end{aligned} \tag{5.8.3}$$

式中，$R(0)+\frac{1}{2}R(0)kB_o^2$ 为不随时间变化的电阻值，$\frac{1}{2}R(0)kB_o^2\cos(2\omega t)$ 为以角频率 2ω 做余弦变化的电阻值. 因此，磁阻传感器的电阻值在弱正弦波交变磁场中，将产生倍频交流电阻阻值变化.

［**实验仪器**］

本实验采用 FD-MR-Ⅱ型磁阻效应实验仪，图 5.8.3 为该仪器的示意图.

FD-MR-Ⅱ型磁阻效应实验仪包括直流双路恒流电源、0～2V 直流数字电压表、电磁铁、数字毫伏表、锑化铟(InSb)磁阻传感器、电阻箱(外接)、双向单刀开关等组成.

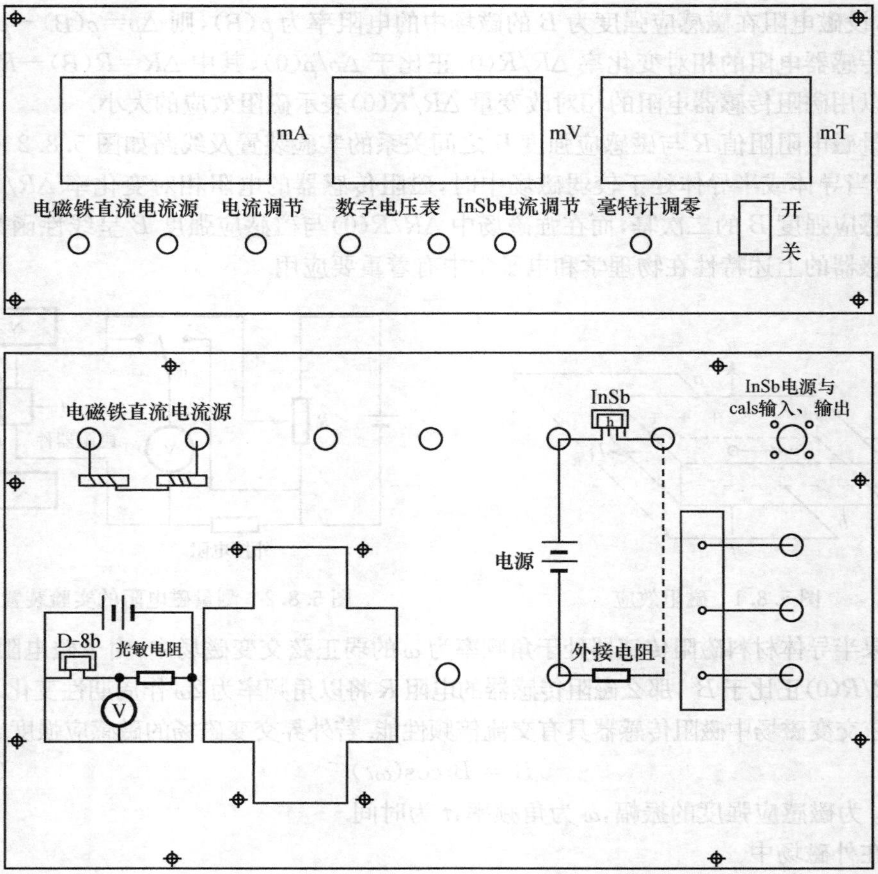

图 5.8.3　FD-MR-Ⅱ型磁阻效应实验仪

倍频效应实验的线路如图 5.8.4 所示，在示波器上观察到的李萨如图形如图 5.8.5 所示.

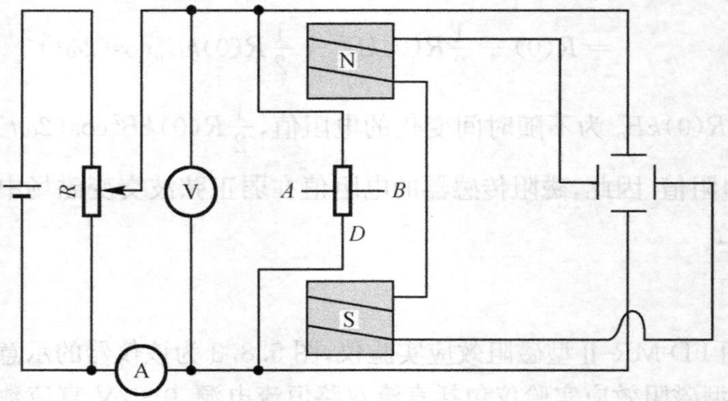

图 5.8.4　观察磁阻传感器倍频效应

FD-MR-Ⅱ型磁阻效应实验仪使用方法如下：

(1) 直流励磁恒流源与电磁铁输入端相连，通过调节该直流恒流电源控制电位器可以改变输入电磁铁电流的大小，从而改变电磁铁间隙中磁感应强度的大小.

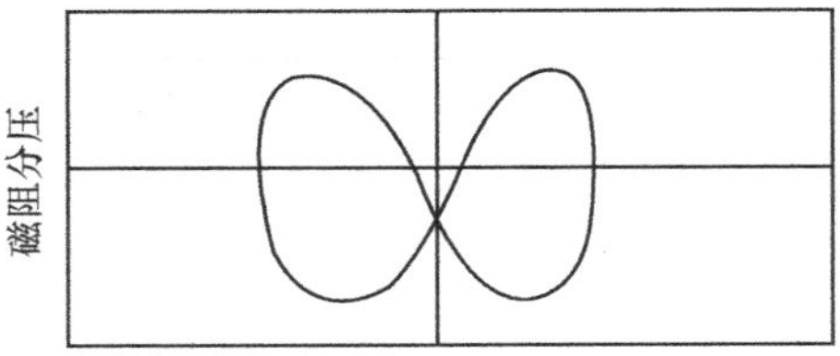

图 5.8.5　李萨如图形

(2) 按图 5.8.2 所示将锑化铟(InSb)磁阻传感器与电阻箱串联，并与可调直流电源相接，电阻箱选取适当的取样电阻 R，数字电压表的一端连接电阻箱公共接点，另一端与单刀双向开关的刀口处相连.

(3) 通过电磁铁的直流电流逐渐由小增大，分别测量通过锑化铟磁阻传感器的电流值及磁阻器件两端的电压值，以求得磁感应强度为 B 时锑化铟磁阻传感器的电阻 R，进而求得 R 与 B 的关系.

［**实验内容**］

(1) 在锑化铟磁阻传感器的电流或电压保持不变的条件下，测量锑化铟磁阻传感器的电阻 R 与磁感应强度 B 的关系，数据记入表 5.8.1 中. 做 $\Delta R/R(0)$与 B 的关系曲线，并利用最小二乘法分别对弱磁场时的非线性区域进行曲线拟合，对强磁场时的线性区域进行直线拟合. 实验时须注意 InSb 传感器工作电流应小于 3mA.

*(2) 如图 5.8.4 所示，将电磁铁的线圈引线与正弦交流低频发生器输出端相接，锑化铟磁阻传感器通以 2.5mA 直流电，用示波器测量磁阻传感器两端电压与电磁铁两端电压形成的李萨如图形，如图 5.8.5 示例所示. 证明在弱正弦交变磁场情况下，磁阻传感器的电阻值具有交流正弦倍频特性.

［**数据处理**］

取样电阻 R=________ Ω，电压 U=________ mV

取样电流 $I_S=\dfrac{U}{R}$=________ mA

表 5.8.1　B 与 $\Delta R/R(0)$关系

B/mT	R/Ω	ΔR/Ω	$\Delta R/R(0)$
0.0			
10.0			
20.0			
30.0			
40.0			
50.0			
60.0			
70.0			
100.0			

续表

B/mT	R/Ω	ΔR/Ω	$\Delta R/R(0)$
150.0			
200.0			
⋮			
500.0			

表 5.8.2　弱磁场时的非线性区域相关数据计算

$R(0)=$　　　Ω

序　号	B_i/T	B_i^2/T^2	R_i/Ω	$\Delta R_i = R_i - R(0)$/Ω	$\Delta R_i/R(0)$	$\dfrac{\Delta R_i/R(0)}{B_i^2}\Big/\mathrm{T}^{-2}$
1	0.01					
2	0.02					
3	0.03					
4	0.04					
5	0.05					
6	0.06					
$\sum$						

表 5.8.3　强磁场时的线性区域相关数据计算

$R(0)=$　　　Ω

序　号	B_i/T	B_i^2/T^2	R_i/Ω	ΔR_i/Ω	$\Delta R_i/R(0)$	$[\Delta R_i/R(0)]^2$
1	0.15					
2	0.20					
3	0.25					
4	0.30					
⋮	⋮					
8	0.50					
$\sum$						

［说明］

(1) 表 5.8.2 中求和栏只计算 $\sum_{i=1}^{6} B_i^2$ 和 $\sum_{i=1}^{6} \dfrac{\Delta R_i}{R(0)}$；$\dfrac{\Delta R}{R(0)} = kB^2$ 中的常数 k 可由最小二乘法导出式(5.8.4)计算.

$$k=\frac{\sum_{i=1}^{6}\frac{\Delta R_i}{R(0)}}{\sum_{i=1}^{6}B_i^2} \tag{5.8.4}$$

(2) 表5.8.3中求和栏的计算内容及$\frac{\Delta R}{R(0)}=aB+b$中的$a$和$b$的计算参阅本书线性回归的相关内容及计算公式.

［思考题］

(1) 什么叫磁阻效应？霍尔传感器为什么会有磁阻效应？

(2) 锑化铟磁阻传感器在弱磁场时和强磁场时的电阻值与磁感强度关系有何不同？

(3) 取样电压U的数值与取样电阻R的数值选择相同值有什么好处？如果两者选择不同数值，有何不方便之处？

5.9 PN结物理特性及弱电流测量

半导体PN结的物理特性是物理学和电子学的重要研究内容之一. 本实验测量PN结扩散电流与电压关系，证明此关系遵循指数分布规律，并较精确地测出玻尔兹曼常量(物理学重要常数之一). 通过干井变温恒温器和铂金电阻测温电桥，测量PN结结电压U_{be}与热力学温度T关系，求得该传感器的灵敏度，并近似求得0K时硅材料的禁带宽度.

［实验目的］

(1) 测量PN结电流与电压关系，证明此关系符合指数分布规律.

(2) 在不同温度条件下，测量玻尔兹曼常量.

*(3) 学习用运算放大器组成电流-电压变换器测量弱电流.

*(4) 测量PN结电压与温度关系，求出该PN结温度传感器的灵敏度.

*(5) 计算在0K温度时，半导体硅材料的近似禁带宽度.

［实验原理］

1. PN结物理特性

由半导体物理学可知，PN结的正向I-U关系满足

$$I=I_0[\exp(eU/kT)-1] \tag{5.9.1}$$

式中，I为通过PN结的正向电流，I_0为饱和电流，在温度恒定时为常数，T为热力学温度，e为电子的电荷量，U为PN结正向压降.

由于在常温(300K)时，$kT/e\approx 0.026\text{V}$，而PN结正向压降约为十分之几伏，则$\exp(eU/kT)\gg 1$，式(5.9.1)可简化为

$$I=I_0\exp(eU/kT) \tag{5.9.2}$$

即PN结正向电流随正向电压按指数规律变化. 若测得PN结I-U关系值，则利用式(5.9.2)可以求出kT/e. 在测得温度T后，就可以得到e/k常数，把电子电量作为已知值

代入,即可求得玻尔兹曼常量 k.

在实际测量中,二极管的正向 I-U 关系虽然能较好满足指数关系,但求得的常数 k 往往偏小. 这是因为通过二极管电流不只是扩散电流,还有其他电流. 一般包括 3 个部分:①扩散电流,它严格遵循式(5.9.2);②耗尽层复合电流,它正比于 $\exp(eU/2kT)$;③表面电流,它是由 Si 和 SiO_2 界面中杂质引起的,其值正比于 $\exp(eU/mkT)$,通常 $m>2$. 因此,为了验证式(5.9.2)及求出准确的 e/k 常数,不宜采用硅二极管,而采用硅三极管接成共基极线路,因为此时集电极与基极短接,集电极电流中仅仅是扩散电流. 复合电流主要在基极出现,测量集电极电流时,将不包括它. 本实验中选取性能良好的硅三极管(TIP31型),实验中又处于较低的正向偏置,这样表面电流影响也完全可以忽略,所以此时集电极电流与结电压将满足式(5.9.2). 实验线路如图 5.9.1 所示.

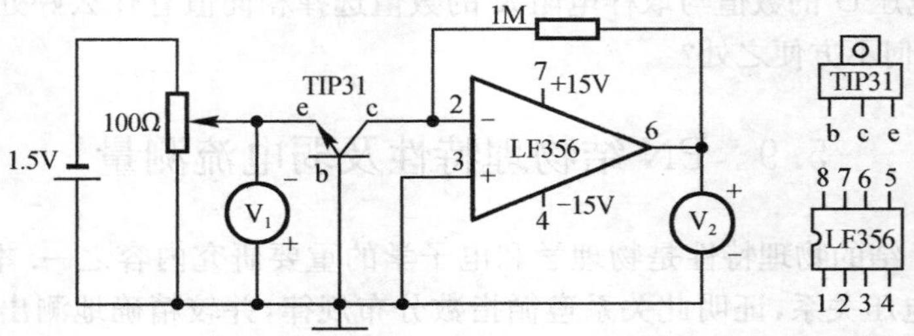

图 5.9.1 PN 结扩散电流与结电压关系测量线路图

2. 弱电流测量

对 $10^{-6}\sim10^{-11}$ A 数量级的弱电流通常采用光点反射式检流计(灵敏电流计)测量,该仪器灵敏度较高,约 10^{-9} A/分度,但有许多不足之处. 例如,十分怕震,挂丝易断;使用时稍有不慎,光标易偏出满度,瞬间过载引起挂丝疲劳变形产生不回零点及指示差变大. 近年来,集成电路与数字化显示技术越来越普及,高输入阻抗运算放大器性能优良,价格低廉,用它组成电流-电压变换器测量弱电流信号,具有输入阻抗低、电流灵敏度高、温漂小、线性好、设计制作简单、结构牢靠等优点,因而被广泛应用于物理测量中.

LF356 是一个高输入阻抗集成运算放大器,用它组成电流-电压变换器(弱电流放大器),如图 5.9.2 所示. 其中电阻 Z_r 为电流-电压变换器等效输入阻抗. 由图 5.9.2 可知,运算放大器的输入电压 U_0 为

$$U_0=-K_0U_i \tag{5.9.3}$$

式中,U_i 为输入电压,K_0 为运算放大器的开环电压增益,即图 5.9.2 中电阻 $R_f\to\infty$时的电压增益,R_f 称反馈电阻. 因为理想运算放大器的输入阻抗 $r_i\to\infty$,所以信号源输入电流只流经反馈网络构成的回路. 因而有

$$I_s=(U_i-U_0)/R_f=U_i(1+K_0)/R_f \tag{5.9.4}$$

由式(5.9.4)可得电流-电压变换器等效输入阻抗 Z_r 为

$$Z_r=U_i/I_s=R_f/(1+K_0)\approx R_f/K_0 \tag{5.9.5}$$

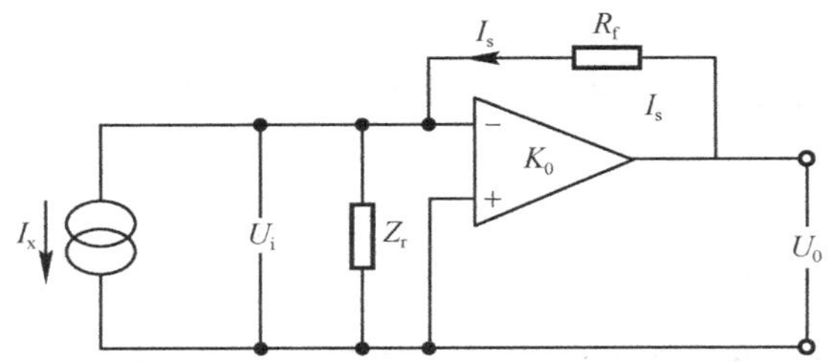

图 5.9.2 电流-电压变换器

由式(5.9.3)和式(5.9.4)可得电流-电压变换器输入电流 I_s 输出电压 U_0 之间得关系式,即

$$I_s = -\frac{U_0}{K_0}(1+K_0)/R_f = -U_0(1+1/K_0)/R_f \approx -U_0/R_f \qquad (5.9.6)$$

由式(5.9.6)可知,只要测得输出电压 U_0 和已知 R_f 值,即可求得 I_s 值. 以高输入阻抗集成运算放大器 LF356 为例来讨论 Z_r 和 I_s 值的大小. 对 LF356 运放的开环增益 $K_0 = 2\times10^5$,输入阻抗 $r_i \approx 10^{12}\Omega$. 若取 R_f 为 1.00MΩ,则由式(5.9.5)可得

$$Z_r = 1.00\times10^6\Omega/(1+2\times10^5) = 5\Omega$$

若选用四位半量程 200mV 数字电压表,它最后一位变化为 0.01mV,那么用上述电流-电压变换器能显示最小电流值为

$$(I_s)_{min} = 0.01\times10^{-3}\text{V}/(1\times10^6\Omega) = 1\times10^{-11}\text{A}$$

由此说明,用集成运算放大器组成电流-电压变换器测量弱电流,具有输入阻抗小、灵敏度高的优点.

3. PN 结的结电压 U_{be} 与热力学温度 T 关系

当 PN 结通过恒定小电流(通常电流 $I=1000\mu$A),由半导体理论可得 U_{be} 与 T 近似关系

$$U_{be} = ST + U_{g0} \qquad (5.9.7)$$

式中,$S\approx -2.3$mV/℃为 PN 结温度传感器灵敏度. 由 U_{g0} 可求出温度 0K 时半导体材料的近似禁带宽度 $E_{g0} = eU_{g0}$. 硅材料的 E_{g0} 约为 1.20eV.

[**实验仪器**]

1) 直流电源

±15V 直流电源一组,1.5V 直流电源一组.

2) 数字电压表

三位半数字电压表,四位半数字电压表.

3) 实验板

由运算放大器 LF356、印刷引线、接线柱、多圈电位器组成. TIP31 型三极管外接.

4) 干井式铜质可调节恒温器

恒温控制器控温范围,室温至 80℃;控温不确定度 0.01℃.

5）测温装置

铂电阻及电阻组成直流电桥测温，0℃时 $R_0 = 100.00\Omega$.

［实验内容］

1. I_c-U_{be}关系测定，计算玻尔兹曼常量

（1）实验线路如图 5.9.1 所示. 图中 V_1 为三位半数字电压表，V_2 为四位半数字电压表，TIP31 型带散热板的功率三极管，调节电压的分压器为多圈电位器，为保持 PN 结与周围环境温度一致，把 TIP31 型三极管浸没在盛有变压器油干井槽中. 变压器油温度用铂电阻进行测量.

（2）在室温情况下，测量三极管发射极与基极之间电压 U_1 和相应输出电压 U_2. 在常温下 U_1 的值为 0.3～0.52V，每隔 0.01V 测一点数据，至 U_2 值达到饱和时（U_2 值变化较小或基本不变），结束测量. 在记数据开始和记数据结束都要同时记录变压器油的温度 t，取温度平均值 $\bar{t}$.

（3）改变干井恒温器温度，待 PN 结与油温温度一致时，重复测量 U_1 和 U_2 的关系数据，并与室温测得的结果进行比较.

（4）运用最小二乘法，将实验数据分别代入线性回归、指数回归、乘幂回归这三种常用的基本函数（它们是物理学中最常用的基本函数），然后求出衡量各回归方程好坏的方差 σ. 对已测得的 U_1 和 U_2 各组数据，以 U_1 为自变量，U_2 作因变量，分别代入：①线性函数 $U_2 = aU_1 + b$；②乘幂函数 $U_2 = aU_1^b$；③指数函数 $U_2 = a\exp(bU_1)$. 求出各函数相应的 a 和 b 值，得出三种函数表达式. 究竟哪一种函数符合物理规律必须用方差来检验. 具体方法是把实验测得的各个自变量 U_1 分别代入三个基本函数，得到相应因变量的预期值 U_2^*，并由此求出各函数拟合的方差

$$\sigma = \sqrt{\sum_{i=1}^{n} (U_\mathrm{i} - U_\mathrm{i}^*)^2 / n}$$

式中，n 为测量数据个数，U_i 为实验检测的量，U_i^* 为将检测的量代入基本函数的计算的预期值，最后比较哪一种函数的方差小，方差越小说明该函数拟合得越好.

（5）计算 e/k 常数，将电子的电量作为标准差代入，求出玻尔兹曼常量并与公认值进行比较.

*2. U_{be}-T 关系测定，求 PN 结温度传感器灵敏度 S，计算硅材料 0K 时近似禁带宽度 E_{g0} 值

（1）实验线路如图 5.9.3 所示，测温电路如图 5.9.4 所示. 其中数字电压表 V_2 通过双刀双向开关，既可用作测温电桥的检流计用，又可用作监测 PN 结电流的电流表，实验时保持该电流在 $I = 100\mu\mathrm{A}$.

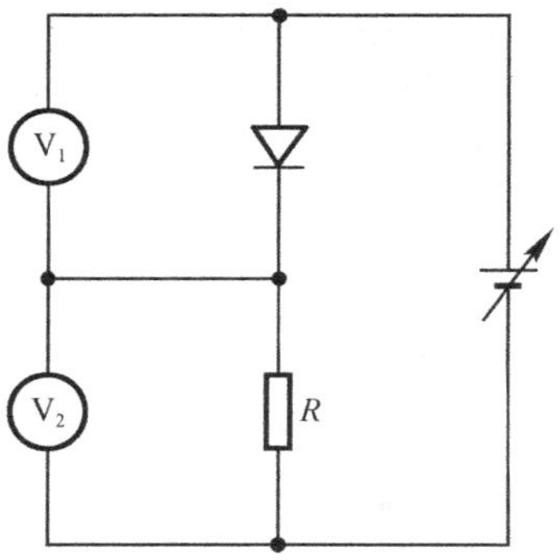

图 5.9.3 实验线路

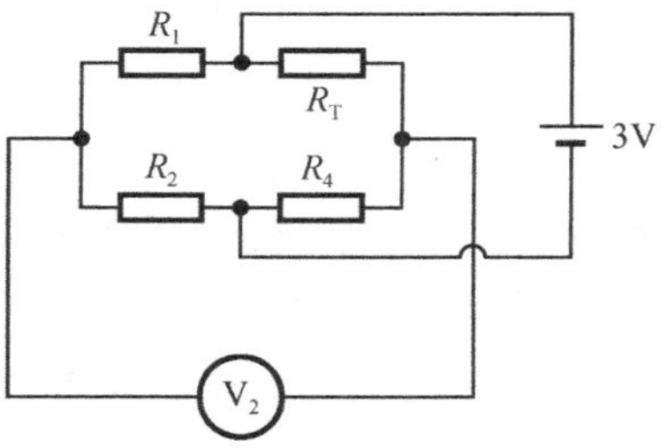

图 5.9.4 测温电路

(2) 通过调节图 5.9.3 电路中电源电压，使电阻两端电压保持不变，即电流 $I=100\mu A$. 同时用电桥测量铂电阻 R_T 的电阻值，通过查铂电阻值与温度关系表，可得恒温器的实际温度. 从室温开始每隔 5～10℃测一次 U_{be} 值(即 V_1)，由此得到 U_{be}-T 关系(至少测 6 个点以上数据).

(3) 用最小二乘法对 U_{be}-T 关系进行直线拟合，求出 PN 结测温灵敏度 S 及近似求得温度为 0K 时硅材料禁带宽度 E_{g0}.

［注意事项］

(1) 对于扩散电流太小(起始状态)及扩散电流接近或达到饱和时的数据，在处理数据时应删去，因为这些数据可能偏离式(5.9.2).

(2) 观测恒温装置上温度计读数，待 TIP31 三极管温度处于恒定时(即处于热平衡时)，才能记录 U_1 和 U_2 数据.

(3) TIP31 型三极管温度变化范围为 0～50℃. 若要在－120～0℃温度范围内做实验，必须有低温恒温装置.

(4) 由于各公司的运算放大器(LF356)性能有些差异，在换用 LF356 时，有可能同台仪器达到饱和电压 U_2 值不相同.

(5) 仪器电源具有短路自动保护，运算放大器若 15V 接反或地线漏接，本仪器也有保护装置，一般情况集成电路不易损坏. 请勿将二极管保护装置拆除.

［思考题］

(1) PN 结是如何形成的?

(2) 本实验是用什么方法测量温度的?

(3) 如何检测微小电流? 常用哪些方法?

5.10 集成电路温度传感器特性测量及应用

随着科技的发展，各种新型的集成电路温度传感器器件不断涌现，并大批量生产和广泛应用. 这类集成电路测温器件有以下几个优点：①温度变化引起的输出量变化呈现良好的线性关系;②不像热电偶那样需要参考温度点;③抗干扰能力强;④互换性好,使用简单方便.所以在科学研究、工业和家用电器等方面,这类传感器得到广泛的应用.因此,学习和熟悉集成电路温度传感器的特性以及具体应用有着现实意义.

［实验目的］

(1) 测量电流型集成电路温度传感器输出电流与温度的关系.

(2) 熟悉该传感器的基本特性.

(3) 采用非平衡电桥法,组装成为一台0～50℃数字式温度计.

［实验原理］

AD590集成电路温度传感器是由多个参数相同的三极管和电阻组成.当在该器件的两端施加某一定直流工作电压时(一般工作电压范围在4.5～20V),它的输出电流与温度满足关系:

$$I = Bt + A \tag{5.10.1}$$

式中,I为其输出电流,单位是μA;t为摄氏温度;B为斜率,称为灵敏度.AD590的灵敏度为1μA/℃,即该温度传感器的温度升高或降低1℃时,传感器的输出电流增加或减少1μA.A为摄氏零度时的电流值(对市售AD590,其A值在273～278μA).利用AD590集成电路温度传感器的上述特性,可以制成各种用途的温度计.本实验采用非平衡电桥线路,制作一台数字式摄氏温度计.

［实验仪器］

1. AD590电流型集成电路温度传感器

AD590为两端式集成电路温度传感器,它的管脚引出端有两个,如图5.10.1所示,管脚1接电源正端U_+(红色引线).管脚2接电源负端U_-(黑色引线).管脚3连接外壳或接地,也可以不用(悬浮).AD590工作温度在−55～150℃,灵敏度为1μA/℃,0℃时输出电流约273μA,工作电压4～30V,通常工作电压6～15V,但不能小于4V,小于4V出现非线性.

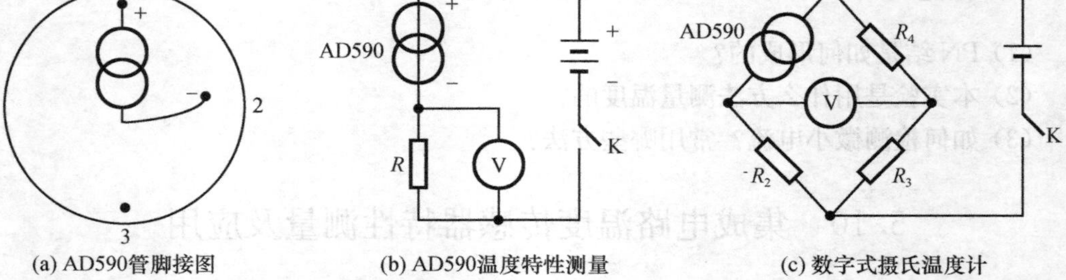

(a) AD590管脚接图 (b) AD590温度特性测量 (c) 数字式摄氏温度计

图5.10.1 测量原理图

2. FD-WTC-D 型恒温控制温度传感器实验仪

实验仪是单片机控制的智能化数字恒温控制仪，并集成有量程为 0～19.999V 四位半数字电压表、直流 1.5～12V 稳压输出电源、可调式磁性搅拌器等，图 5.10.2 给出实验仪的原理图. 与仪器配套使用的有 2000mL 烧杯、玻璃管（内放变压器油和被测集成电路温度传感器）等.

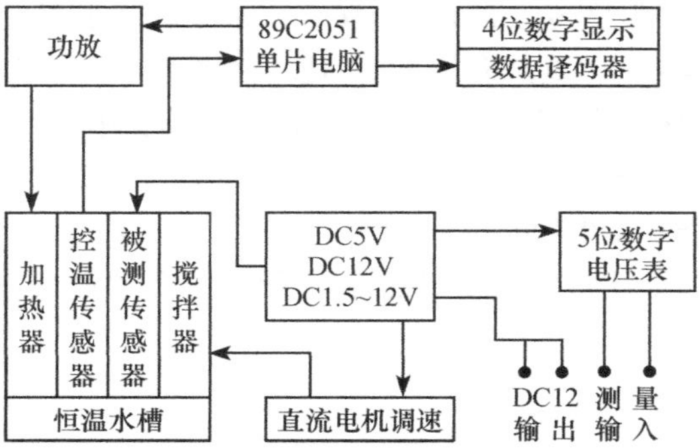

图 5.10.2　实验仪原理图

［实验内容］

1. AD590 传感器温度特性测量及数字式温度计的设计

（1）按图 5.10.1(b)连接线路（AD590 的正负极不能接错）. 测量 AD590 集成电路温度传感器的电流 I 与温度 t 的关系，取样电阻 R 的阻值为 1000Ω. 实验数据用最小二乘法进行曲线拟合，求斜率 B、截距 A 和相关系数 r. 实验时应注意，AD590 温度传感器的管脚是用铜线引出的，为防止极间短路，两铜线不可直接放在水中，应使用一端封闭的薄玻璃管套保护，其中注入少量变压器油，使之有良好热传递.

*(2) 制作量程为 0～50℃范围的数字温度计. 把 AD590、电阻箱、直流稳压电源及数字电压表按图 5.10.1(c)接好. 将 AD590 放入冰点槽中，R_2 和 R_3 各取 1000Ω，调节 R_4 使数字电压表示值为零. 测量时应注意，在零点校正时，冰点槽中一定使用冰水混合物，这样才能达到水的三相点温度，即零摄氏度. 校准后，把 AD590 放入其他温度如室温的水中，用标准水银温度计进行读数对比，求出百分差.

（3）在图 5.10.1(c)中，改变电源电压，如从 8V 变为 10V，观测一下 AD590 传感器输出电流是否有变化，分析其原因.

2. AD590 传感器的输出电流和工作电压关系测量

将 AD590 传感器置于恒定温度，将直流电源、电阻箱、直流电压表等按图 5.10.3 接好电路，在电压 1.5～10V 内调节电源输出电压，测量加在 AD590 传感器上的

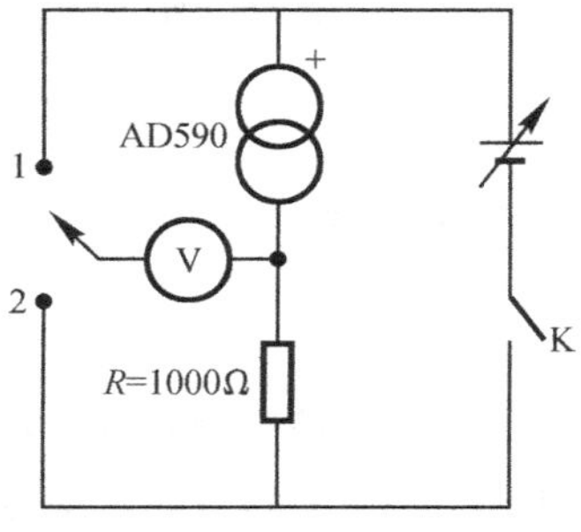

图 5.10.3　AD590 伏安特性测量

电压U与输出电流$I(I=U_R/R)$的对应值，要求实验数据10个点以上. 在坐标纸上绘出AD590传感器输出电流I与工作电压U的关系曲线，即伏安特性曲线. 求出该温度传感器输出电流与温度呈线性关系的最小工作电压U_{min}.

［注意事项］

(1) AD590集成电路温度传感器的正负极性不能接错，红线接电源正极.

(2) AD590集成电路温度传感器不能直接放入水中或冰水混合物中测量温度，若测量水温或冰水混合物温度，须插入到加有少量油的玻璃细管内，再插入待测物中测量温度.

(3) 搅拌器转速不宜太快，若转速太快或磁性转子不在中心，有可能使转子离开旋转磁场位置而停止工作. 若转子偏离中心位置，可通过将调节马达转速电位器逆时针调至最小，让磁性转子回到磁场中，再旋转.

(4) 倒去烧杯中水时，注意应先取出磁性浮子保管好，以避免遗失.

［思考题］

(1) 电流型集成电路温度传感器有哪些特性？

(2) 如何用AD590集成电路温度传感器制作一个热力学温度计，请画出电路图，说明调节方法.

(3) 如果AD590集成电路温度传感器的灵敏度不是严格的1.000μA/℃，而是略有异差，请考虑如何利用改变R_2的值，使数字式温度计测量不确定度减少.

5.11　磁阻传感器与地磁场测量

地磁场的数值比较小，约10^{-5}T量级，但在直流磁场测量，特别是弱磁场测量中，往往需要知道其数值，并设法消除其影响，地磁场作为一种天然磁源，在军事、工业、医学、探矿等科研中也有着重要用途.

［实验目的］

(1) 掌握磁阻效应的物理机制；

(2) 掌握用磁阻传感器测定地磁场磁感应强度及地磁场的水平分量和地磁倾角的方法.

［实验原理］

1. 地磁场

地磁场是一个向量场，描述某一点地磁场的强度和方向，需要3个独立的地磁要素. 地磁场的强度和方向随地点而异. 其北极和南极分别在地理南极和北极附近，彼此并不重合，而且两者间的偏差随时间不断地在缓慢变化，而且地磁轴与地球自转轴并不重合，有

11°交角. 在一个不太大的范围内,地磁场基本上是均匀的,可用三个参量来表示空间某一点地磁场的方向和大小.

磁倾角 α:地球表面任一点的地磁场矢量所在垂直平面(称地磁子午面)与地理子午面之间的夹角.

磁倾角 β:地磁场强度矢量 $\boldsymbol{B}$ 与水平面之间的夹角.

水平分量 $B_{/\!/}$:地磁场强度矢量 $\boldsymbol{B}$ 在水平面上的投影.

测量地磁场的这三个参量,就可以确定某一地点地磁场 $\boldsymbol{B}$ 矢量的大小和方向.

2. 磁阻效应

物质在磁场中电阻率发生变化的现象称为磁阻效应. 对于铁、钴、镍及其合金等磁性金属,当外加磁场平行于磁体内部磁化方向时,电阻几乎不随外加磁场变化;当外加磁场偏离金属的内部磁化方向时,此类金属的电阻减小,这就是强磁金属的各向异性磁阻效应.

3. 磁阻传感器

HMC1021Z 型磁阻传感器由长而薄的坡莫合金(铁镍合金)制成一维磁阻微电路集成芯片(二维和三维磁阻传感器可以测量二维或三维磁场). 它利用通常的半导体工艺,将铁镍合金薄膜附着在硅片上,如图 5.11.1所示. 薄膜的电阻率 $\rho(\theta)$ 依赖于磁化强度 M 和电流 I 方向间的夹角 θ,具有以下关系式:

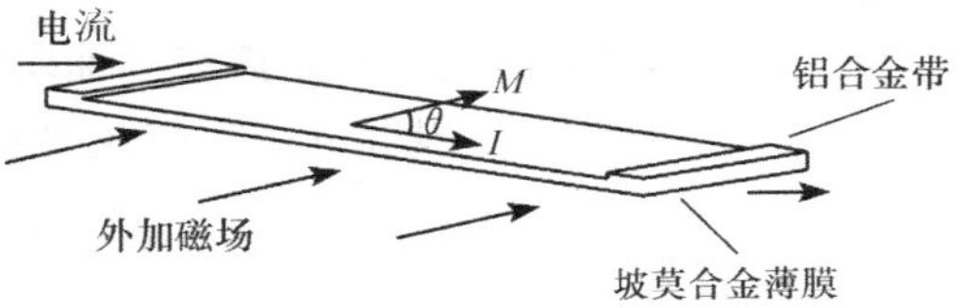

图 5.11.1　磁阻传感器的构造示意图

$$\rho(\theta) = \rho_{\perp} + (\rho_{/\!/} - \rho_{\perp})\cos^2\theta \tag{5.11.1}$$

其中 $\rho_{/\!/}$、$\rho_{\perp}$ 分别是电流 I 平行于 M 和垂直于 M 时的电阻率. 当沿着铁镍合金带的长度方向通以一定的直流电流,而垂直于电流方向施加一个外界磁场时,合金带自身的阻值会发生较大的变化,利用合金带阻值这一变化,可以测量磁场大小和方向. 同时制作时还在硅片上设计了两条铝制电流带,一条是置位与复位带,该传感器遇到强磁场感应时,将产生磁畴饱和现象,也可以用来置位或复位极性;另一条是偏置磁场带,用于产生一个偏置磁场,补偿环境磁场中的弱磁场部分(当外加磁场较弱时,磁阻相对变化值与磁感应强度成平方关系),使磁阻传感器输出显示线性关系.

HMC1021Z 磁阻传感器是一种单边封装的磁场传感器,它能测量与管脚平行方向的磁场. 传感器由四条铁镍合金磁电阻组成一个非平衡电桥,非平衡电桥输出部分接集成运算放大器,将信号放大输出. 传感器内部结构如图 5.11.2 所示. 图 5.11.2 中由于适当配置的四个磁电阻电流方向不相同,当存在外界磁场时,引起电阻值变化有增有减. 因而输出电压 U_{out} 可以用下式表示为:

$$U_{\text{out}} = \left(\frac{\Delta R}{R}\right) \times U_b \tag{5.11.2}$$

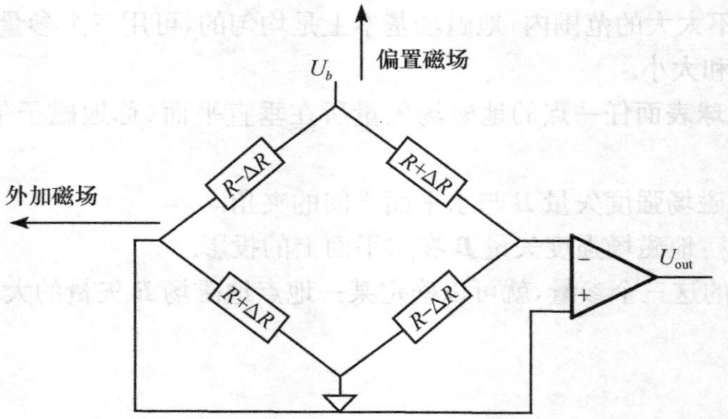

图 5.11.2　磁阻传感器内的惠斯通电桥

对于一定的工作电压，如 $U_b=5.00\text{V}$，HMC1021Z 磁阻传感器输出电压 U_{out} 与外界磁场的磁感应强度成正比关系

$$U_{out}=U_0+KB \tag{5.11.3}$$

式(5.11.3)中，K 为传感器的灵敏度，B 为待测磁感应强度. U_0 为外加磁场为零时传感器的输出量.

由于亥姆霍兹线圈的特点是能在其轴线中心点附近产生较宽范围的均匀磁场区，所以常用作弱磁场的标准磁场. 亥姆霍兹线圈公共轴线中心点位置的磁感应强度为

$$B=\frac{\mu_0 NI}{R}\frac{8}{5^{3/2}} \tag{5.11.4}$$

式(5.11.4)中 N 为线圈匝数，I 为线圈流过的电流强度，R 为亥姆霍兹线圈的平均半径，μ_0 为真空磁导率.

[实验仪器]

测量地磁场装置如图 5.11.3 所示. 它主要包括底座、转轴，带角刻度的转盘、磁阻传感器的引线、亥姆霍兹线圈、地磁场测定仪控制主机(包括数字式电压表、5V 直流电源等).

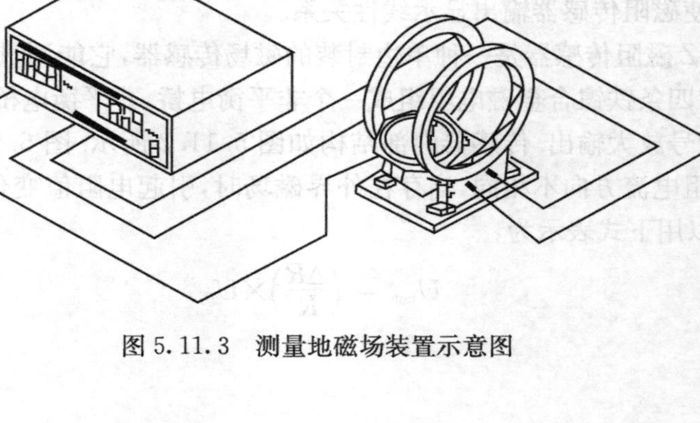

图 5.11.3　测量地磁场装置示意图

[实验内容]

1. 测量磁阻传感器的灵敏度 K

将磁阻传感器放置在亥姆霍兹线圈公共轴线中点，并使管脚和磁感应强度方向平行. 即传感器的感应面与亥姆霍兹线圈轴线垂直. 用亥姆霍兹线圈产生磁场作为已知量，测量磁阻传感器的灵敏度 K.

2. 测量地磁场的水平分量 $B_{/\!/}$

将磁阻传感器平行固定在转盘上，调整转盘至水平(可用水准器指示). 水平旋转转盘，找到传感器输出电压最大方向，这个方向就是地磁场磁感应强度的水平分量 $B_{/\!/}$ 的方向. 记录此时传感器输出电压 U_1 后，再旋转转盘，记录传感器输出最小电压 U_2，由 $|U_1-U_2|/2=KB_{/\!/}$，求得当地地磁场水平分量 $B_{/\!/}$.

3. 测量地磁场的磁感应强度 B

将带有磁阻传感器的转盘平面调整为铅直，并使装置沿着地磁场磁感应强度水平分量 $B_{/\!/}$ 方向放置，只是方向转 90°. 转动调节转盘，分别记下传感器输出最大和最小时转盘指示值和水平面之间的夹角 β_1 和 β_2，同时记录此最大读数 U_1' 和 U_2'. 由磁倾角 $\beta=(\beta_1+\beta_2)/2$ 计算 β 的值.

由 $|U_1'-U_2'|/2=KB$，计算地磁场磁感应强度 B 的值. 并计算地磁场的垂直分量 $B_\perp=B\sin\beta$.

本实验须注意：实验仪器周围的一定范围内不应存在铁磁金属物体，以保证测量结果的准确性.

注：亥姆霍兹线圈每个线圈匝数 $N=500$ 匝，线圈的半径 $r=10\text{cm}$；真空磁导率 $\mu_0=4\pi\times10^{-7}\text{N/A}^2$.

亥姆霍兹线圈轴线上中心位置的磁感应强度为(二个线圈串联)

$$B=\frac{8\mu_0 NI}{R5^{3/2}}=\frac{8\times4\pi\times10^{-7}\times500}{0.100\times5^{3/2}}\times I=44.96\times10^{-4}I$$

式中，B 为磁感应强度单位 T(特斯拉)；I 为通过线圈的电流，单位 A(安培).

[注意事项]

(1) 测量地磁场水平分量，须将转盘调节至水平；测量地磁场 $U_总$ 和磁倾角 β 时，须将转盘面处于地磁子午面方向.

(2) 测量磁倾角应记录不同 β 时，传感器输出电压 $U_总$，应取 10 组 β 值，求其平均值. 这是因为测量时，偏差 1°，$U_总'=U_总\cos1°=0.998U_总$ 变化很小，偏差 4°，$U_总''=U_总\cos4°=0.998U_总$，所以在偏差 1°至 4°范围 $U_总$ 变化极小，实验时应测出 $U_总$ 变化很小 β 角的范围，然后求得平均值 $\bar{\beta}$.

［思考题］

(1) 磁阻传感器和霍耳传感器在工作原理和使用方法方面各有什么特点和区别?

(2) 如果在测量地磁场时,在磁阻传感器周围较近处,放一个铁钉,对测量结果将产生什么影响?

(3) 为何坡莫合金磁阻传感器遇到较强磁场时,其灵敏度会降低? 用什么方法来恢复其原来的灵敏度?

5.12　压力传感器特性的研究及应用

压力传感器是将被测压力转换为电流或电压信号,它广泛应用于生产实践中,电阻应变片压力传感器是常用的一种压力传感器,电阻应变片是这种传感器的敏感元件.用电阻应变片可以测量拉伸、压缩、扭转和剪切等应变或应力.使用时往往根据测量要求,将一个或几个应变片按一定的方式接入某种测量电桥,实现预期的测量功能.

［实验目的］

(1) 了解金属箔式应变片的应变效应和性能.

(2) 测量规则物体的密度.

(3) 测量液体表面张力系数.

(4) 掌握电子秤的设计、制作和调试技巧.

［实验原理］

1. 压力传感器

由于导体的电阻与材料的电阻率以及它的几何尺寸(长度和截面)有关,当导体承受机械形变时,其电阻率、长度和截面面积都要发生变化,从而导致其电阻发生变化,因此电阻应变片能将机械构件上应力的变化转换为电阻的变化.

电阻应变片一般由敏感栅、基底、黏合剂、引线、盖片等组成.敏感栅由直径约0.01～0.05mm高电阻系数的细丝弯曲成栅状,它实际上是一个电阻元件,是电阻应变片感受构件应变的敏感部分,敏感栅用黏合剂将其固定在基片上;基底应保证将构件上的应变准确地传送到敏感栅上去,故基底必须做得很薄(一般为0.03～0.06mm),使它能与试件及敏感栅牢固地粘连在一起;引出线的作用是将敏感栅电阻元件与测量电路相连接,一般由0.1～0.2mm低阻镀锡铜丝制成,并与敏感栅两端输出端相焊接;盖板起保护作用.

在测试时,随着试件受力变形,应变片的敏感栅也获得同样的形变,从而使电阻随之发生变化.通过测量电阻值的变化可反映出外力作用的大小.

将4片电阻应变片($R_1=R_2=R_3=R_4$)分别粘贴在弹性平行梁的上下两表面适当的位置,梁的一端固定,另一端自由用于加载外力(图5.12.1),弹性梁受载荷作用而弯曲,梁的上表面受拉,电阻片R_1和R_3亦受拉伸作用,电阻增大;梁的下表面受压,R_2和R_4电阻减小.这样,外力的作用通过梁的形变而使 4 个电阻发生变化.

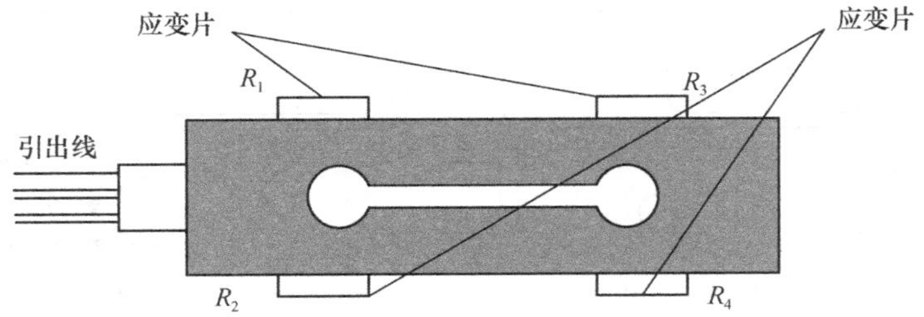

图 5.12.1 压力传感器结构图

由应变片组成的全桥测量电路(为了消除电桥电路的非线性误差,通常采用非平衡电桥),当应变片受到压力作用时,引起弹性体的形变,使得粘贴在弹性体上的电阻应变片 R_1～R_4 的阻值发生变化,电桥将产生输出,其输出电压正比于所受的压力,这就是压力传感器.

2. 用标准砝码测量应变式传感器的压力特性,计算其灵敏度

按顺序增加砝码的数量(每次增加 20g),记下传感器对应的输出电压 U;再逐一减少砝码,记下传感器对应的输出电压 U',求出输出电压平均值 $\overline{U}$.

用逐差法求出力敏传感器的灵敏度:$s=\Delta U/\Delta mg$,单位为 mV/N.

(1) 电子秤的设计,测物质的密度.

用连接线将 V_{01} 输出端与放大器输入端相连,加标准砝码测量放大器输出端电压 V_{02},调节 R_{W2}标定电子秤.

用游标卡尺测量物质的体积 V,用传感器测量物质的质量 m,则密度:$\rho=\frac{m}{V}$.

(2) 液体表面张力系数的测量.

将一个外径为 D_1,内径为 D_2 的小金属环固定(悬挂)在传感器上,然后使该环浸没于液体中,并逐渐拉起圆环,当它从液面拉托瞬间,传感器受到的拉力差值(即液体表面张力)为 f

$$f=(U_1-U_2)/B=\Delta U/B$$

其中 U_1,U_2 分别为金属环刚要脱离液面的瞬间和脱离后传感器的输出电压,B 为力敏传感器的灵敏度.液体表面张力系数为

$$\alpha=f/[\pi(D_1+D_2)] \quad \text{单位:N/m}$$

[**实验仪器**]

KD-YL-1 压力传感器特性及应用综合实验仪.应变传感器实验模板、实验装置、游标卡尺和砝码.

(1) KD-YL-1 压力传感器特性及应用综合实验仪面板如图 5.12.2 所示.

(2) 应变压力传感器实验模板如图 5.12.3 所示.

(3) 实验装置如图 5.12.4 所示.

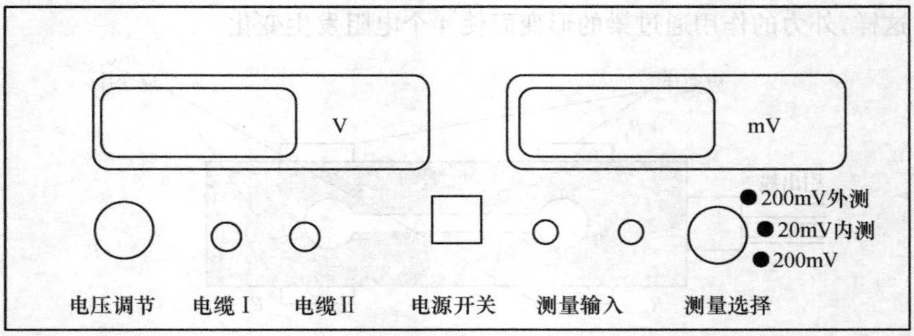

图 5.12.2　KD-YL-1 压力传感器特性及应用综合实验仪面板图

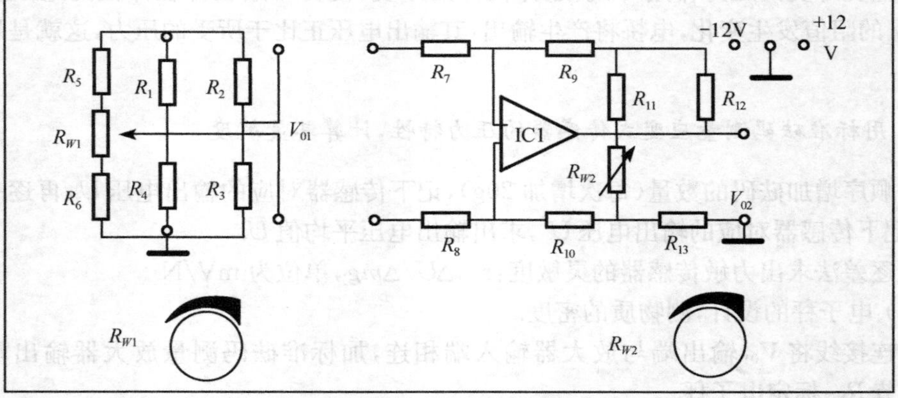

图 5.12.3　应变压力传感器实验模板

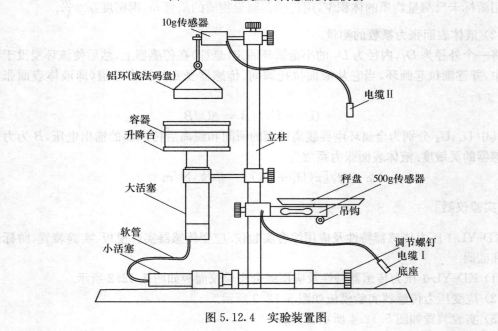

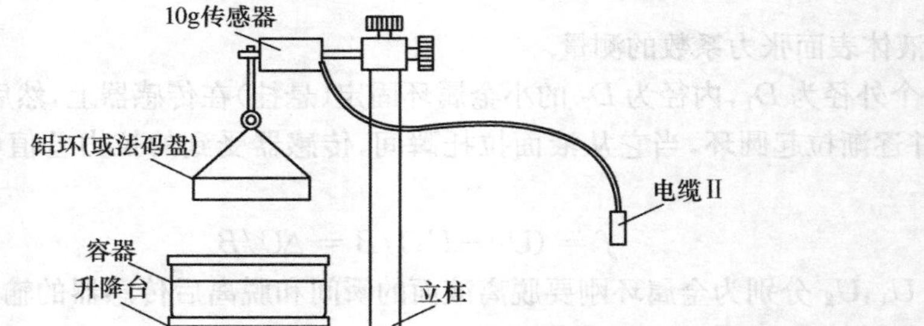

图 5.12.4　实验装置图

［实验内容］

1. 压力传感器的压力特性测量

(1) 开机预热.

(2) 将传感器输出电缆Ⅰ线(即秤盘电缆线)接入综合实验仪电缆座Ⅰ,测量选择置于内测 200mV,接通电源,调节工作电压为 9V,在托盘上加砝码,按顺序每次增加 20g,直至 200g,分别测传感器的输出电压,然后逐一减少砝码,测输出电压记录于表 5.12.1,根据其平均值,用逐差法求出灵敏度 s.

(3) 改变工作电压分别为 12V 和 15V,重复(2)的测量,测量相应的灵敏度 s.

2. 电子秤的设计

(1) 连线:秤盘电缆Ⅰ与"实验模板仪"左上角的插座相连,右角插孔用电缆线连接"综合实验仪"的电缆Ⅰ座,用连接线将 V_{01} 输出端与放大器输入端相连,红、黑二表笔线从 V_{02} 连接"测量输入"插孔,测量选择用"外测".

(2) 调零:工作电压调 15V(不小于 12V),调节 R_{W1} 使输出电压为 0.0mV.

(3) 定标:加标准砝码 100g,调节 R_{W2} 使放大器输出电压 V_{02} 为 100.0mV(即 1mV 为 1g).取下砝码后若不再是"0.0mV",再调 R_{W1},反复两次调零与定标即可.

(4) 加标准砝码 150g 测量,放大器输出端的电压 V_{02} 为 150.0mV,否则微调 R_{W2} 使放大器输出端的电压 V_{02} 为 150.0mV.

(5) 重复(2)、(3)、(4)步使放大器输出端的电压 V_{02} 偏差最小.

(6) 测试:将任意砝码放入托盘,测其质量.

3. 物质密度的测量

用游标卡尺测量圆柱的体积 V,用传感器和实验模板组成的电子秤测量出圆柱的质量 m,将测量结果记录于表 5.12.2.

4. 测量液体表面张力系数

(1) 连线:将小挂盘传感器电缆线Ⅱ插入"综合实验仪"的电缆座Ⅱ,用"内测"选择 200mV,工作电压 14V.

(2) 将砝码盘挂在力敏传感器的钩上.

(3) 对力敏传感器定标:整机预热约 10 分钟后,在力敏传感器的挂盘上分别加放各种质量砝码(加放砝码时应尽量轻),测出相应的电压输出值记录于表 5.12.3.计算出力敏传感器的灵敏度 B.

(4) 用游标卡尺测定吊环的内外直径.

(5) 在容器内放入被测液体并放在升降台上.

(6) 测定液体表面张力系数:挂上吊环,以顺时针转动与小活塞相连的升降台调节螺丝时,液体表面上升,当环下沿部分均浸入液体中时,改为逆时针转动该螺丝,这时液面往下降(相对而言,吊环往上提拉),在此过程中,可观察到液体产生的浮力与张力的情况,并观察环浸入液体中及从液体中拉起时的现象，特别应注意吊环即将拉断液柱前一瞬间数字电压表读数值为U_1，拉断后数字电压表读数值为U_2，将U_1、U_2值记录于表5.12.4.

5. **数据记录与处理**

表5.12.1　压力传感器的压力特性测量

（表内填写测出的对应输出电压，单位：mV）

V \ g		20	40	60	80	100	120	140	160	180	200
9	加										
	减										
	$\bar{U}$										
12	加										
	减										
	$\bar{U}$										
15	加										
	减										
	$\bar{U}$										

用逐差法分5组求平均值，求出位移传感器的灵敏度（即定标系数）：$s=\Delta U/\Delta mg$

9V：$s=$________ mV/N；

12V：$s=$________ mV/N；

15V：$s=$________ mV/N.

表5.12.2　物质密度的测定

（柱高h和直径D可在不同位置测3次求平均值并填入）

材　料	h/cm	D/cm	V/cm^3	m/g^3	$\rho=m/V$
铝					
铜					

表5.12.3　力敏传感器定标

砝码 m/g	0.50	1.00	1.50	2.00	2.50	3.00	3.50	4.00	4.50	5.00
输出电压 U/mV										

用逐差法分5组求平均：$\Delta\bar{U}=$________ mV，

再求得仪器的灵敏度：$B=\dfrac{\Delta\bar{U}}{\Delta mg}=$________ mV/N

表5.12.4　纯水（或其他液体）的表面张力系数测量

水温______℃

测量次数	U_1/mV	U_2/mV	ΔU/mV	$f/\times10^{-3}$N	$\alpha/\times10^{-3}$N/m
1					
2					
3					
4					
5					

吊环的内外直径(在环的不同位置测 3 次,求出平均值)为:外径 $D_1=$________ cm,内径 $D_2=$________ cm.

求得在此温度下的表面张力系数(平均值)为:$\bar{\alpha}=$________ N/m.

说明:液体表面张力系数与温度有关,温度升高,α 就减小;也与含杂质有关.经查表,纯水在 18℃时的表面张力系数标准值为:$\alpha=73\times10^{-3}$N/m,百分误差为:________%.

[注意事项]

在整个电路连接好之后才能打开电源开关;严禁带电插拔电缆插头.

[思考题]

(1) 在测液体表面张力系数的实验中,引起误差的因素有哪些?操作时应注意什么?

(2) 什么是传感器的灵敏度?由测量结果可见,它与什么有关?

(3) 测液体表面张力系数时,小环为什么要水平放置?

5.13 动态磁滞回线和磁化曲线的测量

磁性材料在通信、计算机和信息存储、电力、电子仪器、交通工具等领域有着十分广泛的应用.磁特性测量分为直流磁特性测量和交流磁特性测量.本实验用交流正弦电流对磁性材料进行磁化,测得的磁感应强度与磁场强度关系曲线称为动态磁滞回线,或者称为交流磁滞回线,它与直流磁滞回线是有区别的.可以证明:磁滞回线所包围的面积等于使单位体积磁性材料反复磁化一周时所需的功,并且因功转化为热而表现为损耗.磁化曲线和磁滞回线反映磁性材料在外磁场作用下的磁化特性,根据材料的不同磁特性,可以用于电动机、变压器、电感、电磁铁、永久磁铁、磁记忆元件等.动态磁滞回线是磁性材料的交流磁特性,其在工业中有重要应用,因为交流电动机、变压器的铁芯都是在交流状态下使用的.

磁滞回线所围面积很小的材料称为软磁材料.这种材料的特点是磁导率较高,在交流下使用时磁滞损耗也较小,故常作电磁铁或永磁铁的磁轭以及交流导磁材料.如电工纯铁、坡莫合金、硅钢片、软磁铁氧体等都属于这一类.磁滞回线所围面积很大的材料称为硬磁材料,其特征常常用剩余磁感应强度 B_r 和矫顽力 H_c 这两个特定的值表示.B_r 和 H_c 大的材料可作为永久磁铁使用.有时也用 BH 乘积的最大值$(BH)_{max}$衡量硬磁材料的性能,称为最大磁能.硬磁材料典型例子是各种磁钢合金和永久钡铁氧体.

测量动态磁滞回线时,材料中不仅有磁滞损耗,还有涡流损耗,因此,同一材料的动态磁滞回线的面积要比静态磁滞回线的面积稍大些.本实验重点学习用示波器显示和测量磁性材料动态磁滞回线和基本磁化曲线的方法,了解软磁材料和硬磁材料交流磁滞回线的区别.

[实验目的]

(1) 了解磁滞回线和磁化曲线的概念,理解铁磁材料的矫顽力、剩磁和磁导率.

(2) 用示波器测量软磁材料(软磁铁氧体)的磁滞回线.

(3) 比较硬磁材料和软磁材料的交流磁滞回线.

*(4) 学习精确测量电阻和电容的实验方法,测量不同阻值电阻和未知电容.

[实验原理]

1. 铁磁物质的磁滞现象

铁磁性物质的磁化过程很复杂,这主要是由于它具有磁性的原因.一般都是通过测量磁化场的磁场强度 H 和磁感应强度 B 之间关系来研究其磁化规律的.

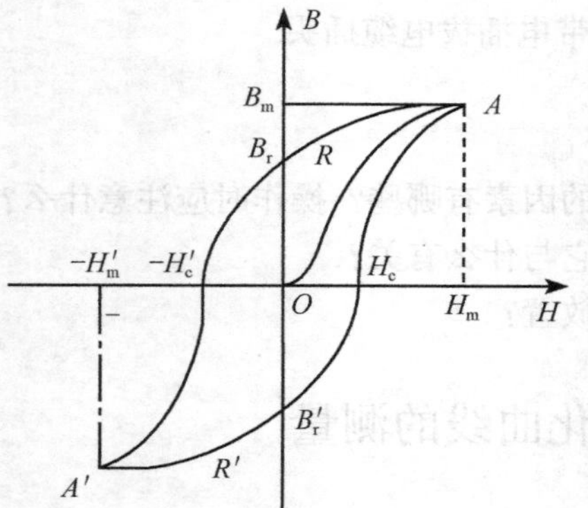

图 5.13.1　磁化曲线

如图 5.13.1 所示,当铁磁物质中不存在磁化场时,H 和 B 均为零,在 B-H 图中则相当于坐标原点 O. 随着磁化场 H 的增加,B 也随之增加,但两者之间不是线性关系. 当 H 增加到一定值时,B 不再增加或增加的十分缓慢,这说明该物质的磁化已达到饱和状态. H_m 和 B_m 分别为饱和时的磁场强度和磁感应强度(对应于图中 A 点). 如果再使 H 逐步退到零,则与此同时 B 也逐渐减小. 然而,其轨迹并不沿原曲线 AO,而是沿另一曲线 AR 下降到 B_r,这说明当 H 下降为零时,铁磁物质中仍保留一定的磁性. 将磁化场反向,再逐渐增加其强度,直到 $H=-H_m$,这时曲线达到 A'点(即反向饱和点),然后,先使磁化场退回到 $H=0$;再使正向磁化场逐渐增大,直到饱和值 H_m 为止. 如此就得到一条与 ARA'对称的曲线 $A'R'A$,而自 A 点出发又回到 A 点的轨迹为一闭合曲线,称为铁磁物质的磁滞回线,其中,曲线和 H 轴的交点 H_c 和 H_c'称为矫顽力,回线与 B 轴的交点 B_r 和 B_r',称为剩余磁感应强度.

2. 利用示波器观测铁磁材料动态磁滞回线

电路原理图如图 5.13.2 所示.

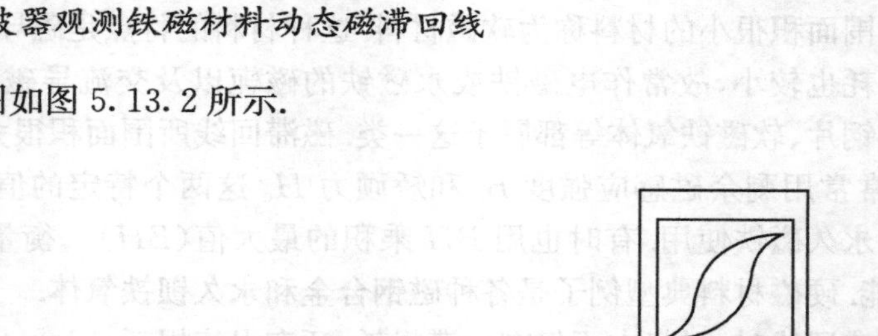

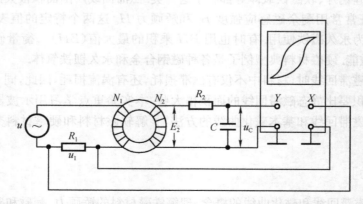

图 5.13.2　用示波器测动态磁滞回线的电路图

将样品制成闭合环状，其上均匀地绕以磁化线圈 N_1 及副线圈 N_2. 交流电压 u 加在磁化线圈上，线路中串联了一取样电阻 R_1，将 R_1 两端的电压 u_1 加到示波器的 X 轴输入端上. 副线圈 N_2 与电阻 R_2 和电容 C 串联成一回路，将电容 C 两端的电压 u_C 加到示波器的 Y 轴输入端，在示波器上可以显示和测量铁磁材料的磁滞回线.

1）磁场强度 H 的测量

设环状样品的平均周长为 l，磁化线圈的匝数为 N_1，磁化电流为交流正弦波电流 i_1，由安培回路定律 $Hl=N_1i_1$，而 $u_1=R_1i_1$，所以可得

$$H=\frac{N_1u_1}{lR_1} \tag{5.13.1}$$

式中，u_1 为取样电阻 R_1 上的电压. 由式(5.13.1)可知，在已知 R_1、l、N_1 的情况下，测得 u_1 的值，即可用式(5.13.1)计算磁场强度 H 的值.

2）磁感应强度 B 的测量

设样品的截面积为 S，根据电磁感应定律，在匝数为 N_2 的副线圈中感生电动势 E_2 为

$$E_2=-N_2S\frac{\mathrm{d}B}{\mathrm{d}t} \tag{5.13.2}$$

式中，$\frac{\mathrm{d}B}{\mathrm{d}t}$为磁感应强度 B 对时间 t 的导数.

若副线圈所接回路中的电流为 i_2，且电容 C 上的电量为 Q，则有

$$E_2=R_2i_2+\frac{Q}{C} \tag{5.13.3}$$

在式(5.13.3)中，考虑到副线圈匝数不太多，因此自感电动势可忽略不计. 在选定线路参数时，将 R_2 和 C 都取较大值，使电容 C 上电势降 $U_C=\frac{Q}{C}\ll R_2i_2$，可忽略不计，于是式(5.13.3)可写为

$$E_2=R_2i_2 \tag{5.13.4}$$

把电流 $i_2=\frac{\mathrm{d}Q}{\mathrm{d}t}=C\frac{\mathrm{d}u_C}{\mathrm{d}t}$代入式(5.13.4)得

$$E_2=R_2C\frac{\mathrm{d}u_C}{\mathrm{d}t} \tag{5.13.5}$$

把式(5.13.5)代入式(5.13.2)得

$$-N_2S\frac{\mathrm{d}B}{\mathrm{d}t}=R_2C\frac{\mathrm{d}u_C}{\mathrm{d}t}$$

两边对时间积分时，由于 B 和 u_C 都是交变的，积分常数项为零. 于是，在不考虑负号(在这里仅仅指相位差 $\pm\pi$)的情况下，磁感应强度为

$$B=\frac{R_2Cu_C}{N_2S} \tag{5.13.6}$$

式中，N_2、S、R_2 和 C 皆为常数，通过测量电容两端电压幅值 u_C 代入式(5.13.6)，可以求得材料磁感应强度 B 的值.

当磁化电流变化一个周期，示波器的光点将描绘出一条完整的磁滞回线，以后每个周期都重复此过程，形成一个稳定的磁滞回线.

3) B 轴(Y 轴)和 H 轴(X 轴)的校准

虽然示波器 Y 轴和 X 轴上有分度值可读数，但该分度值只是一个参考值，存在一定不确定度，且 X 轴和 Y 轴增益可微调会改变分度值. 所以，用数字交流电压表测量正弦信号电压，并且将正弦波输入 X 轴或 Y 轴进行分度值校准是必要的.

将被测样品(铁氧体)用电阻替代，从 R_1 上将正弦信号输入 X 轴，用交流数字电压表测量 R_1 两端电压 $U_{有效}$，从而可以计算示波器该挡的分度值(单位 V/cm)，见图 5.13.3.

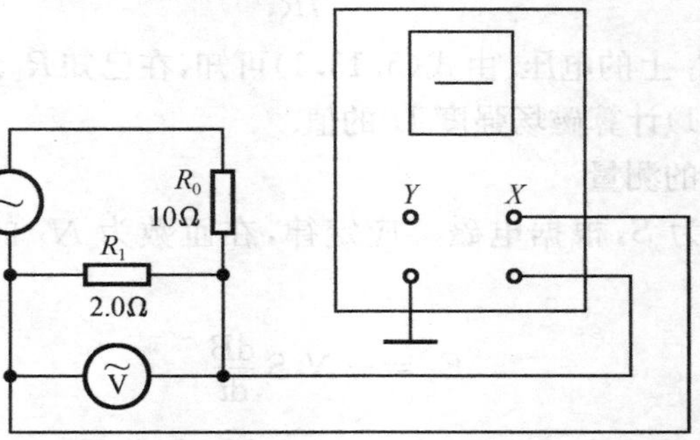

图 5.13.3　X 轴校准电路

［注意事项］

(1) 数字电压表测量交流正弦信号，测得值为有效值 $U_{有效}$. 而示波器显示的该正弦信号值为正弦波电压峰-峰值 $U_{峰\text{-}峰}$. 两者关系是

$$U_{峰\text{-}峰} = 2\sqrt{2}U_{有效} \tag{5.13.7}$$

(2) 用于校准示波器 X 轴挡和 Y 轴挡分度值的波形必须为正弦波，不可用失真波形.

用上述方法可以对示波器 Y 轴和 X 轴的分度值进行校准.

［实验仪器］

动态磁滞回线实验仪由可调正弦信号发生器、交流数字电压表、示波器、待测样品(软磁铁氧体、硬磁 Cr12 模具钢)、电阻、电容、导线等组成. 其外形结构如图 5.13.4 所示. 仪器的主要技术指标：

(1) 正弦波信号发生器. 频率 15～115Hz，连续可调. 输出信号交流 0～7V，可连续细调. 输出端与电源线中的地线隔离(浮地).

(2) 交流数字电压表. 量程 200mV，分辨率 0.1mV，浮地.

(3) 待测磁性样品. 软磁铁氧体 1 只(环状)，初级 200 匝，次级 200 匝；硬磁模具钢(Cr12 合金钢)1 只(环状)，初级 200 匝，次级 200 匝；两个样品内径 23.0mm，外径 38.0mm，高 10.0mm.

(4) 初级线圈串联电阻 $R_1 = 2.0\Omega$，次级线圈电路串联电阻 $R_2 = 50.0\text{k}\Omega$，电容 $C = 4.7\mu\text{F}$.

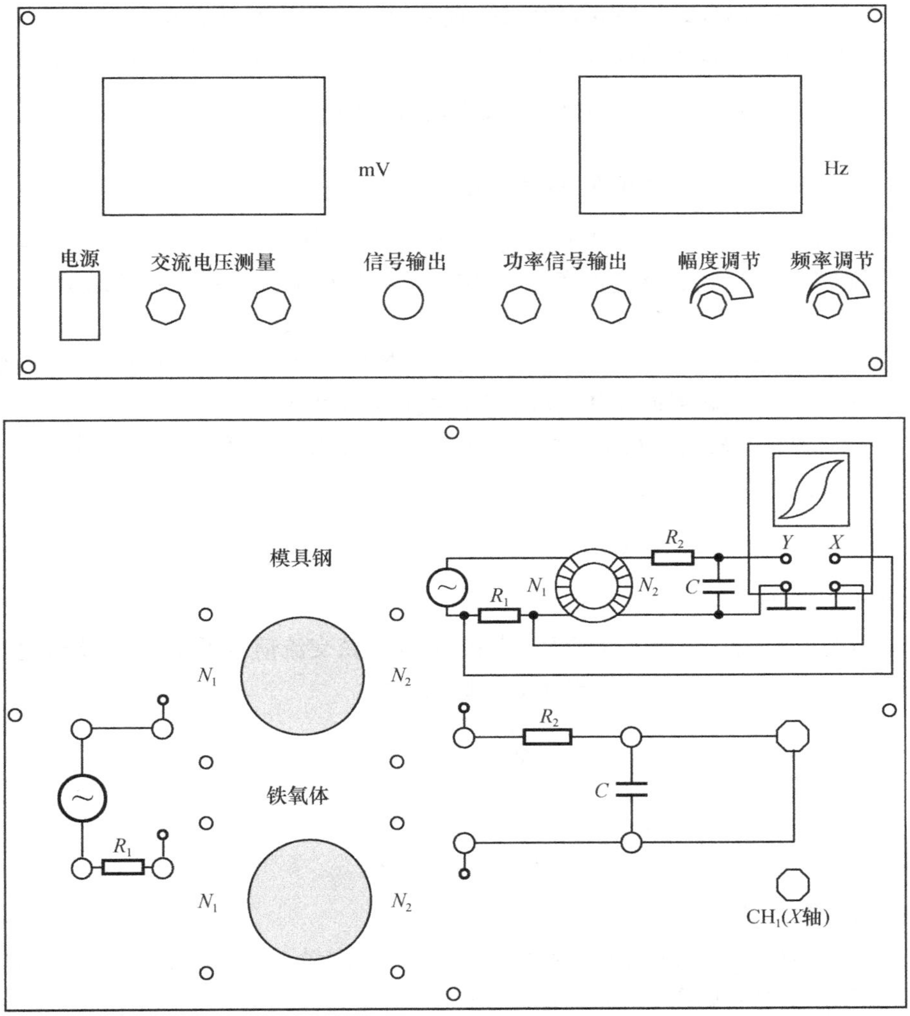

图 5.13.4　动态磁滞回线实验仪外观

[**实验内容**]

1. 观察和测量软磁铁氧体的动态磁滞回线

(1) 按图 5.13.2 要求接好电路图.

(2) 把示波器光点调至荧光屏中心.磁化电流从零开始,逐渐增大磁化电流,直至磁滞回线上的磁感应强度 B 达到饱和(即 H 值达到足够高时,曲线有变平坦的趋势,这一状态属饱和).磁化电流的频率 f 取 50Hz 左右.示波器的 X 轴和 Y 轴分度值调整至适当位置,使磁滞回线的 B_m 和 H_m 值尽可能充满整个荧光屏,且图形为不失真的磁滞回线图形.

(3) 记录磁滞回线的顶点 B_m 和 H_m,剩磁 B_r 和矫顽力 H_c 三个读数值(以长度为单位),在作图纸上画出软磁铁氧体的近似磁滞回线.

(4) 对 X 轴和 Y 轴进行校准.计算软磁铁氧体的饱和磁感应强度 B_m 和相应的磁场强度 H_m、剩磁 B_r 和矫顽力 H_c.磁感应强度以 T 为单位,磁场强度以 A/m 为单位.

(5) 测量软磁铁氧体的基本磁化曲线. 现将磁化电流慢慢从大至小,退磁至零. 从零开始,由小到大测量不同磁滞回线顶点的读数值 B_i 和 H_i,用作图纸作铁氧体的基本磁化曲线(B-H 关系)及磁导率与磁场强度关系曲线(μ-H 曲线),其中 $\mu=\dfrac{B}{H}$.

2. 观测硬磁 Cr12 模具钢(铬钢)材料的动态磁滞回线

(1) 将样品换成 Cr12 模具钢硬磁材料,经退磁后,从零开始电流由小到大增加磁化电流,直至磁滞回线达到磁感应强度饱和状态. 磁化电流频率约为 $f=50\text{Hz}$. 调节 X 轴和 Y 轴分度值使磁滞回线为不失真图形. 注意硬磁材料交流磁滞回线与软磁材料有明显区别,硬磁材料在磁场强度较小时,交流磁滞回线为椭圆形回线,而达到饱和时为近似矩形图形,硬磁材料的直流磁滞回线和交流磁滞回线也有很大区别.

(2) 对 X 轴和 Y 轴进行校准,并记录相应的 B_m 和 H_m,B_r 和 H_c 值,在作图纸上近似画出硬磁材料在达到饱和状态时的交流磁滞回线.

*3. 测量取样电阻 R_1 和电阻 R_2、电容 C 的值

1) 电阻的测量

将电阻箱 R 和待测电阻 R_2(或 R_1)串联,并与正弦交流信号源相接,用交流电压表测量信号输出电压 U 和电阻箱两端电压 U_R,那么,由

$$\frac{U_R}{R}=\frac{U-U_R}{R_2}$$

得

$$R_2=\frac{U-U_R}{U_R}R$$

同样,可测得 R_1 的值.

R_2 约为 50kΩ,R_1 约 2Ω,但测量时应考虑怎样使测量不确定度最小,测小电阻时,电源又不短路. 测量电路如图 5.13.5 所示.

2) 电容的测量

电容的值 C 约为 4.7μF. 若交流电频率 $f=50\text{Hz}$,即其阻抗约为 $Z_C=\dfrac{1}{\omega C}=\dfrac{1}{2\pi fC}=\dfrac{1}{100\pi\times 4.7\times 10^{-6}}=667.3\Omega$,测量电容的接线图如图 5.13.6 所示. 取 $R=677\Omega$,测量电源

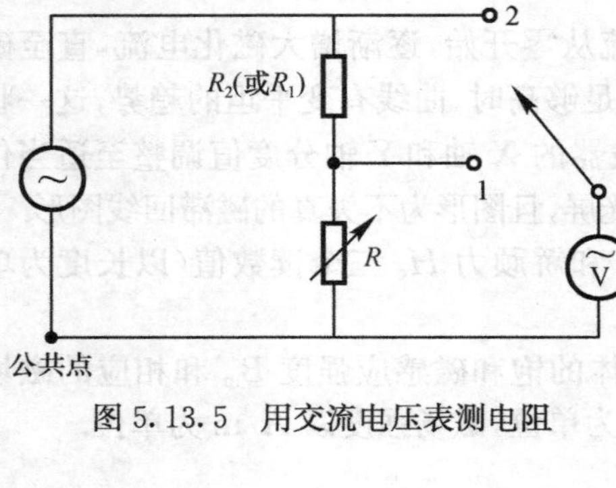

图 5.13.5　用交流电压表测电阻

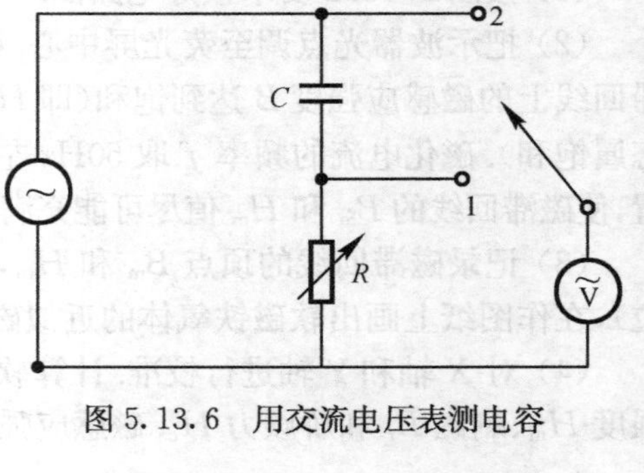

图 5.13.6　用交流电压表测电容

电压 U 和电阻两端电压 U_R，在已知频率 f 和 R 时可得电容 C 的值. 因为

$$U^2 = U_R^2 + U_C^2$$

所以

$$U_C = \sqrt{U^2 - U_R^2}$$

由此可得

$$U_C = Z_C I = \frac{1}{2\pi f C}\frac{U_R}{R}$$

$$C = \frac{U_R}{2\pi f R U_C} \tag{5.13.8}$$

［思考题］

(1) 在式(5.13.3)中，$U_C \ll R_2 i_2$ 时可将 U_C 忽略，$E_2 = R_2 i_2$. 考虑一下，由这项忽略引起的不确定度有多大?

(2) 在测量 B-H 曲线过程，为何不能改变 X 轴和 Y 轴的分度值?

(3) 示波器显示的正弦波电压值与交流电压表显示的电压值有何区别? 两者之间如何换算?

(4) 硬磁材料的交流磁滞回线与软磁材料的交流磁滞回线有何区别?

5.14 磁光效应实验

1845 年，法拉第(M. Faraday)在探索电磁现象和光学现象之间的联系时，发现了一种现象：当一束平面偏振光穿过介质时，如果在介质中，沿光的传播方向上加上一个磁场，就会观察到光经过样品后偏振面转过一个角度，即磁场使介质具有了旋光性，这种现象后来就称为法拉第效应. 法拉第效应第一次显示了光和电磁现象之间的联系，促进了对光本性的研究. 之后韦尔代(Verdet)对许多介质的磁致旋光进行了研究，发现了法拉第效应在固体、液体和气体中都存在.

法拉第效应有许多重要的应用，在磁场测量方面，利用法拉第效应弛豫时间短的特点制成的磁光效应磁强计可以测量脉冲强磁场、交变强磁场. 在电流测量方面，利用电流的磁效应和光纤材料的法拉第效应，可以测量几千安培的大电流和几兆伏的高压电流. 在激光技术发展后，其应用价值越来越受到重视，如用于光纤通信中的磁光隔离器.

磁光调制主要应用于光偏振微小旋转角的测量技术，它是通过测量光束经过某种物质时偏振面的旋转角度来测量物质的活性，这种测量旋光的技术在科学研究、工业和医疗中有广泛的用途，在生物和化学领域以及新兴的生命科学领域中也是重要的测量手段.

［实验目的］

(1) 了解法拉第效应产生的原因和磁光调制原理;

(2) 学会精确测量不同样品的韦尔代常数.

[实验原理]

1. 法拉第效应

实验表明，在磁场不是非常强时，如图 5.14.1 所示，偏振面旋转的角度 θ 与光波在介质中走过的路程 d 及介质中的磁感应强度在光的传播方向上的分量 B 成正比，即

$$\theta = VBd \tag{5.14.1}$$

比例系数 V 由物质和工作波长决定，表征着物质的磁光特性，这个系数称为韦尔代(Verdet)常数.

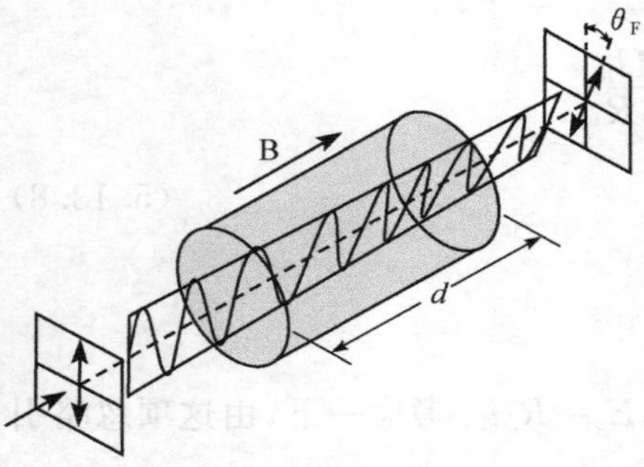

图 5.14.1　法拉第磁致旋光效应

韦尔代常数 V 与磁光材料的性质有关，对于顺磁、弱磁和抗磁性材料(如重火石玻璃等)，V 为常数，即 θ 与磁场强度 B 有线性关系；而对铁磁性或亚铁磁性材料(如 YIG 等立方晶体材料)，θ 与 B 不是简单的线性关系.

表 5.14.1 为几种物质的韦尔代常数. 几乎所有物质(包括气体、液体、固体)都存在法拉第效应，不过一般都不显著.

表 5.14.1　几种材料的韦尔代常数（单位:弧分/特斯拉・厘米）

物　质	λ/nm	V
水	589.3	1.31×10^2
二硫化碳	589.3	4.17×10^2
轻火石玻璃	589.3	3.17×10^2
重火石玻璃	830.0	$8\times10^2\sim10\times10^2$
冕玻璃	632.8	$4.36\times10^2\sim7.27\times10^2$
石英	632.8	4.83×10^2
磷素	589.3	12.3×10^2

不同的物质，偏振面旋转的方向也可能不同. 习惯上规定，以顺着磁场观察偏振面旋转绕向与磁场方向满足右手螺旋关系的称为“右旋”介质，其韦尔代常数 $V>0$；反向旋转的称为“左旋”介质，韦尔代常数 $V<0$.

对于每一种给定的物质，法拉第旋转方向仅由磁场方向决定，而与光的传播方向无关(不管传播方向与磁场同向或者反向)，这是法拉第磁光效应与某些物质的固有旋光效应的重要区别. 固有旋光效应的旋光方向与光的传播方向有关，即随着顺光线和逆光线的方向观察，线偏振光的偏振面的旋转方向是相反的，因此当光线往返两次穿过固有旋光物质时，线偏振光的偏振面没有旋转. 而法拉第效应则不然，在磁场方向不变的情况下，光线往返穿过磁致旋光物质时，法拉第旋转角将加倍. 利用这一特性，可以使光线在介质中往返数次，从而使旋转角度加大. 这一性质使得磁光晶体在激光技术、光纤通信技术中获得重要应用.

与固有旋光效应类似，法拉第效应也有旋光色散，即韦尔代常数随波长而变，一束白色的线偏振光穿过磁致旋光介质，则紫光的偏振面要比红光的偏振面转过的角度大，这就是旋光色散. 实验表明，磁致旋光物质的韦尔代常数 V 随波长 λ 的增加而减小，如图 5.14.2 所示，旋光色散曲线又称为法拉第旋转谱.

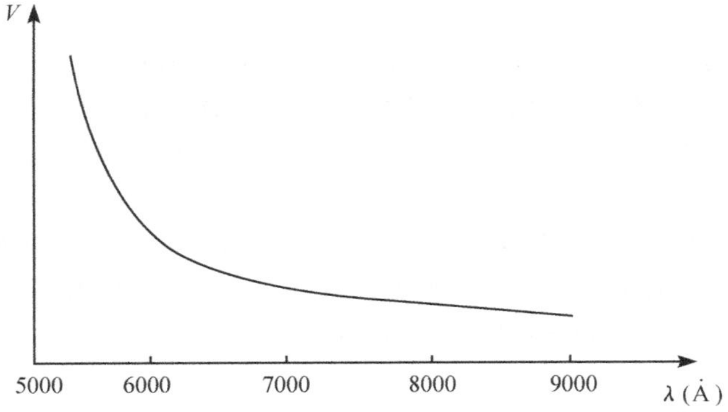

图 5.14.2　磁致旋光色散曲线

2. 法拉第效应的唯象解释

从光波在介质中传播的图像看，法拉第效应可以做如下理解：一束平行于磁场方向传播的线偏振光，可以看作是两束等幅左旋和右旋圆偏振光的叠加. 这里左旋和右旋是相对于磁场方向而言的.

如果磁场的作用是使右旋圆偏振光的传播速度 c/n_R 和左旋圆偏振光的传播速度 c/n_L 不等，于是通过厚度为 d 的介质后，便产生不同的相位滞后

$$\varphi_R = \frac{2\pi}{\lambda} n_R d, \quad \varphi_L = \frac{2\pi}{\lambda} n_L d \tag{5.14.2}$$

式中 λ 为真空中的波长. 这里应注意，圆偏振光的相位即旋转电矢量的角位移；相位滞后即角位移倒转. 在磁致旋光介质的入射截面上，入射线偏振光的电矢量 E 可以分解为图 5.14.3(a)所示两个旋转方向不同的圆偏振光 E_R 和 E_L，通过介质后，它们的相位滞后不同，旋转方向也不同，在出射界面上，两个圆偏振光的旋转电矢量如图 5.14.3(b)所示. 当光束射出介质后，左、右旋圆偏振光的速度又恢复一致，我们又可以将它们合成起来考虑，即仍为线偏振光. 从图上容易看出，由介质射出后，两个圆偏振光的合成电矢量 E 的振动面相对于原来的振动面转过角度 θ，其大小可以由图 5.14.3(b)直接看出，因为

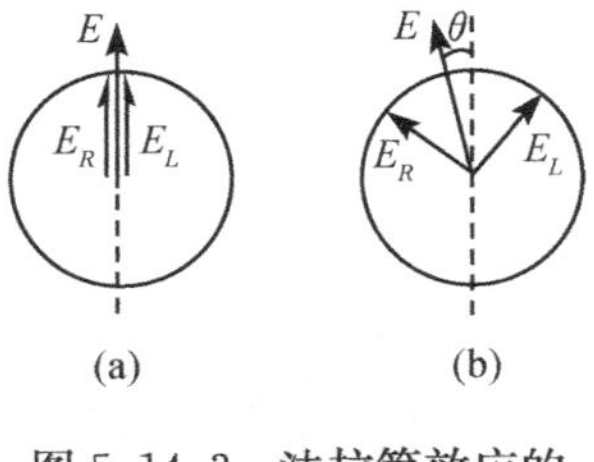

图 5.14.3　法拉第效应的唯象解释

$$\varphi_R - \theta = \varphi_L + \theta \tag{5.14.3}$$

所以

$$\theta = \frac{1}{2}(\varphi_R - \varphi_L) \tag{5.14.4}$$

由式(5.14.2)得

$$\theta=\frac{\pi}{\lambda}(n_R-n_L)d=\theta_F\cdot d \tag{5.14.5}$$

当 $n_R>n_L$ 时，$\theta>0$，表示右旋；当 $n_R<n_L$ 时，$\theta<0$，表示左旋. 假如 n_R 和 n_L 的差值正比于磁感应强度 B，由式(5.14.5)便可以得到法拉第效应公式(5.14.1). 式中的 $\theta_F=\frac{\pi}{\lambda}(n_R-n_L)$ 为单位长度上的旋转角，称为比法拉第旋转. 因为在铁磁或者亚铁磁等强磁介质中，法拉第旋转角与外加磁场不是简单的正比关系，并且存在磁饱和，所以通常用比法拉第旋转 θ_F 的饱和值来表征法拉第效应的强弱. 式(5.14.4)也反映出法拉第旋转角与通过波长 λ 有关，即存在旋光色散.

微观上如何理解磁场会使左旋、右旋圆偏振光的折射率或传播速度不同呢？上述解释并没有涉及这个本质问题，所以称为唯象理论. 从本质上讲，折射率 n_R 和 n_L 的不同，应归结为在磁场作用下，原子能级及量子态的变化.

3. *磁光调制原理*

根据马吕斯定律，如果不计光损耗，则通过起偏器，经检偏器输出的光强为

$$I=I_0\cos^2\alpha \tag{5.14.6}$$

式中，I_0 为起偏器同检偏器的透光轴之间夹角 $\alpha=0$ 或 $\alpha=\pi$ 时的输出光强. 若在两个偏振器之间加一个由励磁线圈(调制线圈)、磁光调制晶体和低频信号源组成的低频调制器，如图 5.14.4 所示，则调制励磁线圈所产生的正弦交变磁场 $B=B_0\sin\omega t$，能够使磁光调制晶体产生交变的振动面转角 $\theta=\theta_0\sin\omega t$，$\theta_0$ 称为调制角幅度. 此时输出光强由式(5.14.6)变为

$$I=I_0\cos^2(\alpha+\theta)=I_0\cos^2(\alpha+\theta_0\sin\omega t) \tag{5.14.7}$$

由式(5.14.7)可知，当 α 一定时，输出光强 I 仅随 θ 变化，因为 θ 是受交变磁场 B 或信号电流 $i=i_0\sin\omega t$ 控制的，从而使信号电流产生的光振动面旋转，转化为光的强度调制，这就是磁光调制的基本原理.

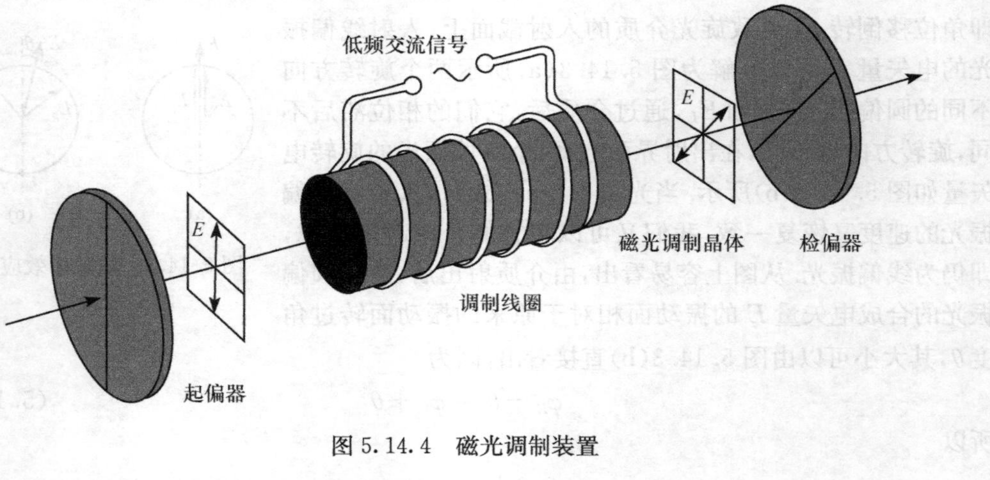

图 5.14.4　磁光调制装置

根据倍角三角函数公式由式(5.14.7)可以得到

$$I = \frac{1}{2} I_0 [1 + \cos^2(\alpha + \theta)] \tag{5.14.8}$$

显然,在 $0 \leqslant \alpha + \theta \leqslant 90°$ 的条件下,当 $\theta = -\theta_0$ 时输出光强最大,即

$$I_{\max} = \frac{I_0}{2} [1 + \cos^2(\alpha - \theta_0)] \tag{5.14.9}$$

当 $\theta = \theta_0$ 时,输出光强最小,即

$$I_{\min} = \frac{I_0}{2} [1 + \cos^2(\alpha + \theta_0)] \tag{5.14.10}$$

定义光强的调制幅度

$$A \equiv I_{\max} - I_{\min} \tag{5.14.11}$$

由式(5.14.9)和式(5.14.10)代入上式得到

$$A = I_0 \sin^2\alpha \sin^2\theta \tag{5.14.12}$$

由上式可以看出,在调制角幅度 θ_0 一定的情况下,当起偏器和检偏器透光轴夹角 $\alpha = 45°$ 时,光强调制幅度最大

$$A_{\max} = I_0 \sin^2\theta_0 \tag{5.14.13}$$

所以,在做磁光调制实验时,通常将起偏器和检偏器透光轴成 45°角放置,此时输出的调制光强由式(5.14.8)知

$$I \big|_{\alpha=45°} = \frac{I_0}{2}(1 - \sin^2\theta) \tag{5.14.14}$$

当 $\alpha = 90°$ 时,即起偏器和检偏器偏振方向正交时,输出的调制光强由式(5.14.7)知

$$I \big|_{\alpha=90°} = I_0 \sin^2\theta \tag{5.14.15}$$

当 $\alpha = 0°$,即起偏器和检偏器偏振方向平行时,输出的调制光强由式(5.14.7)知

$$I \big|_{\alpha=0°} = I_0 \cos^2\theta \tag{5.14.16}$$

若将输出的调制光强入射到硅光电池上,转换成光电流,在经过放大器放大输入示波器,就可以观察到被调制了的信号. 当 $\alpha = 45°$ 时,在示波器上观察到调制幅度最大的信号,当 $\alpha = 0°$ 或 $\alpha = 90°$,在示波器上可以观察到由式(5.14.15)和式(5.14.16)决定的倍频信号. 但是因为 θ 一般都很小,由式(5.14.15)和式(5.14.16)可知,输出倍频信号的幅度分别接近于直流分量 0 或 I_0.

[实验仪器]

FD-MOC-A 磁光效应综合实验仪主要有导轨、滑块、光学部件、两个控制主机、直流可调稳压电源及手提零件箱组成. 另外实验时需要一台双踪示波器.

其中一米长的光学导轨上有八个滑块,分别有激光器、起偏器、检偏器、测角器(含偏振片)、调制线圈、会聚透镜、探测器、电磁铁. 直流可调稳压电源通过四根连接线与电磁铁相连,电磁铁既可以串连,也可以并联,具体连接方式及磁场方向可以通过特斯拉计测量确定.

两个控制主机主要有五部分组成:特斯拉计、调制信号发生器、激光器电源、光功率计和选频放大器.

1. 特斯拉计及信号发生器面板说明(如图 5.14.5)

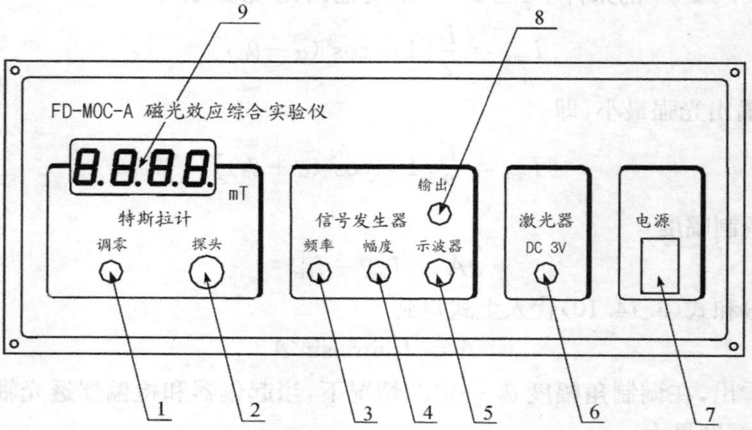

图 5.14.5 特斯拉计及信号发生器面板

1. 调零旋钮;2. 接特斯拉计探头;3. 调节调制信号的频率;4. 调节调制信号的幅度;5. 接示波器,观察调制信号;6. 半导体激光器电源;7. 电源开关;8. 调制信号输出,接调制线圈;9. 特斯拉计测量数值显示

2. 光功率计和选频放大器面板说明(如图 5.14.6)

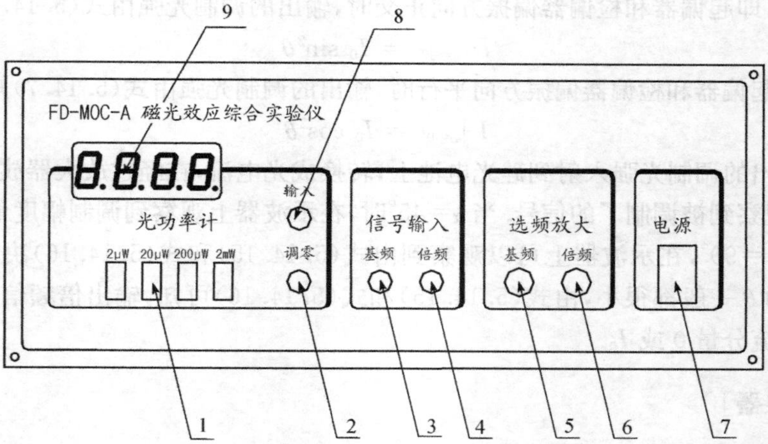

图 5.14.6 光功率计和选频放大器面板

1. 琴键换挡开关;2. 调零旋钮;3. 基频信号输入端,接光电接收器;4. 倍频信号输入端,接光电接收器;5. 接示波器,观察基频信号;6. 接示波器,观察倍频信号;7. 电源开关;8. 光功率计输入端,接光电接收器;9. 光功率计表头显示

[实验内容]

(1) 用特斯拉计测量电磁铁磁头中心的磁感应强度,分析线性范围.

(2) 法拉第效应实验:消光法检测磁光玻璃的韦尔代常数.

(3) 磁光调制实验:熟悉磁光调制的原理,理解倍频法精确测定消光位置.

(4) 磁光调制倍频法研究法拉第效应,精确测量不同样品的韦尔代常数.

[实验步骤]

1. 电磁铁磁头中心磁场的测量

(1) 将直流稳压电源的两输出端("红""黑"两端)用四根带红黑手枪插头的连接线与电磁铁相连,注意:一般情况下,电磁铁两线圈并联.

(2) 调节两个磁头上端的固定螺丝,使两个磁头中心对准(验证标准为中心孔完全通光),并使磁头间隙为一定数值,如:20mm 或者 10mm.

(3) 将特斯拉计探头与装有特斯拉计的磁光效应综合实验仪主机对应五芯航空插座相连,另外一端通过探头臂固定在电磁铁上,并使探头处于两个磁头正中心,旋转探头方向,使磁力线垂直穿过探头前端的霍尔传感器,这样测量出的磁感应强度最大,对应特斯拉计此时测量最准确,连接示意图如图 5.14.7 所示.

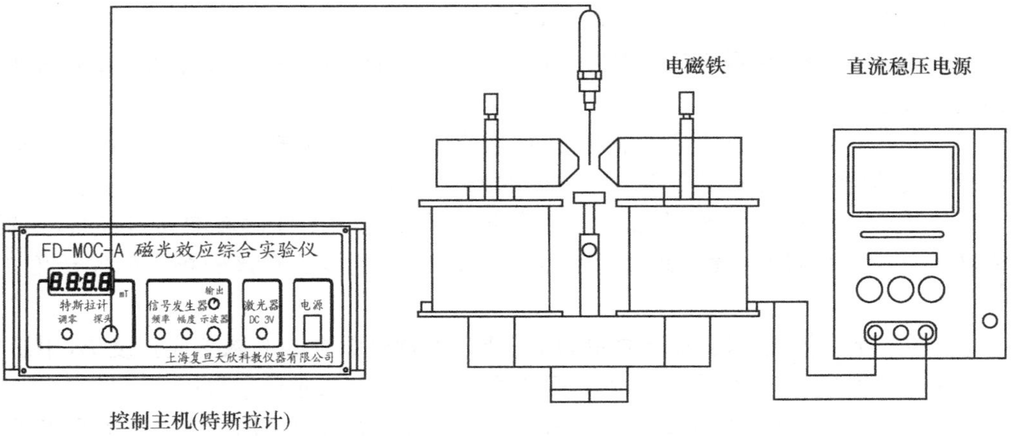

图 5.14.7 磁场测量装置连接示意图

(4) 调节直流稳压电源的电流调节电位器,使电流逐渐增大,并记录不同电流情况下的磁感应强度.然后列表画图分析电流一中心磁感应强度的线性变化区域,并分析磁感应强度饱和的原因.

2. 正交消光法测量法拉第效应实验

(1) 将半导体激光器、起偏器、透镜、电磁铁、检偏器、光电接收器依次放置在光学导轨上;

(2) 将半导体激光器与主机上"3V 输出"相连,将光电接收器与光功率计的"输入"端相连;

(3) 将恒流电源与电磁铁相连(注意电磁铁两个线圈一般选择并联),连接示意图如图 5.14.8 所示;

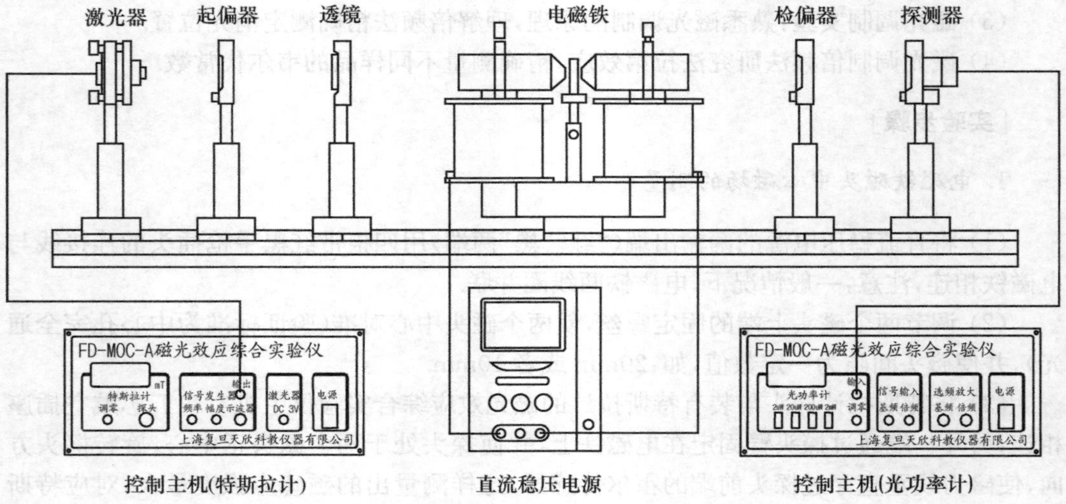

图 5.14.8 正交消光法测量法拉第效应装置连接示意图

(4) 在磁头中间放入实验样品,样品共两种;

(5) 调节激光器,使激光依次穿过起偏器、透镜、磁铁中心、样品、检偏器,并能够被光电接收器接收;

(6) 由于半导体激光器为部分偏振光,可调节起偏器来调节输入光强的大小;调节检偏器,使其与起偏器偏振方向正交,这时检测到的光信号为最小,读取此时检偏器的角度 θ_1;

(7) 打开恒流电源,给样品加上恒定磁场,可看到光功率计读数增大,转动检偏器,使光功率计读数为最小,读取此时检偏器的角度 θ_2,得到样品在该磁场下的偏转角 $\theta=\theta_2-\theta_1$;

(8) 关掉半导体激光器,取下样品,用高斯计测量磁隙中心的磁感应强度 B,用游标卡尺测量样品厚度,根据公式:$\theta=VBd$,可以求出该样品的韦尔代常数;

(9) 教师可以根据实际需要,合理安排实验过程,比如可以采用改变电流方向求平均值的方法来测量偏转角;也可以通过改变励磁电流而改变中心磁场的场强,测量不同场强下的偏转角,以研究材料的磁光特性.

3. *磁光调制实验*

(1) 将激光器、起偏器、调制线圈、检偏器、光电接收器依次放置在光学导轨上;

(2) 将主机上调制信号发生器部分的"示波器"端与示波器的"CH1"端相连,观察调制信号,调节"幅度"旋钮可调节调制信号的大小,注意不要使调制信号变形,调节"频率"旋钮可微调调制信号的频率;

(3) 将激光器与主机上"3V 输出"相连,调节激光器,使激光从调制线圈中心样品中穿过,并能够被光电接收器接收;

(4) 将调制线圈与主机上调制信号发生器部分的"输出"端用音频线相连;

(5) 将光电接收器与主机上信号输入部分的"基频"端相连;用 Q9 线连接选频放大部分的"基频"端与示波器的"CH2"端,连接示意图如图 5.14.9 所示;

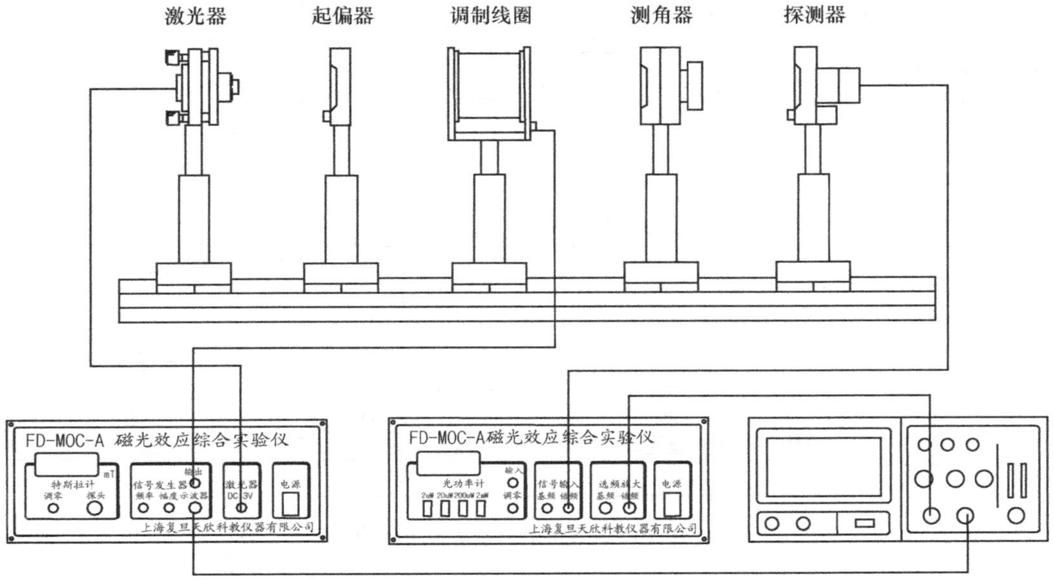

图 5.14.9 磁光调制实验连接示意图

(6) 用示波器观察基频信号，调节调制信号发生器部分的“频率”旋钮，使基频信号最强，调节检偏器与起偏器的夹角，观察基频信号的变化；

(7) 调节检偏器到消光位置附近，将光电接收器与主机上信号输入部分的“倍频”端相连，同时将示波器的“CH2”端与选频放大部分的“倍频”端相连，调节调制信号发生器部分的“频率”旋钮，使倍频信号最强，微调检偏器，观察信号变化，当检偏器与起偏器正交时，即消光位置，可以观察到稳定的倍频信号.

4. *磁光调制倍频法测量法拉第效应实验*

(1) 将半导体激光器、起偏器、透镜、电磁铁、调制线圈、有测微机构的检偏器、光电接收器依次放置在光学导轨上；

(2) 在电磁铁磁头中间放入实验样品，将恒流电源与电磁铁相连，将主机上调制信号发生器部分的“示波器”端与示波器的“CH1”端相连；将激光器与主机上“3V 输出”相连，调节激光器，使激光依次穿过各元件，并能够被光电接收器接收；将调制线圈与主机上调制信号发生器部分的“输出”端用音频线相连；将光电接收器与主机上信号输入部分的“基频”端相连；用 Q9 线连接选频放大部分的“基频”端与示波器的“CH2”端，连接示意图如图 5.14.10 所示；

(3) 用示波器观察基频信号，旋转检偏器到消光位置附近，将光电接收器与主机上信号输入部分的“倍频”端相连，同时将示波器的“CH2”端与选频放大部分的“倍频”端相连，微调检偏器的侧微器到可以观察到稳定的倍频信号，读取此时检偏器的角度 θ_1；

(4) 打开恒流电源，给样品加上恒定磁场，可看到倍频信号发生变化，调节检偏器的侧微器至再次看到稳定的倍频信号，读取此时检偏器的角度 θ_2，得到样品在该磁场下的偏转角 $\theta=\theta_2-\theta_1$；

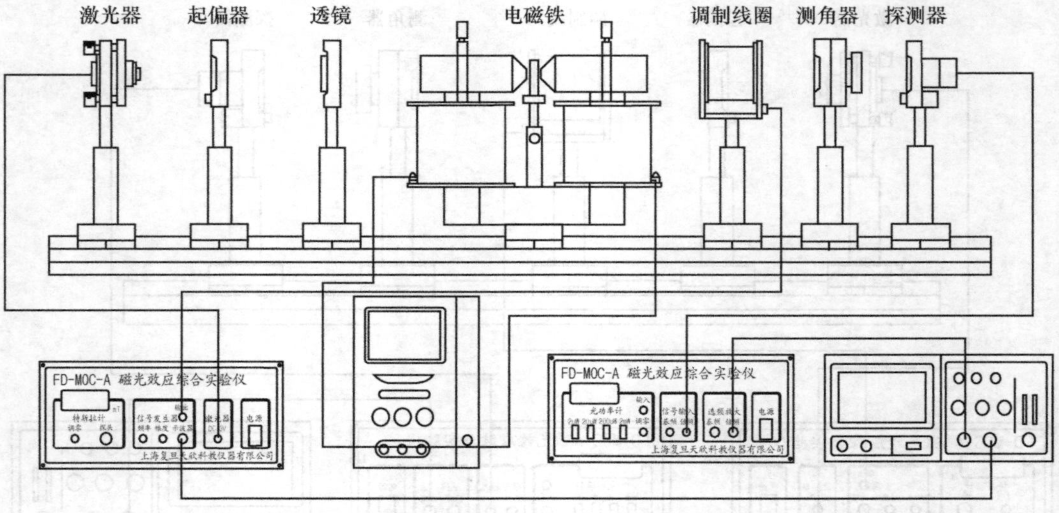

图 5.14.10　磁光调制倍频法测量法拉第效应连接示意图

(5) 关掉半导体激光器，取下样品，用高斯计测量磁隙中心的磁感应强度 B，用游标卡尺测量样品厚度，根据公式：$\theta=VBd$，可以求出该样品的韦尔代常数.

［注意事项］

(1) 实验时不要将直流的大光强信号直接输入进选频放大器，以避免对放大器的损坏.

(2) 起偏器和检偏器都是两个装有偏振片的转盘，读数精度都为 1°，仪器还配有一个装有螺旋测微头的转盘，转盘中同样装有偏振片，其中外转盘的精度也为 1°，螺旋测微头的精度为 0.01mm，测量范围为 8mm，即将角位移转化为直线位移，实现角度的精确测量.

(3) 实验仪的电磁铁的两个磁头间距可以调节，这样不同宽度的样品均可以放置于磁场中间，并且实验中可以用手臂形特斯拉计探头固定架测量中心磁场的磁感应强度.

(4) 实验结束后，将实验样品及各元件取下，依次放入手提零件箱内.

(5) 样品及调制线圈内的磁光玻璃为易损件，使用时应加倍小心.

(6) 用正交消光法测量样品韦尔代常数时，必须注意加磁场后要求保证样品在磁场中的位置不发生变化，否则光路改变会影响到测量结果.

［思考题］

(1) 光电检测器前面的可调光阑，在实验时起什么作用?

(2) 实验时直流稳压电源和电磁铁如果靠近示波器，是否对示波器的工作有影响?

第 6 章　设计性实验

6.1　用单摆测量重力加速度

[实验目的]

(1) 研究单摆的摆长与周期之间的关系，求出重力加速度 g；

(2) 研究摆角与周期之间的关系，作 $2T\text{-}\sin^2(\theta/2)$关系图，求出重力加速度 g.

[设计要求及实验内容]

(1) 利用实验室提供的实验仪器和实验仪器的使用说明书，设计研究单摆的摆长与周期之间关系的实验步骤，求出重力加速度 g；

(2) 利用实验室提供的实验仪器和实验仪器的使用说明书，设计研究单摆摆角与周期之间关系的实验步骤，作 $2T\text{-}\sin^2(\theta/2)$关系图，求出重力加速度 g.

[主要实验器材]

(1) 单摆实验仪；

(2) 集成开关霍尔传感器.

[实验原理、方法提示]

1. 单摆摆长与周期之间的关系

如果在一固定点上悬挂一根不能伸长无质量的线，并在线的末端悬一质量为 m 的质点，这就构成一个单摆. 当摆角 θ_m 很小时(小于 3°)，单摆的振动周期 T 和摆长 L 有如下近似关系：

$$T = 2\pi\sqrt{\frac{L}{g}} \quad 或 \quad T^2 = 4\pi^2\frac{L}{g} \tag{6.1.1}$$

当然，这种理想的单摆实际上是不存在的，因为悬线是有质量的，实验中又采用了半径为 r 的金属小球来代替质点. 所以，只有当小球质量远大于悬线的质量，而它的半径又远小于悬线长度时，才能将小球作为质点来处理，并可用式(6.1.1)进行计算. 但此时必须将悬挂点与球心之间的距离作为摆长，即 $L=L_1+r$，其中 L_1 为线长. 如固定摆长 L，测出相应的振动周期 T，即可由式(6.1.1)求 g. 也可逐次改变摆长 L，测量各相应的周期 T，再求出 T^2，最后在坐标纸上作 $T^2\text{-}L$ 图. 如图是一条直线，说明 T^2 与 L 成正比关系. 在直线上选取二点 $P_1(L_1, T_1^2)$，$P_2(L_2, T_2^2)$，由二点式求得斜率 $k=\dfrac{T_2^2-T_1^2}{L_2-L_1}$；再从 $k=\dfrac{4\pi^2}{g}$求得重

力加速度，即

$$g = 4\pi^2 \frac{L_2 - L_1}{T_2^2 - T_1^2} \tag{6.1.2}$$

2. 单摆摆角与周期之间的关系

在忽略空气阻力和浮力的情况下，由单摆振动时能量守恒，可以得到质量为 m 的小球在摆角为 θ 处动能和势能之和为常量，即

$$\frac{1}{2}mL^2\left(\frac{\mathrm{d}\theta}{\mathrm{d}t}\right)^2 + mgL(1-\cos\theta) = E_0 \tag{6.1.3}$$

式中，L 为单摆摆长，θ 为摆角，g 为重力加速度，t 为时间，E_0 为小球的总机械能. 因为小球在摆幅为 θ_m 处释放，则有 $E_0 = mgL(1-\cos\theta_m)$. 代入式(6.1.3)，解方程得到

$$\frac{\sqrt{2}}{4}T = \sqrt{\frac{L}{g}}\int_0^{\theta_m}\frac{\mathrm{d}\theta}{\sqrt{\cos\theta - \cos\theta_m}} \tag{6.1.4}$$

式(6.1.4)中 T 为单摆的振动周期.

令 $k=\sin(\theta_m/2)$，并作变换 $\sin(\theta/2)=k\sin\varphi$ 有

$$T = 4\sqrt{\frac{L}{g}}\int_0^{\pi/2}\frac{\mathrm{d}\varphi}{\sqrt{1-k^2\sin^2\varphi}}$$

这是椭圆积分，经近似计算可得到

$$T = 2\pi\sqrt{\frac{L}{g}}\left[1+\frac{1}{4}\sin^2\left(\frac{\theta_m}{2}\right)+\cdots\right] \tag{6.1.5}$$

在传统的手控计时方法下，单次测量周期的误差可达 0.1～0.2s，而多次测量又面临空气阻尼使摆角衰减的情况，因而式(6.1.4)只能考虑到一级近似，不得不将 $\frac{1}{4}\sin^2\left(\frac{\theta_m}{2}\right)$ 项忽略. 但是，当单摆振动周期可以精确测量时，必须考虑摆角对周期的影响，即用二级近似公式. 在此实验中，测出不同的 θ_m 所对应的二倍周期 $2T$，作出 $2T\text{-}\sin^2\left(\frac{\theta_m}{2}\right)$ 图，并对图线外推，从截距 $2T$ 得到周期 T，进一步可以得到重力加速度 g.

6.2　碰撞打靶

[实验目的]

(1) 研究两个球体的碰撞及碰撞后的平抛运动；

(2) 应用已学到的力学定律解决打靶的实际问题，从而更深入地了解力学原理.

[设计要求及实验内容]

(1) 用一悬挂撞击球去撞击另一个放在升降台上的被撞球，使被撞球击中指定位置的靶心；

(2) 设计方案要求计算被撞球击中靶心时，撞击球的初始理论高度；

(3) 通过实验测出被撞球击中靶心时，撞击球的初始实验高度；

(4) 计算碰撞前后机械能的损失，分析能量损失的各种来源，设计实验测出各部分能量损失的大小.

［主要实验器材］

(1) 碰撞打靶实验仪；

(2) 各种质量和大小的球体；

(3) 游标卡尺、天平、钢尺等.

［实验原理、方法提示］

(1) 碰撞：指两运动物体相互接触时，运动状态发生迅速变化的现象."正碰"是指两碰撞物体的速度都沿着它们质心连线方向的碰撞；其他碰撞则为"斜碰".

(2) 碰撞时的动量守恒：两物体碰撞前后的总动量不变.

(3) 平抛运动：将物体用一定的初速度 v_0 沿水平方向抛出，在不计空气阻力的情况下，物体所作的运动称平抛运动，运动学方程为 $x=v_0t$，$y=\frac{1}{2}gt^2$(式中 t 是从抛出开始计算的时间，x 是物体在时间 t 内水平方向的移动距离，y 是物体在该时间内竖直下落的距离，g 是重力加速度).

(4) 在重力场中，质量为 m 的物体在被提高距离 h 后，其势能增加了 $E_p=mgh$.

(5) 质量为 m 的物体以速度 v 运动时，其动能为 $E_k=\frac{1}{2}mv^2$.

(6) 机械能的转化和守恒定律：任何物体系统在势能和动能相互转化过程中，若合外力对该物体系统所做的功为零，内力都是保守力(无耗散力)，则物体系统的总机械能(即势能和动能的总和)保持恒定不变.

(7) 弹性碰撞：在碰撞过程中没有机械能损失的碰撞.

(8) 非弹性碰撞：碰撞过程中的机械能不守恒，其中一部分转化为非机械能(如热能).

6.3　用电势差计校准电表

［实验目的］

(1) 了解电势差计的工作原理；

(2) 掌握校准电流表的方法.

［设计要求及实验内容］

(1) 组装电势差计；

(2) 学会用电势差计测量电压；

(3) 使用电势差计校准电流表；

(4) 绘制校准曲线并确定待测电流表的精度等级.

[**主要实验器材**]

(1) UJ31 型电势差计、标准电池、检流计、直流稳压电源；

(2) 待测电流表、干电池、滑动变阻器.

[**实验原理、方法提示**]

1. 分流作用

普通电表接入电路后由于分流或分压的作用会影响原电路，导致测量不准确(如图 6.3.1).

2. 补偿原理

如图 6.3.2 所示，附加一个电流源 $E_0 > E$ 及相应电路，向被测系统补充能量. 合上 K_1(K_2 先断开)，使 R 上有电流 I_0 通过，则在 AC 段(R_{AC})上测得的电势降 $U_{AC} = I_0 R_{AC}$. 合上 K_2，调节 R_P，可能出现下列 3 种情况：

(1) $E > U_{AC}$，G 中有电流正向通过；

(2) $E < U_{AC}$，G 中有电流反向通过；

(3) $E = U_{AC}$，G 中无电流通过，达到“补偿平衡”状态.

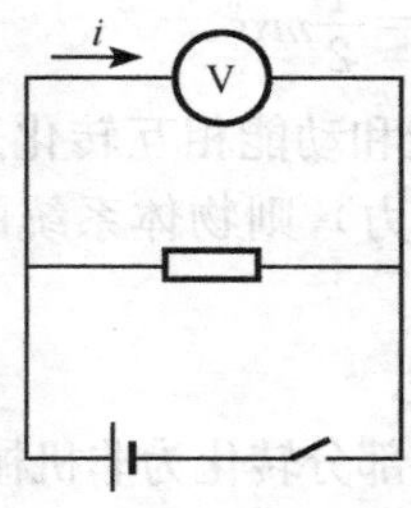

图 6.3.1　电压表对被测量的干扰

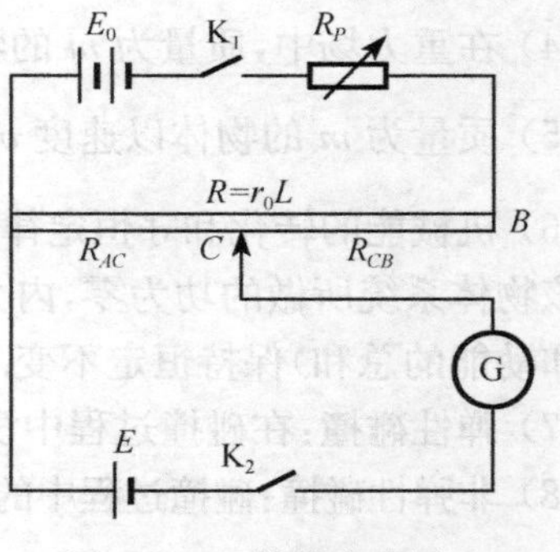

图 6.3.2　补偿电路图

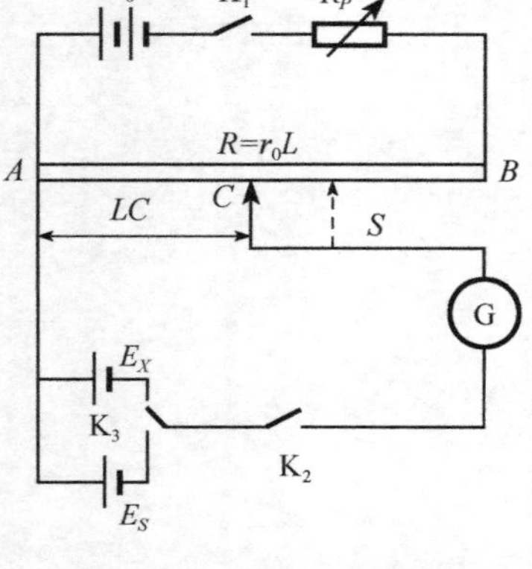

图 6.3.3　电势差计原理图

3. 电势差计原理

依据上述补偿原理，能够正确地测量电势差 E_x. 为提高测量精度，进一步使用一个标准电池(它有着十分精确、稳定的电动势)E_S，组成图 6.3.3 的电路，进行对比测量(比较法). 图中 AB 间是一条十分均匀的电阻丝(单位长度上的电阻值 r_0). 在调节好 R_P 之后，则在 R_{AB} 上有稳定的电流 I_0 通过. 电阻丝上长度 L 的电势降

$$U_L = I_0 r_0 L$$

测量时，先将开关 K_3 扳到 E_S 一侧，移动活动触点至 S，使 G 中无电流通过，这时有

$$E_S = U_{AS} = I_0 r_0 L_S$$

再将开关 K_3 扳到 E_X 一侧，调整活动触点至 C，使 G 中无电流通过，则有

$$E_X = U_{AC} = I_0 r_0 L_C$$

两相对比，得

$$E_X = E_S L_C / L_S$$

这表明，待测电源电动势 E_X 可用标准电池电动势 E_S 和处于同一工作电流（I_0）下的电势差计处于补偿平衡状态测得的 L_S、L_C 数值来确定. 电势差计操作面板如图 6.3.4 所示.

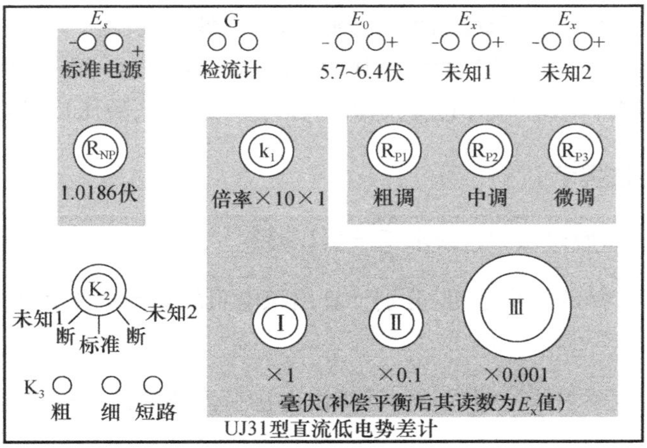

图 6.3.4　电势差计操作面板

4. 校准曲线

如图 6.3.5 所示，$I_{示}$ 表示待测电流表读数，δI 表示标准表与待测表读数差，从原点开始，用折线依次连接各个点，得到校准曲线.

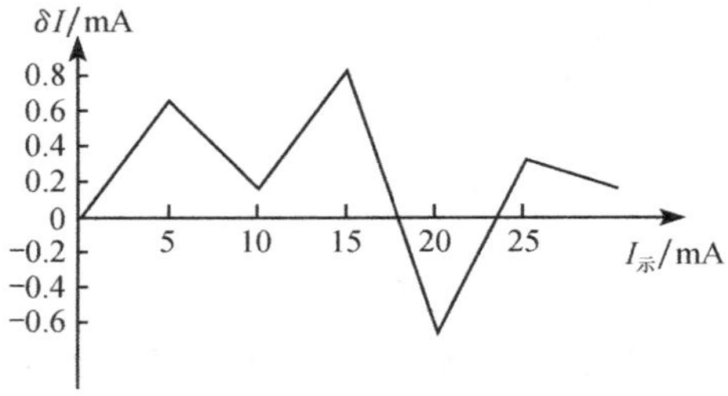

图 6.3.5　校准曲线

5. 精度等级

根据国家标准，电表的精度等级分为：0.1、0.2、0.5、1.0、1.5、2.5、5.0 七个等级. $\alpha=\frac{|\delta I|_{max}}{量程}\times 100$，根据 α 可判断电表的精度等级.

6.4　电子元件的伏安特性的测绘及电源外特性的测量

［实验目的］

（1）学习测量线性和非线性电阻元件伏安特性的方法，并绘制其特性曲线；

（2）根据设计性实验的要求，学会选择设计方案.

［设计要求及实验内容］

(1) 测量给定电阻的阻值 R_X，要求 $\frac{\Delta R_X}{R_X} \leqslant 1.5\%$，自行设计实验方案、测量条件和实验线路图；

(2) 测绘线性电阻、非线性电阻的伏安特性曲线.

［主要实验器材］

(1) 直流恒压源恒流源、低频功率信号源、数字存储示波器；

(2) 滑线变阻器(140Ω、1A)、直流电压表(0.5 级，多量程可调)、直流电流表(0.5 级，多量程可调)、线路板、导线、待测电阻、电阻箱、灯泡、二极管、稳压二极管、九孔插件方板.

［实验原理、方法提示］

1. 测量给定电阻的阻值 R_X，要求 $\frac{\Delta R_X}{R_X} \leqslant 1.5\%$

(1) 根据你所选择的两个电阻，分别计算出该电阻的额定电压和额定电流，实验中注意应小于这个值.

(2) 再根据实验要求 $\frac{\Delta R_X}{R_X} \leqslant 1.5\%$，计算出电源所需要的最大输出电压、电流表、电压表的量程(设计实验线路要分别采用内接法和外接法).

(3) 设计实验表格. 注意自变量应选择整数值. 每个实验表格的数据应采集 6～10 个数据点.

(4) 根据实验数据，分别计算电阻 R 值和 $\bar{R}$(进行内、外接修正). 取 1,3,5,7 组数据分别计算出 ΔR 值 $\left(\Delta R = \bar{R}\sqrt{\left(\frac{\Delta U}{U}\right)^2 + \left(\frac{\Delta I}{I}\right)^2}\right)$ 检查是否与实验要求相吻合，最后写出实验结果：$R = \bar{R} \pm \Delta R$.

2. 测绘线性电阻、非线性电阻的伏安特性曲线(至少选择下述 2 个实验题目)

(1) 测绘任意给定的线性电阻(可任选阻值)的伏安特性曲线.

自行设计实验方案、测量条件和实验线路图(可参阅实验内容 1 的要求)，对内、外接分别用坐标纸画出实验曲线，并写出函数关系.

(2) 测量灯泡(12V，0.4A)电阻(非线性电阻)的伏安特性曲线.

本实验为钨丝灯泡，温度系数为 $4.8\times10^{-3}/℃$，在一定的电流范围内，电压和电流的关系为

$$U = KI^n$$

式中，U：灯泡二端电压；I：灯泡流过的电流；K、n：与灯泡有关的常数，可以通过两次测量所得 U_1、I_1 和 U_2、I_2，得到常数 K 和 n，即

$$n=\frac{\lg\dfrac{U_1}{U_2}}{\lg\dfrac{I_1}{I_2}},\quad K=U_1I_1^{-n}$$

注意：要控制好钨丝灯泡的两端电压！不要超过12V！

灯泡电阻在端电压12V范围内，大约为几欧到一百多欧姆，电压表内阻为500 $\frac{\Omega}{V}$，远大于灯泡电阻，而电流表内阻很小，宜采用电流表外接法测量，自行设计电路图及实验步骤. 通电前应确认电压源的输出为零.

(3) 实验记录(仅作参考)，如表6.4.1.

表6.4.1　钨丝灯泡伏安特性测试数据

灯泡电压U/V													
灯泡电流I/mA													
灯泡电阻计算值/Ω													

由实验数据在坐标纸上画出钨丝灯泡的伏安特性曲线.

选择合适的数据点，计算出K、n数值. 由此写出经验公式，并进行多点验证.

3. 测绘直流电压源、直流电流源伏安特性曲线

(1) 直流电压源.

理想的直流电压源输出固定幅值的电压，而它的输出电流大小取决于所连接的外电路. 如图6.4.1(a)中实线所示理想的直流电压源外特性曲线. 而实际电压源的外特性曲线如图6.4.1(a)虚线所示，它可以用一个理想电压源U_S和内电阻R_S相串联的电路模型来表示，如图6.4.1(b)所示. θ越大，说明实际电压源R_S值越大. 实际电压源的电压U和电流I的关系式为

$$U=U_S-R_S\cdot I$$

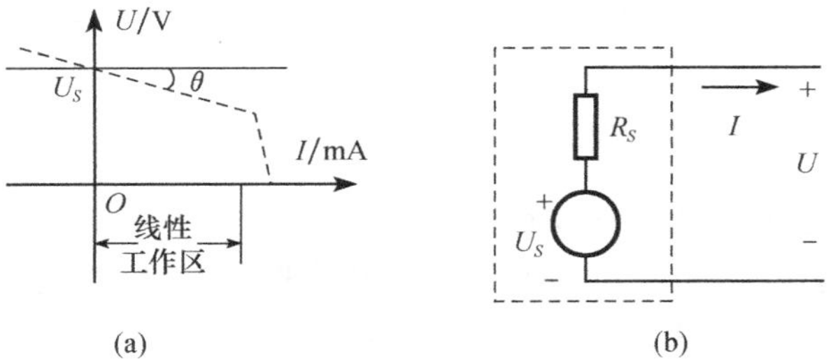

图6.4.1　电压源外特性

(2) 直流电流源.

理想的直流电流源输出固定幅值的电流，而其端电压的大小取决于外电路，如图6.4.2(a)中实线所示直流电流源的外特性曲线. 实际电流源的外特性曲线如图6.4.2(a)

中虚线所示. 可用一个理想电流源 I_S 和内电导 $G_S(G_S=1/R_S)$ 相并联的电路模型来表示，如图 6.4.2(b)所示. θ 越大，说明实际电流源内电导 G_S 值越大. 实际电流源的电流 I 和电压 U 的关系式为

$$I = I_S - U \cdot G_S$$

将电压源与一可调负载电阻串联，改变负载电阻 R_L 的阻值，测量出相应的电压源电流和端电压，便可以得到被测电压源的外特性. 电流源外特性的测量与电压源的测量方法一样.

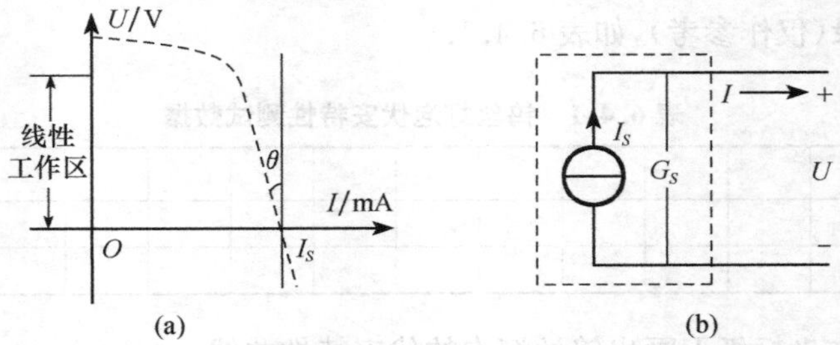

图 6.4.2　电流源外特性

(3) 测量直流电压源的伏安特性.

设计线路图，参考图 6.4.3、图 6.4.4，将直流稳压电源视作直流电压源，取 $R=100\Omega$. 稳压电源的输出电压调节为 $U_S=10\text{V}$，改变电阻 R_L 的值，使其分别为 100Ω、47Ω、20Ω、10Ω、5.1Ω、1Ω，测量其相对应的电流 I 和直流电压源端电压 U，设计表格. 根据测得的数据在坐标纸上绘制出直流电压源的伏安特性曲线.

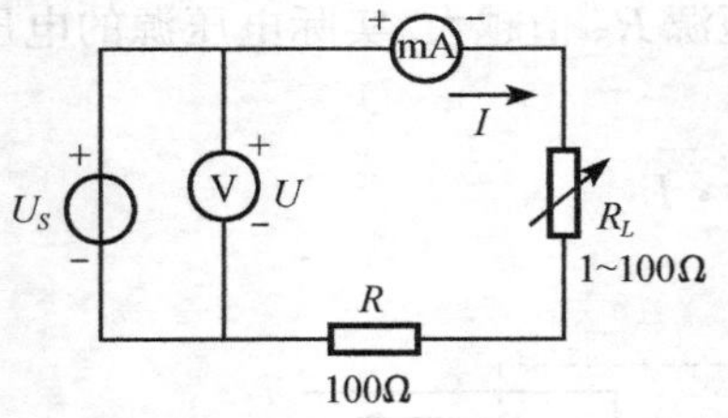

图 6.4.3　电压源实验线路图

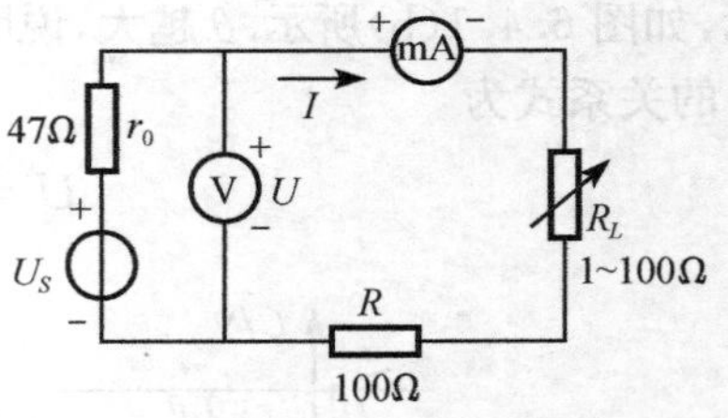

图 6.4.4　实际电压源实验线路图

(4) 测量实际直流电压源的伏安特性.

将直流稳压电源 U_S 与电阻 R_0（取 47Ω）相串联来模拟实际直流电压源，取 $R=100\Omega$. 将稳压电源输出电压调节为 $U_S=10\text{V}$，改变电阻 R_L 的值，使其分别为 100Ω、47Ω、20Ω、10Ω、5.1Ω、1Ω，测量其相对应的实际电压源端电压 U 和电流 I，记入数据表格中（自行设计）. 根据测得的数据在坐标纸上绘制实际电压源的伏安特性曲线.

(5) 测量直流电流源的伏安特性.

参考电路图 6.4.5，R_L 为可变负载电阻. 调节直流电流源的输出电流为 $I_S=25\text{mA}$，改变 R_L 的值，测量对应的电流 I 和电压 U 值，记入数据表格中（自行设计）. 根据测得的

数据在坐标纸上绘制电流源的伏安特性曲线.

(6) 测量实际直流电流源的伏安特性.

参考实际电流源实验线路图 6.4.6,R_L 为负载电阻,取 $r_0=1\text{k}\Omega$,将 r_0 与电流源并联来模拟实际电流源. 调节电流源输出电流 $I_S=25\text{mA}$,改变 R_L 的值,测量对应的电流 I 和电压 U 值,记入数据表格中(自行设计). 根据测得的数据在坐标纸上绘制实际电流源的伏安特性曲线.

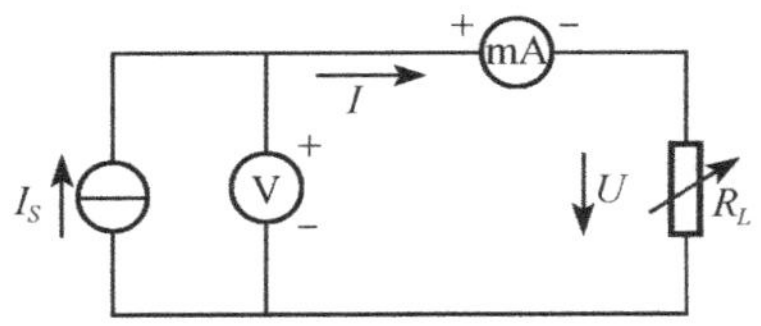

图 6.4.5　电流源实验线路

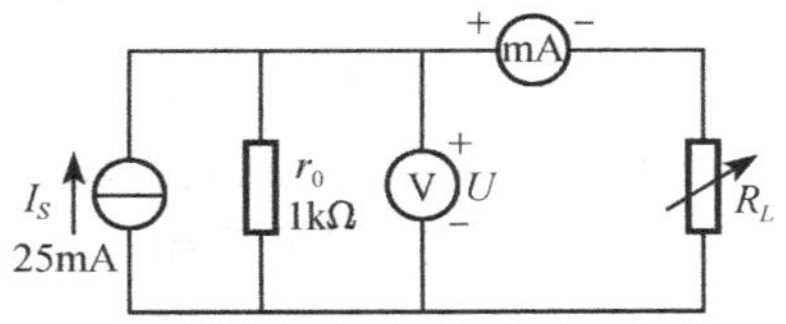

图 6.4.6　实际电流源实验线路

4. 二极管 IN4007、稳压管 2CW56 伏安特性曲线的研究(可用外接法)

(1) 反向特性测试电路.

二极管的反向电阻值很大,采用电流表内接测试电路可以减少测量误差. 设计实验线路,电阻选择 510Ω.

(2) 正向特性测试电路.

二极管在正向导通时,呈现的电阻值较小,拟采用电流表外接测试电路. 电源电压在 0~10V 内调节,变阻器开始设置 510Ω,调节电源电压,以得到所需电流值. 自行设计实验线路. 注意实验时二极管正向电流不得超过 20mA.

(3) 根据测得的数据在坐标纸绘制电流源的伏安特性曲线(参见图 6.4.7).

IN4007 作用是整流,特性是单向导电,正向压降 0.6V 到 0.7V,电流 1A,反向耐压 1000V. 2CW56 稳压二极管也称齐纳二极管或反向击穿二极管,在电路中起稳定电压作用. 它是利用二极管被反向击穿后,在一定反向电流范围内反向电压不随反向电流变化这一特点进行稳压的.

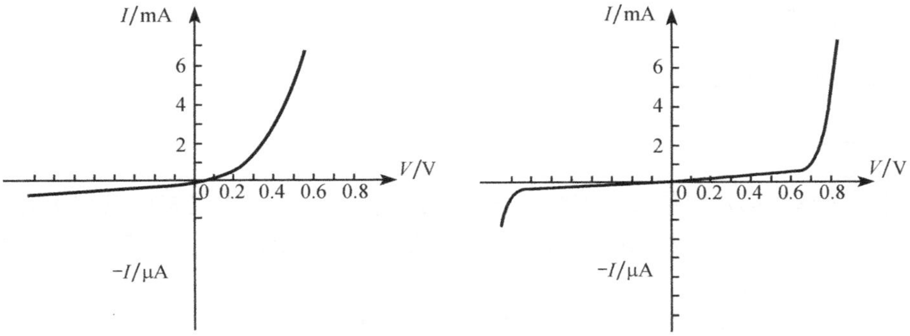

图 6.4.7　锗、硅二极管伏安特性曲线

6.5　设计数字万用表

[实验目的]

(1) 了解数字万用表的基本原理、了解常用双积分模数转换芯片外围参数的选择原则及电表的校准原则；

(2) 了解数字万用表的特性、组成及工作原理；

(3) 掌握分压、分流电路的原理；

(4) 设计制作多量程直流电压表、电流表及电阻表；

(5) 了解交流电压、三极管和二极管相关参数的测量.

[设计要求及实验内容]

(1) 设计制作多量程直流数字电压表，并进行校准(自拟校准表格，量程为：200mV，2V)；

(2) 设计制作多量程直流数字电流表，并进行校准(自拟校准表格，量程为：200mA，20mA)；

(3) 设计制作多量程数字欧姆表，并进行校准(自拟校准表格，量程为：200Ω，2kΩ，20kΩ)；

(4) 设计制作多量程交流数字电压表，并进行校准(自拟校准表格，量程为：AC，200mV，2V)；

(5) 二极管正向压降的校准和测量；

(6) 三极管 h_{FE} 参数的测量.

以上实验，在 1 至 3 中选择 2～3 个实验题目为必做内容，4 至 6 为选做内容.

[主要实验器材]

(1) DH6505 数字电表原理及万用表设计实验仪；

(2) 四位半通用数字万用表；

(3) 标准电阻箱.

[实验原理、方法提示]

1. 数字电表原理

常见的物理量都是幅值大小连续变化的所谓模拟量，指针式仪表可以直接对模拟电压和电流进行显示. 而对数字式仪表，需要把模拟电信号(通常是电压信号)转换成数字信号，再进行显示和处理.

1) 双积分模数转换器(ICL7107)的基本工作原理

我们将完成从模拟电信号转换成数字信号的电路称为模数转换器(AD 转换器). 数字万用表常用的转换器为双积分 AD 转换器.

双积分模数转换电路的原理比较简单，当输入电压为 V_x 时，在一定时间 T_1 内对电量为零的电容器 C 进行恒流（电流大小与待测电压 V_x 成正比）充电，这样电容器两极之间的电量将随时间线性增加，当充电时间 T_1 到后，电容器上积累的电量 Q 与被测电压 V_x 成正比式(6.5.1)；接着让电容器恒流放电（电流大小与参考电压 V_{ref} 成正比），这样电容器两极之间的电量将线性减小，直到 T_2 时刻减小为零. 如果用计数器在 T_2 开始时刻对时钟脉冲进行计数，结束时刻停止计数，就会得到计数值 N_2，则 N_2 与 V_x 成正比.

$$Q_0 = \int_0^{T_1} \frac{V_x}{R}\mathrm{d}t = \frac{V_x}{R}T_1 \tag{6.5.1}$$

$$V_0 = -\frac{Q_0}{C} = -\frac{V_x}{RC}T_1 \tag{6.5.2}$$

$$V_0 + \frac{1}{C}\int_0^{T_2} \frac{V_{ref}}{R}\mathrm{d}t = 0 \tag{6.5.3}$$

把式(6.5.2)代入式(6.5.3)，得

$$T_2 = \frac{T_1}{V_{ref}}V_x \tag{6.5.4}$$

从式(6.5.4)可以看出，由于 T_1 和 V_{ref} 均为常数，所以 T_2 与 V_x 成正比. 若时钟最小脉冲单元为 T_{CP}，则 $T_1=N_1T_{CP}$，$T_2=N_2T_{CP}$，代入式(6.5.4)，即有

$$N_2 = \frac{N_1}{V_{ref}}V_x \tag{6.5.5}$$

测量的计数值 N_2 与被测电压 V_x 成正比. 式中，N_1、N_2 即为转换后的数字量，其中 N_2 是数字表头的显示值，这样的数字表头，再加上电压极性判别显示电路和小数点选择位，即为最终显示结果.

2) 数字万用表的工作原理

数字万用表的核心部分是直流数字电压表(DVM)，如图 6.5.1 中虚线框所示，它由滤波器、A/D 转换器、LED 液晶显示器组成. 在数字电压表的基础上再增加交流—直流、电流—电压、电阻—电压转换器，就构成了数字万用表.

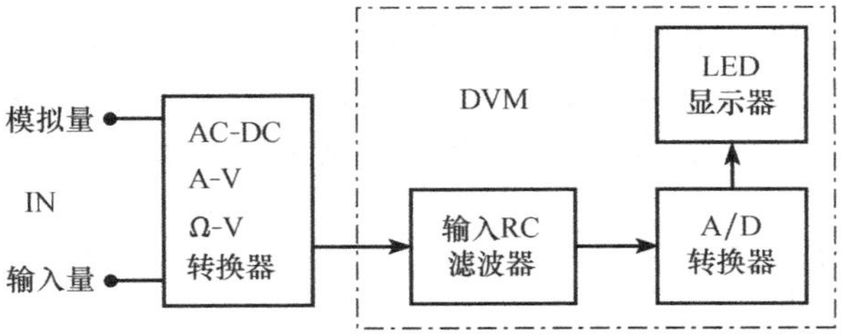

图 6.5.1 数字万用表的原理框图

2. 用 ICL7107 模数转换器进行常见物理量的测量

本实验采用的 DH6505 数字电表原理及万用表设计实验仪提供的直流数字电压表量程为 200mV.

1) 直流电压测量的实现(直流电压表)

(1) 当参考电压 $V_{ref}=100mV$ 时,$R_{int}=47k\Omega$,电压表的量程 V_0 为 200mV. 此时采用分压法实现测量 0～2V 的直流电压,电路见图 6.5.2.

由于电表内阻 $r\gg r_2$,所以分压比为$\dfrac{V_0}{V_{in}}=\dfrac{r_2}{r_1+r_2}$、扩展后的量程为 $V_{in}=\dfrac{r_1+r_2}{r_2}V_0$.

分挡电阻 r_1、r_2 可从实验仪提供的分压器 b 中得到. 此电路虽然可以扩展电压表的量程,但在小量程挡明显降低了电压表的输入阻抗,这在实际应用中是行不通的. 所以,实际通用数字万用表的直流电压挡分压电路如图 6.5.3 所示(实验仪提供的分压器 a),它能在不降低输入阻抗(大小为 $R/\!/r$,$R=R_1+R_2+R_3+R_4+R_5$)的情况下,达到同样的分压效果.

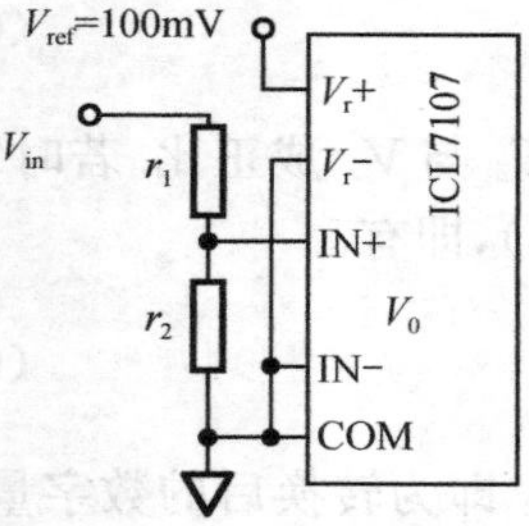

图 6.5.2　分压法测量直流电压

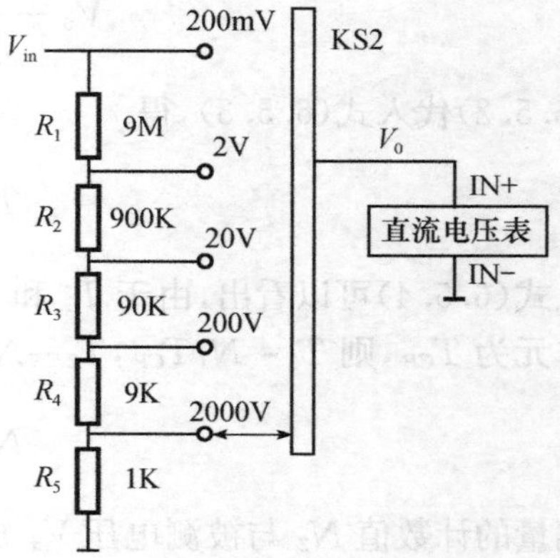

图 6.5.3　实用分压器 a 测量直流电压

(2) 直接使参考电压 $V_{ref}=1V$,$R_{int}=470k\Omega$ 来测量 0～2V 的直流电压,电路如图 6.5.4 所示.

2) 直流电流测量的实现(直流电流表)

直流电流的测量通常有两种方法,第一种为欧姆压降法,如图 6.5.5 所示,即让被测电流流过一定值电阻 R_i(由实验仪中的分流器提供),然后用 200mV 的电压表测量此定值电阻上的压降 R_iI_s(在 $V_{ref}=100mV$ 时,保证 $R_iI_s\leqslant 200mV$ 就行),由于对被测电路接入了电阻,因而此测量方法会对原电路有影响,测量电流变成 $I_s'=R_0I_s/(R_0+R_i)$,所以被测电路的内阻越大,误差将越小. 第二种方法是由运算放大器组成的 I-V 变换电路来进行电流的测

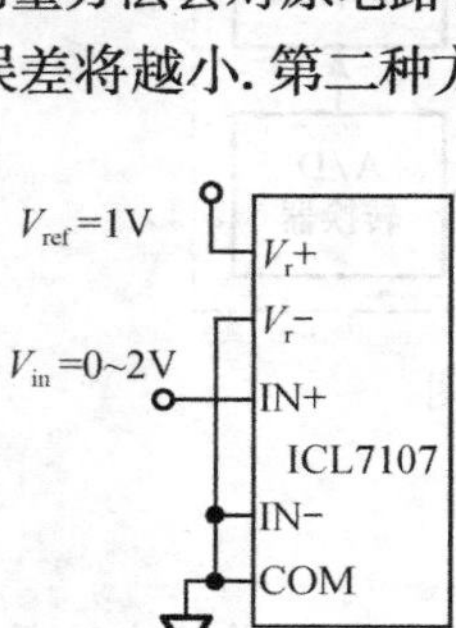

图 6.5.4　测量直流电压电路($V_{ref}=1V$)

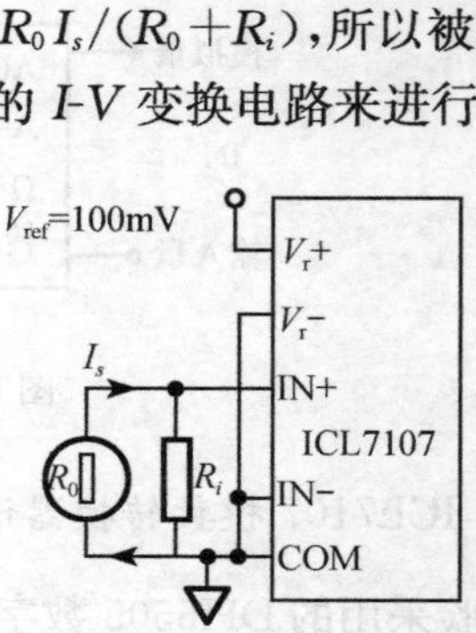

图 6.5.5　欧姆压降法测量直流电流

量,此电路对被测电路无影响,但是由于运放自身参数的限制,因此只能够用在对小电流的测量电路中,所以在这里就不再详述.

图 6.5.6 中的分流器 b 在实际使用中有一个缺点,就是当换挡开关接触不良时,被测电路的电压可能使数字表头过载,所以,实际数字万用表的直流电流挡电路(实验仪中的分流器 a)如图 6.5.7 所示.

图 6.5.7 中各挡分流电阻的阻值的计算方法:先计算最大电流挡的分流电阻 R_5

$$R_5 = \frac{U_0}{I_{m5}} = \frac{0.2}{2} = 0.1\Omega$$

同理下一挡的 R_4 为

$$R_4 = \frac{U_0}{I_{m4}} - R_5 = \frac{0.2}{0.2} - 0.1 = 0.9\Omega$$

这样依次可以计算出 R_3、R_2 和 R_1 的值.

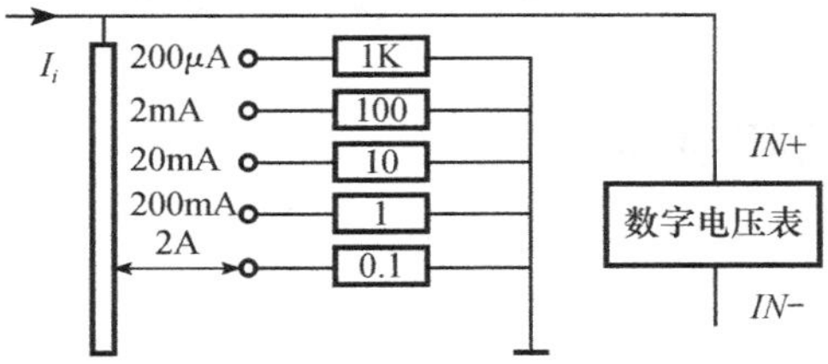

图 6.5.6　多量程分流器 b 原理

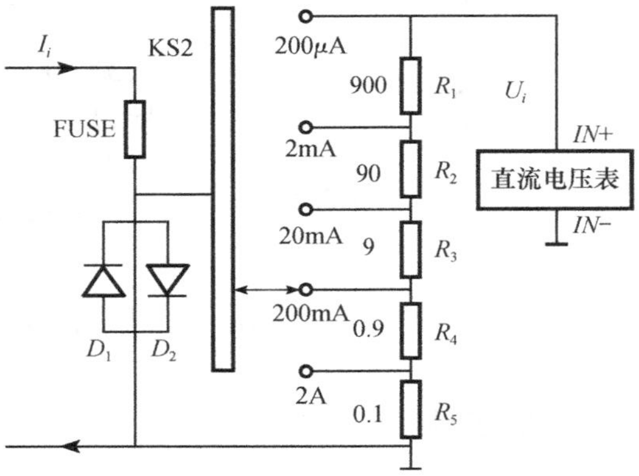

图 6.5.7　实用分流器 a 原理

图 6.5.7 中的 FUSE 是 2A 保险丝管,起到过流保护作用. 两只反向连接且与分流电阻并联的二极管 D_1、D_2 为硅整流二极管,它们起双向限幅过压保护作用. 正常测量时,输入电压小于硅二极管的正向导通压降,二极管截止,对测量毫无影响. 一旦输入电压大于 0.7V,二极管立即导通,两端电压被钳制在 0.7V 内,保护仪表不被损坏.

用 2A 挡测量时,若发现电流大于 1A 时,应尽量减小测量时间,以免大电流引起的较高温升而影响测量精度甚至损坏电表.

3) 电阻值测量的实现(欧姆表)

(1) 当参考电压选择在 100mV 时,此时选择 $R_{\text{int}} = 47\text{k}\Omega$,测试的接线图如图 6.5.8 所示,图中 D_w 是提供测试的基准电压,而 R_t 是正温度系数(PTC)热敏电阻,既可以使参考电压低于 100mV,同时也可以防止误测高电压时损

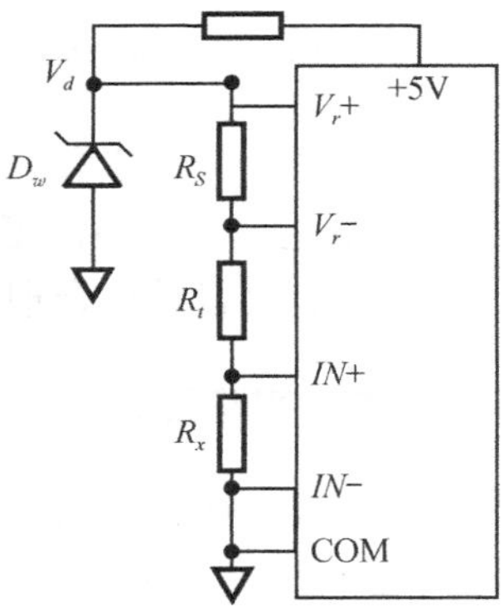

图 6.5.8　电阻测量电路一

坏转换芯片,所以必须满足 $R_x=0$ 时,$V_r\leqslant 100\text{mV}$. 由前面所讲述的 ICL7107 的工作原理,存在

$$V_r=(V_r+)-(V_r-)=VdR_s/(R_s+R_x+R_t) \tag{6.5.6}$$

$$V_{IN}=(IN+)-(IN-)=VdR_x/(R_s+R_x+R_t) \tag{6.5.7}$$

由前述理论 $N_2/N_1=V_{IN}/V_r$ 有

$$R_x=(N_2/N_1)R_s \tag{6.5.8}$$

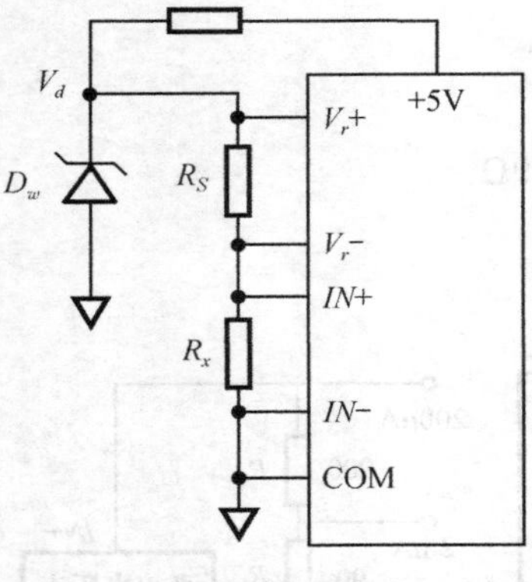

图 6.5.9　电阻测量电路二

所以从上式可以得出电阻的测量范围始终是 $0\sim 2R_S\Omega$.

(2) 当参考电压选择在 1V 时,此时选择 $R_{\text{int}}=470\text{k}\Omega$,测试电路可以用图 6.5.9 实现,此电路仅供有兴趣的同学参考,因为它不带保护电路,所以必需保证 $V_r\leqslant 1\text{V}$. 在进行多量程实验时(万用表设计实验),为了设计方便,我们的参考电压都将选择为 100mV,但比例法测量电阻要使 $R_{\text{int}}=470\text{k}\Omega$,以及在进行二极管正向导通压降测量时,也使 $R_{\text{int}}=470\text{k}\Omega$ 并且加上 1V 的参考电压.

其他物理量的测量可查阅相关资料自行设计.

6.6　自组望远镜和显微镜

[实验目的]

(1) 加深理解透镜成像规律;
(2) 了解望远镜和显微镜的基本结构和工作原理;
(3) 掌握简单光路的分析与调整方法;
(4) 掌握透镜焦距的测量方法.

[设计要求及实验内容]

(1) 根据望远镜和显微镜的基本结构,利用实验室提供的实验器材,分别组装一台结构简单的望远镜和显微镜;
(2) 自己设计出合理的光路,测出凸透镜和凹透镜的焦距.

[主要实验器材]

(1) 光具座、支架、物屏、像屏;
(2) 凸透镜、凹透镜.

［**实验原理、方法提示**］

1. 放大镜

望远镜和显微镜都用到了目镜，目镜实际上就是一个放大镜. 其作用就是将被观察的物体放大，其主要指标是放大倍数，也就是人眼所看到的最终图像的大小与原物体大小的比值.

2. 显微镜

显微镜是观察微小物体和测量微小距离的光学仪器，其光路图如图 6.6.1 所示. 物镜 L_o 的焦距非常短(一般小于 1cm)，目镜 L_e 的焦距大于物镜的焦距，但也不超过几厘米. 分划板 P 与物镜 L_o 之间的距离为 l 将物屏 y 置于物镜焦点 F_o 外一点，调节 y 与 L_o 之间的距离，使其通过物镜 F_o 成一放大、倒立的实像 y' 于分划板 P 处. 然后通过目镜 L_e 观察像 y'，先调节目镜 L_e 与分划板 P 之间的距离，以使人眼看清分划板 P，然后看清 y' 时，也同时看清了分划板 P. 而目镜 L_e 起到了一个放大镜的作用，又将 y' 成一放大的虚像 y''(分划板 P 也同时成放大虚像，并与 y'' 重合). 则人眼观察的微小物体 y 被大大地放大成 y'' 了.

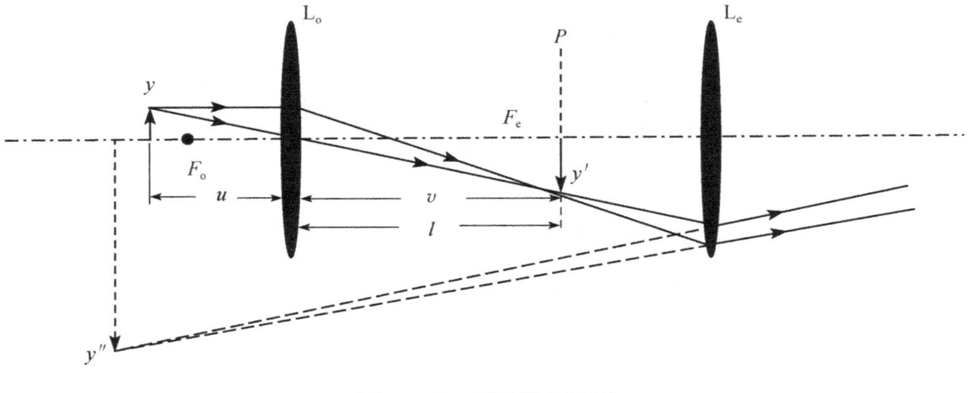

图 6.6.1　显微镜光路图

3. 望远镜

望远镜分为开普勒望远镜和伽利略望远镜，开普勒望远镜的物镜和目镜均为凸透镜，而伽利略望远镜的物镜为凸透镜，目镜为凹透镜. 下面以开普勒望远镜为例，介绍望远镜的基本工作原理.

开普勒望远镜的光路如图 6.6.2 所示 . 无穷远处的物屏上的一点发出的光(平行光)经物镜 L_o 成实像 y' 于 L_o 的焦平面处(处于目镜 L_e 的焦点 F_e 内)，分划板 P 也处于 L_o 的焦平面处，则 y' 与分划板 P 重合. 如物 y 不处于无穷远处，则 y' 与 P 位于 F_o 之外. 人眼通过目镜 L_e 看 y'' 的过程与显微镜的观察过程相同，由此可见，人眼通过望远镜观察物体，相当于将远处的物体拉到了近处观察，实质上起到了视角放大的作用.

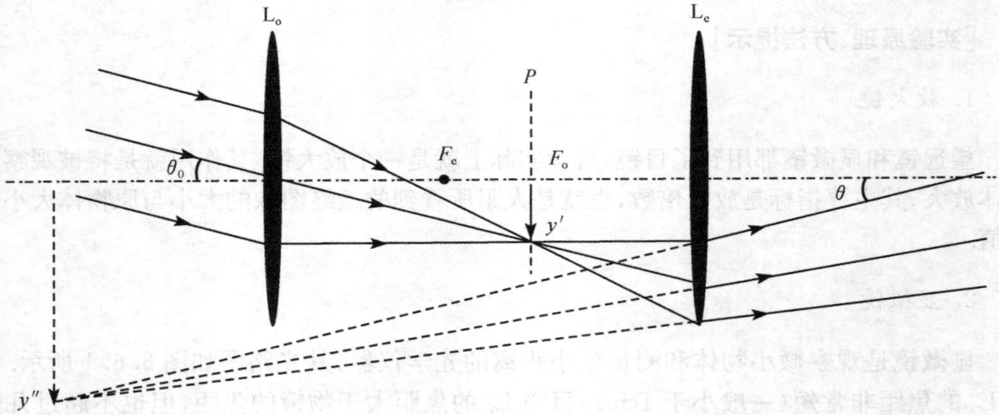

图 6.6.2　望远镜光路图

4. 自组一台聚焦于无穷远处的望远镜

需要一个长焦距的凸透镜、一个短焦距的凸透镜、一个带十字叉丝的分划板和一个物屏. 聚焦于无穷远处的望远镜的特点是分划板与物镜之间的距离等于物镜的焦距,因此要设法准确测出物镜的焦距.

5. 用自组的聚焦于无穷远处的望远镜测量另一凸透镜的焦距

该望远镜是一聚焦于无穷远处的望远镜,用其观察物体时,入射光要求是平行光,否则是看不清物体的,因此,物屏上一点发出的光经被测透镜进入望远镜的入射光一定是平行光.

6. 用自组的聚焦于无穷远处的望远镜测量凹透镜的焦距

可在上一实验内容的基础上进行实验操作.

7. 自组显微镜

根据显微镜原理,在所给的光学元件中要选焦距最短的凸透镜作为物镜,另一短焦距凸透镜作为目镜. 在实验中可通过改变物镜位置的办法来改变显微镜的放大率.

6.7　用迈克耳孙干涉仪测定透明薄片的折射率

［实验目的］

(1) 进一步掌握迈克耳孙干涉仪的调节和使用方法;
(2) 掌握用迈克耳孙干涉仪测量透明薄片折射率的原理和方法.

［设计要求及实验内容］

(1) 利用实验室提供的实验器材观察白光干涉的彩色条纹;

(2) 利用实验室提供的实验器材自己设计出合理的光路，测出透明薄片的折射率(推导出计算公式).

[**主要实验器材**]

(1) 迈克耳孙干涉仪；
(2) 白光光源、透明薄片等.

[**实验原理、方法提示**]

(1) 迈克耳孙干涉仪的结构、原理、调节和使用方法参考实验 4.19.

(2) 由于白光中包含各种波长的光，除了中心零级条纹外，对于其他级次的衍射，会发生某个波长光的某一级次的明条纹刚好落入到另一个波长光的暗条纹中，造成高级次的干涉条纹难以观察的现象. 因而使得白光干涉只发生在零光程差附近一个极小的范围内，只能在 M_1、M_2'完全重合附近才能看到干涉条纹. 利用着一特性可以测量透明薄片的折射率. 如图 6.7.1 所示，以白光为光源，先调出白光干涉条纹，使零级彩色干涉条纹出现在视场中央，再次读出 M_1 的位置. 这时 M_1 所移动的距离就是放入薄片所产生的附加光程差. 测出该薄片的厚度，就可算出该薄片的折射率.

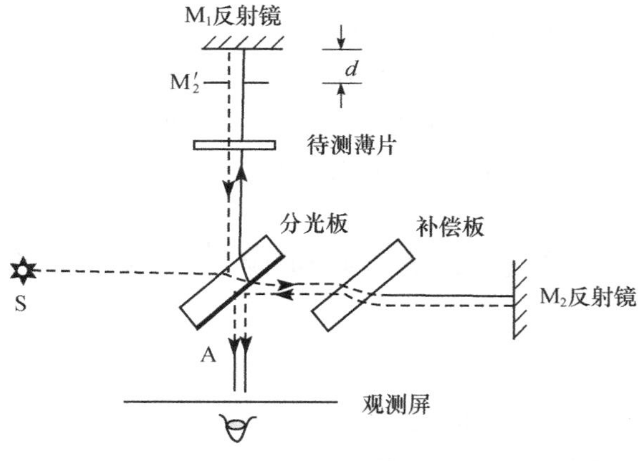

图 6.7.1 用迈克耳孙干涉仪测定透明薄片的折射率的示意图

6.8 用分光仪测定液体折射率

[**实验目的**]

(1) 进一步掌握分光仪的调节和使用方法；
(2) 掌握用折射极限法测量液体折射率的原理和方法.

[**设计要求及实验内容**]

(1) 利用实验室提供的实验器材自己设计出合理的光路；

(2) 推导出计算公式；

(3) 用折射极限法测量水的折射率.

［**主要实验器材**］

(1) 分光仪；

(2) 三棱镜、低压钠灯、毛玻璃等.

［**实验原理、方法提示**］

(1) 分光仪的结构、原理、调节和使用方法参考实验 4.15.

(2) 在三棱镜 AB 面一侧用单色扩展光源照射(用钠灯照明毛玻璃获得)，当单色扩展光从各个方向射向 AB 面时，以 90°入射的光线经折射后光线的入射角 i_d 为最小，称为折射极限角，凡入射折射角小于 90°的光线，其出射角必大于此折射极限角. 于是在 AC 面观察时就会发现在极限角方向有一明暗视场的分界，可以证明棱镜材料的折射率

$$n = \{1 + [(\cos\alpha + \sin i_d)/\sin\alpha]^2\}^{1/2} \tag{6.8.1}$$

在棱镜 AB 面滴上液滴，再用一块毛玻璃片夹住，于是毛玻璃与棱镜面就形成一液体层. 从毛玻璃射出的单色扩展光经液层进入棱镜再折射出去，其中一部分光线在通过液层时其传播方向平行于棱镜面，这时光线经折射后的出射角 i_d 称为折射极限角，在棱镜出射面一侧观察时形成明暗分界，三棱镜材料的折射率为 n，可以证明

$$n_{液} = \sin\alpha(n^2 - \sin^2 i_d)^{1/2} \pm \cos\alpha\sin i_d \tag{6.8.2}$$

其中“±”号对应于明暗分界的出射方向分别在出射面法线的右侧和左侧.

6.9 磁悬浮导轨碰撞设计性实验研究

［**实验目的**］

(1) 了解磁悬浮的物理思想和永磁悬浮技术.

(2) 用两个磁悬浮滑块，设计多种弹性和非弹性碰撞实验.

(3) 观察系统中物体间的各种形式的碰撞，考察动量守恒定律.

(4) 观察碰撞过程中系统动能的变化，分析实验中的碰撞是属于那种类型的碰撞.

［**设计要求及实验内容**］

(1) 设计一种相对弹性碰撞.

(2) 设计一种相对非弹性碰撞.

(3) 设计一种尾随弹性碰撞.

(4) 设计一种尾随非弹性碰撞.

以上实验需画出发生碰撞实验的示意图. 设计数据记录和处理的表格，表格中必须列入动量增量和动能增量及其相对变化值.

[**主要实验器材**]

(1) DHSY 型磁悬浮动力学实验仪.
(2) DHSY 型磁悬浮导轨实验智能测试仪.
(3) 磁悬浮滑块.

[**实验原理、方法提示**]

1. *磁悬浮原理*

随着科技的发展,磁悬浮技术的应用成为技术进步的热点,例如磁悬浮列车. 永磁悬浮技术作为一种低耗能的磁悬浮技术,也受到了广泛关注. 本实验使用的永磁悬浮技术,是在磁悬导轨与滑块两组带状磁场的相互斥力作用之下,使磁悬滑块浮起来,从而减少了运动的阻力,来进行多种力学实验.

实验装置如图 6.9.1 所示. 磁悬浮导轨实际上是一个槽轨,长约 1.2m,在槽轨底部中心轴线嵌入钕铁硼 NdFeB 磁钢,在其上方的滑块底部也嵌入磁钢,形成两组带状磁场. 由于磁场极性相反,上下之间产生斥力,滑块处于非平衡状态. 为使滑块悬浮在导轨上运行,采用了槽轨. 在导轨的基板上安装了带有角度刻度的标尺. 根据实验要求,可把导轨设置成不同角度的斜面.

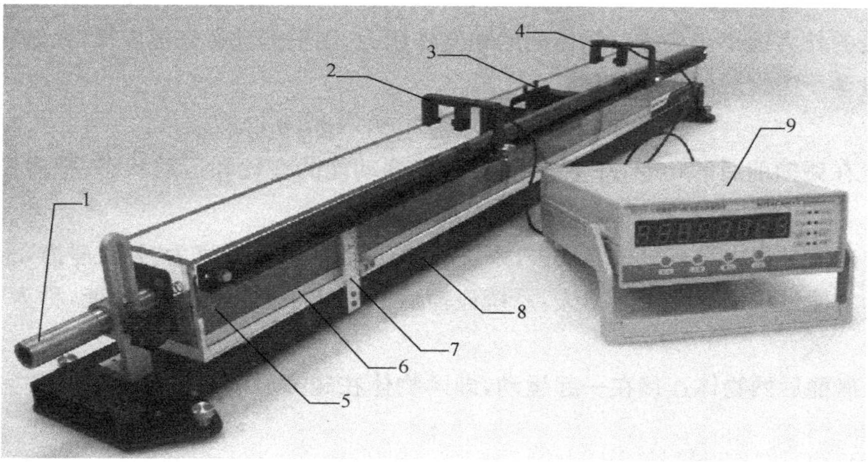

图 6.9.1　磁悬浮实验装置

1. 手柄; 2. 光电门Ⅰ; 3. 磁浮滑块; 4. 光电门Ⅱ; 5. 导轨; 6. 标尺; 7. 角度尺; 8. 基板; 9. 计时器

2. *碰撞*

本实验是在磁悬浮导轨上进行的,提供三个滑块;一个滑块是一头装有弹簧;一个滑块装有黏性尼龙毛,一个滑块装有黏性尼龙刺. 磁悬浮导轨截面和碰撞试验装置如图 6.9.2和图 6.9.3 所示.

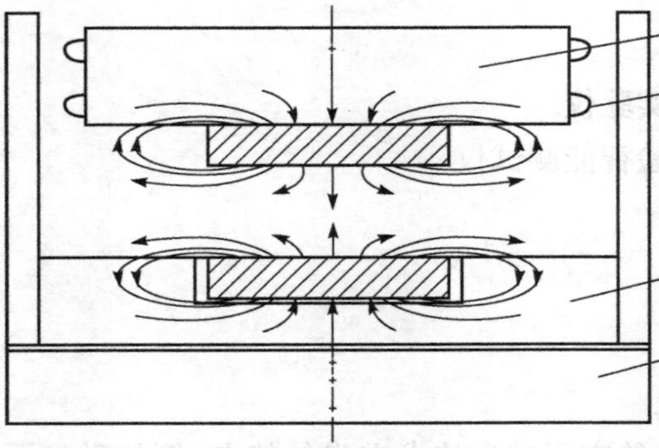

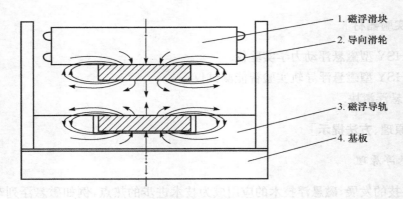

图 6.9.2 磁悬浮导轨截面图

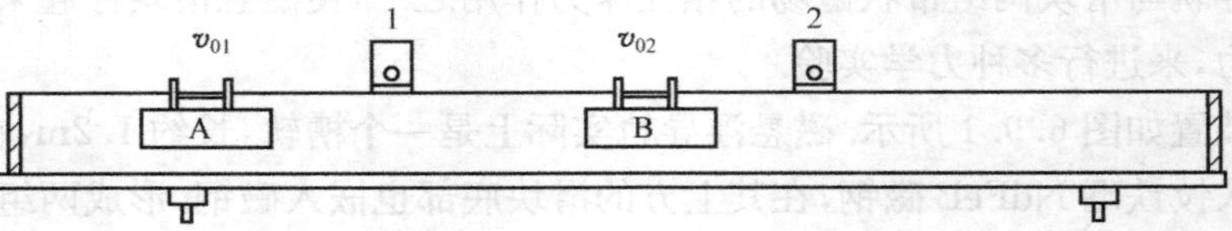

图 6.9.3 碰撞实验装置图

设有两物，其质量各为 m_1 和 m_2，碰撞前的速度各为 $\boldsymbol{v}_{01}$ 和 $\boldsymbol{v}_{02}$，碰撞后的速度各为 $\boldsymbol{v}_{11}$和 $\boldsymbol{v}_{12}$而且在碰撞的瞬间，此二物体构成的系统，在所考察的速度方向上不受外力的作用或所受的外力远小于碰撞时物体间的相互作用力，则根据动量守恒定律，系统在碰撞前的总动量等于碰撞后的总动量. 即

$$m_1\boldsymbol{v}_{01}+m_2\boldsymbol{v}_{02}=m_1\boldsymbol{v}_{11}+m_2\boldsymbol{v}_{12}$$

系统在碰撞前后的动能，却不一定守恒，根据动能的变化和运动状态，把碰撞分为三种类型：

(1) 碰撞过程中没有机械能损失，系统的总动能保持不变，称为“弹性碰撞”.

(2) 碰撞过程中有机械能损失，系统碰撞后的动能小于碰撞前的动能，称为“非弹性碰撞”.

(3) 碰撞后两物体连接在一起运动，即两物体在碰撞后的速度相等，称为“完全非弹性碰撞”.

碰撞形式可以多种多样，就是在导轨上也可以有相对碰撞和尾随碰撞，$\boldsymbol{v}_{01}$ 和 $\boldsymbol{v}_{02}$ 速度方向可以相反也可以相同，$\boldsymbol{v}_{11}$ 和 $\boldsymbol{v}_{12}$ 亦是如此，$\boldsymbol{v}_{01}$ 亦也可以为零.

3. DHSY 型磁悬浮导轨实验智能测试仪使用方法

磁浮导轨上有两个光电门，本光电测试仪测定并存贮了运动滑块上的二条挡光片通过第一光电门时的第一次挡光与第二次挡光的时间间隔 Δt_1 和通过第二光电门时的第一次挡光与第二次挡光的时间间隔 Δt_2，运动滑块从第一光电门到第二光电门所经历的时间间隔 Δt . 根据两挡光片之间的距离参数即可运算出滑块上两挡光片通过第一光电门时

的平均速度 $v_1=\dfrac{\Delta x}{\Delta t_1}$ 和通过第二光电门时的平均速度 $v_2=\dfrac{\Delta x}{\Delta t_2}$. 根据加速度定义，在 Δt 时间内的加速度为：$a=\dfrac{v_2-v_1}{\Delta t}$.

根据测得的 Δt_1、Δt_2、Δt 和键入的挡光片间隔 Δx 值，经智能测试仪运算显示，得 v_1、v_2，a_0；如图 6.9.4 所示，测试仪中显示的 t_1，t_2，t_3 对应上述的 Δt_1、Δt_2、Δt.

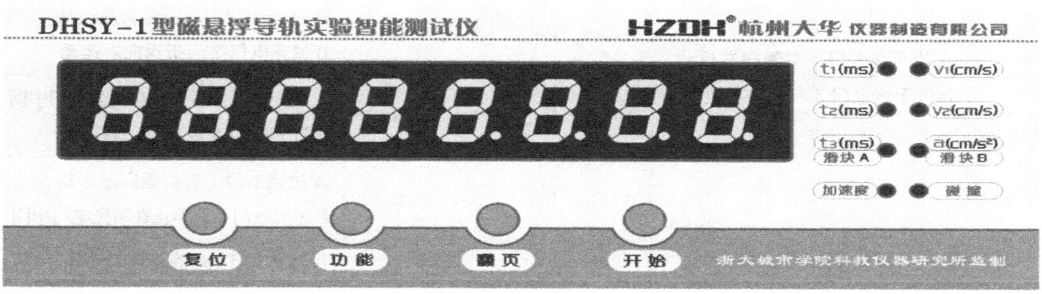

图 6.9.4　DHSY 型磁悬浮导轨实验智能测试仪

(1) 按'功能'按钮，选择工作模式，选择加速度模式，相应指示灯亮.

(2) 按'翻页'按钮，可选择需存储的组号或查看各组数据.

(3) 按'开始'按钮，即开始一次测量过程，测量结束后数据会自动保存在当前组中.

(4) 测量数据依次显示顺序：加速度：t1 →v1 →t2 →v2 →t3 →a，碰撞：At1 →Av1 →At2 →Av2 →Bt1 →Bv1 →Bt2 →Bv2，对应的指示灯会依次亮，每个数据显示时间为 2 秒.

(5) 清除所有数据按'复位'按钮.

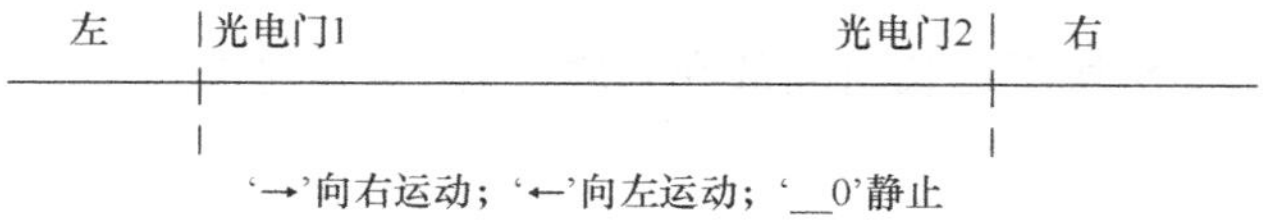

(6) 碰撞模式说明(碰撞模式：见表 6.9.1).

表 6.9.1　实验设置模式及操作方法

模式	初始状态		结束状态	
1	A 位于光电门 1 左侧向右运动，B 静止于两光电门之间	A—> B__0	A—> B—>	A 过光电门 1 光电门 2 后向右运动 B 过光电门 2 后向右运动
2		A—> B__0	A—> B—>	A 过光电门 1 后折返向左运动 B 过光电门 2 后向右运动
3		A—> B__0	A__0 B—>	A 过光电门 1 后静止在两光电门中间 B 过光电门 2 后向右运动

续表

模式	初始状态		结束状态	
4	A 位于光电门 1 左侧向右运动，B 位于光电门 2 右侧向左运动	A—>　B<—	A—>　B—>	A 过光电门 1 光电门 2 后向右运动 B 过光电门 2 后折返向右运动
5		A—>　B<—	A—>　B<—	A 过光电门 1 后折返向左运动 B 过光电门 2 光电门 1 后向左运动
6		A—>　B<—	A—>　B—>	A 过光电门 1 后折返向左运动 B 过光电门 2 后折返向右运动
7		A—>　B<—	A_0　B—>	A 过光电门 1 后静止在两光电门中间 B 过光电门 2 后折返向右运动
8		A—>　B<—	A<—　B_0	A 过光电门 1 后折返向左运动 B 过光电门 2 后静止在两光电门中间
9		A—>　B<—	A_0　B_0	A 过光电门 1 后静止在两光电门中间 B 过光电门 2 后静止在两光电门中间
A	A 和 B 都位于光电门 1 左侧，A 撞击 B 后同时向右侧运动	A—>　B—>	A—>　B—>	A 过光电门 1 光电门 2 后向右运动 B 过光电门 1 光电门 2 后向右运动
B		A—>　B—>	A<—　B—>	A 过光电门 1 后折返向左运动 B 过光电门 1 光电门 2 后向右运动
C		A—>　B—>	A_0B—>	A 过光电门 1 后静止在两光电门中间 B 过光电门 1 光电门 2 后向右运动

注：A、B 分别表示导轨中的滑块

4. 注意事项

实验做完后，磁浮滑块不可长时间放在导轨中，防止滑轮被磁化.

第 7 章　拓展与创新性实验

7.1　简谐振动的研究

［研究背景］

振动现象是自然界中广泛存在的一种运动现象，它也是研究声学、建筑学、地震学、机械、电工、无线电技术等学科的基础. 虽然振动的类型各异，但是描写它们的数学规律却有许多共同之处. 简谐振动是最简单、最基本的振动，任何一种复杂的振动都可以由若干个不同频率、不同振幅的简谐振动合成. 因此，研究简谐振动是非常有必要的.

［研究内容］

(1) 利用气垫导轨设计一个验证简谐振动运动规律的实验方案；

(2) 测量弹簧的劲度系数、研究简谐振动的 v-t 关系，并验证设计结果；

(3) 研究弹簧振子中滑块质量、弹簧有效质量、弹簧振子的振幅、周期、气轨倾斜角度之间的相互关系.

［实验要求］

(1) 设计一个验证简谐振动运动规律的实验模型；

(2) 写出有关简谐振动的运动规律及验证方法；

(3) 拟出弹簧振子的振动周期、复合弹簧振子的劲度系数、周期与滑块质量的关系、周期与气轨倾斜角度的关系的测量步骤，给出测量数据，并对测量结果作误差分析；

(4) 完成一篇符合规范要求的实验研究论文或实验研究报告.

［实验原理、方法提示］

由于气垫导轨可以提供近乎无摩擦的实验条件，在研究简谐振动时，只考虑空气黏滞阻力就可以得到接近实际情况的振动.

气垫导轨上质量为 m 的滑块两端各连接一个劲度系数为 k_1、k_2 的弹簧，弹簧的另一端固定在导轨两端，滑块处于平衡位置时每个弹簧的伸长量为 x_0，滑块在气轨上作往返运动时，略去阻尼，其运动应该是一个简谐振动. 当滑块距平衡位置为 x 时，按照牛顿第二定律 $F=ma$ 及弹力公式 $F=-(k_1+k_2)x$ 可得其运动方程为

$$m\frac{\mathrm{d}^2x}{\mathrm{d}t^2}=-(k_1+k_2)x$$

令 $\omega^2=\frac{k_1+k_2}{m}$，则有 $\frac{\mathrm{d}^2x}{\mathrm{d}t^2}=-\omega^2x$，解得

$$x = A\sin(\omega t + \varphi_0)$$

则

$$T = \frac{2\pi}{\omega} = 2\pi\sqrt{\frac{m}{k_1 + k_2}}$$

7.2　亥姆霍兹线圈扩展应用研究

［研究背景］

理论和实验都表明亥姆霍兹线圈中央存在均匀磁场.在某些工程应用中,往往需要较大范围的均匀磁场环境.本实验研究的内容是利用亥姆霍兹线圈中央存在均匀磁场这一特性,进行深入研究,对亥姆霍兹线圈进行改进,获得更大范围的均匀磁场.

［研究内容］

(1) 根据单个线圈轴线上的磁感应强度 B 的计算公式和磁场叠加原理及亥姆霍兹线圈的基本特征,用数学的方法,改良亥姆霍兹线圈的绕线结构,得到更大范围的均匀磁场;

(2) 在理论计算的基础上,给出具体的实验设计方案及测量检验装置(建议使用霍尔效应实验仪);

(3) 用霍尔效应法测量改良型亥姆霍兹线圈轴线上磁场,验证设计结果.

［实验要求］

(1) 给出理论计算模型及计算结果(包括图表和曲线);

(2) 设计改良型亥姆霍兹线圈,并安装在霍尔效应实验仪上,得到实验装置;

(3) 用实验的方法,给出测量数据(包括图表和曲线),并对测量结果作误差分析;

(4) 总结本实验研究结论,有何特点或创新点,如果理论结果和实验结果不吻合,说明理由;

(5) 完成一篇符合规范要求的实验研究论文或实验研究报告.

［实验原理、方法提示］

(1) 理论研究中可利用单个线圈轴线上的磁感应强度 B 的计算公式和磁场叠加原理;

(2) 实验原理可以参考霍尔效应法测量磁场;

(3) 实验方法可以根据线圈个数和线圈之间的间隔距离,再根据设计参数在半径为 R 的非金属圆管上绕制对应线圈,然后想办法固定在霍尔效应实验仪上,利用霍尔效应法测量磁场的方法,测量新制线圈轴线上的磁场分布.

7.3　用读数显微镜测量光波波长和液体的折射率

［研究背景］

最初关于"牛顿环现象"的描述是在1665年胡克(Robert Hooke)的著作中,他描述了薄云母片、肥皂泡、吹制玻璃和两块压在一起的平玻璃板上所产生的彩色条纹.1675年牛顿在进一步考察胡克研究的肥皂泡薄膜的色彩问题时，首次对观察到的彩色圆环进行了周密而详细的研究，精密测量并找出了环的直径和透镜曲率半径的关系. 利用牛顿环干涉现象，还可以测量光波波长和液体的折射率，在光学加工技术上也有重要应用，可以用来检验光学元件质量，如检验光学元件的球面度和材料表面的平整度和光洁度.

［**研究内容**］

(1) 利用牛顿环干涉现象测量光波波长；
(2) 测量透明液体的折射率；
(3) 观察白光干涉现象.

［**实验要求**］

(1) 给出理论计算公式及计算结果；
(2) 用实验的方法，给出测量数据，并对测量结果作误差分析；
(3) 总结本实验研究结论，有何特点或创新点，如果理论结果和实验结果不吻合，说明理由；
(4) 完成一篇符合规范要求的实验研究论文或实验研究报告.

［**实验原理、方法提示**］

1. 测量光波波长

根据“牛顿环”实验测量透镜曲率半径公式 $R=\dfrac{D_m^2-D_n^2}{4(m-n)\lambda}$，选择一个已知光波波长的光波作光源，测出干涉条纹的直径，计算出透镜曲率半径，再用待测波长的光波作光源，用相同的方法，测出透镜曲率半径，两式相等即可求出待测光波波长.

2. 测量透明液体的折射率

把一个曲率半径很大的平凸透镜 AOB 放在一块滴有少许待测透明液体的平面玻璃板 D 上，两者之间形成一层厚度不均匀的液体薄膜(设其折射率为 n)，观察其干涉条纹，根据牛顿环实验，得到测量透镜曲率半径公式 $R=\dfrac{(D_m^2-D_n^2)n}{4(m-n)\lambda}$，同理，对于空气薄膜，$R=\dfrac{D_m'^2-D_n'^2}{4(m-n)\lambda}$，观察空气膜和液体膜条纹宽度的变化，两式相比得 $n=\dfrac{D_m'^2-D_n'^2}{D_m^2-D_n^2}$. 只要测出同一装置(相同的平凸透镜和平面玻璃板)下的空气膜和液体膜的条纹直径，即可求出液体的折射率.

3. 用白炽灯作光源，观察白光干涉现象

7.4　全息光栅的制作

［**研究背景**］

1967 年，联邦德国的鲁道夫(Rudolph)和施玛尔(Schmahl)提出了采用全息照相的方法来制作光栅，并首先利用全息照相的方法制作出了光栅. 全息光栅具有良好的性能，可作为色散元件应用于光谱仪器，而且与刻划光栅相比，全息光栅具有杂散光少，没有鬼线和伴线，分辨率高，适用光谱范围宽，有效孔径大，生产效率高，成本低廉等优点.

［研究内容］

(1) 制作全息光栅的原理；

(2) 制作全息光栅的技术.

［实验要求］

(1) 设计一个拍摄全息光栅的光路，给出拍摄时两束平行相干光夹角的确定方法，对光路中每个元件进行说明并给出必要的参数，写出实验步骤；

(2) 制作一块空间频率 $\nu=300$ 条/mm 的全息光栅. 设计一种方法来检测所制作的全息光栅的空间频率，写出测量方法及测量结果；

(3) 检验所制作光栅的光栅常数 d，要求相对误差 $Er(d)<2\%$；

(4) 总结制作全息光栅的要点和注意事项；

(5) 完成一篇符合规范要求的实验研究论文或实验研究报告.

［实验原理、方法提示］

(1) 两束相干的单色平行光以一定角度 θ 相交时，在两束光相交面上将形成干涉条纹. 设两束平行光入射到平面上的夹角为 α、β，那么干涉条纹的间距

$$d=\frac{\lambda}{2\sin\dfrac{\alpha+\beta}{2}\cos\dfrac{\alpha-\beta}{2}}$$

式中，λ 为入射光波长.

当 $\alpha=\beta$ 时，$\alpha=\beta=\dfrac{\theta}{2}$，则

$$d=\frac{\lambda}{\sin\dfrac{\theta}{2}}$$

改变 θ 角，可使条纹密度变化，θ 越大条纹越密. 光栅的空间频率 $f=\dfrac{1}{d}$.

(2) 若在两束光的重合区上放上焦距为 f 的透镜，两束光在透镜的后焦平面上聚成两个亮点，测出两个亮点的距离，就可求出两束光的夹角 θ.

(3) 若将两束平行光的相交平面换成全息干板，并把干涉条纹拍摄下来，经显影，定影处理后便是一块全息光栅.

(4) 要提高光栅的衍射效率，可在定影后进行漂白处理.

(5) 在分光计上检验光栅常数 d.

7.5 晶体电光调制研究

[研究背景]

激光是一种光频电磁波,具有良好的相干性,与无线电波相似,可用来作为传递信息的载波.激光具有很高的频率,可供利用的频带很宽,故传递信息的容量很大.再有,光具有极短的波长和极快的传递速度,加上光波的独立传播特性,可以借助光学系统把一个面上的二维信息以很高的分辨率瞬间传递到另一个面上,为二位并行光信息处理提供条件.所以激光是传递信息的一种很理想的光源.

要用激光作为信息的载体,就必须解决如何将信息加到激光上去的问题.例如激光电话,就需要将语言信息加载与激光,由激光"携带"信息通过一定的传输通道送到接收器,再由光接收器鉴别并还原成原来的信息.这种将信息加载激光的过程称之为调制,到达目的地后,经光电转换从中分离出原信号的过程称之为解调.其中激光称为载波,起控制作用的信号称之为调制信号.与无线电波相似的特性,激光调制按性质分,可以采用连续的调幅、调频、调相以及脉冲调制等形式.但常采用强度调制.强度调制是根据光载波电场振幅的平方比例于调制信号,使输出的激光辐射强度按照调制信号的规律变化.激光之所以常采用强度调制形式,主要是因为光接收器(探测器)一般都是直接地响应其所接收的光强度变化的缘故.

电光效应在工程技术和科学研究中有许多重要应用,它有很短的响应时间,可以在高速摄影中作快门或在光速测量中作光束斩波器等.在激光出现以后,电光效应的研究和应用得到迅速的发展,电光器件被广泛应用在激光通信,激光测距,激光显示和光学数据处理等方面.

[研究内容]

(1) 探讨晶体电光调制的原理和实验方法;

(2) 研究利用实验装置测量晶体的半波电压,计算晶体的电光系数;

(3) 观察研究晶体电光效应引起的晶体会聚偏振光的干涉现象.

[实验要求]

(1) 能将铌酸锂晶体,电光调制电源,半导体激光器,偏振器,四分之一波片,接收放大器,双踪示波器组成电光调制仪;

(2) 得出改变直流偏压选择工作点对输出特性的影响.

① 当 $V_0=V_{\pi/2}$,$V_m\ll V_\pi$ 时将工作点选定在线性工作区的中心处,此时,可获得较高频率的线性调制.

② 当 $V_0=V_{\pi/2}$,$V_m>V_\pi$ 时调制器的工作点虽然选定在线性工作区的中心,但不满足小信号调制的要求,调制信号的幅度较大,奇次谐波不能忽略.因此,这时虽然工作点选定在线性区,输出波形仍然失真.

③ 当 $V_0=0, V_m \ll V_\pi$，时，输出光是调制信号频率的二倍，即产生"倍频"失真.

④ 直流偏压 V_0 在零伏附近或在附近变化时，由于工作点不在线性工作区，输出波形将分别出现上下失真.

［**实验原理、方法提示**］

某些晶体(固体或液体)在外加电场中，随着电场强度的改变，晶体的折射率会发生改变，这种现象称为电光效应.

由一次项引起折射率变化的效应，称为一次电光效应，也称线性电光效应或普克尔(Pokells)电光效应；由二次项引起折射率变化的效应，称为二次电光效应，也称平方电光效应或克尔(Kerr)效应. 一次电光效应只存在于不具有对称中心的晶体中，二次电光效应则可能存在于任何物质中，一次效应要比二次效应显著.

光在各向异性晶体中传播时，因光的传播方向不同或者是电矢量的振动方向不同，光的折射率也不同. 通常用折射率椭球来描述折射率与光的传播方向、振动方向的关系.

当晶体上加上电场后，折射率椭球的形状、大小、方位都发生变化，电光效应根据施加的电场方向与通光方向的相对关系，可分为纵向电光效应和横向电光效应. 利用纵向电光效应的调制，叫做纵向电光调制；利用横向电光效应的调制，叫做横向电光调制. 晶体的一次电光效应分为纵向电光效应和横向电光效应两种. 把加在晶体上的电场方向与光在晶体中的传播方向平行时产生的电光效应，称为纵向电光效应，通常以类型晶体为代表. 加在晶体上的电场方向与光在晶体里传播方向垂直时产生的电光效应，称为横向电光效应. 这次实验中，我们只做晶体的横向电光强度调制实验. 晶体属于三角晶系，3m 晶类，主轴 Z 方向有一个三次旋转轴，光轴与 Z 轴重合，是单轴晶体，折射率椭球是旋转椭球，加上电场后折射率椭球发生畸变，对于 3m 类晶体，由于晶体的对称性，电光系数为矩阵形式. 当 X 轴方向加电场，光沿 Z 轴方向传播时，晶体由单轴晶体变为双轴晶体，垂直于光轴 Z 方向折射率椭球截面由圆变为椭圆.

本研究依据晶体的透过率曲线(即 T-V 曲线)，选择工作点. 测出半波电压，算出电光系数，并和理论值比较. 我们用两种测量方法：

1. 极值法

晶体上只加直流电压，不加交流信号，并把直流偏压从小到大逐渐改变时，示波器上可看到输出光强出现极小值和极大值.

具体做法：取出毛玻璃，撤走白屏，接收器对准出光点，加在晶体上的电压从零开始，逐渐增大，这时可看到示波器上光强极大和极小有一明显起落，直流偏压值由电源面板上的三位半数字表上读出. 先测对应于 $V_0>0$ 时，当光强最大时，测一组最大值，然后改变极性，光强最大时再测一组数据，两个极大之间对应的电压之和就是半波电压的两倍，多次测量取平均值，可以减少误差.

2. 调制法

晶体上直流电压和交流正弦信号同时加上，当直流电压调到输出光强出现极小值或极大值对应时，输出的交流信号出现倍频失真，通过示波器可看出．出现相邻倍频失真对应的直流电压之差就是半波电压．

3．改变直流偏压，选择不同的工作点，观察正弦波电压的调制特性．

7.6 光纤熔接

［研究背景］

光纤是一种利用光在玻璃或塑料制成的纤维中的全反射原理而制成的光传导工具．光纤传输具有传输频带宽，通信容量大，损耗低，不受电磁干扰，光缆直径小，质量轻，原材料来源丰富等优点，因而，光纤通信在许多领域得到了广泛应用．光纤熔接是光纤传输系统中工程量最大、技术要求最复杂的重要工序，其质量好坏直接影响光纤线路的传输质量和可靠性．光纤熔接的方法一般有熔接、活动连接、机械连接三种．在实际工程中基本采用熔接法，因为熔接方法的节点损耗小，反射损耗大，可靠性高．

［研究内容］

(1) 光纤涂覆层的剥除对光纤损耗的影响；
(2) 包层表面的清洁对光纤损耗的影响；
(3) 光纤端面切割对光纤损耗的影响；
(4) 光纤端面研磨对光纤损耗的影响．

［实验要求］

(1) 研究光纤端面处理工艺流程；
(2) 研究光纤端面的切割和研磨方法；
(3) 对光纤熔接过程给出具体要求，提供最优化工艺流程；
(4) 分析熔接前、熔接后的损耗数据，给出熔接损耗的大小，给出定量的结论．

［实验原理、方法提示］

1．光纤结构

光纤结构如图 7.6.1 所示，其内层是一根极细的玻璃柱，称为轴芯(core)．轴芯被一圈玻璃包围，称为被覆层(cladding)，被覆层的折射率比轴芯的小，所以轴芯里传导的光线如果折射到被覆层，便会折回轴芯内．最外层为涂层(coating)，起保护作用．

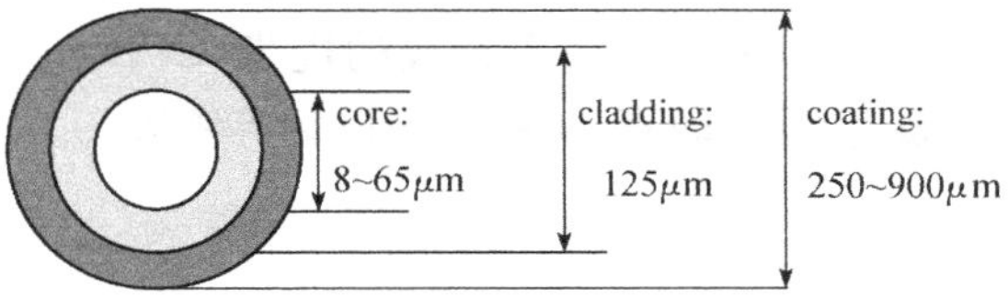

图 7.6.1 光纤结构

2. 光纤熔接机原理

光纤熔接机主要用于光通信中光缆的施工和维护. 主要是靠放出电弧将两头光纤熔化,同时运用准直原理平缓推进,以实现光纤模场的耦合. 一般光纤熔接机由熔接部分和监控部分组成,两者用多芯软线连接. 熔接部分为执行机构,主要有光纤调芯平台、放电电极、计数器、张力试验装置以及监控系统的传感器(TV 摄像头)和光学系统等. 张力试验装置和光纤夹具装在一起,用来试验熔接后接头的强度,传感器和光学系统示意图如图 7.6.2 所示,由于光纤径向折射率各点分布不同,光线通过时透过率不同,经反射进入摄像管的光亦不相同,这样即可分辨出待接光纤而在监视器荧光屏上成像. 从而监测和显示光纤耦合和熔接情况,并将信息反馈给中央处理机,后者再回控微调架执行调接,直至耦合最佳.

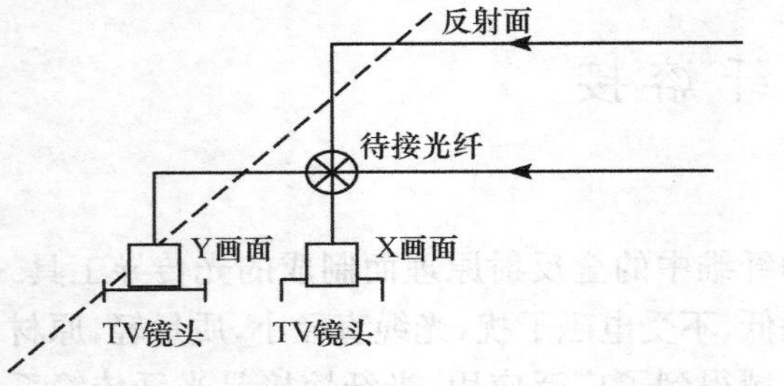

图 7.6.2　监控光学系统及传感器

光纤熔接通过以下步骤完成:剥离光纤;光纤端面处理;光纤熔接;热缩加固.

3. 光纤涂覆层的剥除

可采用剥线钳、刀片等方法进行剥除;包层表面的清洁既可采用物理方法,也可采用化学方法;采用不同的切割工具对光纤端面进行切割.

7.7　光电转换器件特性的研究

[研究背景]

光电转换器件主要是利用光电效应将光信号转换成电信号. 自光电效应发现至今,光电转换器件获得了突飞猛进的发展,目前各种光电转换器件已广泛地应用在各行各业. 常用的光电转换器件有光电倍增器、光电池、光敏电阻、光电二极管、电荷耦合器件 CCD 等. 光电倍增器是把微弱的输入转换为电子,并使电子获得倍增的电真空器件. 光电池是把光能直接变成电能的器件,可作为能源器件使用,如卫星上使用的太阳能电池. 它也可作为光电子探测器件. 光电二极管有耗尽层光电二极管和雪崩光电二极管两种. 耗尽层光电二极管将光信号转变为电信号,血崩光电二极管常用于超高频的调制光和超短光脉冲的探测. CCD(charge coupled device)即电荷耦合器件,通过输入面上光电信号逐点的转换、储存和传输,在其输出端产生一时序信号. 随着科技的进步,CCD 技术日臻完善,已广泛用于安全防范、电视、工业、通信、远程教育、可视网络电话等领域.

[研究内容]

(1) 研究光电二极管伏安特性;

(2) 研究光电二极管的频谱曲线、峰值响应频率;
(3) 研究光电流与光强的关系;
(4) 研究提高光电二极管的量子效率的途径.

[**实验要求**]

(1) 给出光电二极管伏安特性曲线;
(2) 给出光电二极管的频谱曲线、峰值响应频率;
(3) 设计电路,测量光电流与光强的关系;
(4) 设计电路,测量量子效率;
(5) 完成一篇符合规范要求的实验研究论文或实验研究报告.

[**实验原理、方法提示**]

1. 光电转换器件主要利用物质的光电效应、光电导效应、二次电子发射效应

光电效应:是指当物质在一定频率的光的照射下,释放出光电子的现象.当光照射金属、金属氧化物或半导体材料的表面时,会被这些材料内的电子所吸收,如果光子的能量足够大,吸收光子后的电子可挣脱原子的束缚而逸出材料表面成为光电子.

光电导效应:某些半导体材料在光的照射下,内部电子吸收光子后,挣脱原子的束缚而形成自由电子,使其导电性能增加,电阻率下降,这种半导体器件称为光敏电阻,这种现象称为光电导效应.当光停止辐照后,自由电子又被失去电子的原子所俘获,其电阻率恢复原值.利用光敏电阻的这种特性制成的光控开关在我们日常生活中随处可见.

二次电子发射效应:当电子轰击某物体时,如果该电子的动能足够大,被轰击物体将会有新的电子发射出来,该现象称为二次电子发射效应.轰击物体的电子称为一次电子,物体吸收一次电子后激励体内的电子到高能态,这些高能电子的一部分向物体表面运动,到达表面时仍具有足够的能量克服表面势垒而发射出来的电子称为二次电子.

2. 光电二极管的工作原理

光电二极管是一种光电变换器件,其基本原理是光照到 pn 结上时,吸收光能转变为电能.它有两种工作状态:①当光电二极管上加有反向电压时,管子中的反向电流将随光照强度的改变而改变,光照强度越大,反向电流越大,大多数情况都工作在这种状态.②光电二极管上不加电压,利用 pn 结在受光照射时产生正向电压的原理,把它用作微型光电池.这种工作状态一般作光电检测器.

3. 量子效率

光电转换器件吸收光子产生光电子,光电子形成光电流.因此,光电流 I 与每秒入射的光子数,即光功率 P 成正比.根据统计光学理论,光电流与入射光功率的关系为

$$I = \alpha P = \frac{\eta e}{h\nu} P$$

式中 I 为光电流，P 为光功率，$\alpha=\frac{\eta e}{h\nu}$是光电转换因子，$e$ 为电子电荷，h 为普朗克常量，ν 为入射光频率，η 为量子效率. 从上式可知

$$\eta=\frac{Ih\nu}{eP}$$

7.8　光学信息处理

［研究背景］

光学信息处理，就是对光学图像或光波的振幅分布作进一步的处理. 各种经典的光学信息处理的全过程局限于空域之中，即对图像本身进行处理. 自从阿贝成像理论提出以来，近代光学信息处理通常在频域中进行. 在图像的频谱面上设置各种滤波器，对图像的频谱进行改造，滤掉不需要的信息和噪声，提取或增强我们感兴趣的信息；滤波后的频谱还可以再经过一个透镜还原成为空域中经过修改的图像或信号. 近代光学信息处理具有容量大，速度快，设备简单，可以处理二维图像信息等许多优点，是一门既古老而又年青的迅速发展学科. 光学信息处理在信息存储、遥感、医疗、产品质量检验等方面有着重要的应用.

［研究内容］

(1) 研究阿贝成像原理；

(2) 研究高通滤波、低通滤波、方向滤波等空间滤波的实现；

(3) 研究透镜的傅里叶变换功能.

［实验要求］

(1) 设计光路，解释阿贝成像原理；

(2) 实测一维光栅衍射场中(频谱面)不同级别场点到 0 级的距离，计算其空间频率，理解空间频率与衍射场点位置的关系；

(3) 用一维光栅作为物，在其频谱面上放置不同的滤波器观察成像情况的变化并测量和记录像(条纹)的条纹周期数值. 并对上述所有的实验现象给出合理的解释；

(4) 用“光“字和“＋”字作为物，在其频谱面上放置不同的滤波器观察成像情况的变化并给出合理的解释.

［实验原理、方法提示］

1. 阿贝成像原理

阿贝认为透镜的成像过程可以分成两步：第一步是通过物的衍射光在透镜后焦面(即频谱面)上形成空间频谱，这是衍射所引起的“分频”作用；第二步是代表不同空间频率的各光束在像平面上相干叠加而形成物体的像，这是干涉所引起的“合成”作用. 成像过程的这两步，从频谱分析的观点来看，本质上就是两次傅里叶变换，如果物光的复振幅分布是 $g(x_0,y_0)$，可以证明在物镜后焦面(ξ,η)上的复振幅分布是 $g(x_0,y_0)$的傅里叶变换

$G(f_x, f_y)$. 所以第一步就是将物光场分布变换为空间频率分布. 第二步是将谱面上的空间频率分布作逆傅氏变换还原成为物的像(空间分布).

2. 空间滤波

如果在谱面上人为的插上一些滤波器(吸收板可移相板)以改变谱面上的光场分布,就可以根据需要改变像面上的光场分布,这就叫空间滤波. 最简单的滤波器就是一些特种形状的光阑. 把这种光阑放在谱面上,使一部分频率分量能通过而挡住其他的频率分量,从而使像平面上的图像中某部分频率得到相对加强或者减弱,以达到改善图像质量的目的. 常用的滤波方法有如下这些:

1) 低通滤波

低通滤波目的是滤去高频成分,保留低频成分,由于低频成分集中在谱面的光轴(中心)附近,高频成分落在远离中心的地方,所以,低通滤波器就是一个圆孔. 图像的精细结构及突变部分主要由高频成分起作用,所以经过低通滤波器滤波后图像的精细结构将消失,黑白突变处也变的模糊.

2) 高通滤波

高通滤波目的是滤去低频成分而让高频成分通过,滤波器形状是一个圆屏. 其结果正好与前面的低通滤波相反,是使物的细节及边缘清晰.

3) 方向滤波(波特实验)

只让某一方向(如横向)的频率成分通过,则像面上将突出了物的纵向线条. 这种滤波器呈狭缝状.

7.9 光纤通信

[研究背景]

光纤通信是指一种利用光与光纤传递信号的一种方式. 属于有线通信的一种. 光经过调制后便能携带信号. 自 1980 年起,光纤通信系统对于电信工业产生了革命性的作用,同时也在数字时代里扮演非常重要的角色. 光纤通信具有传输容量大,保密性好等许多优点. 光纤通信现在已经成为当今最主要的有线通信方式. 将需传送的信息在发送端输入到发送机中,将信息叠加或调制到作为信息信号载体的载波上,然后将已调制的载波通过传输媒质传送到远处的接收端,由接收机解调出原来的信息.

[研究内容]

(1) 用示波器观察光传输模块中各个测试点的波形,掌握电/光转换原理;

(2) 研究光发端机输出光功率的测试方法;

(3) 观察各种数字信号在光纤传输系统中的波形;

(4) 观察 CMI 编码的波形,光纤通信中 CMI 的编码规则测试;

(5) 观察 CMI 解码的波形,掌握 CMI 码解码的规律.

［实验要求］

(1) 画出实验过程中测试波形,标上必要的实验说明;

(2) 归纳出光发射机输出的光功率与输入电信号的哪些参数有关,并测试数字光发端机的输出光功率;

(3) 记录并画出各种数字信号调制过程中各测试点波形;

(4) 观察输出编码波形,验证你的序列.

［实验原理、方法提示］

1. 光纤通信系统

如图7.9.1,光纤通信系统主要由三部分组成:光发射机、传输光纤和光接收机.光发射端机集成了调制电路、自动功率控制电路、激光管、自动温度控制等,光接收机集成了光检测器、放大器、均衡和再生电路.

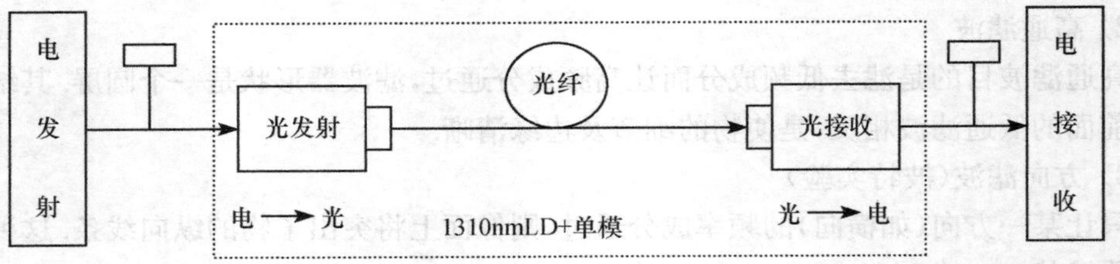

图7.9.1　光纤通信实验系统

实现过程如下:输入电信号既可以是模拟信号(如视频信号、电话语音信号),也可以是数字信号(如计算机数据、PCM编码信号);调制器将输入的电信号转换成适合驱动光源器件的电流信号并用来驱动光源器件,对光源器件进行直接强度调制,完成电/光变换的功能;光源输出的光信号直接耦合到传输光纤中,经一定长度的光纤传输后送达接收端;在接收端,光电检测器对输入的光信号进行直接检波,将光信号转换成相应的电信号,再经过放大恢复等电处理过程,以弥补线路传输过程中带来的信号损伤(如损耗、波形畸变),最后输出和原始输入信号相一致的电信号,从而完成整个传送过程.

2. 数字信号CMI码编码与译码

数字光纤通信传输信道中,对于低速率系统采用CMI(coded mark inversion)码,传号翻转码,即“1”码交替地用“00”和“11”表示,而“0”码则固定用“01”表示,因此在1个时钟周期内,CMI编码器输入1bit的时间内输出变为2bit.CMI码属于二电平的不归零(NRZ)的1B2B码型.

CMI译码的设计是采用串并变换电路把串行码变成并行码,即把CMI码的每一组00、11或01码中的奇数码与偶数码分离开来,变成奇偶分列的、时序一致的码序列,再用判决电路逐一加以比较,判决输出传号还是空号,从而解出单极性信码.

7.10 蒸发-凝结法制备金属纳米粒子研究

[**研究背景**]

纳米是一种度量单位，一纳米为百万分之一毫米，它是研究微观世界的最合适、最理想的尺子，也就是达到了度量原子间距离的物理量. 纳米级的物体极其微小，拿大的东西头发丝来比，一根普通人的头发丝就有 60000～70000nm；用小的东西原子来比，1nm 也就是 5 个原子排列起来的长度. 1nm 的物体放到乒乓球上，就像 1 个乒乓球放在地球上一样. 研究纳米级物质(包括分子、原子、电子)在 100pm(1pm=10^{-12}m)～100nm 空间内的运动规律和内在运动的特点，并利用这些特性制造特定功能产品的高新尖技术，就是科技界通称的纳米技术. 纳米材料分为纳米结构材料和纳米相/纳米粒子材料. 前者指凝聚的块体材料，由具有纳米尺寸范围的粒子构成；而后者通常是分散态的纳米粒子.

纳米粒子具有许多特性，如表面效应、量子尺寸效应、小尺寸效应、量子隧道效应等，从而导致其光学、热学、电学、磁学、力学及化学方面的性质既有别于微观粒子又与大块固体显著不同，也决定了纳米粒子广阔的应用前景. 纳米粉体广泛应用于信息与电子工业、军事工业、化工和环保工业、机械工业、医学及生物工程、新材料领域等.

[**研究内容**]

(1) 蒸发-凝结法制备纳米粒子原理；

(2) 研究蒸发-凝结法制备纳米粒子的制备过程和制备工艺；

(3) 研究制备的纳米粒子的结构、结晶惯态和形貌.

[**实验要求**]

(1) 根据实验室的蒸发-凝结法制备纳米粒子实验装置，设计纳米粒子制备过程，给出一种纳米粒子的制备工艺；

(2) 对制备的纳米粒子的结构、结晶惯态和形貌进行表征；

(3) 总结本实验研究结论，有何特点或创新点；

(4) 完成一篇符合规范要求的实验研究论文或实验研究报告.

[**实验原理、方法提示**]

1. 蒸发-凝结法制备纳米粒子原理

蒸发-凝结法是指通过适当的热源，使块体在高温下蒸发，然后在惰性气体气氛下骤冷，从而形成纳米粒子. 作为纳米粒子的制备方法，惰性气体冷凝技术是最先发展起来的. 1963 年 R. Uyeda 和 K. Kimoto 及合作者率先发展了蒸发-冷凝法，并制备了较高纯度的金属纳米粒子. 至 20 世纪 70 年代，该方法得到很大发展，并成为制备纳米粒子的主要手段之一.

本研究利用电流通过钨舟产生焦耳热而实现对原料的加热蒸发. 一般焦耳热产生的

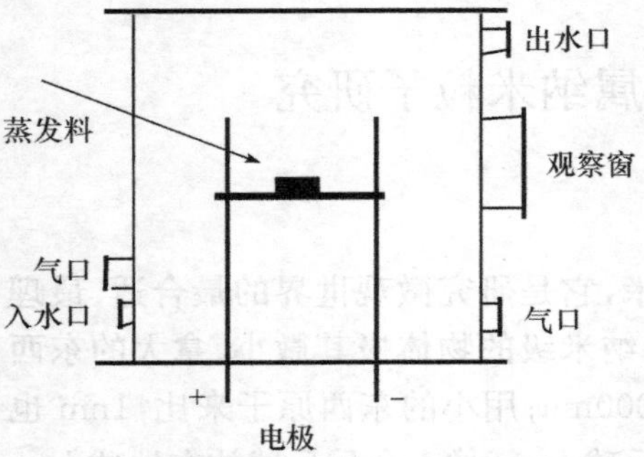

图 7.10.1 蒸发-凝结法制备纳米粒子原理示意图

温度高达 2000K 以上，使待蒸发的材料蒸发. 为使蒸发原子不能直接到达器壁，充入一些惰性气体使真空度下降. 所以，蒸发的金属原子与气体分子碰撞后速度减小，成为游离状态原子，这些原子之间相互碰撞结合形成粒子. 惰性气体的压力越大，在加热蒸发源附近空间，速度被降低的金属原子的密度越高，粒子生长得就越大. 因此，控制气体的压力，可以调节制备的纳米粒子的粒径. 蒸发-凝结法制备纳米粒子的设备原理如图 7.10.1 所示.

该方法的主要特点：实验设备简单、设备成本低、易操作，制备的纳米粒子结晶形态好、纯度高，特别适合制备低熔点的各类金属及合金.

2. 蒸发-凝结法制备纳米粒子的方法

蒸发-凝结法制备纳米粒子的过程分为五个阶段：抽真空、充气、制备、钝化和收集. 制备纳米粒子的工艺条件包括：电流、电压、惰性气体种类和气压大小.

3. 纳米粒子的结构、结晶惯态和粒度表征

纳米粒子的结构可用 X 射线衍射仪等仪器分析；结晶惯态和粒度可用扫描电子显微镜或透射电子显微镜等仪器分析.

7.11 直流电弧等离子体法制备纳米粒子研究

[研究背景]

众所周知，人们把眼睛可以看到的物质体系叫做宏观体系，把理论研究中所接触到的原子、分子体系叫做微观体系. 但是，在宏观与微观之间还存在着物质颗粒，有人定义其为介观体系. 这一体系主要是用人工方法，重新组合原子、分子形成具有全新特性的颗粒，人们把它们称做纳米颗粒或者纳米粒子. 在化学工程领域，也常将纳米颗粒称为纳米粉末.

目前根据研究问题的侧重点不同，制备方法有多种分类. 按学科分类，可将其分为物理方法、化学方法和物理化学方法；按制备技术分类，可分为机械粉碎法、气体蒸发法、溶液法、激光合成法、等离子体合成法、射线辐照合成法、溶胶-凝胶法等；按物质的原始状态分类，又可分为固相法、液相法和气相法. 无论何种分类方式，都是突出某一特点，如机理、技术特征、宏观状态等. 本实验研究用直流电弧等离子体法制备纳米粒子.

[研究内容]

(1) 直流电弧等离子体法制备纳米粒子原理；

(2) 研究纳米粒子的制备过程和制备工艺；

(3) 研究制备的纳米粒子的结构和形貌.

［实验要求］

(1) 根据实验室的纳米粒子制备装置,设计纳米粒子制备过程,给出一种纳米粒子的制备工艺;

(2) 对纳米粒子的结构和形貌进行表征;

(3) 总结本实验研究结论,有何特点或创新点;

(4) 完成一篇符合规范要求的实验研究论文或实验研究报告.

［实验原理、方法提示］

1. 直流电弧等离子体法制备纳米粒子原理

直流电弧等离子体法制备纳米粒子是利用等离子体的高温实现对原料的加热蒸发. 一般等离子体火焰温度高达 2000K 以上,存在着大量的高活性原子、离子. 当它们以 100～500m/s 的速度轰击金属原料表面时,可使其熔融并大量迅速地溶解于金属熔体中,在金属熔体内形成溶解的超饱和区、过饱和区和饱和区. 这些原子、离子或分子与金属熔体对流与扩散,使金属蒸发. 同时原子或离子又重新结合成分子从金属熔体表面溢出. 蒸发出的金属原子经急速冷却后收集,即得到金属物质的纳米粒子. 采用直流电弧等离子体法可以制备出金属、合金或金属化合物纳米粒子. 其中金属或合金可以直接蒸发、急冷而形成原物质的纳米粒子,制备过程为纯粹的物理过程;而金属化合物,如氧化物、碳化物、氮化物的制备,一般需经过金属蒸发-化学反应-急冷,最后形成金属化合物纳米粒子. 直流电弧等离子法制备纳米粒子实验装置原理示意图如图 7.11.1 所示. 采用直流电弧等离子法制备纳米粒子的优点在于纯度高、回收率大,特别适合制备中高熔点的各类金属和合金纳米粒子.

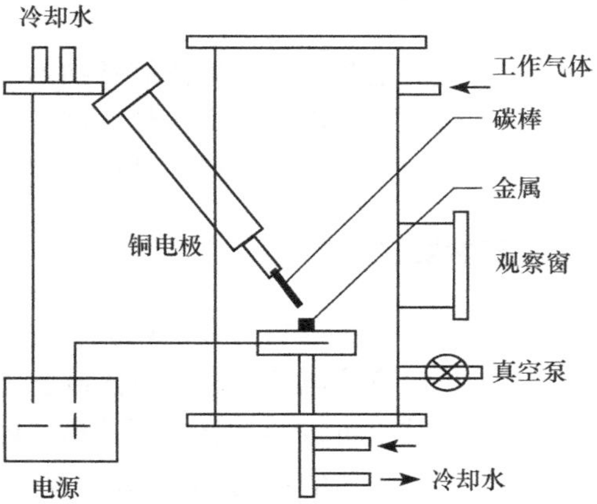

图 7.11.1 直流电弧等离子体法制备纳米粒子实验装置原理示意图

2. 直流电弧等离子体法制备纳米粒子的方法

一个完整的纳米粒子制备过程分为五个阶段:抽真空、充气、制备、钝化和收集. 制备纳米粒子的工艺条件包括:电弧参数、工作气体选择及混合气体中各种气体的比例.

3. 纳米粒子的结构和形貌表征

纳米粒子的结构可用 X 射线衍射仪等仪器分析;形貌可用扫描电子显微镜或透射电子显微镜等仪器分析.

7.12 直流电弧等离子体法制备一维纳米材料研究

[研究背景]

从国内外发展现状来看,纳米线材料在工业上尚未得到广泛的实际应用,然而基于其所具有的优异性能,它们有可能在制备纳米尺寸的电子、光电、电化学、导热和电机械器件时作为连接和功能单元发挥重要作用.特别是宽带隙的 AlN 纳米线物性研究备受关注. AlN 纳米线在光电子等许多领域将有着重要的应用前景,在大规模集成电路的基片、大功率半导体器件的绝缘基片、散热器等有许多有待探索的新空间.如何获得所需的 AlN 纳米线将是未来研究的重点.探讨制备 AlN 纳米线的生长机制和一些新的性能,具有特别重要的理论与实际意义.目前,合成高质量、尺寸可控的无机纳米线这一研究领域相当活跃.毫无疑问,可以预见将会有更多的无机纳米线被合成及表征,其奇异的性能将被开发出来,新的材料合成方法也会不断的涌现.催化辅助可控生长的直流电弧等离子体法制备一维纳米材料研究将有着更为广阔的前景.

[研究内容]

(1) 直流电弧等离子体法制备纳米线的原理;
(2) 研究直流电弧等离子体法制备纳米线的过程和制备工艺;
(3) 研究制备的纳米线的结构、形貌和机理.

[实验要求]

(1) 了解直流电弧等离子体法制备纳米线的实验装置,在老师指导下能够独立操作;
(2) 提出直流电弧等离子体法制备纳米线方案,设计纳米线制备技术路线;
(3) 总结出可行的直流电弧等离子体法制备纳米线工艺;
(4) 对纳米线的结构、形貌进行表征和探讨生长机理;
(5) 完成一篇符合规范要求的实验研究论文或实验研究报告.

[实验原理、方法提示]

1. 直流电弧等离子体法制备纳米线原理

直流电弧等离子体法制备纳米线是利用等离子体的高温实现对原料的加热蒸发.电弧等离子体产生需要有阴阳极,所以被蒸发物体必须导电,即一般是金属.一般离子体火焰温度高达 2000K 以上,使金属蒸发,同时工作气氛分子被电离、增加其活性.蒸发金属原子与工作气体反应形成纳米线.纳米线形成条件比较苛刻,需一直保持一定的高温,只有在高温条件原子才能不断反应补充分子使其长大.但是在有催化剂条件下,生成的条件降低,纳米线容易形成.直流电弧等离子法制备纳米线实验装置原理图与图 7.11.1 基本相同.

2. 直流电弧等离子体法制备纳米线的方法

一个完整的纳米线制备过程分为五个阶段：抽真空、充气、制备、钝化和收集. 制备纳米线的工艺条件包括：电弧参数、工作气体、催化剂选择及混合气体中各种气体的比例和流速.

3. 纳米线的结构、形貌表征和机理分析

纳米线的结构可用X射线衍射仪等仪器分析；形貌可用扫描电子显微镜或透射电子显微镜等仪器分析.

7.13　机械合金化法制备纳米粒子研究

［研究背景］

机械合金化（mechanical alloying，简写MA）技术是1970年由美国INCO公司的Benjamin首先发展起来的一种制备合金粉末的新技术. 用MA法可以制备常规条件下很难合成的具有独特性能的新型合金材料，并且具有成本低、产量大、工艺简单及周期短等特点，符合现代高新技术的基础研究和发展的思路. 它可以使材料远离平衡状态，从而可获得其他技术难以获得的特殊组织和结构，扩大了材料的性能范围，且材料的组织和结构可控；突破了熔铸法和快速凝固技术的局限，拓宽了合金成分范围，诱发固态相变，制备准晶、非晶态材料，从而避开了准晶、非晶形成时对熔体冷速和形核条件的苛刻要求. MA技术还制备出了一系列纳米晶材料和过饱和固溶体等亚稳态材料. MA技术已应用于开发研制非晶、纳米晶和过饱和固溶体等各种亚稳非平衡材料、弥散强化材料、磁性材料、高温材料、超导材料、复合材料、轻金属高比强材料和贮氢材料等. 近年来对MA过程的研究表明，MA过程还可诱发在常温下难以进行的固-固（S-S）、固-液（S-L）和固-气（S-G）多相化学反应，并且利用这些反应制备出性能优异的结构材料和功能材料. 目前许多国家都在MA领域开展大量的基础理论及实用化研究.

机械合金化（MA）的最大优点是：

（1）合成的材料性能范围宽；

（2）合成的合金成分范围宽；

（3）材料的组织和结构可调；

（4）可以由液相或气相反应制备. 其不足之处主要是经过长时间的球磨易引入杂质和粉末中产生的大量新鲜表面和纳米级精细结构使得球磨物质的活性高易被氧化，不易制备高纯度的材料.

［研究内容］

（1）机械合金化法制备纳米粒子原理；

（2）机械合金化法制备纳米粒子的过程和制备工艺；

(3) 研究制备的纳米粒子的结构和形貌.

[实验要求]

(1) 根据实验室的高能球磨制备纳米粒子装置,设计一种纳米粒子制备工艺;
(2) 对制备的纳米粒子结构和形貌进行表征;
(3) 总结本实验研究结论,有何特点或创新点;
(4) 完成一篇符合规范要求的实验研究论文或实验研究报告.

[实验原理、方法提示]

1. 机械合金化法制备纳米粒子原理

机械合金化法制备纳米粒子实验装置的原理示意图如图 7.13.1 所示. 高能球磨机主要靠高速运动的研磨介质(不锈钢球,玛瑙球,WC 球,刚玉球. 聚氨脂球等)与待磨材料碰撞与摩擦将回转机械能传递给金属粉末,依靠球磨机的转动或振动使球磨过程中球与球、球与球磨壁之间产生碰撞、挤压,使得粉末被强烈地撞击、研磨和搅拌,发生反复地断裂、焊合、塑性变形,使新鲜未反应的表面不断地被暴露出来,并使粉末组织结构不断的细化,粉末在机械力作用下,各组分原子相互扩散,形成非平衡态或发生化学反应. MA 属于强制反应,在球磨过程中从外界引入高能量密度的机械强制作用,粉末颗粒中引入大量的应变、缺陷以及纳米级的微结构,使粉末具有很高的晶格畸变能和表面能,成为扩散和反应的驱动力,在新鲜细小的微结构表面发生扩散和固态反应,从而使得 MA 过程的热力学和动力学不同于普通的固态反应过程,能够制备出用常规液相或气相法难以合成的新型合金.

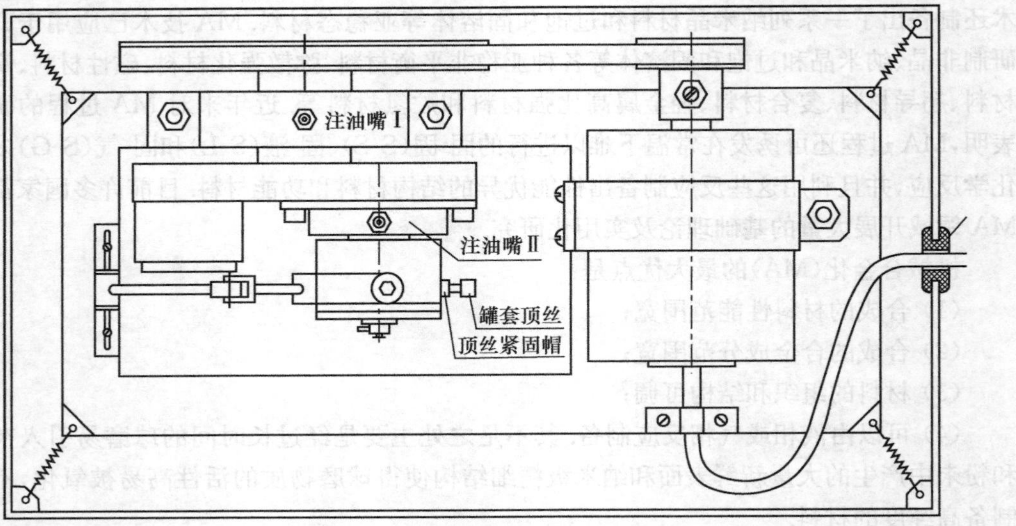

图 7.13.1　高能球磨机原理示意图

2. 机械合金化法制备纳米粒子方法

机械合金化法制备纳米粒子过程分为四个阶段:选研磨介质和确定球料比、抽真空和充气、研磨、钝化和收集.

研磨介质可选 ϕ12mm、ϕ10mm、ϕ8mm 三种不锈钢球，三种不锈钢球的质量比为 5：3：2，球料重量比为 6：1，磨料粒度在几十微米.

3. 纳米粒子的结构和形貌表征

纳米粒子的结构可用X射线衍射仪等仪器分析；形貌可用扫描电子显微镜或透射电子显微镜等仪器分析.

7.14 用X射线衍射法定性分析复合纳米粉体相组成研究

［**研究背景**］

随着新技术对材料要求的不断提高，单组分材料的性能要满足特殊严酷条件下的应用显得越来越困难. 近年来，为了满足高技术发展对材料性能的要求，各种复合材料日益受到重视. 复合材料是由两种或两种以上化学性质或组织结构不同的材料组合而成. 利用各组分优势多重叠加，使材料性能有所突破.

纳米材料由于其结构的特殊性，从而产生一系列的新效应，导致材料性能的重大改进，出现材料在微米晶粒尺寸时所不具备的性能，从而决定了纳米材料研究在材料研究中的重要地位. 复合纳米粉体是制备纳米级复合材料的基础材料，因此复合纳米粉体的相组成是复合纳米粉体制备研究中的重要内容之一.

［**研究内容**］

定性分析出实验室给定复合纳米粉体的相组成.

［**实验要求**］

(1) 根据实验室的X射线衍射仪装置，设计出定性分析复合纳米粉体相组成的实验步骤；

(2) 定性分析出实验室给定复合纳米粉体的相组成；

(3) 总结本实验研究结论，有何特点或创新点；

(4) 完成一篇符合规范要求的实验研究论文或实验研究报告.

［**实验原理、方法提示**］

1. X射线衍射分析原理

每一种结晶物质都有各自独特的化学组成和晶体结构. 没有任何两种物质，它们的晶胞大小、质点种类及其在晶胞中的排列方式是完全一致的. 因此，当X射线被晶体衍射时，每一种结晶物质都有自己独特的衍射花样，它们的特征可以用各个衍射晶面间距 d 和衍射线的相对强度 I/I_0 来表征. 其中晶面间距 d 与晶胞的形状和大小有关，相对强度则与质点的种类及其在晶胞中的位置有关. 所以任何一种结晶物质的衍射数据 d 和 I/I_0

是其晶体结构的必然反映,因而可以根据它们来鉴别结晶物质的物相.

2. 物相定性分析方法(采用三强线法)

(1) 从前反射区 20°～90°中选取强度最大的三根线,并使其 d 值按强度递减的次序排列.

(2) 在数字索引中找到对应的 d_1(最强线的面间距)组.

(3) 按次强线的面间距 d_2 找到接近的几列.

(4) 检查这几列数据中的第三个 d 值是否与待测样的数据对应,再查看第四至第八强线数据并进行对照,最后从中找出最可能的物相及其卡片号.

(5) 从档案中抽出卡片,将实验所得 d 及 I/I_1 跟卡片上的数据详细对照,如果完全符合,则第一相的鉴定即告完成.

如果待测样的数据与标准数据不符,则须重新排列组合并重复(2)～(5)的检索手续.因为样品为多相物质,所以当找出第一物相之后,可将其线条剔出,并将留下线条的强度重新归一化,再按过程(1)～(5)进行检索,直到全部分析完毕.

7.15　硅油基高黏度磁性液体制备研究

[研究背景]

磁性液体(magnetic liquid),又称磁性流体(magnetic fluids)、铁磁性流体(ferromagnetic fluids)、磁性胶体(magnetic colloids).是一种对磁场敏感、可流动的液体磁性功能材料,具有与普通磁性材料及液体材料所不同的特性.它是由纳米级的磁性颗粒(Fe_3O_4、γ-Fe_2O_3、Fe、Co、Ni、Fe-Co-Ni 合金、α-Fe_3N 及 γ-Fe_4N 等),通过界面活性剂(羧基、胺基、羟基、醛基、硫基等)高度地分散、悬浮在载液(水、矿物油、酯类、有机硅油、氟醚油及水银等)中,形成稳定的胶体体系.

磁性液体最初是 1965 年美国宇航局为了解决太空服头盔转动密封的技术难题而率先研制成功的,并且美国将宇航用的喷气燃料制成磁性液体,通过永磁加以控制,克服了失重状态下燃料不能正常工作的问题.宇航员进入太空所穿宇航服的一个关键部位—颈部,必须用磁性液体密封.颈部是宇航帽与宇航服连接之处,既要让宇航员的头部能够自由转动,又要密封度高.如果密封不够,宇航服里的氧气泄漏,宇航员生命受到威胁.这个连接部位,若用固体物质显然太硬,而一般液体物质密度不够,唯有磁性液体符合要求.

磁性液体密封因为具有良好的密封性、几乎为零的泄漏率、密封的寿命长、密封的可靠性高及无污染等许多独特的优点,因此研究磁性液体的制备具有非常重要的现实意义.磁性液体的应用已扩展到机械、电子、能源、化工、冶金、船舶、航天、遥测、仪表、印刷、环保、卫生、医疗等诸多领域.

目前磁性液体的制备方法有:机械粉碎法、热分解法、解胶法、水溶液吸附有机相分散法、真空蒸镀法、气相液相反应法、阴离子交换树脂法、氧化沉淀法、蒸发冷凝法等.

[研究内容]

(1) 磁性纳米粒子的制备;
(2) 硅油基高黏度磁性液体的制备工艺;
(3) 硅油基高黏度磁性液体的性能表征.

[实验要求]

(1) 根据实验室的纳米粒子制备装置,设计磁性纳米粒子制备工艺;
(2) 设计硅油基高黏度磁性液体的配方和制备工艺;
(3) 对制备的硅油基高黏度磁性液体的性能进行表征;
(4) 总结本实验研究结论,有何特点或创新点;
(5) 完成一篇符合规范要求的实验研究论文或实验研究报告.

[实验原理、方法提示]

1. 直流电弧等离子体法制备纳米粒子原理和方法

直流电弧等离子体法制备纳米粒子原理和方法见实验 7.11.

2. 磁性液体的组成

磁性液体由三种成分组成,即磁性纳米粒子(表 7.15.1)、以及包覆在纳米粒子表面的表面活性剂(也称界面活性剂或分散剂)(表 7.15.2)、基液或载液(表 7.15.3).

表 7.15.1 磁性纳米粒子

磁性液体名称	所含的磁性纳米粒子
铁氧体磁性液体	Fe_3O_4、γ-Fe_2O_3
金属磁性液体	Fe、Co、Ni、Fe-Co-Ni 合金
氮化铁磁性液体(金属间化合物)	α-Fe_3N 及 γ-Fe_4N
稀土铁磁流体	稀土磁性纳米粒子

表 7.15.2 适用的表面活性剂

基液名称	适用的表面活性剂
水	油酸、亚油酸、亚麻酸以及它们的衍生物、盐类及皂类
酯及二酯	油酸、亚油酸、亚麻酸、磷酸二酯及其他的非离子界面活性剂
碳氢基	油酸、亚油酸、亚麻酸、磷酸二酯及其他的非离子界面活性剂
氟碳基	氟醚酸、氟醚黄酸以及它们的衍生物、全氟聚异丙醚
硅油基	硅烷偶联剂、羧基聚二甲基硅氧烷、羟基聚二甲基硅氧烷、胺基聚苯基甲基硅氧烷
聚苯基醚	苯氧基十二烷酸、磷苯氧基甲酸

表 7.15.3　磁性液体中适用的载液

载液种类	所制磁性液体的特点及用途
水	pH值可在较宽范围内改变、价格低廉、适用于医疗、磁性分离，显示及磁带
脂及二脂	蒸气压较低，适用于真空及高速密封，润滑性好的磁性液体，特别适用于摩擦低的装置及阻尼装置，其他如用于扬声器及步进马达等
硅酸盐脂类	耐寒性好，适用于低温场合
碳氢化合物	黏度低，适用于高速密封，不同碳氢基载液的磁性液体可相互混合
氟碳化合物	具有不易燃、宽温，不溶于其他液体，适合于在活泼环境，如含有臭氧，氯气等环境中使用
聚苯基醚	蒸气压低，黏度低，适用于高真空和强辐射场合
水银	可作钴、铁-钴颗粒的载液，饱和磁化强度高，导热性好

3. 硅油基高黏度磁性液体的配方和制备工艺

硅油基高黏度磁性液体的组成为：磁性纳米粒子，硅油，硅脂，油酸＋煤油.

硅油基高黏度磁性液体的制备工艺：

(1) 按设计的配方比例称取金属磁性纳米粒子、硅油和硅脂；

(2) 配制适量的油酸和煤油（油酸和煤油的质量比为 1∶2）的混合液；

(3) 把金属磁性纳米粒子放入烧杯，倒入配好的油酸和煤油的混合液，搅拌后用超声波震荡 15 分钟；

(4) 将烧杯加热到 200℃，在该温度下保持 30 分钟后，自然冷却到室温；用磁铁挤出多余的油酸和煤油的混合液，并倒掉；

(5) 将烧杯放入烘箱，首先加热到 200℃并恒温 60 分钟，然后再降温到 150℃并恒温 60 分钟，之后再降温到 100℃并恒温 60 分钟，然后自然冷却到室温；

(6) 把经过包覆的金属磁性纳米粒子和称好的硅油和硅脂放入搅拌容器中，搅拌 5～6 小时，即制备出硅油基磁性液体.

本制备方法与粉碎法、阴离子交换树脂法、氢还原法、火花电蚀法、紫外线分解法、热分解法、真空蒸发法、电着法和共沉淀法等不同. 上述的制备方法很难制备高黏度磁性液体.

4. 硅油基高黏度磁性液体的性能表征

硅油基高黏度磁性液体的黏度用黏度计测量；磁性用震动样品磁强计测量.

7.16　纳米粉导电浆料的制备研究

［研究背景］

导电浆料是电子工业的重要原料，是集电子、化工、冶金三位一体的高技术产品. 目前的导电浆料中导电相的尺寸大体是微米或亚微米，这些浆料已不能满足低温烧结和多层布线的要求，因此导电浆料中导电相纳米化的研究越来越引起人们的重视. 随着纳米金属粉制备技术的不断发展，电阻更低、厚度更薄以及分辨率更高的厚膜导电浆料将为厚膜集成电路发展带来质的飞跃. 目前研究较多的主要有纳米银粉代替超细银粉、纳米金粉代替超细金粉、纳米铂粉代替超细铂粉等. 贵金属导电浆料的特点是经烧结后有很好的导电性,工艺简单,可在空气中烧结,工艺敏感性差,重复性好且烧结膜性能稳定. 但随着贵金属价格的不断上长,贱金属纳米导电浆料的研究越来越具有现实意义. 贱金属导电浆料有很多优点,如电阻低、抗焊熔性好、无离子迁移和价格便宜等;但缺点是对工艺要求高,老化性能不如贵金属好. 国内外已有人对 Cu 粉导电浆料进行了研究,所用的 Cu 粉粒度一般是 1～10μm 数量级. 如果能用纳米级贱金属导电浆料成功代替贵金属导电浆料,将产生巨大的经济效益. 为了使贱金属导电浆料能成功代替贵金属导电浆料并在实际中应用,很有必要研究贱金属导电浆料配方、烧结工艺等因素对导电性能的影响.

［**研究内容**］

(1) 用直流电弧等离子体法制备 Cu 纳米粒子工艺;
(2) Cu 纳米粉导电浆料的配方和制备工艺;
(3) Cu 纳米粉导电浆料性能表征.

［**实验要求**］

(1) 根据实验室的纳米粒子制备装置,设计 Cu 纳米粒子制备过程,给出制备工艺;
(2) 设计 Cu 纳米粉导电浆料的配方和制备工艺;
(3) 对制备的 Cu 纳米粉导电浆料的性能进行表征;
(4) 总结本实验研究结论,有何特点或创新点;
(5) 完成一篇符合规范要求的实验研究论文或实验研究报告.

［**实验原理、方法提示**］

1. 直流电弧等离子体法制备纳米粒子原理和方法

直流电弧等离子体法制备纳米粒子原理和方法见实验 7.11.

2. Cu 纳米粉导电浆料的配方和制备工艺

Cu 纳米粉导电浆料的成分为:Cu 纳米粉体,松油醇,乙基纤维素,无水乙醇.

Cu 纳米粉导电浆料采用超声—研磨分散法制备. 超声—研磨分散法是用黏稠液或树脂为溶剂得到固体颗粒胶体分散系的常用方法. 按设定的质量百分比分别称取 Cu 纳米粉体,松油醇,乙基纤维素,无水乙醇. 首先把松油醇、无水乙醇充分混合后,加入乙基纤维素,在水浴(水的温度 80℃左右)中使乙基纤维素完全溶解,充分搅拌后用超声波震荡 15 分钟,再加入 Cu 纳米粉体,然后充分研磨得到浆状溶胶.

3. Cu 纳米粉导电膜样品的制备方法

目前多采用匀胶技术或提拉工艺在基片上成膜. 匀胶技术所用的基片通常是硅片,它被放到一个转子上,而溶液被滴到转子的中心处,这种膜的厚度可以达 50～500nm. 提拉工艺首先把基片放到装有溶液的容器中，在液体与基片的接触面形成一个弯形液面，当把基片从溶液中拉出时，基片上形成一个连续的膜，用提拉法获得 50～500nm 的薄膜是容易的，要获得厚膜可以反复提拉，但这种膜干燥时易发生脱皮和开裂.

可用 300 目不锈钢丝网将导电浆料涂敷于 96% Al_2O_3 基片（6mm×18.5mm，厚度约 635μm）上，风干后进行真空烧结以形成导电膜. 在 1.33Pa 的真空条件下，将基片由室温缓慢加热至烧结峰值温度 180～200℃，保持 60～70min，然后在真空条件下自然冷却至室温后停止抽真空.

4. Cu 纳米粉导电浆料的性能表征

用 Cu 纳米粉导电浆料制备的 Cu 纳米粉导电膜样品的电阻率可采用四端电阻法测量.

7.17　纳米吸波材料的制备研究

［研究背景］

电磁波吸收材料的研究是军事隐身技术领域中前沿的课题之一，其目的是最大限度地减少或消除雷达、红外等目标的探测特征，另外，随着计算机和电子通信技术的快速发展，电磁波污染严重破坏了良好的生态环境，威胁着人们的健康，因此吸波材料研究和应用无论是在军事还是在民用都有深远意义. 现代科学技术的飞速发展，给吸波材料提出了频段宽、吸收强、密度小、耐高温和良好的力学性能等很多要求，传统的吸波材料很难满足这些要求. 纳米技术作为当今科学的前沿技术，用于隐身技术与隐身材料的研究中之后，可以制得性能优良的吸波材料，很有发展前途. 纳米隐身材料的研究正在成为研制新型吸波材料的热点.

［研究内容］

(1) 纳米吸波材料制备方法；
(2) 研究直流电弧法制备抗氧化能力强的吸波材料的制备过程和制备工艺；
(3) 研究制备的纳米吸波材料的结构和形貌.

［实验要求］

(1) 根据实验室的纳米粉体制备装置，设计抗氧化能力强、强吸收吸波材料制备过程，给出一种纳米吸波材料的制备工艺；
(2) 对吸波材料的结构和形貌进行表征；
(3) 总结本实验研究结论，有何特点或创新点；
(4) 完成一篇符合规范要求的实验研究论文或实验研究报告.

［实验原理、方法提示］

研究宽频、强吸收吸收剂，实现“薄、轻、宽、强”，耐腐蚀，耐高温等高效吸收材料的主要的途径是多元复合. 通过多元复合，调整电磁参数，使之满足阻抗匹配和强吸收特性. 但是由于 Snoek 极限，吸波材料存在吸收频率极限，为了提高微波吸收频率，需将材料细化到粒度小于趋肤深度以下. 纳米复合吸波材料兼有纳米材料的小尺寸和复合材料的综合优势，因此成为吸波材料研究和发展的重点方向.

目前根据研究问题的侧重点不同，制备方法有多种. 本实验研究用直流电弧等离子体法制备纳米吸波材料. 近年来磁性纳米胶囊在微波吸收技术领域的研究受到了非常广泛的关注，由于它集合了壳/核结构所带来的特性和纳米尺寸变化所引起的效应，其力、热、光、电、磁等物理特性发生质变. 纳米胶囊尺寸小，远小于雷达发射的电磁波的波长，因此纳米胶囊的透过率比常规材料大很多，大大减少了电磁波的反射率. 壳核颗粒产生协同效应，一方面提高金属纳米材料的抗氧化能力，同时通过调整电磁参数，又能降低金属纳米颗粒表面的介电常数，提高磁导率，实现微波吸收剂“薄、轻、宽、强”的严格要求. 因此，核壳结构纳米胶囊是实现金属纳米粒子高吸收性能一个重要途径.

本研究制备碳包覆过渡金属及合金纳米胶囊吸波材料，其方法是在含有甲烷气体的气氛中，用直流电弧等离子体法蒸发过渡金属及合金，形成碳包覆过渡金属及合金纳米胶囊.

第 3 篇

演示性实验和虚拟仿真实验

第 8 章　演示性实验

8.1　转盘科里奥利力的实验演示

[演示目的]

通过演示实验，使学生能够加深对科里奥利力等概念的理解，能够解释科里奥利力引起的自然现象，如贸易风等.

[演示仪器]

实验装置，其结构如图 8.1.1 所示.

(1)转盘；(2)导轨；(3)小球；(4)演示支承轴；(5)演示仪支撑座.

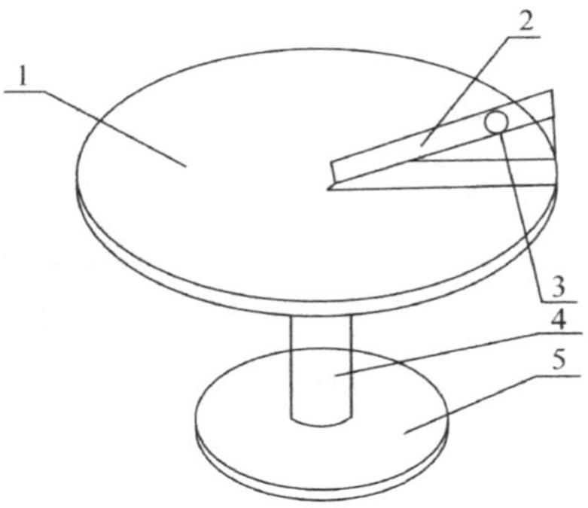

图 8.1.1　转盘科里奥利力实验仪

[实验原理]

科里奥利力的表达式为

$$\boldsymbol{F}=2m\boldsymbol{v}\times\boldsymbol{\omega} \tag{8.1.1}$$

其中 m 为小球的质量，$\boldsymbol{\omega}$ 为圆盘转动角速度.

[实验内容和步骤]

(1) 当圆盘静止，不转动，此时质量为 m 的小球沿导轨下滚，其轨迹沿圆盘的直径方向，不发生任何的偏离；

(2) 当使圆盘以角速度 $\boldsymbol{\omega}$ 转动，同时释放小球，沿导轨滚动，当落到圆盘时，小球将偏离直径方向运动；

(3) 如果从上向下看圆盘逆时针方向旋转，即 $\boldsymbol{\omega}$ 方向向上，当小球向下滚动到圆盘时，小球将偏离原来直径的方向，而向前进方向的右侧偏离(见图 8.1.2)，如果转动方向相反，从上向下看，圆盘顺时针方向旋转，即 $\boldsymbol{\omega}$ 向下，当小球向下滚到圆盘时，小球向前进方向的左侧偏离(见图 8.1.3).

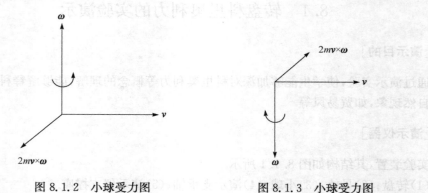

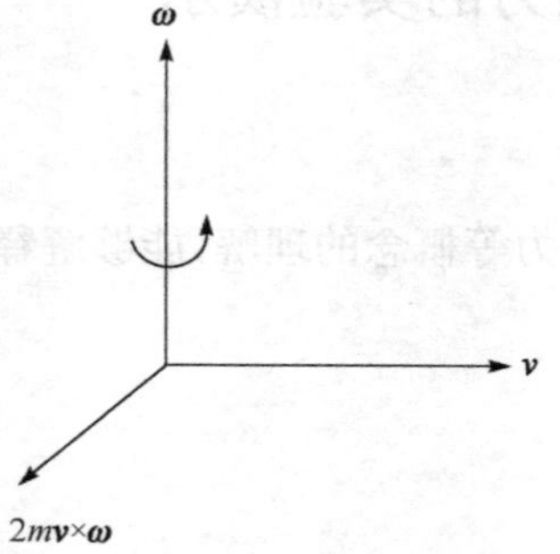

图 8.1.2　小球受力图

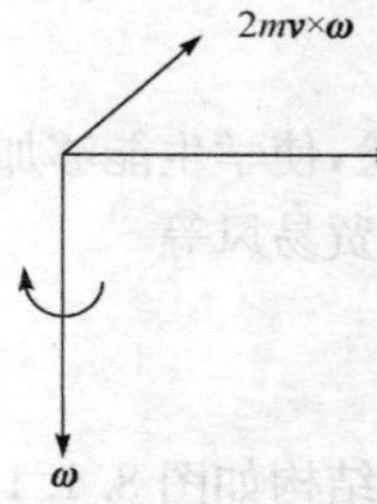

图 8.1.3　小球受力图

[思考题]

(1) 为什么地球上河流的两岸总是有一侧被水冲刷得较厉害？

(2) 贸易风：在地球上，热带空气，因受热而上升，并在高空向地球两极推进，两极的空气，因遇冷而下降，并在地面附近向赤道推进，形成了一种对流，即出现了贸易风，但在北半球地面附近向南的贸易风，称作东北贸易风. 而在南半球地面附近向北的贸易风为东南贸易风，这是为什么？

8.2　角速度矢量合成

[演示目的]

通过角速度矢量合成演示仪，演示角速度物理量是一个矢量，其合成角速度矢量与二分角速度矢量间遵守矢量合成的平行四边形法则.

[演示仪器]

角速度矢量合成演示装置如图 8.2.1 所示.

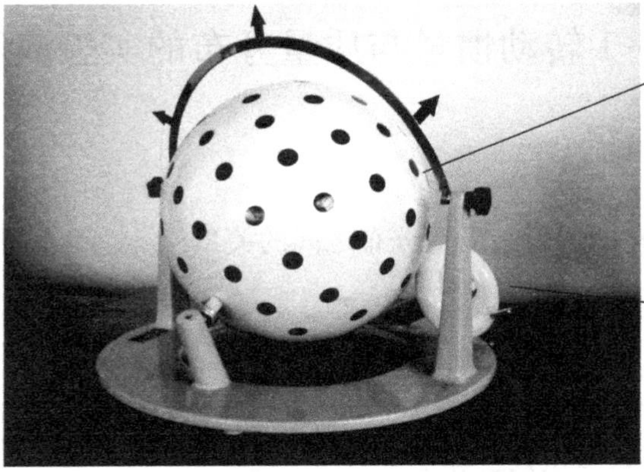

图 8.2.1 角速度矢量合成演示仪

[实验原理]

若球体参与两个不同方向的转动，一个方向转动的角速度矢量是 $\boldsymbol{\omega}_1$，另一个方向转动的角速度矢量是 $\boldsymbol{\omega}_2$，则刚体的合成转动的角速度矢量 $\boldsymbol{\omega}$ 等于两个角速度矢量 $\boldsymbol{\omega}_1$ 和 $\boldsymbol{\omega}_2$ 矢量和，它遵守平行四边形法则，如图 8.2.2 所示.

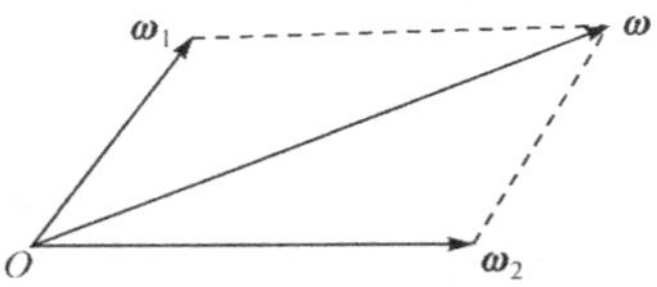

图 8.2.2 角速度矢量合成图

[实验内容和步骤]

(1) 转动左手轮，使球体沿一确定的转轴匀速转动，观察者可以看到球上的黑点描绘出一簇圆弧线，这些圆弧线位于与确定方向相垂直的平面上. 这些圆弧线转动方向按右手法则旋进的方向就是分角速度矢量 $\boldsymbol{\omega}_1$ 的方向. 转动半圆弧标尺并沿弧移动箭头，使其箭头指示 $\boldsymbol{\omega}_1$ 的方向.

(2) 按 1 中所述的操作步骤，摇动右手轮，移动箭头示出角速度矢量 $\boldsymbol{\omega}_2$ 的方向.

(3) 用左右两手分别同时摇动两个手轮，使球体同时参与两个确定的转动方向转动，使分角速度矢量沿 $\boldsymbol{\omega}_1$ 和 $\boldsymbol{\omega}_2$ 两个方向. 当摇动两个手轮转速相同时，即二分角速度矢量的大小相等，则圆点所描绘出的一簇圆点位于与两箭头所指的方向的分角线方向相垂直的平面上. 且此圆点转动方向按右手法则旋进的方向(分角线的方向)就是合角速度矢量 $\boldsymbol{\omega}$ 的方向，它们满足平行四边形运算法则：$\boldsymbol{\omega}=\boldsymbol{\omega}_1+\boldsymbol{\omega}_2$.

[思考题]

(1) 是否所有有方向、有大小的物理量都是矢量？为什么？

(2) 正向和反向转动手轮使球产生的两个转动的角速度方向是否相同？

8.3 JM-1 转动惯量与质量分布的实验演示

［演示目的］

本仪器用来演示物体转动惯量与质量分布之间的关系.

［演示仪器］

实验仪器如图 8.3.1 所示,包括:

(1) 同质量圆柱一对:A、B 两柱体材料、质量(M)外径、孔径均相同,A 柱沿边缘附近均匀打孔 6 个;B 柱离中心附近均匀打孔 6 个;

(2) 木槽一条:中间隔开形成两条槽;

(3) 垫块一个:长方体.

图 8.3.1 转动惯量与质量分布的实验装置图

［实验原理］

由刚体力学知,物体的转动量随物体质量分布的不同而不同. 因此,从同一斜面同一高度滚下的两柱体,在其他条件完全相同而质量分布不同时,转动惯量(J)大的运动慢些,迟些从斜面上滑下,这是因为 $\boldsymbol{\alpha}=M/\boldsymbol{J}$,它们所受的外力矩相同,而 $\boldsymbol{J}$ 不同,故角加速度 $\boldsymbol{\alpha}$ 就不同. 但从能量角度来看,在整个过程中,都遵从机械能守恒定律.

［实验内容和步骤］

用垫块将木槽一端撑起,与地面形成一定角度的斜面. 将两圆柱体放在槽内同一位置,并让它们同时下滚,观察两柱体下滚现象. 可以看到,A 柱体先滚下斜面. 将 A、B 位置调换,重复上述实验,可看到 A 柱先滚下. 转换垫块的使用方向,使木槽与地面形成不同夹角,重复演示,观察到始终 A 柱先滚下来.

［注意事项］

(1) 两柱体须从同一位置同时下滚.

(2) 柱体下滚前应放正,防止在滚动过程中与斜槽边缘发生摩擦.

[思考题]

芭蕾舞演员旋转时,如何让自己旋转的更快?

8.4 角动量守恒的实验演示

[演示目的]

定性观察合外力矩为零的条件下,物体的角动量守恒,并能解释有关角动量守恒的实际现象,加深对转动惯量概念的理解.

[演示仪器]

角动量守恒演示仪,哑铃一副,装置如图 8.4.1 所示.

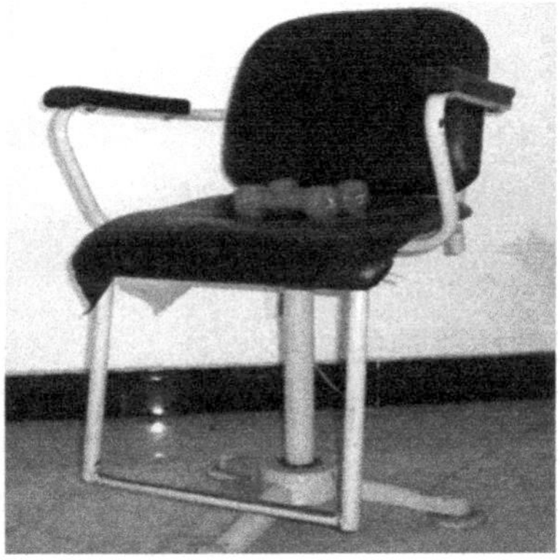

图 8.4.1 角动量守恒演示仪

[实验原理]

一个刚体绕某定轴的转动惯量

$$I = \sum_i \Delta m_i \rho_i^2 \tag{8.4.1}$$

其中 ρ_i 为质元 Δm_i 到转轴的距离. 转动惯量反映刚体转动状态改变的难易程度,也就是其大小反映刚体转动惯性的大小.

如果刚体作定轴转动,则对定轴的角动量为

$$L = I\omega \tag{8.4.2}$$

当刚体所受合外力矩为零时,角动量守恒,其数学表示式为

$$I\omega = 常量 \tag{8.4.3}$$

[实验内容和步骤]

观察角动量守恒现象:演示者坐在可绕竖直轴自由旋转的椅子上,手握哑铃,两臂平伸.使转椅转动起来,然后收缩双臂,可看到人和凳的转速显著变大.两臂再度平伸,转速又减慢.这是因为绕固定轴转动的物体的角动量等于其转动惯量与角速度的乘积,而外力矩等于零时,角动量守恒.当人收缩双臂时,转动惯量减小,因此角速度增加.

[注意事项]

起始速度不可太快,避免人收缩两臂时脱离椅子发生危险.

[思考题]

(1) 为提高跳远成绩,运动员落地前为什么应尽量使腿和臂同时向前伸展?

(2) 高台跳水运动为了完成空翻两周或三周的动作,为什么要团身?

(3) 将一个生鸡蛋和一个熟鸡蛋在桌上旋转,你能判断哪个是生鸡蛋,哪个是熟的吗?理由是什么?

8.5　弹性碰撞的实验演示

[演示目的]

本实验演示正碰撞和动量守恒定律,形象地显现弹性碰撞的情形.

[演示仪器]

本实验装置由底座、支架、钢球、拉线、调节螺丝组成,如图 8.5.1 所示.

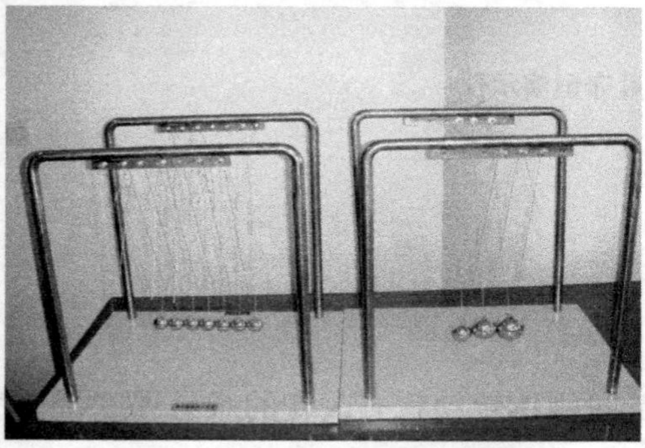

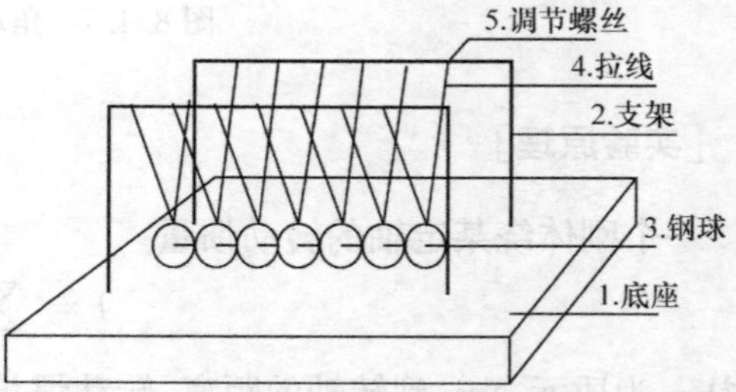

图 8.5.1　弹性碰撞实验演示仪

[实验原理]

根据动量守恒定律可知,如果正碰撞的两球,撞前速度分别为 v_{10} 和 v_{20},碰撞后的速度分别为 v_1 和 v_2,质量分别为 m_1 和 m_2,则

$$m_1 v_{10} + m_2 v_{20} = m_1 v_1 + m_2 v_2 \tag{8.5.1}$$

由碰撞定律可知

$$e=\frac{v_2-v_1}{v_{10}-v_{20}} \tag{8.5.2}$$

若 $e=1$ 时，则分离速度(v_2-v_1)等于接近速度($v_{10}-v_{20}$)，这就是弹性碰撞情形. 解(8.5.1)和(8.5.2)可得

$$v_1=v_{10}-\frac{(1+e)m(v_{10}-v_{20})}{(m_1+m_2)} \tag{8.5.3}$$

$$v_2=v_{20}+\frac{(1+e)m_1(v_{10}-v_{20})}{(m_1+m_2)}$$

若 $m_1=m_2=m, v_{20}=0; e=1$ 时，则

$$v_1=v_{10}-\frac{2mv_{10}}{2m}=0, \quad v_2=0+\frac{2mv_{10}}{2m}=v_{10}$$

即球 1 正碰球 2 时，球 1 静止，球 2 继续以 v_{10} 的速度正碰球 3，等等依次类推，实现动量的传递.

[实验内容和步骤]

(1) 将仪器置于水平桌面放好，调节螺丝，使 7 个钢球的球心在同一水平线上；

(2) 将一端的刚球拉起后，松手，则刚球正碰下一个钢球，末端的刚球弹起，继而，又碰下一个钢球，另一端的钢球弹起，循环不已，中间的 5 个钢球静止不动. 但在一般情况下，两球碰撞时，总要损失一部分能量，故两端的钢球摆动的幅度将逐渐减弱.

[注意事项]

操作前一定将 7 个钢球的球心调至同一水平线上，否则现象不明显.

[思考题]

(1) 动量守恒定律成立的条件是什么？

(2) 碰撞前后系统总动量不相等，试分析其原因.

8.6 麦克斯韦速率分布

[演示目的]

该仪器采用翻转式速率分布演示板来模拟演示热学中气体分子的速率分布，即麦克斯韦速率分布. 它可形象地演示出速率分布与温度的关系，并说明速率分布概率归一化.

[演示仪器]

装置采用玻璃制作的封闭式结构，可翻转，自动定位，重复使用. 具体结构如图 8.6.1 所示.

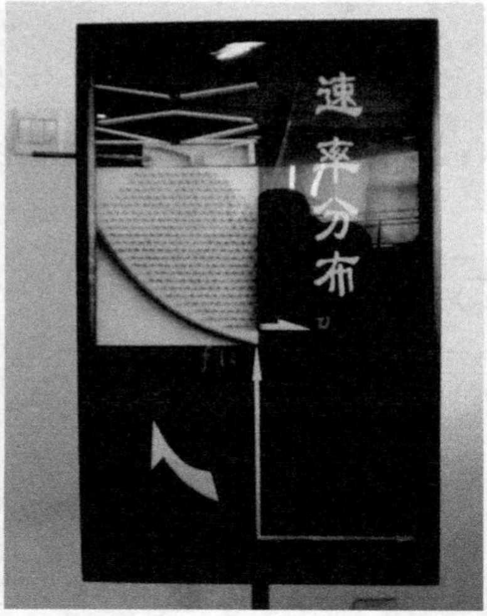

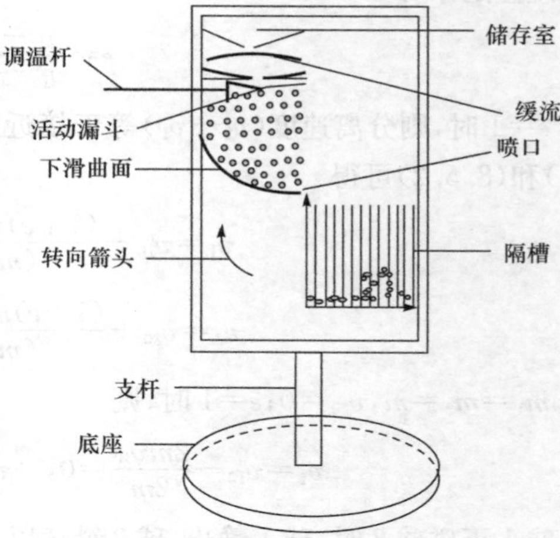

图 8.6.1　麦克斯韦速率分布实验仪

[实验原理]

在气体内部,所有的分子都以不同的速率运动着,有的分子速率大,有的分子速率小;即使是对同一个分子,它的速度在频繁的碰撞下也是不断在变化的. 所以,研究单个分子的速度究竟是多少是没有意义的. 但是,麦克斯韦认为处于平衡态的气体分子的速率有一个确定的分布,未达到平衡的气体,它的分子速率偏离这个分布,而碰撞的结果就由偏离这个分布到达这个分布,1859 年麦克斯韦用概率论的方法得到了平衡态气体分子速率分布律. 麦克斯韦分子速率分布函数如式(8.6.2)所示

$$f(v)=4\pi\left(\frac{m}{2\pi kT}\right)^{\frac{3}{2}}\mathrm{e}^{-\frac{m}{2kT}v^2}v^2 \tag{8.6.1}$$

上式中,T 表示温度,m 是分子质量,k 是玻尔兹曼常量. 麦克斯韦速率分布律是一个统计规律,只适用于平衡态. 分布函数 $f(v)$ 的归一化条件式是

$$\int_0^{\infty} f(v)\mathrm{d}v = 1 \tag{8.6.2}$$

它的物理意义为:在气体速率区间出现的分子数占总分子数的比为 1. 几何意义:$f(v)$ 曲线与 v 轴围成的面积=1.

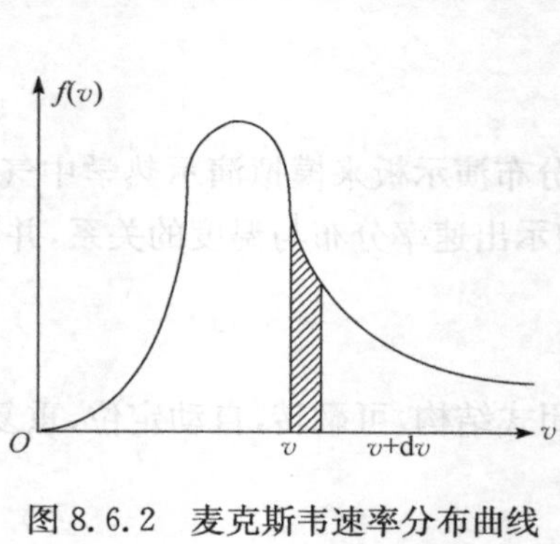

图 8.6.2　麦克斯韦速率分布曲线

［**实验内容和步骤**］

(1) 将仪器竖直放置在桌面或地面上，推动调温杆使活动漏斗的漏口对正温度 T_1 的位置；

(2) 仪器底座不动，按转向箭头的方向转动整个边框一周，当听到“喀”的一声时恰好为竖直位置；

(3) 钢珠集中在贮存室里，由下方小口漏下，经缓流板慢慢地流到活动漏斗中，再由漏斗口漏下，形成不对称分布地落在下滑曲面上，从喷口水平喷出、位于高处的钢珠滑下后水平速率大，低处的滑下后水平速率小，而速率大的落在远处的隔槽，速率小的落在近处隔槽，当钢珠全部落下后，便形成对应 T_1 温度的速率分布曲线，即 $f(v)$-v 曲线；

(4) 拉动调温杆，使活动漏斗的漏口对正 T_2（高温）位置；

(5) 再次按箭头方向翻转演示板 360°，钢珠重新落下，当全部落完时，形成对应 T_2 的分布；

(6) 将两次分布曲线在仪器上绘出标记，比较 T_1 和 T_2 的分布，可以看到温度高时曲线平坦，最概然速率更大；

(7) 利用 T_1 和 T_2 两条分布曲线所围面积相等可以说明速率分布概率归一化.

［**注意事项**］

翻转演示板时要小心，切忌太快.

8.7 热力学第二定律

［**演示目的**］

验证热力学第二定律克劳修斯表述，即热量不可能从一个物体转移到另一个物体而不发生其他变化或者说热量不可能自发的从低温物体传向高温物体.

［演示仪器］

本仪器由全封闭压缩机、高温热源、毛细管（节压阀）、气压计、温度计及卡诺循环管等组成. 其实验装置图如图 8.7.1 所示，结构框图如图 8.7.2 所示.

［**实验原理**］

通常所说的高温、低温是人们约定的，而热力学第二定律所说的高温热源或低温热源是以热力学温标为标准来定义的，而热力学温标又是建立于卡诺定理基础上. 实验时压缩机工作，活塞上下推动使卡诺管内工质（理想气体）循环流动，于是在高温热源处内部压力增加，温度升高，高温热源对外放热，内部工质经节压阀流向低温热源，而低温热源内部压力低，于是从外界吸收热量，最后工质又流向压缩机，经压缩机开始新的循环. 整个工作过程就是一个卡诺循环过程，主要是由于压缩机做功，使内部工质的物态发生变化来完成的，从而能很好地说明热力学第二定律的内容. 其原理如图 8.7.3 所示.

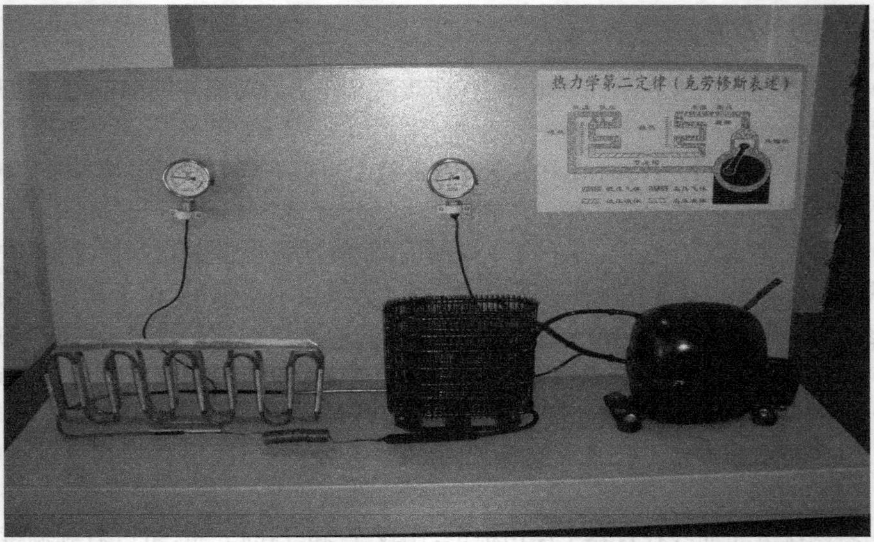

图 8.7.1　热力 学第二定律实验装置图

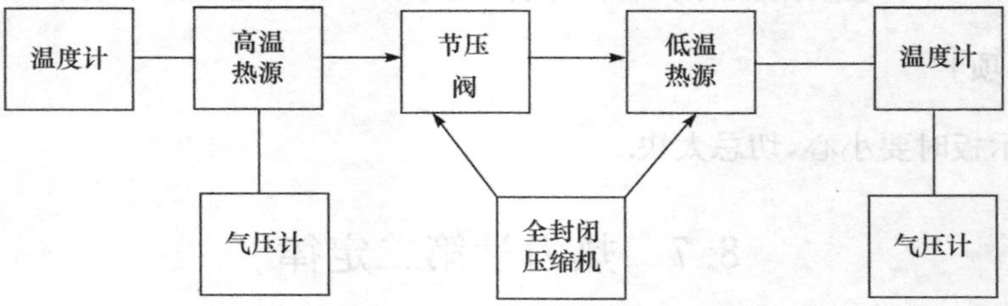

图 8.7.2　热力学第二定律实验结构图

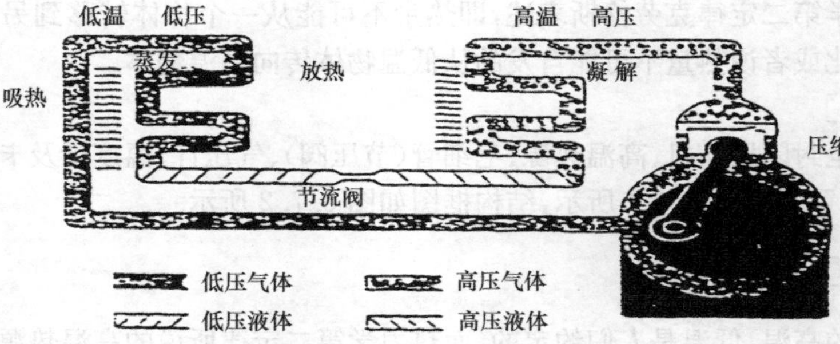

图 8.7.3　热力学第二定律实验原理图

［实验内容和步骤］

开始实验时，整个系统处于热力学平衡状态，全封闭压缩机不工作，卡诺管内的工质呈气体状态，低温热源及高温热源内部压力相同，温度也相同，这些可以从气压计及温度计读出．

实验开始，接通电源，打开电源开关，全封闭压缩机工作，活塞上下推动，高温热源内部压力增加，开始产生高温高压气体，由于存在节压阀，高温高压气体在通过节压阀之前，开始凝解，变成高压液体，内部温度上升，高温热源开始向外界放出热量. 用手触摸散热器明显发热，温度可达 40～50℃，又由于节压阀的存在，使低温热源内部压力很低，由节压阀过来的工质在其附近变成低压液体，在低温热源处开始蒸发，温度下降，于是低温热源开始从外界吸收热量，蒸发器表面结霜. 这以后，卡诺管中的工质又循环流到全封闭压缩机处，再通过压缩机推动活塞，开始下一次循环. 至此就完成一个完整的卡诺循环，实验演示也就完成.

［**注意事项**］

注意不要触碰放热管道.

［**思考题**］

热力学第二定律有哪些说法?

8.8 静电系列实验演示

［**演示目的**］

通过静电系列实验现象的观察，使学生对静电的基本概念和规律有进一步的理解，并注意提高学生的实验能力.

［**演示仪器**］

该仪器可演示静电系列实验，包括电场线分布、尖端放电、静电屏蔽、静电除尘、高压带电操作及电介质极化等. 如图 8.8.1.

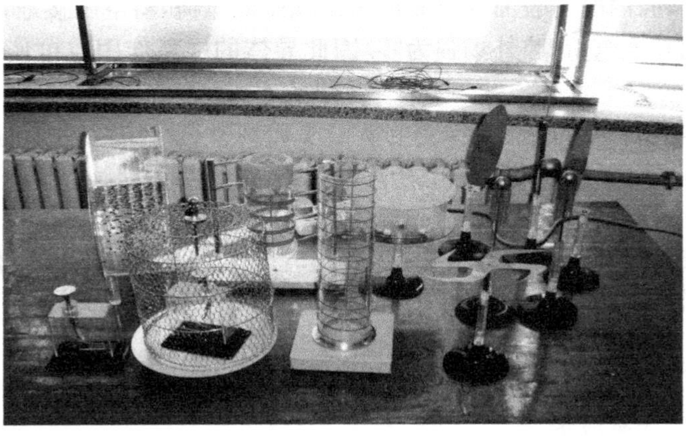

图 8.8.1 静电系列实验演示装置

[实验原理]

在通常情况下，物体内部包含的电子总数和质子总数相等，正负电效应相互抵消，不呈现带电状态. 在一定外界条件作用下(如摩擦)，物体(或其中一部分)得到或失去一定数量的电子，使得电子的总数和质子的总数不相等，物体呈现带电状态.

电荷激发电场. 电场线可以形象表示电场的分布，电场线上的每一点的切线方向与该点电场强度方向一致，曲线的疏密与电场强度的大小成正比.

当导体处在电场中时，导体中的自由电子受电场力的作用做定向运动，使导体的一部分表面因电子的聚集而出现负电荷的分布，另一部分表面因缺少电子而出现正电荷的分布，这就是静电感应，分布在导体表面的电荷便是感应电荷. 当感应电荷在导体内产生的电场与外电场完全抵消时，电子的定向运动终止，电荷的重新分布过程结束，这时导体便达到了静电平衡. 达到静电平衡时，电荷只分布在导体的表面，导体内部处处没有未抵消的净电荷(即电荷的体密度处处为零). 对于具有空腔的导体，当导体内没有其他带电体时，在静电平衡下，导体空腔内表面上处处没有电荷，电荷只分布在外表面，空腔内没有电场；当导体空腔内有其他带电体时，在静电平衡状态下，导体空腔内表面带有与腔内电荷等量异号的电荷.

对于一个孤立带电导体，到达静电平衡时，导体上面电荷密度与表面的曲率有关，表面凸出的地方(曲率大)，面电荷密度大；表面比较平坦的地方(曲率小)，面电荷密度小；表面凹进去的地方(曲率为负)，面电荷密度更小.

达到静电平衡时，导体表面之外附近空间的场强 E 与该处导体表面的面电荷密度 σ_e 的关系为 $E=\frac{\sigma_e}{\varepsilon_0}$. 所以导体尖端附近的电场特别强，导致尖端放电，形成“电风”. 尖端放电可以利用的一方面，最典型的应用就是避雷针.

由于在静电平衡时，若腔内无电荷，导体空腔内的场强都为零，所以空腔有保护在腔内的物体不受外界电场的影响的作用，此现象称为静电屏蔽. 若将带电物体放在导体空腔中，由于静电感应，腔内的内表面和外表面将出现感应电荷，将空腔接地，则腔外表面电荷被中和，若腔外无其他电荷，腔外场强为零. 因此导体的屏蔽作用也可使带电物体不影响周围其他物体.

电偶极子在电场中受力矩作用，使电偶极子转到平行于电场的方向. 如图 8.8.2 所示，电介质内的有极分子在没有外加电场的情况下，由于热运动其分子电矩杂乱无章地取向，从宏观上看没有偶极矩；而当外加一电场后，在电场的作用下，每个偶极矩方向都趋向于与外场方向一致，宏观上表现出极化现象. 随着外电场 $\boldsymbol{E}_0$ 的增强，电偶极子排列整齐度增大. 无论排列整齐的程度如何，在垂直外电场的两个端面上都产生了束缚电荷.

[实验内容和步骤]

1. 电荷电场线分布演示

把高压静电电源的高压输出端与表面粘有红细丝线的小球下面的金属杆相连接. 打开高压开关，红细丝线即在空间张开，模拟显示出点电荷电场线分布的三维图像. 如图 8.8.2.

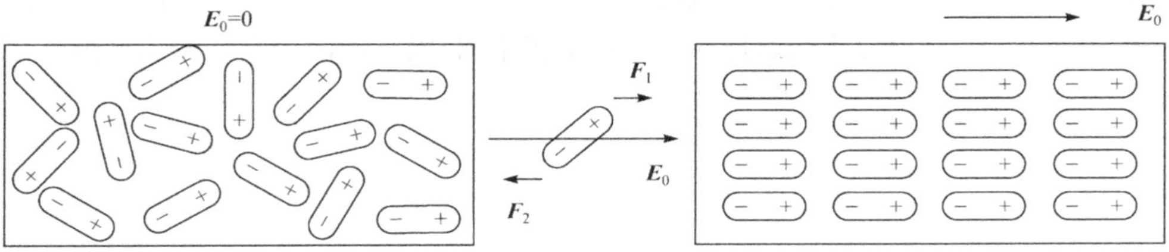

图 8.8.2 电介质极化原理图

把两个距离不远的点电荷电场线分布演示器用细导线相互连接再与高压静电电源的高压输出端相连接,打开高压开关,两个小球上的红细丝线均在空间张开,模拟显示出两个同符号点电荷电场线分布的三维图像.调节两个点电荷之间的距离,可清楚模拟显示电场线分布变化情况,如图 8.8.3.

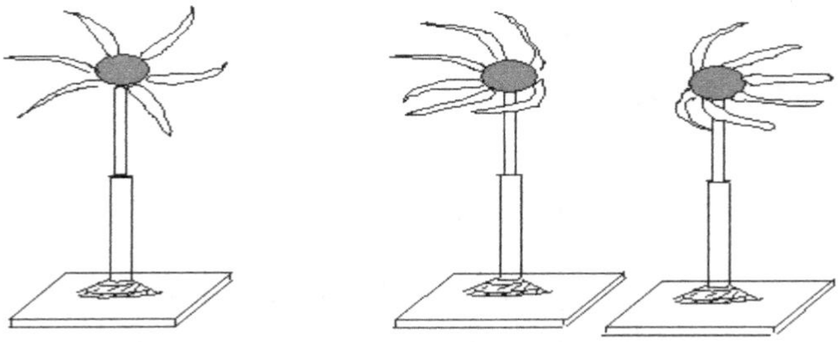

图 8.8.3 电荷电场线分布图

2. 静电跳球

如图 8.8.4 所示,当装有金属小球的圆形容器上下两极金属板分别带有正、负电荷时,此时金属小球也带有与下板同号的电荷.根据同号电荷相斥、异号电荷相吸的原理,金属小球受下极板的排斥和上极板的吸引,跃向上极板.一旦金属小球与上极板接触后,金属小球所带的电荷将被中和,以后会带上了与上极板相同的电荷,于是又被排斥返回下极板.如此周而复始,可观察到金属小球在密闭的容器内上下跳动.当两极板电荷被完全中和时,金属小球随之停止跳动.金属小球跳动频率与两极板间距离和极板间电压高低有关.

3. 静电摆球

如图 8.8.5 所示,将两极板分别与静电高压电源正负极相接.调节系有小球的有机玻璃棒,使球略偏向一极板.开启高压电源,当两极板分别带上正、负电荷时,这时导体小球两边分别被感应出与邻近极板异号的电荷.球上感应电荷又反过来使极板上电荷分布改变,从而使两极板间电场分布发生变化.球与极板相距较近的这一侧空间场强较强,因而球受力较大,而另一侧与极板距离较远,空间场强较弱,受力较小,这样球就摆向距球近的一极板.当球与这极板相接触时,与上面同样的道理使球又摆回来.持续加电,球就在两极板间往复摆动，并发出乒乓声. 关闭电源后，则导体小球会因惯性，在一段时间内做微小摆动，最后停止在平衡位置. 将金属球调节在两极板中间，因小球两边电场力几乎相等，故球不动.

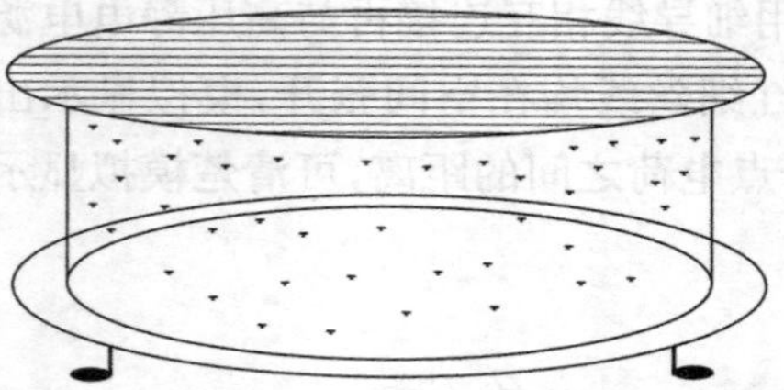

图 8.8.4　静电跳球实验装置图

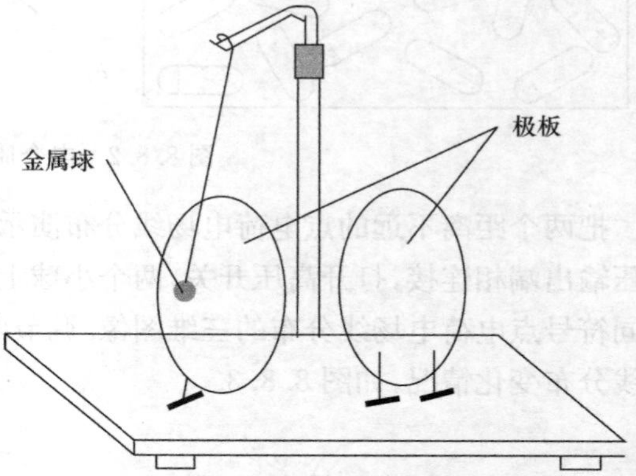

图 8.8.5　静电摆球实验装置图

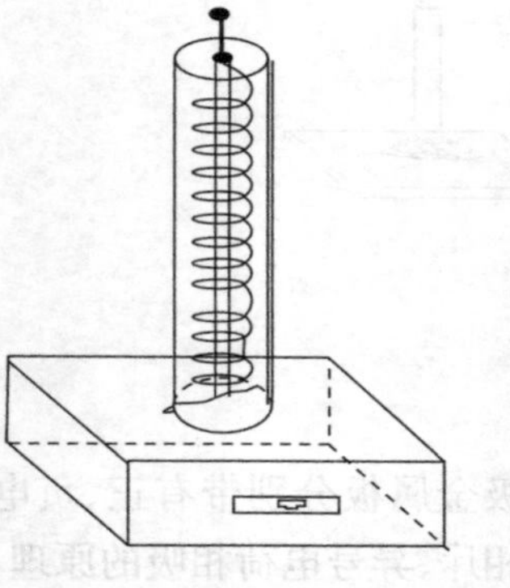

图 8.8.6　静电除尘实验装置图

4. 静电除尘

如图 8.8.6 所示，将静电高压电源的正负极接线分别接在除尘器的正负极上，暂不接通高压电源. 然后将器皿内的可燃物(蚊香)点燃，推入除尘器底部所在位置，即可看到浓烟从玻璃筒内袅袅上升，自顶端逸出.

开启高压电源，即当管内接通静电高压时，管内存在强电场，它使空气电离而产生阴离子和阳离子. 用离子在电场力的作用下，向正极移动时，碰到烟尘微粒使它带负电. 因此，带电尘粒在电场力的作用下，向管壁移动，并附在管壁上，这样，消除了烟尘中的尘粒.

演示完成后，关闭电源并进行人工放电，熄灭蚊香.

5. 尖端放电——电风吹焰

如图 8.8.7 所示，把高压静电电源的高压输出端用导线与针尖形绝缘导体相连接，在烛台上固定放置蜡烛，调节烛台高度使烛焰根部略低于针尖高度，烛台与针尖距离约 6cm 左右，点燃蜡烛待烛焰燃烧稳定，打开高压开关. 由于尖端放电形成的"电风"与烛焰作用，烛焰被吹向一边或被吹灭. 火焰能否吹灭，与外接高压高低有关，可视"电风"情况，逐渐加大高

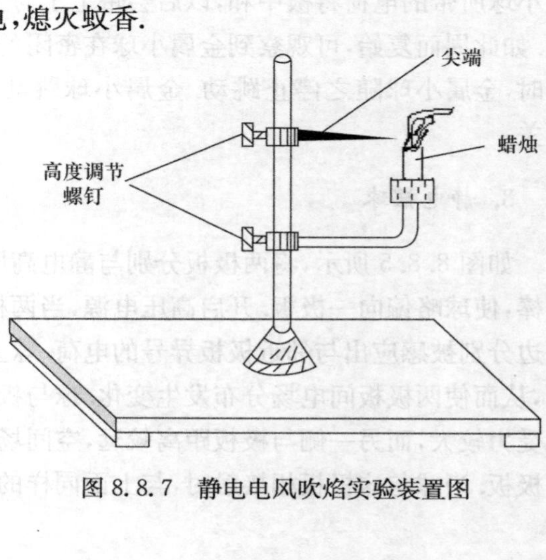

图 8.8.7　静电电风吹焰实验装置图

压直至吹灭蜡烛火焰. 演示时注意放好蜡烛与尖端的相对位置.

6. 静电电风转筒(静电电机模型)

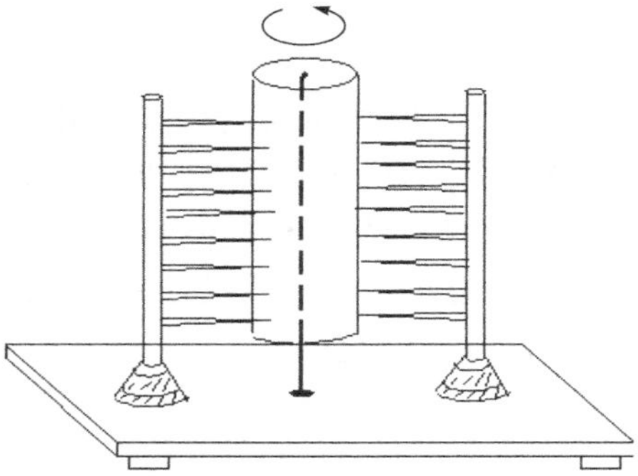

图 8.8.8 静电电风转筒

如图 8.8.8 所示,演示前将放电排针杆错开,对着圆筒的边缘部分. 把电源正、负极分别接在放电排针杆上端或下端处,接通高压电源. 在针形导体接通高压电源后,针形导体就带电了. 因为电荷密度与表面曲率半径有关,曲率半径越大,电荷分布越少;反之越多. 所以导体尖端处电荷密度最大,附近场强最强. 在强电场的作用下,使尖端附近的空气中残存的离子发生加速运动,被加速的离子与空气分子相碰撞时,使空气分子电离,从而产生大量新的离子. 与尖端上电荷异号的离子受到吸引而趋向尖端,最后与尖端上电荷中和;与尖端上电荷同号的离子受到排斥而飞向远方形成"电风",即电离的气体流,从而推动转筒快速旋转. 此即静电电机模型的一个例子. 演示后,关闭电源. 转筒旋转的起动电压约几千伏,转速快慢与外接高压高低成正比,但高压不能超过四万伏.

7. 富兰克林轮(电风车)

如图 8.8.9 所示,演示前将放电轮放在有机玻璃柱的顶端,把高压电源任一极接在柱的金属部分上,接通高压电源,则放电轮的尖端发生放电,使空气电离,电离分子离开尖端,使轮子受到反冲,因而轮子沿着弯曲的针尖的反方向转动起来. 演示后,关闭电源.

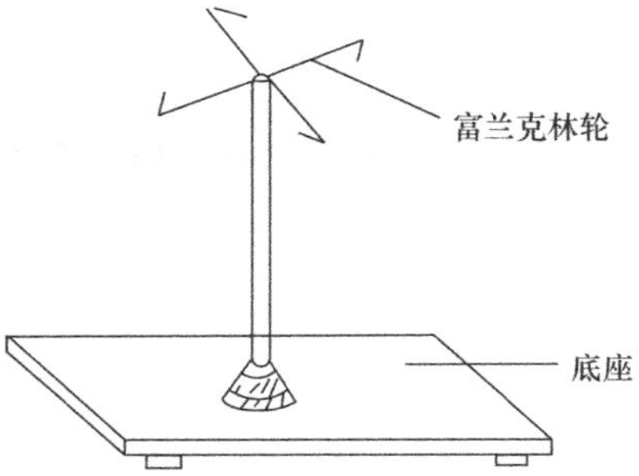

图 8.8.9 富兰克林轮

8. 静电屏蔽

用导线把带静电屏蔽的验电器与另一个验电器相连,再与高压静电电源的高压输出端相连接. 打开高压开关,可以看到有静电屏蔽的验电器无明显变化,而不带静电屏蔽的验电器张开.

9. 高压带电操作演示器

把高压静电电源的高压输出端与演示器(绝缘凳)上面的金属板相连接,操作者手持点电荷电场线分布演示器站在绝缘凳金属板上(注意:不要站在边缘上). 另一操作者打开高压开关,并使高压静电电源输出静电高压调至最大(50kV)位置. 绝缘凳上操作者手中点电荷电场线分布演示器即向空间张开,头发竖立,表明已带上高压电. 结束实验时,绝缘凳下面的操作者先关掉高压开关,并用接地线对凳上金属板放电后,凳上操作者才可回到地面上. 注意:在凳上操作者带高压电时,不能走下凳,也不可与凳下人员接触,以免高压放电刺激，虽无危险，但也会在瞬间被静电击一下.

10. 电介质极化

如图 8.8.10 所示，将静电高压电源正、负极接在电介质极化演示仪的两极板上，此时电介质极化演示仪内模拟电偶极子的石蜡细棒排列方向是混乱状态(沿任意方向). 当接通电压时，模拟偶极子极化使两端带上等量异号电荷，从而形成偶极子，并且由于极化和静电场作用立即由混乱状况变为有向排列. 显示介质有极分子极化过程. 关闭电压，则偶极子又处于混乱状态.

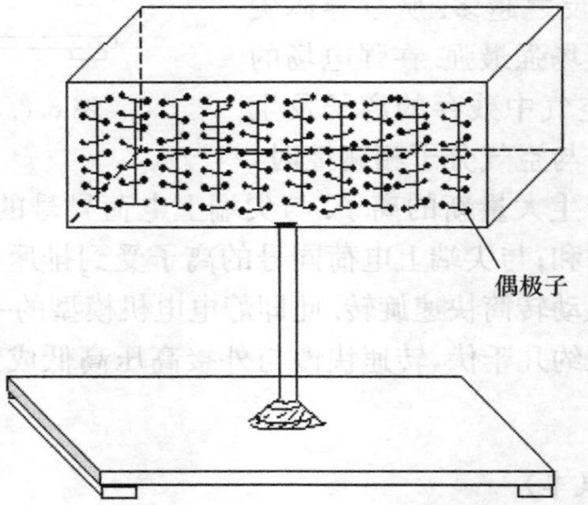

图 8.8.10　电介质极化实验装置图

[注意事项]

每一步实验结束后，都应先关闭电源，再把两极相碰触进行放电，以确保仪器设备和操作者的安全.

[思考题]

举例说明静电在实际中的应用.

8.9　阻尼摆与非阻尼摆的实验演示

[演示目的]

演示涡电流的机械效应.

[演示仪器]

阻尼摆与非阻尼摆演示仪的结构装置如图 8.9.1 所示.

其中：

(1) 直流电源接线柱；

(2) 矩形磁轭，当线圈中通有直流时，可在磁轭两极缝隙中间产生很强的磁场；

(3) 撑架；

(4) 摆架；

(5) 非阻尼摆；

(6) 横梁；

(7) 阻尼摆；

(8) 线圈；

(9) 底座.

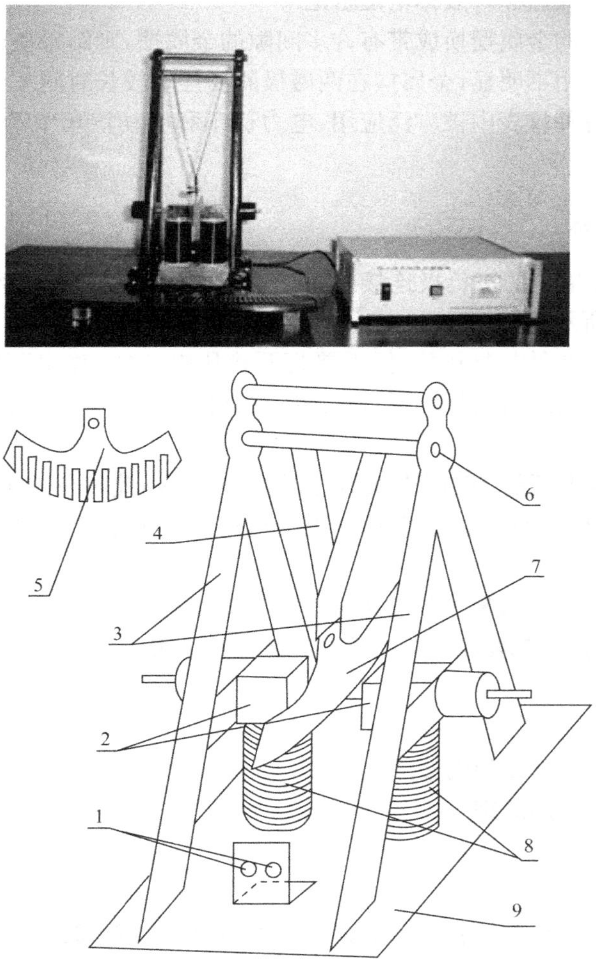

图 8.9.1　阻尼摆与非阻尼摆演示仪

［**实验原理**］

处在交变电磁场中的金属块，由于受变化电磁场产生的感生电动势作用，将在金属块内引起涡旋状的感生电流，把这种电流称为涡电流.

在图8.9.1所示的实验装置中，当金属摆在两磁极间摆动时，由于受切割磁力线运动产生的动生电动势的作用，也将在金属摆内出现涡电流.

根据安培定律，当金属摆进入磁场时，磁场对环状电流的上、下两段的作用力之和为零；对环状电流的左、右两段的作用力的合力起阻碍金属摆块摆进的作用. 当金属块摆出磁场时，磁场对环状电流的左、右两段的作用力的合力则起阻碍金属摆块摆出的作用. 因此，金属摆总是受到一个阻尼力的作用，就像在某种黏滞介质中摆动一样，很快地停止下来，这种阻尼起源于电磁感应，故称电磁阻尼.

若将图8.9.1中的金属摆换成带有许多间隙的金属摆，则结果使得涡流大为减小，从而对金属摆的阻尼作用不明显，金属摆在两磁极间要摆动较长时间才会停止下来.

电磁阻尼摆在各种仪表中被广泛应用，电力机车和电动汽车中的电磁制动器就是根据此原理而制造的.

［**实验内容和步骤**］

(1) 把稳压电源输出的正负极连接到阻尼摆与非阻尼摆演示仪的直流电源接线柱，阻尼摆按图8.9.1所示接好；

(2) 先打开稳压电源电源开关，但不要打开稳压电源的“输出”开关，即不通励磁电流，让阻尼摆在两极间作自由摆动，可观察到阻尼摆经过相当长的时间才停止下来(不考虑阻力)；

(3) 再打开稳压电源的“输出”开关，电压指示为28V，此时在磁轭两极间产生很强的磁场. 当阻尼摆在两极间前后摆动时，阻尼摆会迅速停止下来，这说明了两极间有很强的磁阻尼. 解释现象；

(4) 将带有间隙的类似梳子的非阻尼摆代替阻尼摆作上述2和3的实验，可以观察到不论通电与否，其摆动都要经过较长的时间才停止下来.

［**思考题**］

(1) 分析影响阻尼运动的因素.
(2) 分析涡流产生的原理.

［**注意事项**］

(1) 操作前应把矩形磁轭和支撑架调整到位，确保摆动顺畅.
(2) 注意不要长时间通电，以免烧坏线圈.

8.10　高压带电作业模拟演示

[**演示目的**]

演示高压带电作业,使学生掌握模拟高压带电作业的原理,体验在3万余伏高压下进行高压带电作业的感受.深入理解电势差和等电势的概念及在工业生产中的应用实例.

[**演示仪器**]

实验装置如图8.10.1所示.

(1) 静电电源;
(2) 电塔及输电线模型;
(3) 绝缘凳;
(4) 铝板;
(5) 导线挂钩.

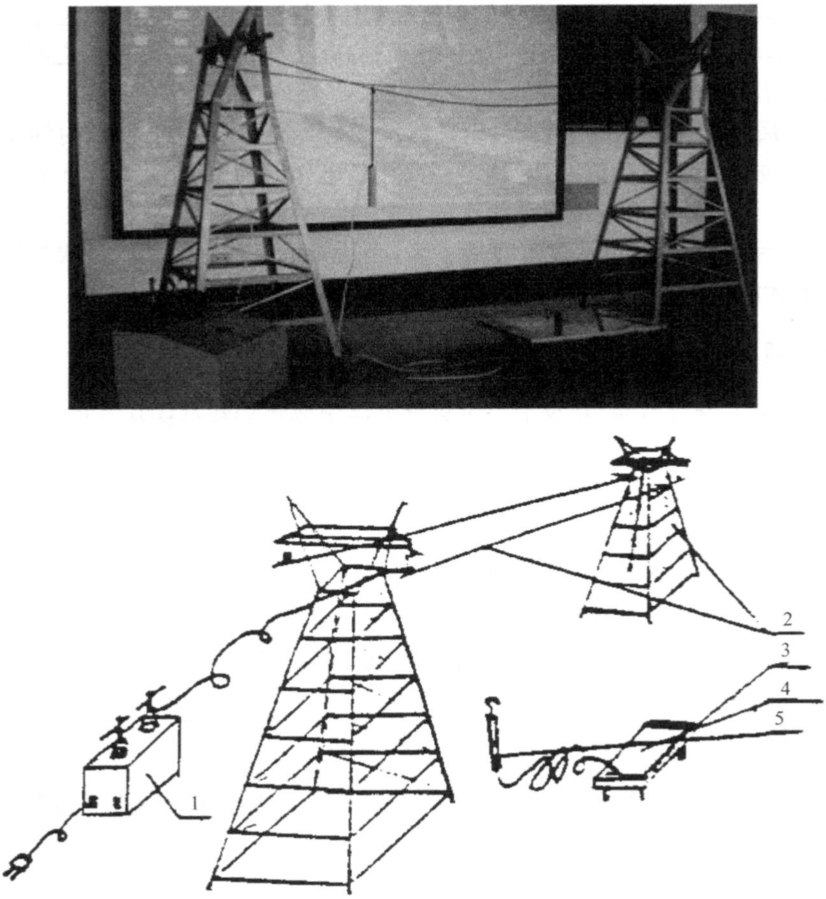

图8.10.1　高压带电作业实验装置图

[实验原理]

对人体造成的威胁并不是由于电势高造成的，而是电势梯度大造成的. 那么怎样才能在不断电的条件下检修和维护高压线路呢？我们知道我国工程技术人员经过反复实践，早已摸索出一套等电势高压带电作业的方法. 作业人员必须穿戴金属均压服(包括衣、帽、手套和鞋)等，用绝缘软梯通过瓷瓶串逐渐进入强电场区，当手与高压线直接接触时，在手套和电压线之间发生火花放电后，人和高压线就等电势了，从而就可进行操作了.

金属均压服在带电作业中有两个作用：一是屏蔽和均压作用，它相对于一个空腔金属导体，对人体起到电屏蔽作用，减弱通过人体的电场；另一个是起到分流的作用，当作业人员经过电势不同的区域时，要承受一个幅值较大的脉冲电流，由于金属均压服的电阻与人体电阻相比很小，使绝大部分电流流经均压服，这样就保证了人体的安全.

[实验内容和步骤]

(1) 将高压电塔模型上的高压输电线与静电高压电源相连接；

(2) 打开电源；

(3) 演示者赤脚站在高压绝缘凳的铝板上，用手握住与绝缘凳上铝板连接的金属挂钩的绝缘手柄，将金属钩移近高压输电铜线，观察高压输电铜线与金属钩之间通过空气放电产生的电火花；

(4) 将金属钩挂在高压输电线上，于是演示者与高压线电势相同，这时演示者可以随意接触高压线进行不停电检修操作，这就是高压带电作业的原理. 此时演示者与地之间有很大的电势差，演示者不可接触与地相连的导体；

(5) 完毕后，注意切不可从凳上直接下来，必须先将连在铝板上的导线挂钩从高压线上摘下，然后才能从凳上走下来.

[注意事项]

请勿站在地上触摸电线. 从凳上走下来之前一定要将导线挂钩从高压线上摘下.

[思考题]

(1) 请给出防止触电的方案.

(2) 请解释为什么鸟能在高压线上停留.

8.11　磁聚焦的实验演示

[演示目的]

本仪器用于演示运动电荷在磁场中受到的洛伦兹力和磁场对电子束的聚焦作用.

[演示仪器]

本实验装置如图 8.11.1 所示，包括示波管、聚焦线圈、磁场开关、电源开关、灰度调节、位移调节和线圈电源插座.

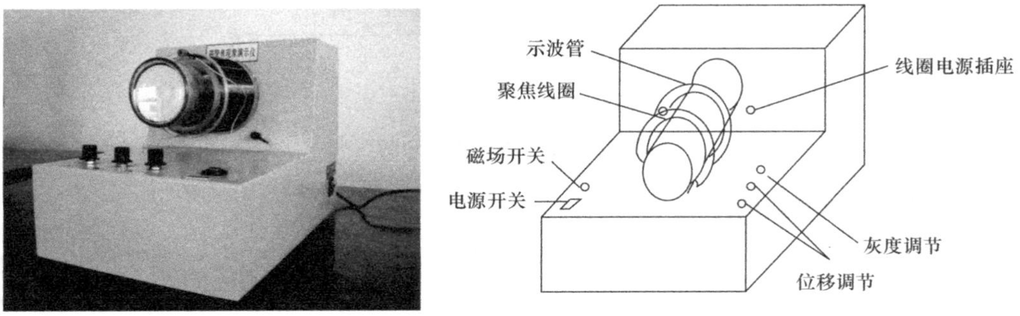

图 8.11.1 磁聚焦实验仪

[**实验原理**]

如图 8.11.2 所示，当带电粒子沿与磁场 $\boldsymbol{B}$ 成 θ 角方向以速度 $\boldsymbol{v}$ 斜向进入磁场时，磁场对其 $\boldsymbol{v}_{\perp}$ 的分运动作用，使之在垂直 $\boldsymbol{B}$ 的平面内作匀速率圆周运动，磁场对 $\boldsymbol{v}_{/\!/}$ 的分运动无作用，粒子在沿 $\boldsymbol{B}$ 方向上作匀速直线运动. 结果带电粒子沿 $\boldsymbol{B}$ 方向作螺旋线运动.

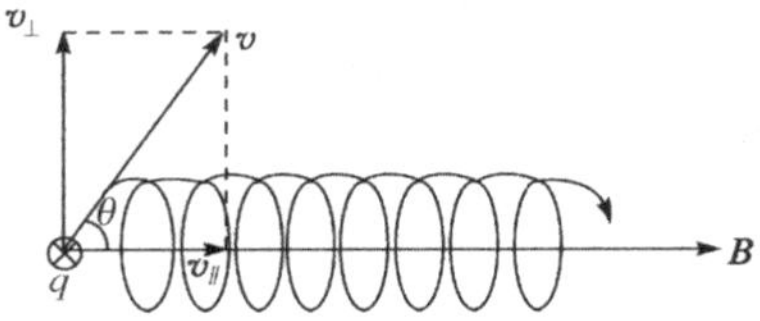

图 8.11.2 带电粒子在磁场中的运动

带电粒子的回旋半径为

$$R=\frac{mv_{\perp}}{qB}=\frac{mv}{qB}\sin\theta \tag{8.11.1}$$

带电粒子的回旋周期为

$$T=\frac{2\pi R}{v_{\perp}}=\frac{2\pi m}{qB} \tag{8.11.2}$$

带电粒子的螺距为

$$h=v_{/\!/}T=\frac{2\pi mv}{qB}\cos\theta \tag{8.11.3}$$

从式(8.11.2)可知，带电粒子的回旋周期与速度大小无关.

设有许多速度大小相同、方向各异的带电粒子组成的带电粒子束从点 P_0 出发，如图 8.11.3 所示. 因为带电粒子的回旋周期 T 与带电粒子的速度 v 无关. 所以，所有带电粒子将同时回到 P_0 所在的那条母线 P_0-P 上. 又由于各带电粒子速度方向各异即 θ 不同，其 $v_{/\!/}$ 各不相同，因此在同一时间内，它们沿母线前进的距离不等，即这些粒子不能会聚于点 P_0. 但当带电各个粒子的 θ 角均很小时，$\cos\theta\approx 1$，$v_{/\!/}\approx v$. 则从 P 出发的带电各粒子将在时间 T 内前进相同距离而会聚于 P 点. 此即“磁聚焦”. 电子显微镜中的“磁透镜”

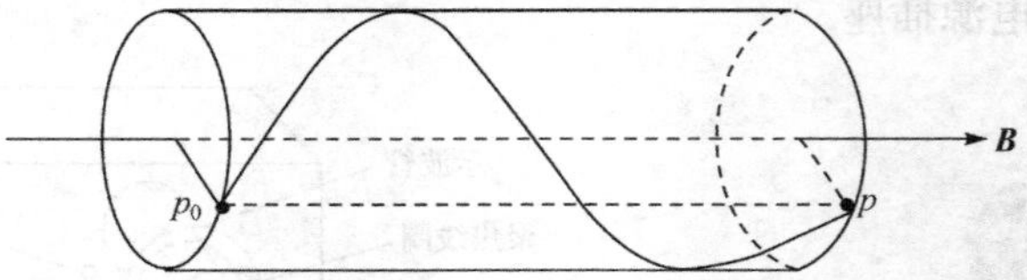

图 8.11.3　磁聚焦原理图

就是根据此原理而制成的.

$$h=\frac{2\pi mv}{qB} \tag{8.11.4}$$

［实验内容和步骤］

(1) 打开电源开关，预热 3 分钟，在示波管显示屏上出现电子束光斑. 记住光斑形状；

(2) 调节灰度及位移旋钮，使光斑位于显示屏中央且灰度适中；

(3) 打开聚焦线圈磁场开关，则观察到在线圈的磁场作用下，电子束光斑会聚于显示屏中间一点，并与关闭磁场开关时的电子束光斑比较；

(4) 移动聚焦磁场线圈，仔细观察，可以看到，电子束的螺旋轨迹和光斑会聚过程；

(5) 关闭聚焦线圈电源即关闭磁场开关，外加一永久磁铁，将会观察到电子束在洛伦兹力的作用下产生偏转的现象.

［注意事项］

(1) 在演示磁聚焦时，注意不要有外磁场的影响.

(2) 线圈电源打开时间不易过长，以免线圈过热.

(3) 注意保护示波管，不可受到硬物撞击.

(4) 注意仪器不可潮湿.

［思考题］

(1) 分析带电粒子在磁场中的受力情况.

(2) 如何使带电的粒子在磁场中直线运动.

8.12　喷水鱼洗

［演示目的］

演示共振现象.

［演示仪器］

鱼洗盆，如图 8.12.1 所示.

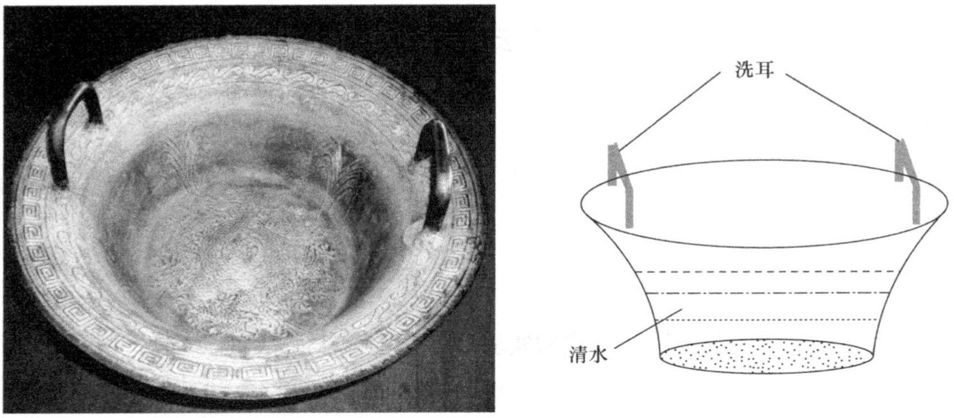

图 8.12.1 鱼洗盆

［实验原理］

用手摩擦“洗耳”时，“鱼洗”会随着摩擦的频率产生振动. 当摩擦力引起的振动频率和“鱼洗”壁振动的固有频率相等或接近时，“鱼洗”壁产生共振，振动幅度急剧增大. 但由于“鱼洗”盆底的限制，使它所产生的波动不能向外传播，于是在“鱼洗”壁上入射波与反射波相互叠加而形成驻波. 驻波中振幅最大的点称波腹，最小的点称波节. 用手摩擦一个圆盆形的物体，最容易产生一个数值较低的共振频率，也就是由四个波腹和四个波节组成的振动形态，“鱼洗壁”上振幅最大处会立即激荡水面，将附近的水激出而形成水花. 当四个波腹同时作用时，就会出现水花四溅. 有意识地在“鱼洗壁”上的四个振幅最大处铸上四条鱼，水花就像从鱼口里喷出的一样，故称为“鱼洗”.

［实验内容和步骤］

实验时，把“鱼洗”盆中放入适量水，将双手用肥皂洗干净，然后用双手去摩擦“鱼洗”耳的顶部. 随着双手同步地摩擦时，“鱼洗”盆会发出悦耳的蜂鸣声，水珠从 4 个部位喷出，当声音大到一定程度时，就会有水花四溅. 继续用手摩擦“鱼洗”耳，就会使水花喷溅得很高，就像鱼喷水一样有趣.

［注意事项］

做实验时一定要有耐心，水花喷射的高度基本上与人手摩擦洗耳的运动快慢无关，故不能着急.

［思考题］

(1) 为什么水花喷射的高度与人手摩擦洗耳的频率(速度)无关?

(2) 鱼洗中水花的喷射点是出现在波腹处还是波节处，为什么? 水面被撕裂成水珠时，是在速度最大还是加速度最大的时刻?

8.13　简谐振动与圆周运动投影

［**演示目的**］

通过对水平方向的简谐振动和在竖直平面内圆周运动在水平方向的投影之间的类比，说明简谐振动表达式中各量的含义.

［**演示仪器**］

简谐振动与圆周运动投影演示仪的实验装置如图 8.13.1 所示.

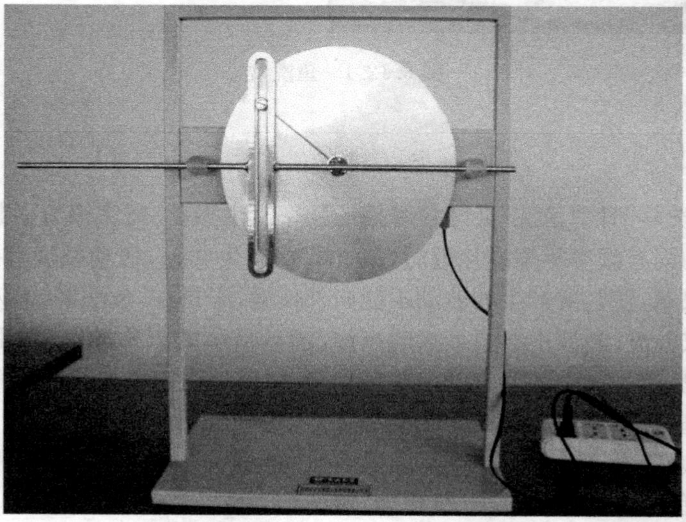

图 8.13.1　简谐振动与圆周运动投影实验演示仪

［**实验原理**］

在 x 方向作简谐振动的质点，其运动方程为

$$x=A\cos(\omega t+\varphi_0) \tag{8.13.1}$$

而一个以半径 R 作圆周运动的质点，初始时角度为 φ_0，以 ω 作逆时针运动，则任一时刻运动到的角度为 $\omega t+\varphi_0$，它在 x 方向的分量为

$$x=R\cos(\omega t+\varphi_0) \tag{8.13.2}$$

可以看出，作匀速圆周运动的物体在一个方向上的分量即为简谐振动.

［**实验内容和步骤**］

(1) 将电源插座插入墙上 220V 电源插座上.

(2) 接通电源开关.

(3) 电动机缓慢转动后，通过主轴带动演示仪正面的圆盘以一定角速度沿竖直平面转动.

(4) 固定在圆盘上的带帽圆柱棒以相同的角速度绕轴心做圆周运动. 该带帽的圆柱带动竖直的导轨. 通过环形导轨带动圆柱棒并带动沿水平轴(设为 x 轴)位移的直杆做往复位移.

(5) 在上述运动过程中,可以看出做圆周运动的质点在水平轴(x 轴)的投影,(红色)做简谐振动;其简谐振动的表达式为

$$x=A\cos(\omega t+\varphi_0)$$

其中,振幅 A 与做圆周运动的质点的半径对应,圆频率 ω 与圆周运动的角速度对应,而初相位 φ_0 与开始计时圆周运动的幅角(半径与水平轴 x 的夹角)对应.

[**注意事项**]

因水平轴 x 即沿水平方向位移的直杆运动时,长度伸缩变化较大,操作者要小心,不要被碰着.

[**思考题**]

如何判断简谐运动平衡位置?

8.14 弦线驻波

[**演示目的**]

(1) 观察一固定端的弦线在周期性横向外力的作用下所形成的驻波;

(2) 观察环形驻波;

(3) 观察弹簧片的固有频率与强迫外力的频率相同时产生的共振现象.

[**演示仪器**]

演示装置如图 8.14.1 所示.

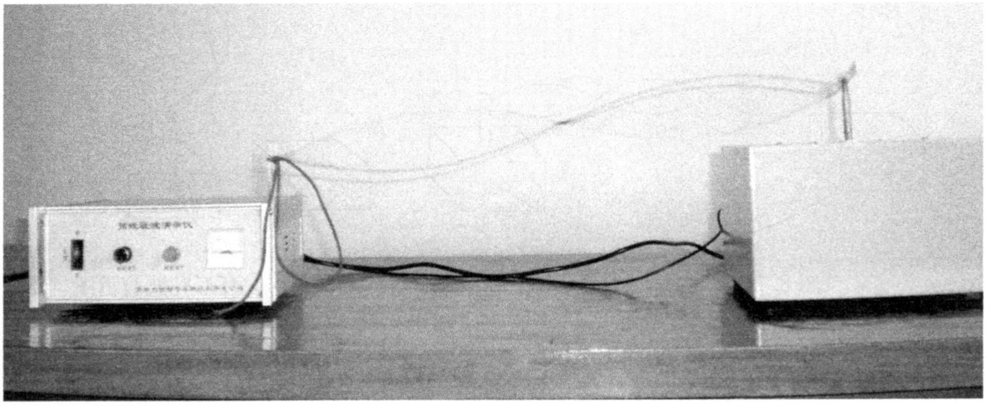

图 8.14.1 弦线驻波演示仪

［实验原理］

该仪器是由一个频率可调的振动源带动弹簧片振动，当振源的频率调到与簧片的固有频率接近时，其弹簧片发生共振获得最大振幅，弹簧片的端点作为振源，波在连接的绳上传播，而在另一端反射后形成驻波. 波腹或波节的多少由拉力的大小来定，如图 8.14.2 所示.

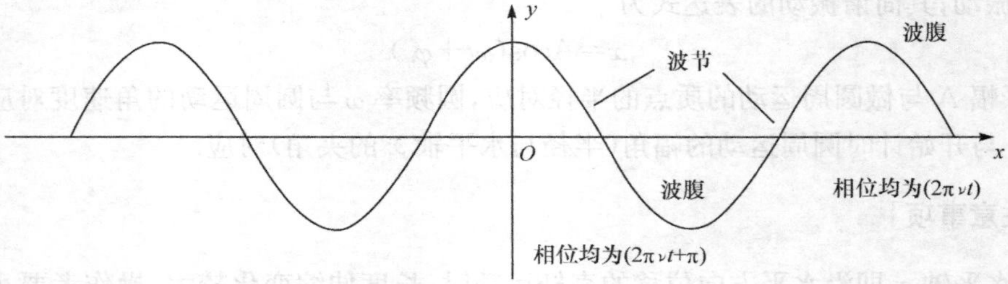

图 8.14.2　驻波相位图

［实验内容和步骤］

1. 固定端反射的线形驻波的演示

将 90cm 长的松紧带的两端分别固定在振荡器和喇叭振源上面的竖直铜棒上，如图 8.14.3 所示. 把振荡器(或其他一处)的输出端与喇叭振源的输入端接通. 调节功率旋钮使它位于中间位置，打开电源，把频率调节旋钮从最低处往高处逐步转动，这样在松紧带上会显现出 1 个到 6 个的线形驻波.

2. 环形驻波的演示

如图 8.14.4 所示，把钢丝变成一个圆形后，将两端固定在喇叭振源的铜棒上. 接通电路，调节频率旋钮和功率旋钮，从钢丝左端和右端传来的振动在钢丝内叠加，当调节到圆周长等于半波长的整数倍时，则在圆环上形成 3 个或 5 个环形驻波.

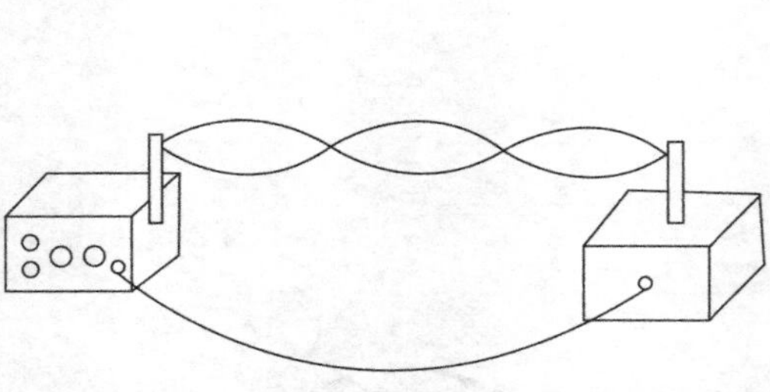

图 8.14.3　弦线驻波演示图

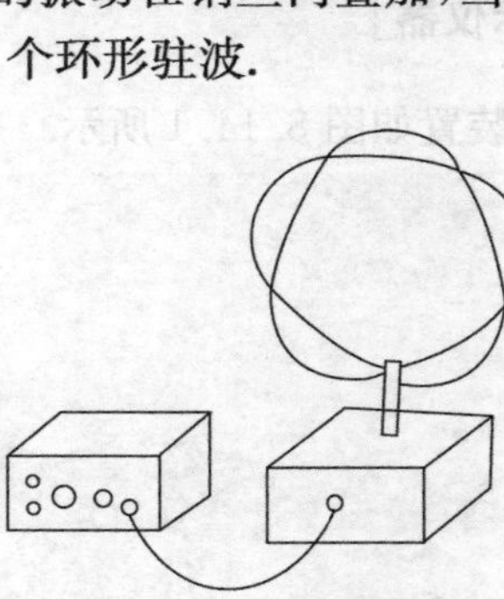

图 8.14.4　环形驻波演示图

3. 弹簧片共振现象的演示

将弹簧片固定在喇叭振源的铜棒上，接通电路，调节频率旋钮，当振源的强迫外力的振动频率与弹簧的其中一边固有频率相同时，这一边产生共振，弹簧片振动得很强，另一端则几乎不振. 调节振动频率，当振源的振动频率与弹簧片的另一边的固有频率相同时，则另一边产生共振现象.

［注意事项］

调节频率时，注意观察振幅的大小，两者配合调节，避免因振幅过大或过小而影响实验效果，此外，振幅过大会容易损坏仪器.

［思考题］

(1) 弦一端固定，另一端是自由状态，是否可以形成驻波？

(2) 在演奏吉他、小提琴乐器时，用一只手指按压弦线的不同部位，就可以弹(或拉)出不同的音调，这是什么缘故？

8.15 海市蜃楼现象的实验演示

［演示目的］

利用人工配制的折射率连续变化的介质，演示光在非均匀介质中传播时，光线弯曲的现象以及模拟自然界昙花一现的海市蜃楼景观.

［演示仪器］

海市蜃楼演示装置如图 8.15.1 所示.

A：水槽；

B：实景物；

C：激光笔；

D：射灯(220V 24W)；

E：装置门；

F：水管入口；

G：观看实景物窗口；

H：观看光在水槽内传播路径的窗口；

K：观看模拟海市蜃楼景观的窗口.

［实验原理］

海市蜃楼是一种自然现象，但在被充分认识以前，往往被人们神秘化、甚至迷信化. 其实海市蜃楼就是阳光在大气中折射而产生的一种光学现象. 当一束光线从一种透明介质到达另一种透明介质时其线路会发生改变，这就是光的折射，如图 8.15.2 所示. 图中 M L 为透明介质 A、B 的分界面，N 为法线，θ_1 为入射角，θ_2 为折射角. 设光在 A 中的速度为 v_1，在 B 中的速度为 v_2，由折射定律可得：

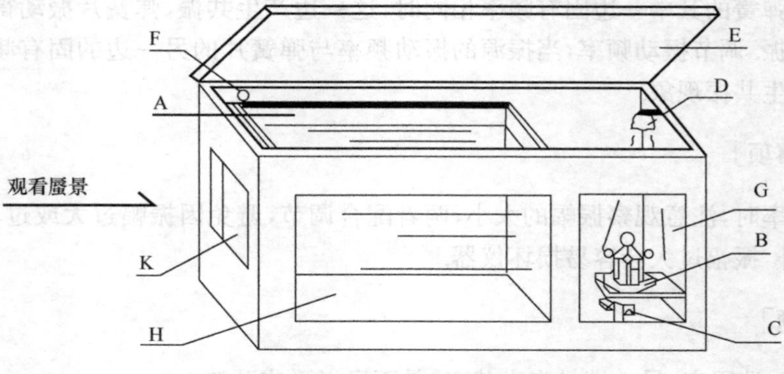

图 8.15.1　海市蜃楼实验装置图

$$\frac{\sin\theta_1}{\sin\theta_2}=\frac{v_1}{v_2} \tag{8.15.1}$$

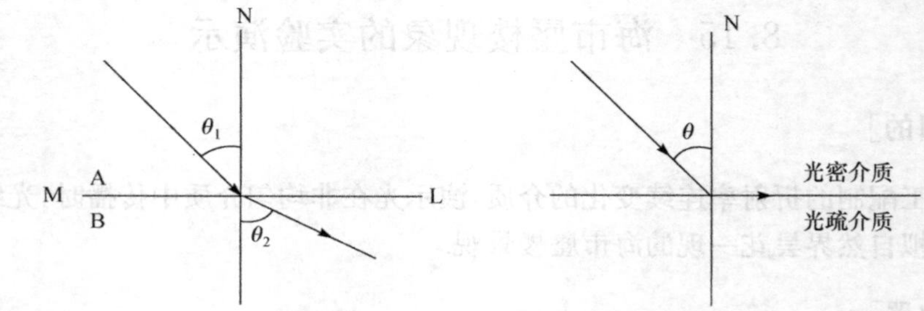

图 8.15.2　光的折射

通常把光速较快的介质叫光疏介质，把光速较慢的介质叫光密介质. 由公式可知：光线从光疏介质进入光密介质时，入射角大于折射角，光线折向法线. 光线从光密介质进入光疏介质时，入射角小于折射角，光线偏离法线.

显然，在此情形下存在一小于 90°的入射角 θ，在这个入射角的作用下，折射角等于 90°，折射线掠过分界面，如图 8.15.2 所示. 当折射角大于 θ 时，折射线就不存在，入射线全部被反射，这种现象叫做全反射，如图 8.15.3 所示. 在自然条件下，如干旱的沙漠，当地面无风而被日光强烈照射时，在地面附近数层空气受到强烈加热变稀，密度变小. 然后和上面高密度的空气互相融合交汇，形成很多连续的空气层，每一层上面的密度比下面的密

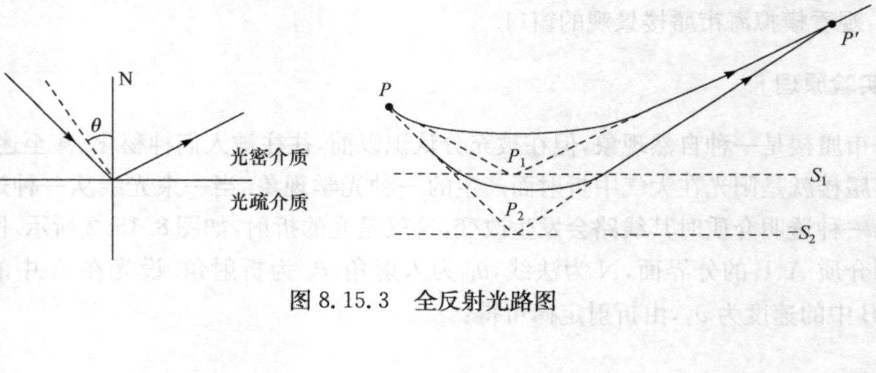

图 8.15.3　全反射光路图

度大. 还有在海面上一薄层的水被阳光加热，此时对于水面上层的空气也被阳光显著地加热，同时受水蒸气的影响使空气稀化，密度变小. 然后和上面高密度的空气互相融合交汇，也会形成很多相继连续的空气层，每一层上面的密度比下面的密度大. 因为空气密度越小，光的速度越快，所以每一层都是光密介质在上，光疏介质在下. 形成相继连续的空气层对于射入光发生折射现象. 在这种情况下，地面上一物体发出的光线入射到这样的空气层中，入射光线会偏离法线而折射. 到最底点发生全反射光线开始向上折射，如果有一人正好站在 P'点处，就会在 P 点的下部看到两镜像，上者与物成反倒形而下者则成正立形，这就是我们日常所说的海市蜃楼.

[**实验内容和步骤**]

1. 液体的配制

将装置门 E 打开，水管插入 F 口内固定好，向水槽内注入深为槽深一半的清水，再将约 3kg 食盐放入清水中，用玻璃棒搅，使其溶解成近饱和状态，再在其液面上放一薄塑料膜盖住下面的盐溶液，向膜上慢慢注入清水，直到水槽水近满为止，稍后，将薄膜轻轻从槽一侧抽出，此时，清水和食盐水界面分明，大约需 6 小时以后，由于扩散，界面变没了，在交界处形成了一个扩散层，液体的折射率由下向上逐渐减少，产生一个密度梯度，此时液体配制完成.

2. 现象演示

(1) 打开激光笔 C，从水槽侧面窗口 H 观察光束在非均匀食盐水中弯曲的路径.
(2) 打开射灯 D，照亮实景物，在景物另一侧窗口 K 处观察模拟的海市蜃楼景观.

8.16 窥 视 无 穷

[**演示目的**]

了解反射多像簇成像的原理，提高学习物理的兴趣.

[**演示仪器**]

窥视无穷演示仪如图 8.16.1 所示.

[**实验原理**]

观察窗口的一侧镶有半透半反玻璃，另一侧镶有反射镜，这样，二者都会对一个光点进行多次反射，在相互平行的两块平板玻璃之间的彩灯发出的光线经过两镜的多次反射，在观察者看来，就会有许多个光点由近及远地排开. 呈现出“窥视无穷”现象.

[**演示验实验内容**]

将侧面的电源开关打开，将观察到转动的无穷远的光点，且其颜色也在不断的变化.

图 8.16.1　窥视无穷实验仪

[注意事项]

(1) 玻璃膜与玻璃镜均需小心保护,以防破碎.

(2) 不要弄脏镜面,以免影响成像质量.

[思考题]

为什么装置外的人或物体不能被该系统多次反射成像?

8.17　激光监听的实验演示

[演示目的]

探索激光的一种功能.作为信息的载体,了解激光监听的原理.

[演示仪器]

本装置包括激光监听实验仪、大木箱子、内置收音机等,如图 8.17.1 所示.

[实验原理]

监听的形式多种多样,若要听到周围戒备森严,人不可能接近的房间里的讲话声,可以用一束看不见的红外激光打到该房间的玻璃窗上,由于讲话声引起玻璃窗的微小振动,因而反射的激光光点的位置发生变化,然后用光电池接收反射的激光信号并转换成电信号,再经过放大器放大并去除噪声,通过扬声器还原成声音.

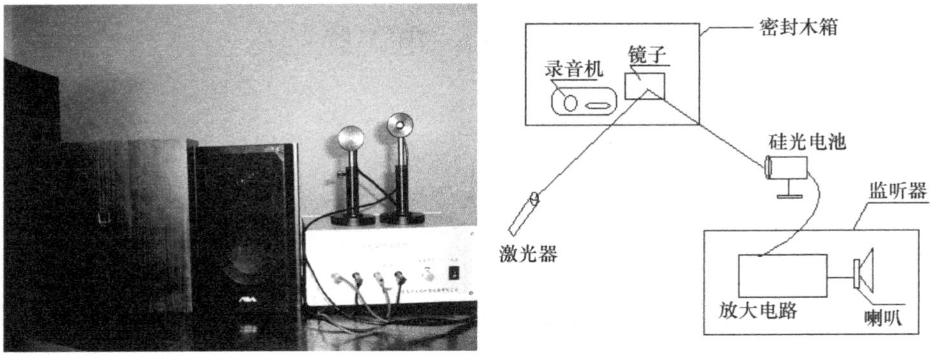

图 8.17.1 激光监听演示仪与结构图

光电传感器是根据光电效应原理制作而成的，所谓光电效应是指物质(主要是金属)在光的照射下释放电子的现象.这是 1887 年赫兹首先发现的，1905 年爱因斯坦引入光子概念后才得到圆满的说明.以后人们又发现固体材料内的载流子在光线的照射下会产生电导率的变化(光电导)或产生电动势(光致电压)，这些由光产生的电效应一般统称为光电效应.本实验的硅光电池即是利用了光电效应的原理而制成的.

我们用可见的 He-Ne 激光实现激光监听.取一个装有玻璃窗的木箱，在玻璃上贴一块小镜子，使激光照射在镜子上.收音机播音时，木箱玻璃振动，使激光反射光的光斑发生振动，照射在硅光电池上的位置发生变化.由于小镜子的振动，使反射光带有了收音机中声波的信息.调节光电池的位置，使光斑振动时照射在硅光电池上的光点面积发生相应改变，从而引起硅光电池输出电压的变化，再把这个电压变化经放大器放大，转入扬声器，就能听见声音.

整个过程可简单地看成:声音信号—光信号—微弱的电信号—放大—还原成声音.

[实验内容和步骤]

(1) 打开激光器，使光束照射到小镜子上.并调节光电池的位置接收反射激光.

(2) 打开箱内收音机，仔细调节硅光电池与光斑之间的相互位置，即可在音箱中听到收音机发出的声音.

[思考题]

(1) 在实验过程中，入射距离取大好还是小好?

(2) 不用激光，改用其他光源(如电灯光)可不可以用来监听?

(3) 用这个方法进行监听，其声音有些失真，失真主要因素是什么?

8.18　3D　电　影

［演示目的］

通过对3D立体电影的演示了解3D立体原理.

［演示仪器］

本实验装置如图8.18.1所示，包括电视、DVD、发射接收器、专用眼镜.

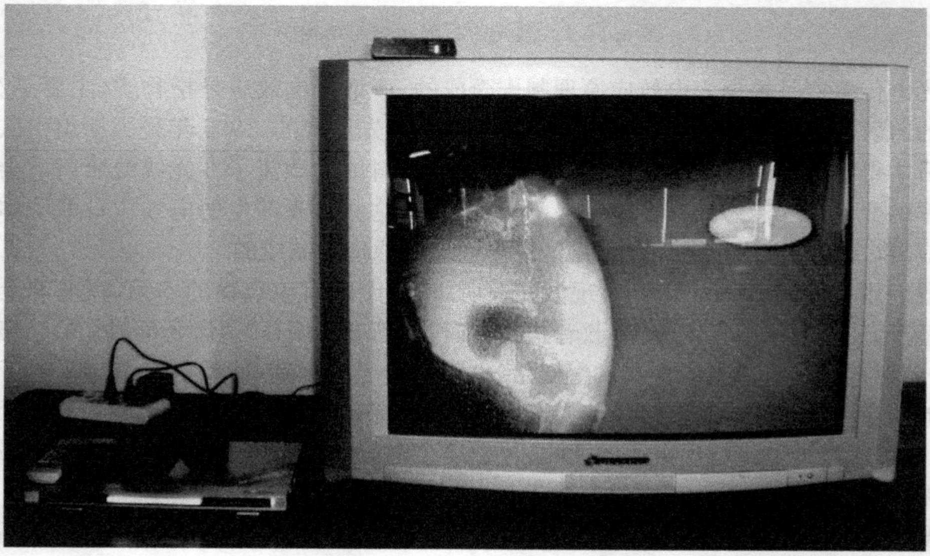

图8.18.1　3D电影实验装置图

［实验原理］

3D立体电影的制作有多种形式，其中较为广泛采用的是偏光眼镜法. 它以人眼观察景物的方法，利用两台并列安置的电影摄影机，分别代表人的左、右眼，同步拍摄出两条略带水平视差的电影画面. 放映时，将两条电影影片分别装入左、右电影放映机，并在放映镜头前分别装置两个偏振轴互成90°的偏振镜. 两台放映机需同步运转，同时将画面投放在金属银幕上，形成左像右像双影. 当观众戴上特制的偏光眼镜时，由于左、右两片偏光镜的偏振轴互相垂直，并与放映镜头前的偏振轴相一致；致使观众的左眼只能看到左像、右眼只能看到右像，通过双眼汇聚功能将左、右像叠和在视网膜上，由大脑神经产生三维立体的视觉效果. 展现出一幅幅连贯的立体画面，使观众感到景物扑面而来、或进入银幕深凹处，能产生强烈的"身临其境"感.

3D立体眼镜的原理，主要是利用黑色液晶显示屏以极快的速度来回轮流遮住人的左眼和右眼，同时在屏幕上也是交替显示人左眼和右眼应该看到的画面. 这样一来，当3D

立体眼镜的右边液晶屏幕变成黑色时，就等于是您用手自己遮住了右眼，这时只有您的左眼可以看到画面，反之亦然. 只要画面刷新速度够快，立体感就会产生.

［**实验内容和步骤**］

佩带专用眼镜感受 3D 电影的神奇.

［**注意事项**］

眼镜注意不要损坏.

第 9 章　虚拟仿真实验

9.1　虚拟仿真实验流程

(1) 登录虚拟仿真实验网址:http://×××.×××.×××.×××:××××,进入下面界面.

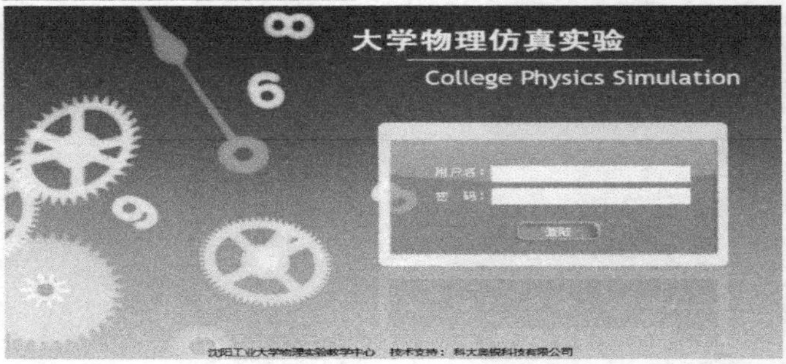

图 9.1.1

(2) 输入用户名和密码(用户名:student,密码:123),进入下面页面.

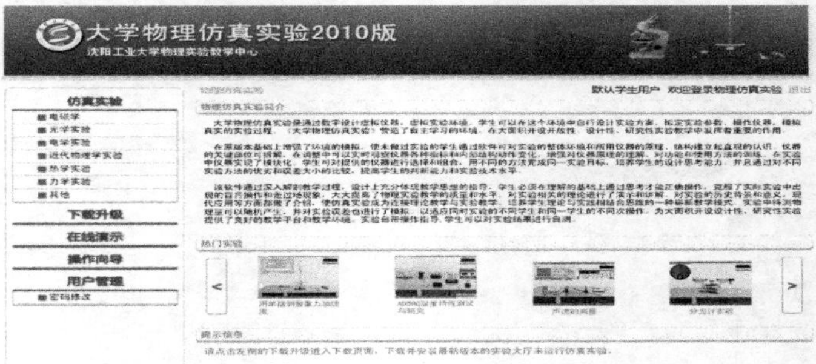

图 9.1.2

(3) 进入系统后点击左侧下载升级,下载并安装大学物理仿真实验大厅.

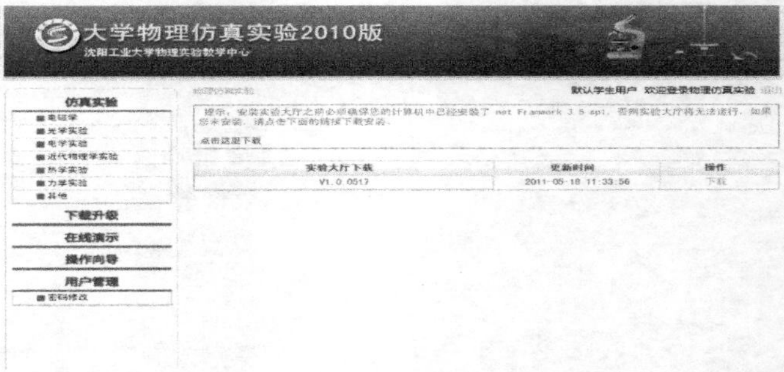

图 9.1.3

（4）双击图标打开已安装的大学物理仿真实验大厅.

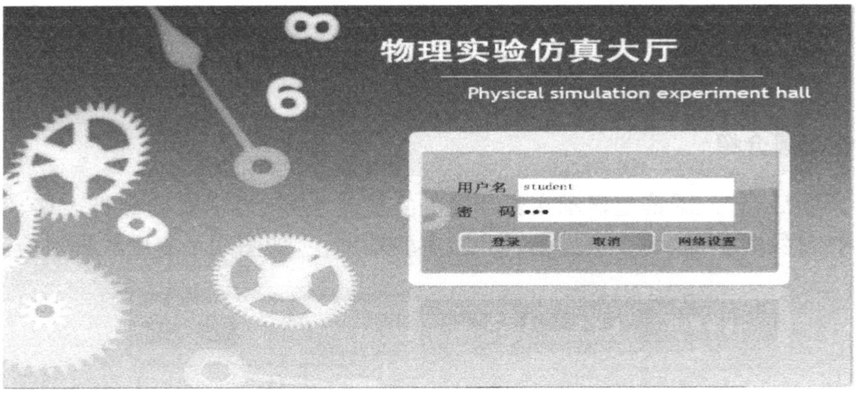

图 9.1.4

（5）首次登录预习系统请先进行网络设置(首次登录后,以后都不需要设置网络).

图 9.1.5

（6）将服务器地址改为×××.×××.×××.×××,端口改为××××,并点击保存设置.

图 9.1.6

(7) 网络设置好后,输入用户名 student 和密码 123,并点击登录.

(8) 点击进入你需要预习的实验,首次预习需要双击下载.你可以在操作演示界面观看整个实验需要预习的实验内容和操作过程,观看后可双击实验名称进入仿真实验.

9.2　虚拟仿真实验操作的基本方法

一、实验主场景介绍

运行实验后,首先屏幕上显示实验环境的实验主场景,显示实验数据表格、实验仪器栏、实验内容栏、实验提示栏、工具箱、帮助、实验辅助栏,如图 9.2.1 中红框对应部分.

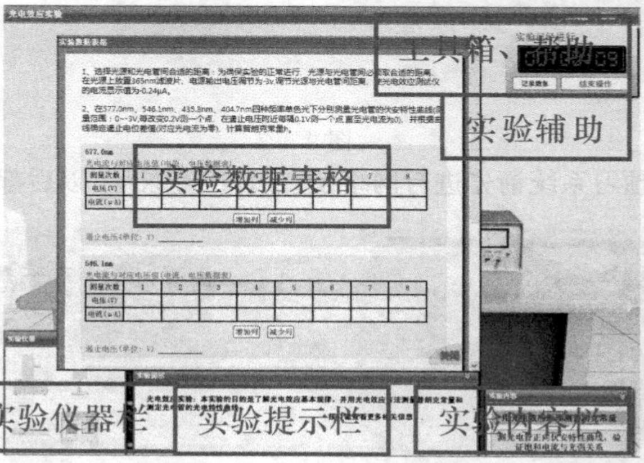

图 9.2.1

1. 实验数据表格

显示实验操作题(考试状态)或实验内容(实验状态)及相应数据表格,用户根据实验操作将相关的实验数据填入.关闭实验数据表格后,可以通过点击“记录数据”按钮显示实验数据表格.

2. 实验提示栏

随着鼠标的移动,显示实验的各种提示信息.根据提示按下 F1 键,显示相应帮助内容.鼠标移动到场景中时,显示实验简介,鼠标移动到仪器上时,显示仪器的名称、说明和使用方法.鼠标移动到连线上时,显示实验线路的连接方法.

3. 实验仪器栏

存放当前实验中可用的仪器.鼠标移动到仪器上时,显示仪器名称,并在实验提示栏中显示仪器简介,如图 9.2.2 所示.如果该仪器已被使用了,则显示一个禁止使用的标志,并在实验提示栏中给出对应提示.

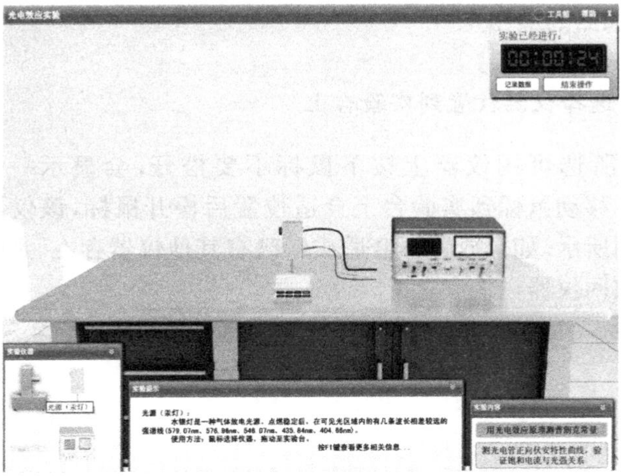

图 9.2.2

4. 实验内容栏

显示实验中可完成的实验内容,正在进行的实验内容用橙黄色高亮表示,如图 9.2.2 所示. 通过鼠标点击实验内容,完成相应的实验要求.

5. 工具

点击“工具”显示实验中常用的工具,如计算器等.

6. 帮助

点击“帮助”显示实验的帮助文档,包括实验简介、实验原理、实验内容、实验仪器、实验指导,如图 9.2.3 所示.

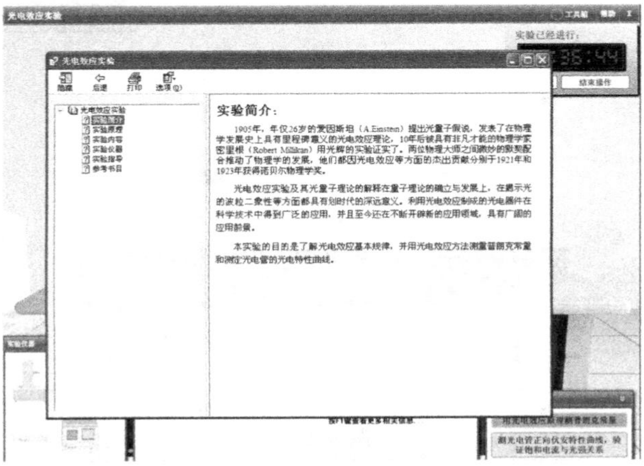

图 9.2.3

二、实验主场景中仪器的操作

1. 从仪器栏中选择仪器放置到实验台上

在仪器栏中将所选可用仪器上按下鼠标不要松开，会显示一个仪器的图标，如图 9.2.4 左图所示. 移动鼠标到实验台上合适位置后松开鼠标，该仪器将被放入实验台上，如图 9.2.4 右图所示. 如果放置不合适或者已有其他仪器存在，那么该仪器不能被放入实验台，并自动放回仪器栏.

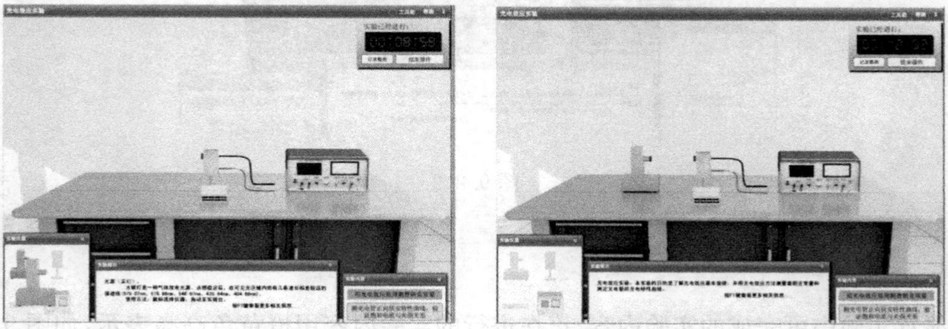

图 9.2.4

2. 将实验台上多余仪器放回仪器栏

鼠标移动所选仪器上按下 Delete 键，如果该仪器处于工作状态，则不能被放回仪器栏，如果该仪器不处于工作状态，系统将提示“确认要将该仪器放回仪器栏”，如图 9.2.5 所示. 选择“确定”则将该仪器从实验台放回仪器栏.

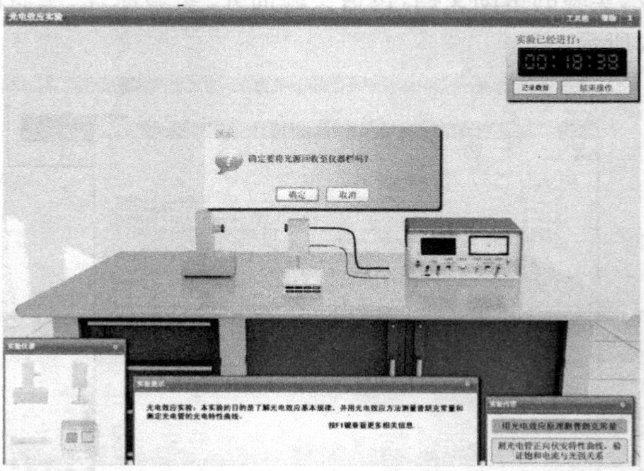

图 9.2.5

3. 在实验台上移动仪器

鼠标点击所选仪器后不要松开,仪器将跟随鼠标移动.鼠标移动到合适位置后松开,仪器将被放置在相应位置.

4. 仪器之间连线/拆线

(1) 两个仪器之间连线:鼠标点击仪器的连线柱不要松开,随着鼠标的移动将显示一根移动的连线,如图 9.2.6 左图所示.鼠标移动到目标仪器的接线柱后,松开鼠标,将自动在两个仪器之间增加一个连线,如图 9.2.6 右图所示.

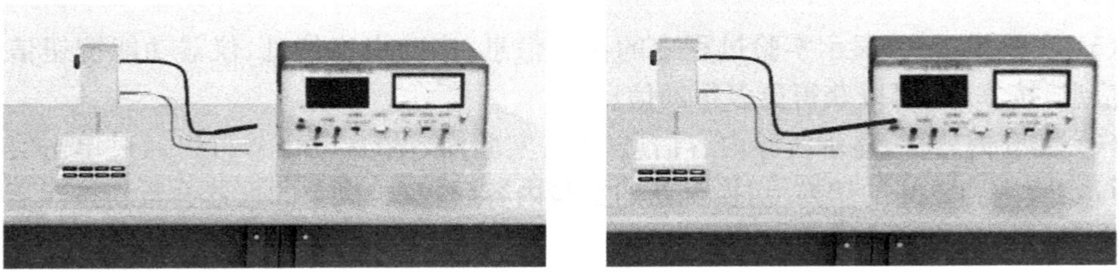

图 9.2.6

(2) 拆除两个仪器之间连线:鼠标点击已有连线不要松开,如图 9.2.6 右图所示.连线的一端随着鼠标移动,如图 9.2.6 左图所示.鼠标移动到没有接线柱的位置后松开,则拆除两个仪器之间连线.

5. 调节仪器

在实验场景中,鼠标移动到指定仪器上,参照"实验信息栏"显示的仪器操作提示,双击鼠标打开仪器的调节窗口,如图 9.2.7 所示.在此窗口中,用户根据"实验提示栏"中的提示信息,通过鼠标左键或右键调节仪器状态.

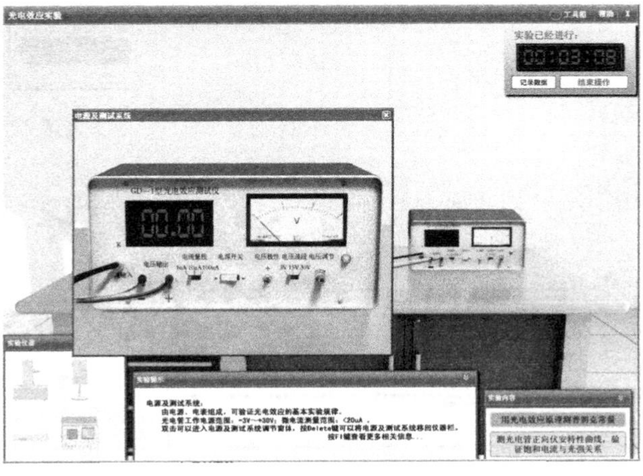

图 9.2.7

6. 其他辅助功能介绍

(1) 界面的右上角的功能显示框，在实验状态下，显示记录数据按钮、结束操作按钮；在考试状态下，显示考试所剩时间的倒计时、记录数据按钮、结束操作按钮、显示试卷按钮.

(2) 帮助按钮，单击可显示帮助文档.

(3) 工具箱，下拉点击计算器，可以使用计算器.

(4) 实验仪器栏，存放实验所需的仪器，可以点击其中的仪器拖放至桌面，鼠标触及到仪器，实验仪器栏会显示仪器的相关信息；仪器使用完后，则不允许拖动仪器栏中的仪器了.

(5) 实验提示栏，显示实验过程中的仪器信息，实验内容信息，仪器功能按钮信息等相关信息，按 F1 键可以获得更多帮助信息.

(6) 实验内容栏，显示实验内容信息(多个实验内容依次列出)，可以通过单击实验内容进行实验内容之间的切换. 切换至新的实验内容后，实验桌上的仪器会重新按照当前实验内容进行初始化.

9.3 光杆法测量金属丝的杨氏模量

一、主窗口

打开杨氏模量的测定的仿真实验.

二、正式开始实验

1. 开始实验后

从实验仪器栏中点击拖拽仪器至实验台上. 如图 9.3.1 所示.

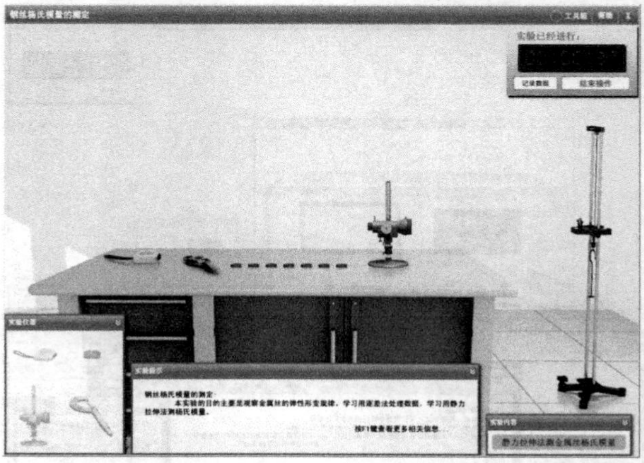

图 9.3.1

2. 望远镜调节

双击桌面上望远镜小图标，弹出望远镜的调节窗体，可以单击调焦旋钮来调节刻度尺的清晰度，单击目镜旋钮调节十字叉丝线的清晰度，单击望远镜锁紧旋钮可调节镜筒的高低位置，单击底座上黄色方向键可以微调望远镜的水平位置.

3. 螺旋测微计调节

双击桌面上螺旋测微计小图标，弹出螺旋测微计的调节窗体. 左、右击解锁按钮，可调节锁定状态. 点击“开始测量”按钮可弹出待测物体图，拖动钢丝至螺旋测微计中，解锁后，旋动手把，可测量钢丝的直径.

4. 光杠杆

双击桌面上光杠杆小图标的平面镜部分，可弹出光杠杆的平面镜调节窗体，点击平面镜可调节平面镜的角度.

双击桌面上光杠杆小图标的底座部分，可弹出光杠杆的底座调节窗体，点击底座旋钮可调节底座水平状态，观察水平气泡仪的小气泡居中，表明底座已经水平，否则需要继续调节.

5. 米尺调节

双击桌面上米尺小图标，弹出米尺的调节窗体. 点击“测量钢丝长度”按钮，可弹出测量钢丝长度的放大图，拖动白色区域，可从右边放大的米尺中读数. 点击“测量水平距离及光杠杆臂长”按钮，可弹出测量的放大图，拖动白色区域至光杠杆或望远镜，双击可继续弹出放大的读数图.

6. 保存数据，单击记录数据按钮弹出记录数据页面

在记录数据页面的相应地方填写实验中的测量数据，点击关闭按钮，则暂时关闭记录数据页面；再次点击记录数据按钮会显示记录数据页面.

9.4 不良导体热导率的测量

一、主窗口

打开不良导体热导率的测量的仿真实验.

二、正式开始实验

(1) 开始实验后，从实验仪器栏将橡胶盘、电子秒表和游标卡尺拖至实验台上.

(2) 测量铜盘、橡胶盘的直径及厚度并记录到实验表格中.

右击锁定按钮，将游标卡尺解锁，拖动下爪一段距离，将待测物体从待测物栏中拖到

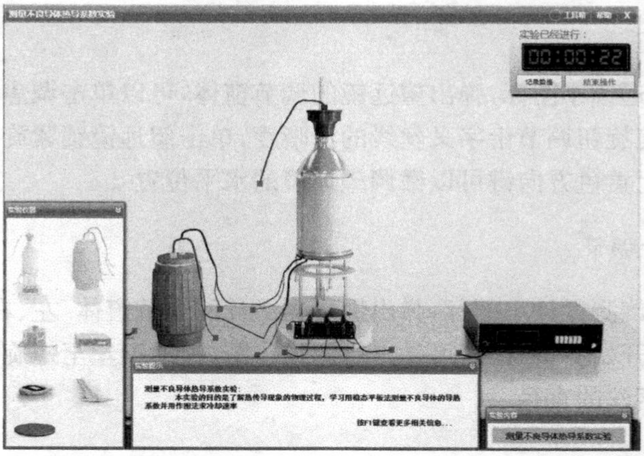

图 9.4.1

两爪之间，松下鼠标，待测物会放在合适的位置.

(3) 将橡胶盘拖至主仪器的支架上.

先将橡胶盘从实验仪器栏中拖放到实验桌上，双击打开主仪器窗体，依次移开红外灯、保温桶，再将橡胶盘拖放到散热铜盘上.

(4) 连接好线路，调节自耦调压器，开始加热.

(5) 移走橡胶盘，加热铜盘 A、C.

(6) 移走上铜盘，让下铜盘独立散热.

(7) 记录数据.

(8) 根据记录及已知数据求解橡胶盘的热导系数并填写到表格中.

9.5 超声波的声速测量

一、主窗口

正确进入超声波测声速测量实验场景窗体.

二、正式开始实验

1. 仪器调节

(1) 超声声速测定仪调节，在场景中双击超声声速测定仪图标，可以进入超声声速测定仪调节窗体.

调整换能器与水平方向的夹角，左击换能器，可以使换能器向上旋转. 右击换能器，可以使换能器向下旋转.

调节两个换能器之间的距离，可以拖动可移动换能器改两个换能器之间的距离，也可以通过窗体上方的微调按钮，向左或向右微调两个换能器之间的距离. 通过窗体下方的大标尺，可以准确读出当前可移动换能器的距离.

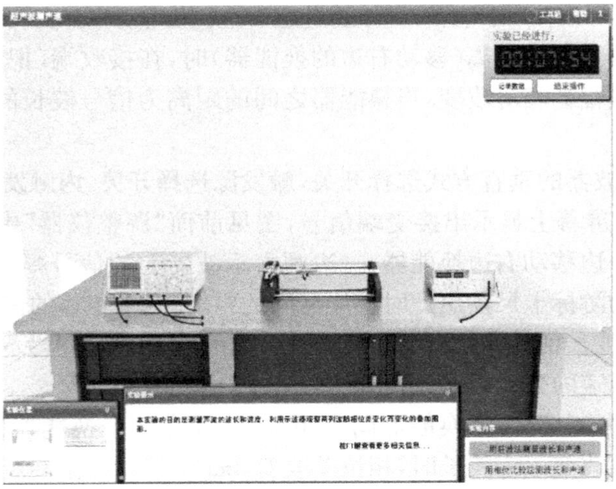

图 9.5.1

(2) 示波器调节,测示波器校准信号周期,连接示波器 CH1 和示波器校准信号. 校准信号为周期 1kHz,峰-峰值为 4V 的对称方波信号. 双击示波器,打开示波器调节界面.

在示波器调节窗口中,左键单击示波器开关,打开示波器. 进行示波器调节和校准. 调节电平旋钮,使信号稳定. 调节示波器聚焦旋钮和辉度旋钮使示波器显示屏中的信号清晰. 调节 CH1 幅度调节旋钮和 CH1 幅度微调旋钮,校准信号显现为峰-峰值为 4V. 调节示波器时间灵敏度旋钮和扫描微调旋钮,校准信号周期显示为 1kHz. 至此,示波器校准结束. 示波器具体按钮的功能和使用,在实验仪器项中已经作了介绍,根据具体实验,具体调节示波器.

(3) 信号发生器调节,信号发生器的调节在实验仪器项中已经作了介绍,根据具体的实验要求,调节信号发生器,输出符合实验要求的电信号.

2. 连线

从实验场景中可以看出,示波器上有三个黑色的接线柱、超声声速测定仪上有两个接线柱、在信号发生器上有一个接线柱. 把鼠标移到相应的接线柱上,按下并拖动,随着鼠标的拖动一条线便会被画出,当鼠标移动到另一个接线柱上(或是此接线柱的一定范围),松开鼠标,如果连接合法,此线便会保留,不合法,连线失败,系统会弹出对话框,提示此连接为非法连接.

3. 记录数据

程序提供记录数据表格,在做实验的过程中,可以把测量数据和计算数据填到数据表格中去. 点击场景右上角的记录数据按钮,可弹出记录数据窗体.

4. 开始实验

(1) 寻找到超声波的频率(就是换能器的共振频率)后,只要测量到信号的波长就可以求得声速. 我们采用驻波法和相位比较法来测量信号波长.

(2) 驻波法. 信号发生器产生的信号通过超声速测定仪后，会在两个换能器件之间产生驻波. 改变换能器之间的距离(移动右边的换能器)时，在接收端(把声信号转为电信号的换能器)的信号振幅会相应改变. 当换能器之间的距离为信号波长的一半时，接受端信号振幅为最大值.

实验中调节示波器的垂直方式选择开关，触发源选择开关，内触发源选择开关，Auto-Norm-X-Y 开关，使屏幕上显示出接受端信号，图见前面“调整仪器”中“示波器的使用与调整”部分. 然后，一边移动右边换能器，一边观察示波器上的信号幅度. 当信号幅度为最大值时，通过放大的游标卡尺读出此时换能器间的距离. 两个相邻的信号幅度最大时换能器间的距离差就是波长的一半. 这样就知道了声波的波长，从信号发生器读出信号的频率，然后根据计算声速的公式就可以计算出声速了.

(3) 相位比较法. 由于两个换能器间有距离，这样在两个换能器处的信号有一相位差. 当换能器间距离改变一个波长时，相位差改变 2π.

实验中调节示波器的垂直方式选择开关，触发源选择开关，内触发源选择开关，Auto-Norm-X-Y 开关，使屏幕上显示出两个换能器端信号产生的李萨如图. 然后，一边移动右边换能器，一边观察示波器上的李萨如图. 当观察到两个信号的相位差改变 2π 时，通过放大的游标卡尺读出此时换能器间的距离. 通过游标卡尺可以得到声波的波长，从信号发生器读出信号的频率，然后根据计算声速的公式就可以计算出声速了.

9.6　直流电桥测量电阻

自组直流电桥实验

一、主窗口

成功进入实验场景窗体，实验场景的主窗体如图 9.6.1 所示.

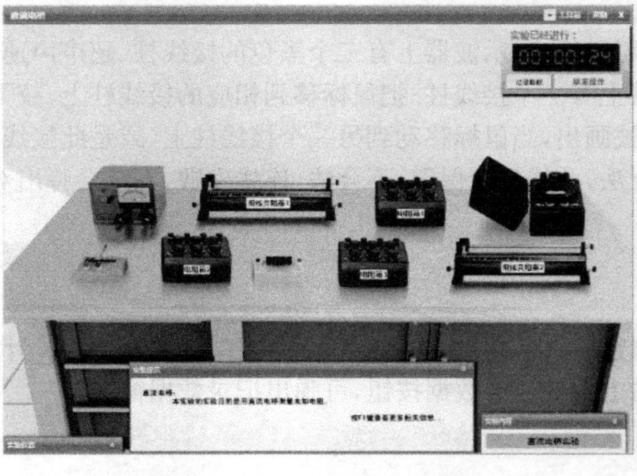

图 9.6.1　直流电桥(散装版)

二、正式开始实验

1. 连线

当鼠标移动到实验仪器接线柱的上方，拖动鼠标，便会产生“导线”，当鼠标移动到另一个接线柱的时候，松开鼠标，两个接线柱之间便产生一条导线，连线成功；如果松开鼠标的时候，鼠标不是在某个接线柱上，画出的导线将会被自动销毁，此次连线失败. 根据实验电路图正确连线，连线操作完成.

2. 检流计调零

线路连接完毕后，断开电源开关，打开检流计调节界面，按下检流计的电计按钮，旋转检流计的挡位旋钮至直接挡(白点所在位置)，旋转调零旋钮，并观察检流计的指针，当检流计的指针指向零点，调零成功.

3. 根据实验内容调节电路

(1) 滑线变阻器调节. 实验刚开始时，电桥一般处于不平衡状态，为了防止过大的电流通过检流计，应将与检流计串联的滑线变阻器的阻值调到最大，随着电桥逐渐平衡，再逐渐减小滑线变阻器的阻值，以提高检测的灵敏度.

(2) 根据直流电桥电路图连接好电路，然后在数据表格中点击“连线”模块下的“确定状态”按钮，保存连线状态.

(3) 测量未知电阻，电路连接好以后，选取合适的比例臂，调节电桥平衡，在数据表格的相应位置，记录下电阻箱 R_1、R_2、R_3(即 R_0 处)的电阻值. 然后互换电路中的电阻箱 R_1、R_2，并保持它们的电阻值不变，调节 R_3 使电桥平衡，并在列表的相应位置记下 R_3 的值(即 R_0'处)，根据互换法测电阻公式，计算出未知电阻 R_x. 测量三次，最后计算出待测电阻的平均值，填入数据表格的相应位置.

(4) 测量电桥灵敏度. 根据待测电阻值，调节并设定电阻箱 R_1、R_2、电压源和滑线变阻器的值，在这个环境下测量电桥灵敏度，设定以后在数据表格中点击“测量并计算出电桥的灵敏度”模块下的“确定状态”按钮，保存状态.

(5) 确定测量灵敏度的环境以后，调节电阻箱 R_3 使电桥平衡，记下电桥平衡时电阻箱 R_3 的值(即下面列表中的 R_0)，然后在小范围内改变电阻箱 R_3 的电阻值，记下电阻箱相对平衡位置改变的值，即 ΔR_0，和检流计指针相对平衡位置偏转的格数，即 Δn_0，测量三次，记录实验数据，根据计算电桥灵敏度公式计算出电桥灵敏度的平均值，填入数据表格的相应位置.

(6) 直流电桥灵敏度研究. 确定测量灵敏度的环境以后，依次把电压表的电压打到0.5V、1.0V、1.5V、2.0V、2.5V、3.0V，分别在这些电压下调节电阻箱 R_3 使电桥平衡，记下电桥平衡时电阻箱 R_3 的值，然后在小范围内改变电阻箱 R_3 的电阻值，记下电阻箱相对平衡位置改变的值，即 ΔR_0，和检流计指针相对平衡位置偏转的格数，即 Δn_0，记录测量数据，并根据测量数据计算出相应电桥环境下的电桥灵敏度.

(7) 记录数据程序提供记录数据表格，在做实验的过程中，可以把测量数据和计算数据填到数据表格中去. 点击场景右上角的记录数据按钮，可弹出记录数据窗体.

把测量和计算出来的数据，填入相应的位置，实验结束.

箱式直流电桥实验

一、主窗口

成功进入实验场景窗体，实验场景的主窗体如图 9.6.2 所示.

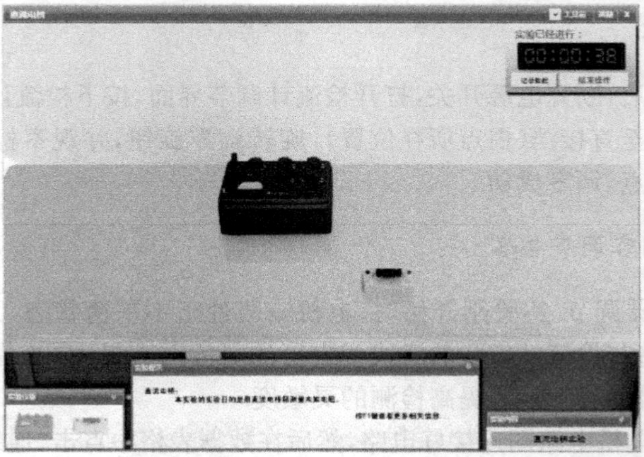

图 9.6.2

二、正式开始实验

1. 连线

当鼠标移动到实验仪器接线柱的上方，拖动鼠标，便会产生"导线"，当鼠标移动到另一个接线柱的时候，松开鼠标，两个接线柱之间便产生一条导线，连线成功；如果松开鼠标的时候，鼠标不是在某个接线柱上，画出的导线将会被自动销毁，此次连线失败. 根据实验电路图正确连线，连线操作完成.

2. 检流计调零

线路连接完毕后，断开电源开关，打开检流计调节界面，按下检流计的电计按钮，旋转电桥箱检流计部分的调零旋钮，并观察检流计的指针，当检流计的指针指向零点，调零成功.

3. 根据实验内容调节电路

(1) 根据直流电桥电路图链接好电路，然后在数据表格中点击"连线"模块下的"确定状态"按钮，保存连线状态.

（2）用箱式电桥测量几个未知电阻.

①按下电源按钮，一边调节比例臂和电阻臂，一边左击电计按钮，看检流计指针的偏转情况，如果检流计指针缓慢的在一个很小范围内偏转，则右击电计按钮，然后微调电阻臂，观察检流计指针偏转情况，直至电桥平衡. 记下此时的电桥臂、比例臂的值，并计算出待测电阻的电阻值，填入表格中；

②重复步骤①，测量三次，把数据填入表格，最后计算出待测电阻的平均值；

（3）测量选定比例臂下的电桥灵敏度.

①选定好比例臂以后，点击"确定状态按钮"；

②调节电阻臂，使电桥平衡，记录下电桥平衡时电阻臂的电阻值，然后改变电阻 臂的值，记下改变的电阻值和改变电阻值后检流计的偏转格数，然后利用检流计灵敏度计算公式，计算出电桥的灵敏度，并把计算结果填入表格；

③重复步骤②，测量三次，把数据填入表格，最后计算出当前比例臂下电桥灵敏度的平均值.

（4）记录数据. 程序提供记录数据表格，在做实验的过程中，可以把测量数据和计算数据填到数据表格中去. 点击场景右上角的记录数据按钮，可弹出记录数据窗体.

把测量和计算出来的数据，填入相应的位置，实验结束.

9.7　用电势差计测量电动势

一、主窗口

启动实验程序，进入实验窗口，如图 9.7.1 所示.

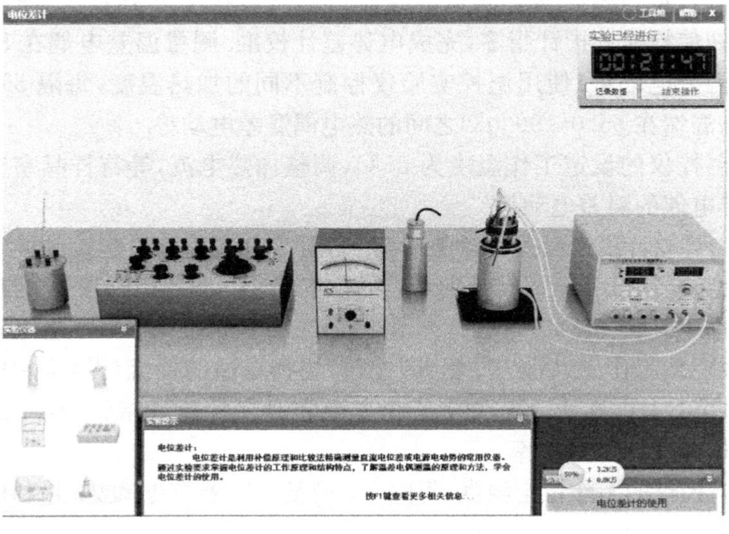

图 9.7.1　实验场景图

二、正式开始实验

测铜-康铜热电偶的温差系数.

1. 按照电势差计测定温差电动势装置图连线

当鼠标移动到实验仪器接线柱的上方，拖动鼠标，便会产生“导线”，当鼠标移动到另一个接线柱的时候，松开鼠标，两个接线柱之间便产生一条导线，连线成功；如果松开鼠标的时候，鼠标不是在某个接线柱上，画出的导线将会被自动销毁，此次连线失败. 根据实验电路图正确连线.

2. 根据室温求出标准电池电动势的数值

鼠标双击实验场景中的标准电池，查看当前室温，根据标准电池电动势公式计算当前电动势.

3. 检流计的校准调节

电势差计的“粗调、细调、短路按钮”都保持松开状态. 打开检流计调节窗口，将挡位旋钮置于“调零”位，调节调零旋钮可对仪器进行调零.

4. 电势差计的校准调节

调节标准电池电动势设置旋钮 Rs 到当前室温对应的电动势，将“标准电池、未知电动势转换开关 K2”转动到 “标准”位置，检流计挡位开关转到适当的量程，开始电势差计的校准. 电势差计按下“粗调”按钮后，调节“粗、中、细”旋钮使检流计指针指零，完成粗调工作. 然后松开“粗调”按钮，选择合适的检流计挡位后按下电势差计“细调按钮”，调节“粗、中、细”旋钮使检流计指针指零，完成电势差计校准. 测量温差电偶在 55.0～90.0℃之间的热电偶温差电动势. 使用温控实验仪控制不同的加热温度，每隔 5℃进行一次测量，分别测量高温端在 55.0～90.0℃之间的热电偶温差电动势.

(1) 调节温控仪的设定工作温度为 55℃，调整加热电流，等待样品室实际温度稳定后，测量此时热电偶的温差电动势.

(2) 使用电势差计测量温差电动势时，根据温差电偶正负极连接的接线柱，将“标准电池、未知电动势转换开关 K2”转动到对应的位置. “X10、X1”挡位开关选择合适的倍率.

(3) 电势差计按下“粗调”按钮后，调节 ×1、×0.1、×0.001 三个电阻转盘使检流计指针指零，完成粗调工作. 然后松开“粗调”按钮，选择合适的检流计挡位后按下电势差计“细调按钮”，调节×1、×0.1、×0.001 三个电阻转盘使检流计指针指零. 此时温差电动势＝三个电阻转盘读数和×倍率.

(4) 改变温控仪的工作设定温度，每隔 5℃测量一次温差电动势；并利用逐差法计算热电偶的温差系数，完成实验数据表格.

9.8 示波器的使用

一、主窗口

打开用示波器测时间仿真实验. 如图 9.8.1 所示.

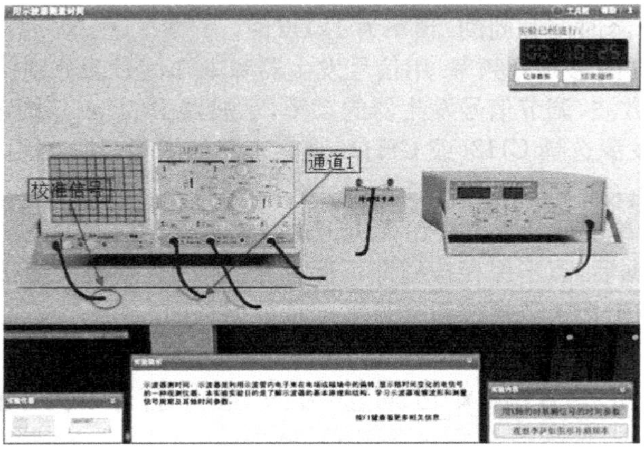

图 9.8.1

二、正式开始实验

(1) 示波器校准信号周期连接示波器 CH1 和示波器校准信号.

校准信号为周期 1kHz,峰-峰值为 4V 的对称方波信号. 双击示波器,打开示波器调节界面,在示波器调节窗口中,左键单击示波器开关,打开示波器,进行示波器调节和校准. 调节电平旋钮,使信号稳定. 调节示波器聚焦旋钮和辉度旋钮使示波器显示屏中的信号清晰. 调节 CH1 幅度调节旋钮和 CH1 幅度微调旋钮,校准信号显现为峰-峰值为 4V. 调节示波器时间灵敏度旋钮和扫描微调旋钮,校准信号周期显示为 1kHz. 至此,示波器校准结束.

(2) 正式开始实验. 调节示波器时间灵敏度旋钮,使 0.1ms/cm. 调节示波器时间灵敏度旋钮,使 0.2ms/cm. 调节示波器时间灵敏度旋钮,使 0.5ms/cm.

(3) 选择信号发生器的对称方波接 y 输入(幅度和 y 轴量程任选),信号频率为 200Hz～2kHz(每隔 200Hz 测一次),选择示波器合适的时基,测量对应频率的厘米数、周期和频率. 首先按照校准 CH1 的方法对 CH2 进行校准. 连接示波器 CH2 和信号发生器. 双击实验平台上示波器和信号发生器,打开示波器和信号发生器调节界面. 左键单击信号发生器"开关"按钮,打开信号发生器,信号频率为 200Hz～2kHz(每隔 200Hz 测一次),调节信号频率,波形选择对称方波,选择示波器合适的时基,调节时间灵敏度旋钮,使信号满屏,测量对应频率的厘米数、周期和频率. 同时把示波器中的方式拨动开关调到 CH2 挡上. 频率为 200Hz(周期为 5ms)时.

(4) 选择信号发生器的非对称方波接 y 轴，频率分别为 200，500，1k，2k，5k，10k，20k (Hz)，测量各频率时的周期和方波的宽度. 用(2)的方法作曲线. 调节信号发生器中的 SYM 旋钮，使信号发生器输出非对称方波(占空比任意)，SYM 旋钮在调节的最中间时为对称方波. 当选择示波器合适的时基，调节时间灵敏度旋钮，使信号满屏，测量对应频率的厘米数、周期和频率. 同时把示波器中的方式拨动开关调到 CH2 挡上，同时按下 CH2 的 AC-DC 按钮，是 CH2 中的信号全部显示. 以 1k(Hz)为例.

(5) 改变信号发生器输出波形为三角波，频率为 500Hz、1kHz、1. 5kHz，测量各个频率时的上升时间. 下降时间和周期. 频率为 1kHz 时.

(6) 观察李萨如图形并测频率. 用信号发生器和未知信号源分别接 y 轴和 x 轴. 自用信号发生器输出为方波，调节信号发生器的频率，示波器中的"x-y"按钮按下，方式调节到 CH1(或 CH2)，触发源选择 CH2(或 CH1)，观察李萨如图像，注：公用信号源输出信号频率为随机产生. 当 $f_x/f_y=1, f_x/f_y=1/2, f_x/f_y=2$ 时.

(7) 保存数据，单击记录数据按钮弹出记录数据页面. 在记录数据页面的相应地方填写实验中的测量数据后，点击保存按钮即可保存当前数据；点击关闭按钮，则暂时关闭记录数据页面；再次点击记录数据按钮会显示记录数据页面.

9.9　分光仪的调整与棱镜折射率的测量

一、主窗口

打开分光仪的调整与棱镜折射率的测量的仿真实验. 如图 9.9.1 所示.

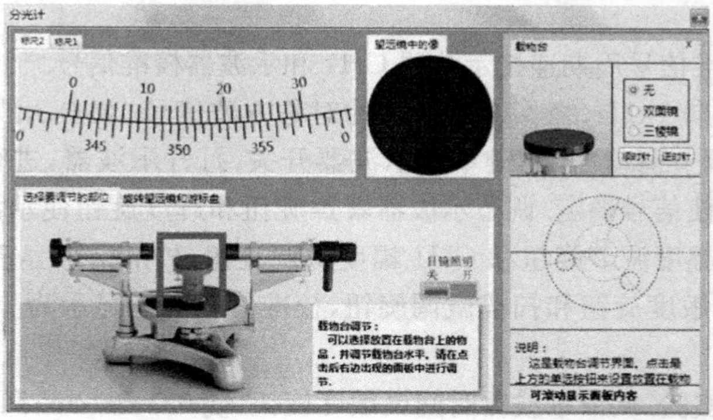

图 9.9.1

二、正式开始实验

(1) 双击打开分光计的调节面板.

(2) 单击图中红色方框内的区域弹出放大的观察窗口.

(3) 调节目镜调节旋钮使分划板清晰.

(4) 单击"选择要调节部位"中的载物台，弹出载物台的调节区域.

(5) 点击双面镜单选按钮把双面镜放在载物台上，点击顺时针或逆时针按钮让镜面平行于载物台某条刻痕，并点击"旋转望远镜和游标盘"中游标盘的转动按钮，转动载物台使镜面对准望远镜. 单击打开目镜照明开关.

(6) 在“选择要调节的部位”中单击打开目镜照明开关.

(7) 转动游标盘使望远镜的观察窗口中出现绿十字像,点击图中红色方框中的区域弹出目镜的伸缩调节区域,并进行目镜伸缩调节使绿十字清晰.

(8) 选择目镜锁紧螺钉并单击锁紧该螺钉.

(9) 转动游标盘使双面镜正对望远镜,点击调节望远镜仰角调节螺钉和双面镜后面的载物台螺钉使望远镜垂直于仪器主轴.

(10) 把汞灯从仪器栏中移入实验台.

(11) 双击汞灯打开汞灯的调节窗口,单击开关打开汞灯.

(12) 移除双面镜.

(13) 对狭缝装置进行调节,使狭缝的像清晰. 点击狭缝宽度调节螺钉对狭缝宽度进行调节,使狭缝宽度适当.

(14) 将狭缝水平放置.

(15) 调节平行光管的仰角调节螺钉使平行光管与仪器主轴垂直.

(16) 将狭缝竖直放置,并将三棱镜置于载物台上. 通过点击顺时针或逆时针按钮使棱镜三边与台下三螺丝的连线互相垂直,并转动游标盘使棱镜的一个光学表面正对望远镜.

(17) 调节载物台的调平螺钉使棱镜的两个光学表面平行于仪器主轴.

(18) 测量棱镜的顶角.

固定望远镜,转动游标盘. 先将棱镜的一个光学表面对准望远镜,使绿十字像与分划板的上叉丝重合,记下此时两个游标盘的读数;转动游标盘将棱镜的另一个光学表面对准望远镜,使绿十字像与分划板的上叉丝重合,记下此时两个游标盘的读数.

(19) 旋松望远镜的制动螺钉. 转动游标盘和望远镜找出棱镜出射的各种颜色的光谱线.

(20) 找到三棱镜的最小偏向角,对两个游标进行读数.

(21) 锁定游标盘,移除三棱镜,转动望远镜使望远镜的光轴与平行光管的光轴平行,并对两个游标进行读数.

9.10　干涉法测微小量

一、主窗口

如图 9.10.1 所示.

二、正式开始实验

1) 牛顿环法测平凸透镜曲率半径.

(1) 开始实验后,从实验台上将牛顿环拖至显微镜的载物台上.

(2) 打开钠光灯.

(3) 读数显微镜的调节.

双击桌面上读数显微镜小图标,弹出读数显微镜的调节窗体,可以单击调焦旋钮来调

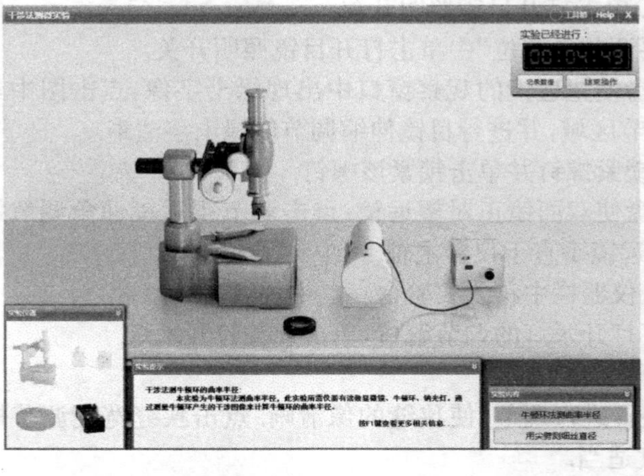

图 9.10.1

节镜筒的高度，单击分束板来调节分束板的度数，单击目镜旁边的箭头调节十字叉丝线的方向，单击显微镜的微调鼓轮可弹出标尺窗口，单击载物台上的牛顿环，可调节牛顿环在载物台的位置.

(4) 调节完成后.

(5) 保存数据，单击记录数据按钮弹出记录数据页面.

2) 用劈尖测细丝直径.

(1) 开始实验后，从实验台上将劈尖拖至显微镜的载物台上.

(2) 打开钠光灯.

(3) 读数显微镜的调节.

双击桌面上读数显微镜小图标，弹出读数显微镜的调节窗体，可以单击调焦旋钮来调节镜筒的高度，单击分束板来调节分束板的度数，单击目镜旁边的箭头调节十字叉丝线的方向，单击显微镜的微调鼓轮可弹出标尺窗口，单击载物台上的劈尖，可调节劈尖在载物台的位置.

(4) 调节完成后.

(5) 保存数据，单击记录数据按钮弹出记录数据页面.

9.11 迈克耳孙干涉仪

一、主窗口

打开迈克耳孙干涉仪仿真实验.

二、正式开始实验

1. 光路调节

刚进入本实验程序时，实验桌上只有一个迈克耳孙干涉仪. 从仪器栏拖入 He-Ne 激光器和短焦透镜，放置好位置. 如图 9.11.1 所示.

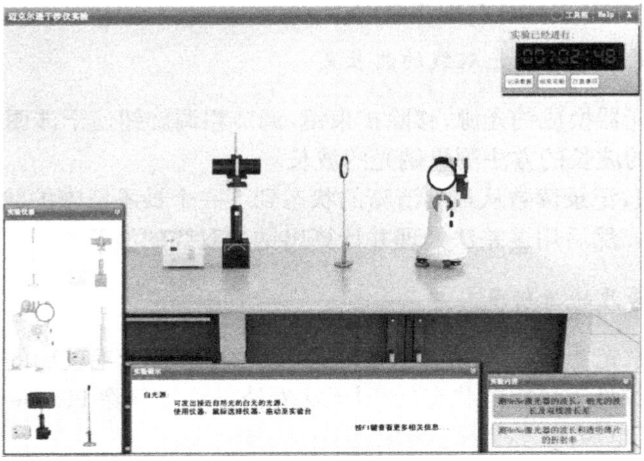

图 9.11.1

双击激光器打开调节界面,点击电源开关打开电源,关闭调节界面. 双击小孔光阑打开调节界面. 调节高度,并注意桌面上的干涉仪,当激光恰好可以通过小孔光阑照在干涉仪上时停止调节,关闭调节窗口. 双击迈克耳孙干涉仪,点击观察屏(毛玻璃). 鼠标按下 M2 镜上的三个旋钮调节 M2 镜的方向,使两排光点重合. 关闭调节窗口. 光路调节完成.

2. 测量 He-Ne 激光波长

移除小孔光阑,放入扩束镜. 看见干涉仪上出现明亮的干涉条纹. 小心的调节 M2 镜上的旋钮,使条纹圆环的中心在毛玻璃的中心,如图 9.11.2 所示.

调节粗调旋钮,使条纹处于比较容易数清楚的粗细,然后选择一个位置作为起始位置,记下此时的读数,点击微调旋钮进行调节,当图像"吞吐"50 个条纹的时候记下当前读数,连续记录 8 次数据.

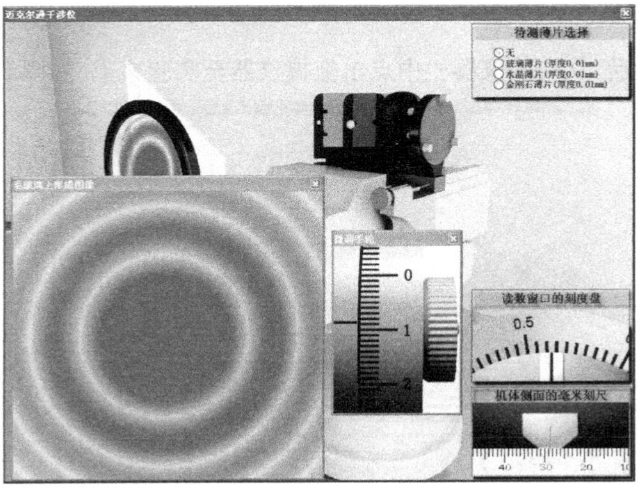

图 9.11.2

利用逐差法处理数据并计算出结果.

3. 测量钠光的波长和钠光双线的波长差

将 He-Ne 激光器换成钠光源,移除扩束镜,调节粗调旋钮使干涉图像清晰. 然后按照测量 He-Ne 激光的波长的方法测量钠光的波长.

转动粗调旋钮,记录读数从最不清晰的状态到下一个最不清晰的状态时读数的变化,连续记录几组数据. 然后用逐差法处理并计算出钠光双线的波长差.

4. 测量透明薄片的折射率

使用 He-Ne 激光器,调节好光路,使干涉条纹的中心位于毛玻璃的中心. 然后转动粗调旋钮,使干涉条纹处于最粗的状态(此时无法看清条纹). 移除 He-Ne 激光器和扩束镜,换上白光源并打开电源.

打开干涉仪的调节窗口,右键点击毛玻璃,此时表示移除了干涉仪上的毛玻璃而用人眼直接去观察. 点击眼睛图标打开观察窗口.

小心地调节粗调旋钮,会在附近的某一个位置发现观察窗口中出现彩色的干涉条纹. 如果条纹过粗或者过细,可以轻轻调节 M2 镜上的旋钮,使条纹处于合适的粗细,转动微调旋钮使中央黑纹位于视场中心,记录下当前读数.

鼠标选择待测薄片选择面板来放置薄片. 此时中央黑纹偏离了中心,调节微调旋钮使条纹再次回到视场中心,记录此时的读数. 根据具体公式计算出薄片的折射率.

9.12 光电效应测普朗克常量

一、主窗口

打开光电效应测普朗克常量的仿真实验.

二、正式开始实验

(1) 开始实验后,从实验仪器栏中点击拖拽仪器至实验桌上. 如图 9.12.1 所示.

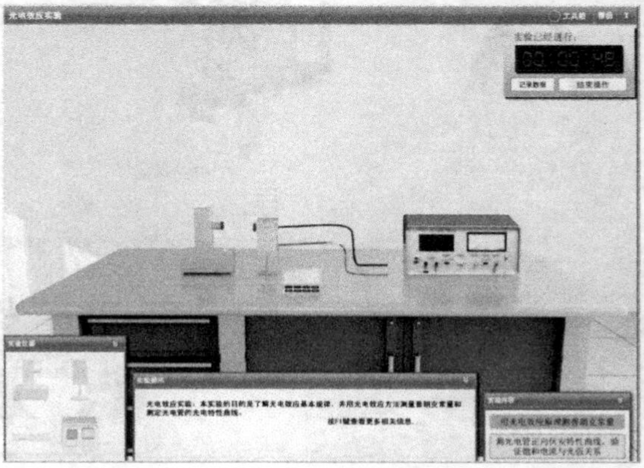

图 9.12.1

(2) 连接光电管和电源及测试系统之间的电线. 点击拖拽黑线至电源及测试系统的电流输入接线柱，点击拖拽黄线至电源及测试系统的负极电压输出接线柱，点击拖拽红线至电源及测试系统的正极电压输出接线柱.

(3) 选择滤波片，双击桌面上的滤波片组盒子，弹出滤波片组盒子的调节窗体，可以点击拖动其内的滤波片或滤光片至光源或光电管中；光源上最多只能放置一个滤波片或滤光片，光电管上最多只能放置一个滤波片或滤光片.

(4) 光源调节，双击光源弹出光源的调节窗体，单击调节窗体的光源开关可以关闭或打开光源.

(5) 光电管调节，双击光电管可弹出光电管的调节窗体；单击调节窗体中的光电管可弹出调节光电管水平位置和垂直高度的功能键. ←键表示光电管水平向左移动；→键表示光电管水平向右移动；↑键表示光电管垂直方向增加高度；↓键表示光电管垂直方向减小高度. 单击调节窗体中光电管的背面(侧面)，弹出光电管的背面图，可显示光电管的接线柱信息.

(6) 电源及测试系统的调节，双击电源及测试系统，可弹出电源及测试系统的的调节窗体. 单击电源开关可以打开或关闭电源；左击电流挡，电流调小，右击电流挡，电流调大；左击电压挡，电压调小，右击电压挡，电压调大；单击电源极性按钮可以改变电流输出端极性；左击电压旋钮可以调小输出电压，右击电压旋钮可以调大输出电压. 双击调节窗体中的表盘可以弹出放大的表盘.

(7) 选择光源和光电管间的合适距离. 为确保实验的正常进行，光电管与光源间必须取合适的距离. 在光源上放置 365nm 的滤波片，电源输出电压调节为−3V，调节光源和光电管之间的相互距离，至光电效应测试仪的电流显示值为−0.24μA，在调试的时候，当鼠标移动到相应旋钮、开关、按键的时候，都会有相应的提示信息. 可以通过拖动光源和光电管来调节水平位置. 单击光电管调节窗体中的光电管可弹出调节光电管水平位置和垂直高度的功能键. ←键表示光电管水平向左移动；→键表示光电管水平向右移动；↑键表示光电管垂直方向增加高度；↓键表示光电管垂直方向减小高度. 反复调节光源和光电管之间的距离，直到电源及测试系统数字显示屏的数字显示−0.24μA. 如果在此步骤当中没有调试好，会影响到测量结果. 默认情况下，光电管是处在正中间的位置的.

(8) 保存数据，单击记录数据按钮弹出记录数据页面. 在记录数据页面的相应地方填写实验的测量数据，点击关闭按钮，则暂时关闭记录数据页面；再次点击记录数据按钮会显示记录数据页面.

9.13 密立根油滴测量电子电荷实验

一、主窗口

打开密立根油滴测量电子电荷的仿真实验. 如图 9.13.1 所示.

二、正式开始实验

(1) 从实验仪器栏中点击拖拽仪器至实验桌上.

(2) 双击密立根油滴仪小图标，打开密立根油滴仪.

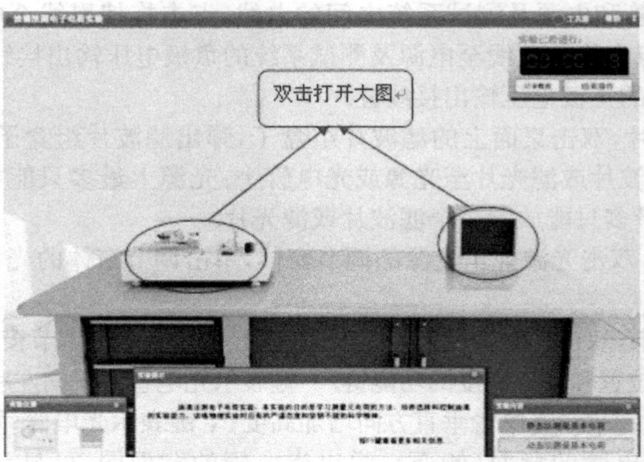

图 9.13.1

(3) 双击显示器小图标,打开显示器.

(4) 单击鼠标打开显示器的开关.

(5) 这个时候桌面上会产生密立根油滴仪和显示器等装置的图像,如图 9.13.2 所示.

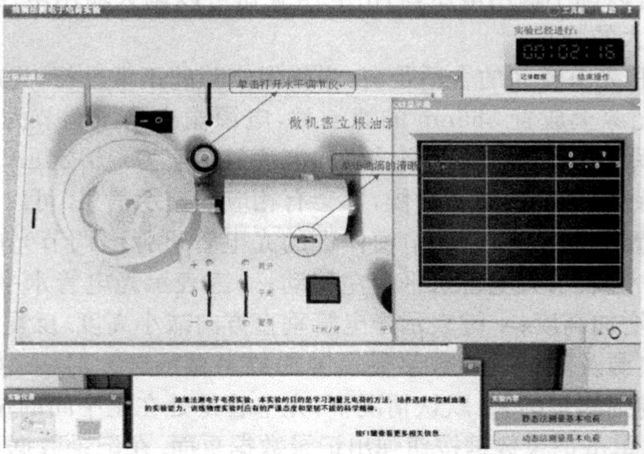

图 9.13.2

(6) 单击密立根油滴仪的水平气泡区域打开底座水平调节装置,调节底座进行调节.在图中观察水平气泡的位置.

(7) 观察油滴在显示器上升、下落的时间.

(8) 保存数据,单击记录数据按钮弹出记录数据页面.

在记录数据页面的相应地方填写实验中的测量数据后,点击保存按钮即可保存当前数据;点击关闭按钮,则暂时关闭记录数据页面;再次点击记录数据按钮会显示记录数据页面.

1) 静态法测电子电荷.

(1) 单击电源开关,打开电源,能够观察显示器中的油滴.

(2) 左击鼠标,使两极板电压产生向下的电场.

(3) 单击油滴管,产生雾状油滴.

(4) 调节“平衡电压”旋钮使控制的油滴处于静止状态.

(5) 点击“锁定状态”,记录被控油滴的状态.

(6) 左击“提升”电压挡,使被控制油滴上升到最上面的起始位置,为下一步计时做准备.

(7) 右击到“置零”电压挡,使被控制油滴匀速下落,开始计时.

(8) 左击到“平衡”电压挡,使被控制油滴停止下落处于静止状态,并停止计时,然后记录平衡电压数值和油滴下落时间.

2) 动态法测电子电荷.

(1) 单击电源开关,打开电源,能够观察显示器中的油滴.

(2) 左击鼠标,使两极板电压产生向下的电场.

(3) 单击油滴管,产生雾状油滴.

(4) 调节“平衡电压”旋钮使控制的油滴处于静止状态.

(5) 点击“锁定状态”,记录被控油滴的状态.

(6) 左击“提升”电压挡,使被控制油滴上升到最上面的起始位置,为下一步计时做准备.

(7) 右击到“置零”电压挡,使被控制油滴匀速下落,开始计时.

(8) 左击到“平衡”电压挡,使被控制油滴停止下落处于静止状态,并停止计时,然后记录油滴下落时间.

(9) 左击到“提升”电压挡,使被控制油滴向上匀速运动,并打开计时器开始计时.

(10) 当被控制油滴运动到起始位置时,计时器停止计时,并将此时的电压值和时间进行记录.

9.14 霍尔效应实验

一、主窗口

打开霍尔效应实验的仿真实验.

二、正式开始实验

(1) 开始实验后,从实验仪器栏中点击拖拽仪器至实验台上.本实验开始时实验仪器已经摆好在实验桌上.如图 9.14.1 所示.

将实验仪器栏,实验提示栏和实验内容栏展开,将鼠标移至仪器各部分均会显示说明信息.双击其左上部系统菜单图标关闭仪器图片窗口,在实验仪器列表窗口双击其左上部系统菜单图标关闭之.

(2) 霍尔效应测试仪.双击桌面上霍尔效应测试仪小图标,弹出霍尔效应测试仪的调节窗体;主要有两个显示的图面,一个为背景图主要是控制该仪器的电源的开关.正面图主要控制工作电流和励磁电流的输出大小,并测量霍尔电压大小.该仪器每次开启电源时会产生误差,需要手动去校准.

(3) 霍尔效应试验仪显示.双击桌面上霍尔效应试验仪图标,弹出霍尔效应试验仪的调节窗体.初始化时霍尔效应试验仪上的开关位置是按照标准形式放置的,3 个开关能随

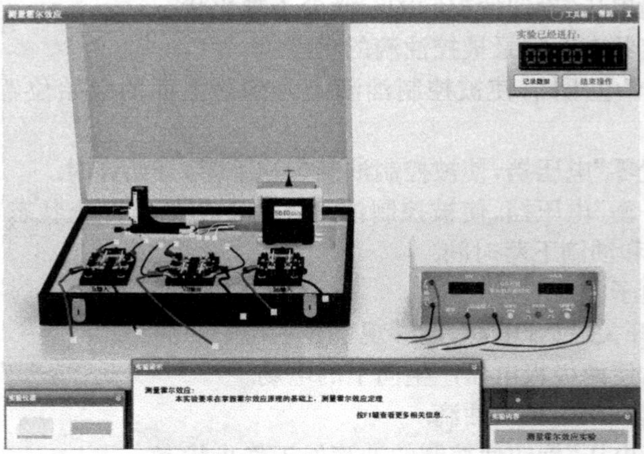

图 9.14.1

意拨动,也能改变霍尔元件片在磁场中的位置.

工作电流的最大量程为 20mA,最小测量单位为 0.01mA. 可以通过点击调节工作电流旋钮来逆时针或顺时针旋转改变工作电流大小. 当鼠标按住选择不放,则会不停地改变工作电流的大小(当达到显示最大值时显示值不变),直到鼠标松开(励磁电流同工作电流相同). 打开开关之后一定要校准,并调节 Is 调节和 Im 调节使显示电流值随着调节变化而变化.

(4) 连接电路. 关闭电源,将霍尔效应测试仪和霍尔效应实验装置按照正确的连接方式连接到同一电路中,并对霍尔效应测试仪做调零处理,如果不处理,则可能使其测试结果不正确.

(5) 调零并测试. 打开测试仪的电源开关. 点击调零旋钮. 将左侧显示的电压值调节到 0.00;并按照实验的要求连接好电路,在电路的连接过程中需要注意的是电路之间接点的连接问题,连接正确后才会显示正常的电路,否则会提示放置错误. 连接好线路图后按照实验要求做实验,直到实验结束. 多做几次测量,并得到最终的平均结果值. 电导率是通过测量不等位电动势后根据公式计算得到. 其他的相关参数也是根据上面的公式计算得到的. 样品的导电类型是根据小磁针的偏转来判断的,蓝色为 N 极,红色为 S 极.

(6) 测试完成后,保存数据,单击记录数据按钮弹出记录数据页面. 在记录数据页面的相应地方填写实验中的测量数据,点击关闭按钮,则暂时关闭记录数据页面;再次点击记录数据按钮会显示记录数据页面.

9.15　太阳能电池的特性测量

一、主窗口

成功进入实验场景窗体,实验场景的主窗体如图 9.15.1 所示.

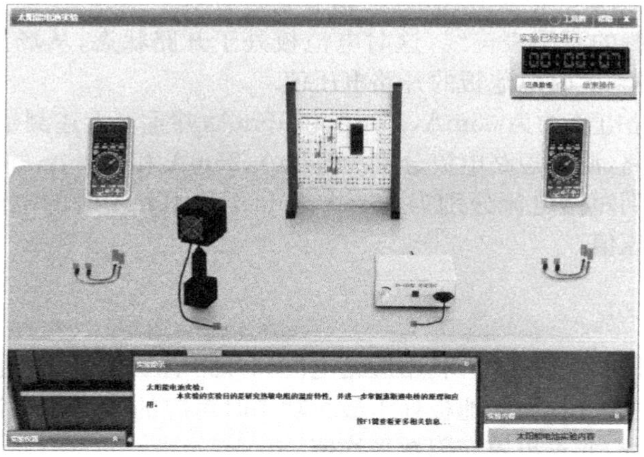

图 9.15.1 太阳能电池实验主场景图

二、正式开始实验

1. 实验连线

当鼠标移动到实验仪器接线柱的上方，拖动鼠标，便会产生“导线”，当鼠标移动到另一个接线柱的时候，松开鼠标，两个接线柱之间便产生一条导线，连线成功；如果松开鼠标的时候，鼠标不是在某个接线柱上，画出的导线将会被自动销毁，此次连线失败.

根据电路图连接好电路，然后在数据表格中点击“连线”模块下的“确定状态”按钮，保存连线状态.

2. 仪器调整

将实验场景左边串联在电路的万用表作为电流表使用，并选择测量挡位量程：直流 200mA. 将实验场景右边并联在电路的万用表作为电压表使用，并选择测量挡位量程：直流 20V. 打开稳压源电源，使卤素灯发出光线，用鼠标拖动卤素灯，使灯与电池板中心成一线，以使电池均匀受光.

3. 测量电池板伏安关系曲线

(1) 调节短路电流.

双击打开插件板，调节可变电阻器阻值调节旋钮，将可变电阻器阻值调为最小值以实现短路，并改变卤素灯的距离和调节电源输出功率，使短路电流大约为 45mA.

(2) 测量短路电流等于 45mA 时，电池板的伏安关系曲线.

调节电位器阻值调节旋钮，逐步改变负载电阻值，降低电路中的电流大小，并分别读取电流和电压值，记入实验数据表格.

注意：由实验原理部分可知，电池板的最大功率位置处于伏安关系曲线的拐点附近，因此测量时要尽量选择在关系曲线的拐点附近测量的密集一些，这样计算得到的最大功率才能最接近实际最大功率值.

(3) 断开电路,测量并记录开路电压.调节电源功率.

拆除场景中左侧的万用表连线,这时电池板处于开路状态,从场景中右侧的万用表上,我们可以测量得到此时电池板的开路电压值.

(4) 分别使短路电流约为 35mA,25mA 和 15mA,并重复上述测量.

再次连接好电路,调节短路电流分别为 35mA,25mA 和 15mA,并重复上述(1)、(2)、(3)的测量步骤,得到短路电流分别为 35mA,25mA 和 15mA 时的电池板伏安关系曲线以及对应的开路电压值.

4. 数据处理

根据每一组测得的实验数据,利用短路电流和开路电压计算出电池板内阻值R_i;找到每一组数据中最大功率值,该电池板处于最大功率时对应的电阻值即为R_{max}.利用公式计算每一组的填充因数,并求出填充因数平均值.

实验过程中,及时记录所测量的数据,并填写到数据表格中对应的位置,完成数据表格.

9.16　测量锑化铟片的磁阻特性

用箱式电桥研究热敏电阻温度特性

一、主窗口介绍

成功进入实验场景窗体,实验场景的主窗体如图 9.16.1 所示.

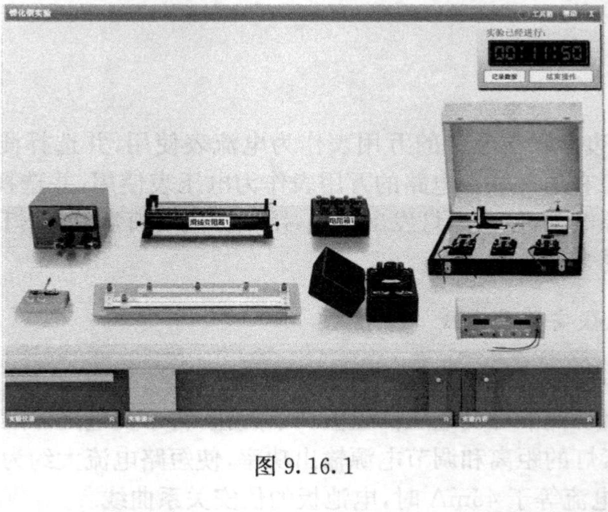

图 9.16.1

二、正式开始实验

(1) 实验连线.

当鼠标移动到实验仪器接线柱的上方,拖动鼠标,便会产生"导线",当鼠标移动到另一个接线柱的时候,松开鼠标,两个接线柱之间便产生一条导线,连线成功;如果松开鼠标的时候，鼠标不是在某个接线柱上，画出的导线将会被自动销毁，此次连线失败. 根据实验电路图正确连线，连线操作完成.

(2) 实验仪器初始化.

① 检流计调零. 线路连接完毕后，断开电源开关，打开检流计调节界面，按下检流计的电计按钮，旋转检流计的挡位旋钮至直接挡(白点所在位置)，旋转调零旋钮，并观察检流计的指针，当检流计的指针指向零点，调零成功.

② 滑动变阻器. 双击打开滑动变阻器界面，调节至适当位置.

③ 滑线式电桥. 双击打开滑线式电桥界面，调节至适当位置.

(3) 双击打开电阻箱，调解电阻箱，选取合适的电阻值.

(4) 双击打开霍尔实验仪，调节锑化铟片至均匀磁场处.

(5) 调节励磁电流大小，电流每改变 0.05A，调节滑线式电桥使电桥平衡，并记录 L1 的大小，填入实验表格.

(6) 依据惠更斯电桥的对应比例关系，计算出锑化铟电阻值及电阻变化率的值，并填入实验表格.

(7) 根据实验数据，计算磁场较弱时的二次系数 K；和磁场较强时，对应的一次系数 a 和 b.

9.17　AD590 温度特性测试与研究

一、主窗口

成功进入实验场景窗体，实验场景的主窗体如图 9.17.1 所示.

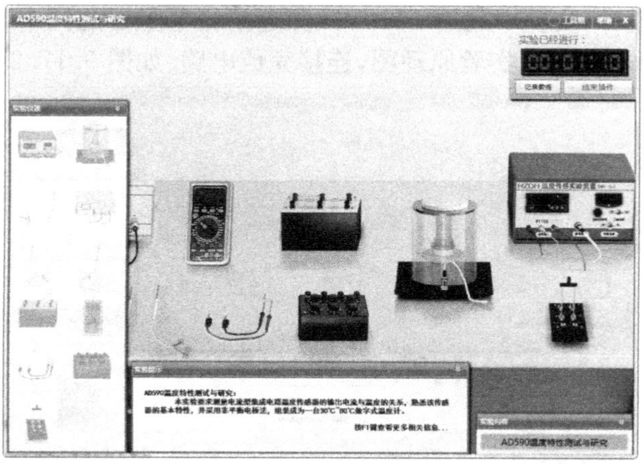

图 9.17.1　AD590 温度传感器温度特性测试与研究实验主场景图

二、正式开始实验

测量 AD590 温度传感器电流与温度的关系.

(1) 放置 AD590 和 Pt100 温度传感器到样品室中.

用鼠标依次拖动 Pt100 电阻和 AD590 温度传感器放置到样品室上，当鼠标松开时，仪器被插入到样品室插孔中.

（2）实验连线.

当鼠标移动到实验仪器接线柱的上方，拖动鼠标，便会产生“导线”，当鼠标移动到另一个接线柱的时候，松开鼠标，两个接线柱之间便产生一条导线，连线成功；如果松开鼠标的时候，鼠标不是在某个接线柱上，画出的导线将会被自动销毁，此次连线失败.

根据电路图连接好电路，然后在数据表格中点击“连线”模块下的“确定状态”按钮，保存连线状态.

（3）调节仪器测量状态.

打开直流电压源开关，调节输出电压为 5V 左右；打开万用表电源开关，将万用表挡位调节为 2V 直流电压挡；闭合双刀双掷开关，此时万用表读数为 1000Ω 标准电阻上的电压值. 由电路图可知，1000Ω 标准电阻与 AD590 为串联关系，得到 1000Ω 标准电阻上的电流即为 AD590 上流过的电流值.

（4）测量 AD590 温度传感器电流随温度变化关系.

通过温度传感实验装置将 AD590 温度传感器进行加热，从 30～80℃，在不同的温度下，观察 AD590 温度传感器上的电流变化，每隔 5℃测一组数据，将测量数据逐一记录在表格内.

（5）数据结果处理.

设 AD590 的输出电流与温度满足如下关系：$I=B\cdot t+A$，根据记录的数据，采用逐差法求出斜率 B 和 0℃时对应的电流值 A，并求出相关系数.

三、用 AD590 传感器设计数字温度计

1）参考方案一

（1）实验连线设计，实验中利用 DH4568 固定精密电阻器的两个 1kΩ 电阻作为电桥的比例臂进行线路设计. 根据实验原理图，连接完成电路. 如图 9.17.2 所示.

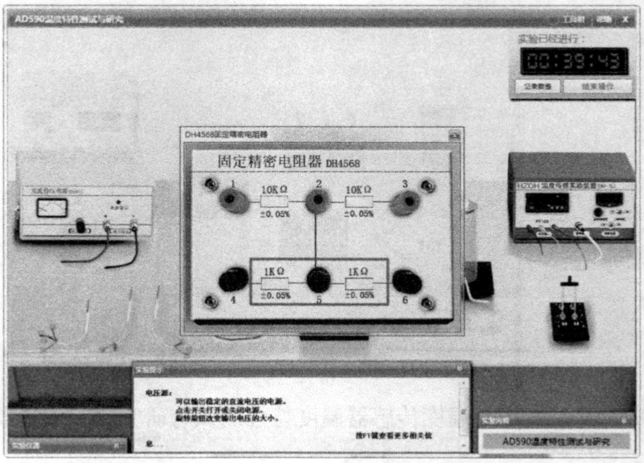

图 9.17.2　选择固定精密电阻图

（2）打开温度传感实验装置，设定温度值为 30.0℃，并对样品室进行加热，待温度恒定后，使用数字万用表 200mV 直流电压挡进行电路的电压测量；调节 99999.9Ω 标准电阻箱（电路原理图中的 R4 电阻）的电阻值，使数字电压表示值为 30.0mV，进行万用表读

数校准，万用表读数 1mV 表示 1℃.

(3) 使用设计好的温度计进行温度测量；调节温度传感实验装置设定温度值，并对样品室进行加热，在 30～80℃范围内进行测量比较，观察并比较 AD590 温度计(万用表读数)与 Pt100 温度计(温度传感实验装置信号输入读数)测量的温度值，并记录相应的数据结果，填入数据表格中.

2) 参考方案二

(1) 实验连线设计，实验中利用 DH4568 固定精密电阻器的两个 10kΩ 电阻作为电桥的比例臂进行线路设计. 根据实验原理图，连接完成的电路图. 如图 9.17.3 所示.

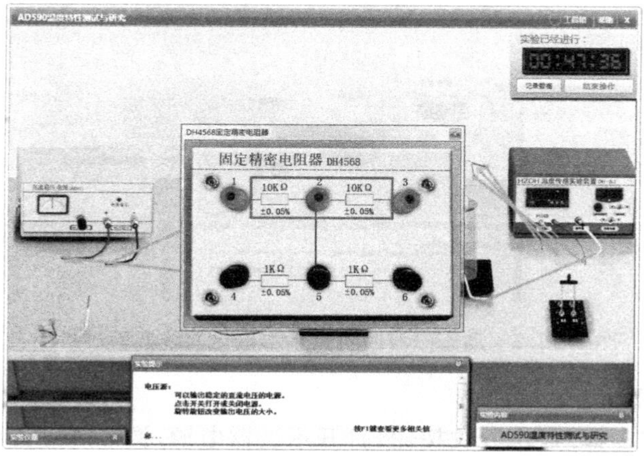

图 9.17.3 设计数字温度计方案二选择固定精密电阻图

(2) 打开温度传感实验装置，设定温度值为 30.0℃，并对样品室进行加热，待温度恒定后，使用数字万用表 2V 直流电压挡进行电路的电压测量；调节 99999.9Ω 标准电阻箱(电路原理图图中的 R4 电阻)的电阻值，使数字电压表示值为 0.300V，进行万用表读数校准，万用表读数 0.01V 表示 1℃.

(3) 使用设计好的温度计进行温度测量；调节温度传感实验装置设定温度值，并对样品室进行加热，在 30～80℃范围内进行测量比较，观察并比较 AD590 温度计(万用表读数)与 Pt100 温度计(温度传感实验装置信号输入读数)测量的温度值，并记录相应的数据结果，填入数据表格中.

3) 数据处理

根据每一组测得的实验数据，利用公式进行数据结果处理，并将结果记录到数据表格中.

实验过程中，及时记录所测量的数据，并填写到数据表格中对应的位置，完成数据表格.

9.18 动态磁滞回线的测量

一、主窗口

打开动态磁滞回线的测量的仿真实验.

二、正式开始实验

1. 测量动态磁滞回线和基本磁化曲线

(1) 启动实验程序,进入实验窗口,如图 9.18.1 所示.

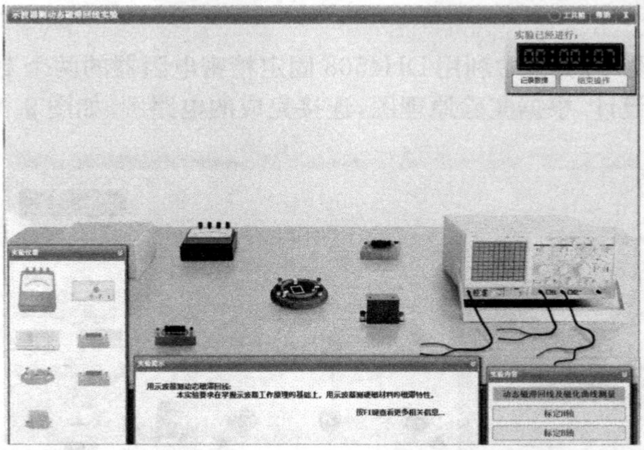

图 9.18.1 动态磁滞回线及基本磁化曲线实验场景图

(2) 调节示波器.

① 打开示波器窗体. 点击开关按钮,打开示波器电源. 调节辉度旋钮、聚焦旋钮,并将校准信号接入示波器,分别对示波器 CH1 通道和 CH2 通道进行校准.

② 按下示波器 X-Y 按钮,调节示波器 CH1 通道和 CH2 通道的光点均与坐标原点重合.

(3) 按照实验原理图进行线路连接.

连线方法:

① 鼠标移动到仪器的接线柱上,按下鼠标左键不放;

② 移动鼠标到目标接线柱上;

③ 松开鼠标左键,即完成一条连线.

(4) 打开可调隔离变压器电源开关,调节输出电压到最大值,缓慢调节调压器的输出电压,使励磁电流从最大值 600mA 每次减小 20mA,直至调为零,样品即被退磁.

(5) 调节输出电压为 80V,观察并记录示波器显示的饱和磁滞回线波形.

(6) 保持示波器增益不变,依次调节电源电压为 10V、20V、30V、40V、50V、60V、70V、80V、90V、100V,观察并记录各个磁滞回线波形的顶点坐标.

2. 进行标定磁场强度 H 的操作提示

(1) 在实验仪器栏中将标定电阻 R_0 拖动到实验桌上,对照标定 H_0 原理图进行连线.

(2) 调节电源电压调节电路中的电流值为表格中的值,并记录示波器上显示波形的总长度(小格的格数)以及对应的增益挡位;根据已知数据及计算公式,计算出每小格代表的磁场强度 H_0 的值.

3. 进行标定磁感应强度 B 的操作提示

(1) 先将实验样品移回实验仪器栏，再将标准互感器拖到实验桌上，按照标定 B_0 原理图进行连接线路.

(2) 调节电源电压调节电路中的电流值为表格中的值，并记录示波器上显示波形的总长度(小格的格数)；根据已知数据及计算公式，计算出每小格代表的磁感应强度 B_0 的值.

9.19　法拉第效应实验

一、主窗口

打开法拉第效应实验的仿真实验.

二、正式开始实验

1. 法拉第效应实验

(1) 成功进入实验场景窗体，实验场景的主窗体如图 9.19.1 所示.

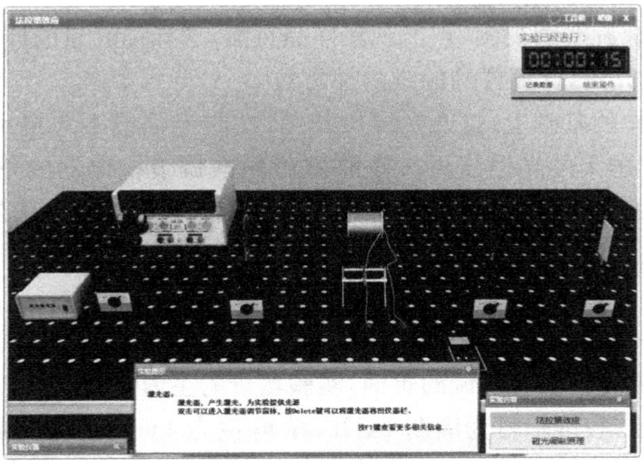

图 9.19.1　法拉第效应实验主场景图

(2) 实验连线.

当鼠标移动到实验仪器接线柱的上方，拖动鼠标，便会产生“导线”，当鼠标移动到另一个接线柱的时候，松开鼠标，两个接线柱之间便产生一条导线，连线成功；如果松开鼠标的时候，鼠标不是在某个接线柱上，画出的导线将会被自动销毁，此次连线失败.

① 直流电源 CH1 和 CH2 通道为独立工作模式. 螺旋线圈与 CH1(或者 CH2)的正负极相连.

② 直流电源 CH1 和 CH2 通道为串联(或者并联)工作模式时. 螺旋线圈与 CH1 和 CH2 的负极相连,同时打开直流电源,按下左边的 TRACKING 按钮(见电源功能描述).

根据电路图连接好电路,然后在数据表格中点击“连线”模块下的“确定状态”按钮,保存连线状态.

(3) 测量螺旋线圈的磁感应强度.

在主场景中双击打开直流电源,按照直流电源的仪器介绍,调节输出电压,特斯拉计在线圈的左右两侧测量磁感应强度的大小,并利用$B_{(管内)}=0.9\times(B_{(左边管口)}+B_{(右边管口)})$计算螺旋线圈管内的磁感应强度,将测量和计算的结果填入到对应的数据表格中.

(4) 测量激光的初始偏转角.

鼠标双击激光器,打开激光器的电源;从场景中线删除检偏器;双击打开起偏器,调整起偏器的角度,当光屏上显示光强值最大时,此时起偏器的角度即为激光的初始偏转角.

(5) 计算样品的维尔德常数.

① 调整起偏器和检偏器成消光角度.

在(D)的基础之上,从左边的仪器栏中拖出检偏器,双击打开检偏器,调整检偏器的角度,使得检偏器和起偏器的夹角成 90°此时可以看到光屏上的光斑消失,光强值显示为 0.

② 打开电源,为螺旋线圈提供电源.

在主场景中双击打开直流电源,按照直流电源的仪器介绍,调节输出电压.

③ 螺旋线圈中放入样品.

鼠标双击打开螺旋线圈视图,点击观察样品页面,选择要测量的样品.

④ 测量磁致旋光角,计算样品的维尔德常数.

在①、②、③操作的基础上,打开光屏操作图,此时光强值不再显示为 0,重新调节检偏器的角度,使得光屏上的光强值再次显示为 0,两次调节检偏器的角度之差的绝对值,即为磁致旋光角度的大小. 并利用韦尔代定律 $\theta=VBL$,计算样品的韦尔代常数.

⑤ 将测量结果和计算结果记录到数据表格中.

2. *磁光调制与解调*

(1) 成功进入磁光调制与解调的页面,实验场景的主窗体如图 9.19.2 所示.

(2) 示波器校准,校准信号为周期 1kHz,峰-峰值为 4V 的对称方波信号.

① 将示波器的标准输出信号,连接到 CH1 通道的接线柱上;打开示波器的电源,调节电平旋钮,使得 CH1 通道的信号稳定.

② 调节示波器聚焦旋钮和辉度旋钮使示波器显示屏中的信号清晰.

③ 调节 CH1 幅度调节旋钮和 CH1 幅度微调旋钮,使得 CH1 的波形在显示器上显示的峰-峰值为 4V.

④ 调节示波器时间灵敏度旋钮和扫描微调旋钮,使得 CH1 的波形在显示器上显示的周期为 1kHz.

⑤ CH2 通道的校准方式与 CH1 通道的校准方式相同.

(3) 实验连线.

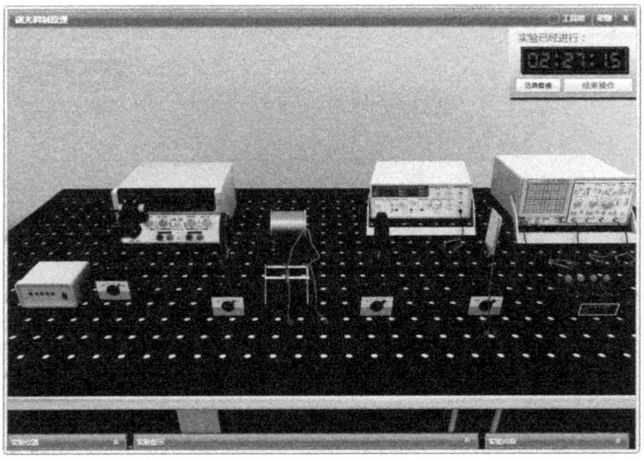

图 9.19.2 磁光调制与解调主场景图

当鼠标移动到实验仪器接线柱的上方，拖动鼠标，便会产生“导线”，当鼠标移动到另一个接线柱的时候，松开鼠标，两个接线柱之间便产生一条导线，连线成功；如果松开鼠标的时候，鼠标不是在某个接线柱上，画出的导线将会被自动销毁，此次连线失败. 直流电源的连线方法与磁至旋光实验中电源的连线方法相同.

(4) 调节起偏器与检偏器成消光角度.

本实验调消光角度的方法与磁致旋光实验中调消光角度的方法相同.

(5) 磁光调制与解调.

① 打开直流电源、信号发生器和示波器的电源；调节直流电源至适当的电压（如15V）、信号发生器 Vp-p=20V，频率为 1kHz.（参照信号发生器的功能描述）

② 调节电阻箱的阻值为一个较大的阻值（如 90kΩ）.

③ 打开螺旋线圈视图，选择重火石玻璃样品（与法拉第效应实验中添加样品的方式相同）.

④ 示波器波形显示方式选择 CH2，并且按下”X-Y”按钮；此时示波器显示器上出现李萨如图形.

9.20 设计万用表实验

一、主窗口

成功进入实验场景窗体，默认进入第一个实验内容“电压表改装实验”，实验场景的主窗体如图 9.20.1 所示.

二、正式开始实验

1. 电压表改装实验

(1) 实验连线.

当鼠标移动到实验仪器接线柱的上方，拖动鼠标，便会产生“导线”，当鼠标移动到另

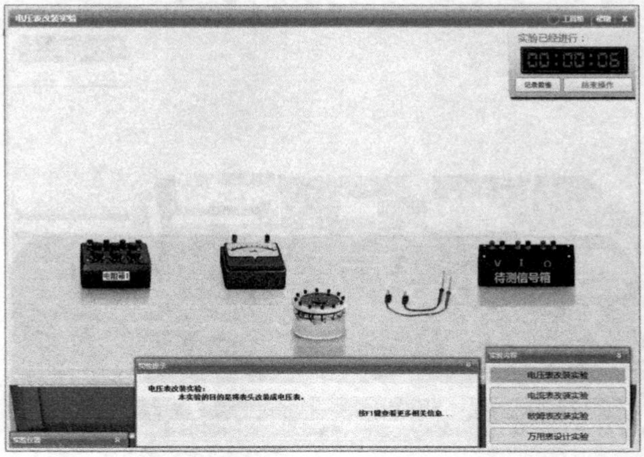

图 9.20.1　电压表改装实验主场景图

一个接线柱的时候，松开鼠标，两个接线柱之间便产生一条导线，连线成功；如果松开鼠标的时候，鼠标不是在某个接线柱上，画出的导线将会被自动销毁，此次连线失败. 根据串联分压原理，自行设计电路并正确连线，完成连线操作.

根据电路图连接好电路，然后在数据表格中点击“连线”模块下的“确定状态”按钮，保存连线状态.

(2) 微安表调零.

双击打开微安表面板，通过鼠标左击或者右击调零旋钮，使微安表指针指向零刻度线位置，完成微安表调零.

(3) 计算分压电阻值.

实验中要求学生必须使用微安表的 500μA 挡位进行实验改装. 根据改装的量程(实验中要求将微安表改装为量程为 5V 的电压表)，从微安表表盘上读取表头内阻为 560Ω. 设微安表使用的电流挡位的满偏电流为 I_0，表头内阻为 R_0，改装后的电压表满偏量程为 V，分压电阻为 R'，则由分压公式得 $R'=\dfrac{V}{I_0}-R_0$.

(4) 调节电阻箱.

双击打开电阻箱窗体，用鼠标点击阻值调节旋钮，调节电阻箱，使电阻箱的阻值等于计算得到的分压电阻值.

(5) 测量待测信号箱的未知电压值.

将改装好的电压表通过表笔连接到待测信号箱的“V”字上面的接线柱(注意正负极的连接)，并将多挡开关置于所使用的挡位，根据改装后的电压表测量出未知信号的直流电压值，并将测量结果填写到数据表格中.

实验过程中，及时记录所测量的数据，并填写到数据表格中对应的位置，完成数据表格.

2. 电流表改装实验

在实验内容栏中，用鼠标点击电流表改装实验，进入到电流表改装实验主场景，如图 9.20.2.

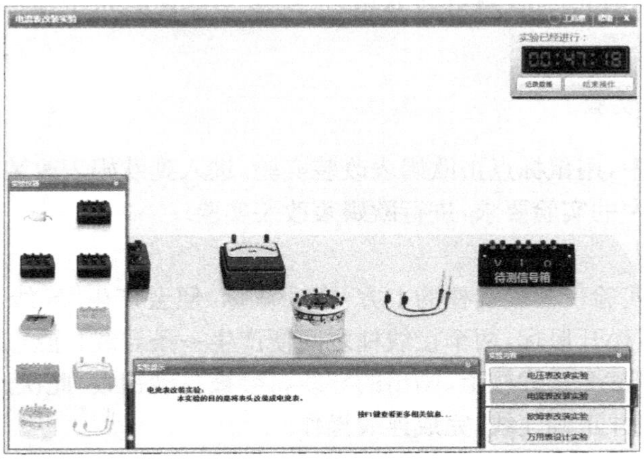

图 9.20.2 电流表改装实验主场景视图

(1) 线路连接.

当鼠标移动到实验仪器接线柱的上方，拖动鼠标，便会产生“导线”，当鼠标移动到另一个接线柱的时候，松开鼠标，两个接线柱之间便产生一条导线，连线成功；如果松开鼠标的时候，鼠标不是在某个接线柱上，画出的导线将会被自动销毁，此次连线失败. 根据并联分流原理，自行设计电路并正确连线，完成连线操作.

根据电路图连接好电路，然后在数据表格中点击“连线”模块下的“确定状态”按钮，保存连线状态.

(2) 微安表调零.

双击打开微安表面板，通过鼠标左击或者右击调零旋钮，使微安表指针指向零刻度线位置，完成微安表调零.

(3) 计算分流电阻值.

实验中要求学生必须使用微安表的 500μA 挡位进行实验改装. 根据改装的量程(实验中要求将微安表改装为量程为 10mA 的电流表)，从微安表表盘上读取表头内阻为 560Ω. 设微安表表头内阻为R_0，满偏电流为I_0，改装后的电流表满偏量程为 I'，分流电阻为 R'，则由分流公式得$R'=\dfrac{R_0\cdot\dfrac{I_0\cdot R_0}{I'}}{R_0-\dfrac{I_0\cdot R_0}{I'}}$.

(4) 调节电阻箱.

双击打开电阻箱窗体，用鼠标点击阻值调节旋钮，调节电阻箱，使电阻箱的阻值等于计算得到的分流电阻值.

(5) 测量待测信号箱的未知电流值.

将改装好的电流表通过表笔连接到待测信号箱的"I"字上面的接线柱(注意正负极的连接),并将多挡开关置于所使用的挡位,根据改装后的电流表测量出未知信号的直流电流值,并将测量结果填写到数据表格中.

实验过程中,及时记录所测量的数据,并填写到数据表格中对应的位置,完成数据表格.

3. 欧姆表改装实验

在实验内容栏中,用鼠标点击欧姆表改装实验,进入到欧姆表改装实验主场景.

根据数据表格中的实验要求,进行欧姆表改装实验.

(1) 线路连接.

当鼠标移动到实验仪器接线柱的上方,拖动鼠标,便会产生"导线",当鼠标移动到另一个接线柱的时候,松开鼠标,两个接线柱之间便产生一条导线,连线成功;如果松开鼠标的时候,鼠标不是在某个接线柱上,画出的导线将会被自动销毁,此次连线失败.根据欧姆定律,自行设计电路并正确连线,完成连线操作.

(2) 微安表调零.

双击打开微安表面板,通过鼠标左击或者右击调零旋钮,使微安表指针指向零刻度线位置,完成微安表调零.

(3) 欧姆挡调零.

先将电阻箱1、电阻箱2阻值调节到最大(保护微安表),并将表笔短接,调节多挡开关挡位使电路导通;再调节电阻箱1阻值,使微安表恰好满偏,指针指向满量程刻度线位置,即完成欧姆挡调零.

(4) 欧姆挡校准.

将电阻箱3(电阻箱4也可以)从仪器栏中拖放到实验桌面上,取消表笔上的短路连线,并将表笔连接到电阻箱3上,同时调节电阻箱上的值为100Ω作为校准电阻.

打开电阻箱2调节窗体和微安表窗体,调节电阻箱2的阻值,使微安表指针恰好指向微安表下半部分表盘上标定好的100Ω刻度线(注意在调节过程中不要再改变电阻箱1的阻值),此时即完成欧姆表的校准.

(5) 测量待测信号箱的未知电阻值.

将改装好的欧姆表通过表笔连接到待测信号箱的"Ω"字上面的接线柱(待测电阻不分正负极),并将多档开关置于所使用的挡位,根据改装后的欧姆表测量出待测信号箱上的未知电阻值,并将测量结果填写到数据表格中.

实验过程中,及时记录所测量的数据,并填写到数据表格中对应的位置,完成数据表格.

4. 万用表改装实验

在实验内容栏中,用鼠标点击万用表改装实验,进入到万用表改装实验主场景,如图9.20.3.根据数据表格中的实验要求,进行万用表改装实验.

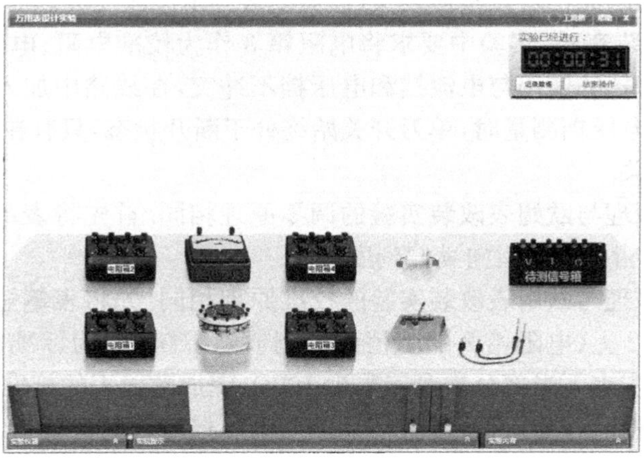

图 9.20.3 万用表改装实验主场景视图

(1) 线路连接.

当鼠标移动到实验仪器接线柱的上方，拖动鼠标，便会产生“导线”，当鼠标移动到另一个接线柱的时候，松开鼠标，两个接线柱之间便产生一条导线，连线成功；如果松开鼠标的时候，鼠标不是在某个接线柱上，画出的导线将会被自动销毁，此次连线失败. 根据欧姆定律，自行设计电路并正确连线，完成连线操作.

(2) 微安表调零.

双击打开微安表面板，通过鼠标左击或者右击调零旋钮，使微安表指针指向零刻度线位置，完成微安表调零.

(3) 改装电流挡.

实验中要求学生必须使用微安表的 500μA 挡位进行实验改装. 根据改装的量程(实验中要求改装后的万用表电流挡量程为 10mA)，从微安表表盘上读取表头内阻为 560Ω. 设微安表表头内阻为R_0，满偏电流为I_0，改装后的电流表满偏量程为I_i，分流电阻为R_i，则由分流公式得$R_i=\dfrac{R_0\cdot\dfrac{I_0\cdot R_0}{I_i}}{R_0-\dfrac{I_0\cdot R_0}{I_i}}$. 实验要求将电阻箱 1 作为分流电阻，调节电阻箱 1 的阻值为计算得到的分流电阻值，并连接电路.

(4) 改装电压挡.

由于此时电流表已经改装完成，在改装电压挡时，需要将改装后的电流挡看作整体表头(即微安表与电阻箱 1 并联作为整体看作新的表头)，设并联后整体等效表头的内阻为R_0'，电流表满偏电流为I_i，改装后的电压表满偏量程为 V，分压电阻为R_v，则由分压公式得$R_v=\dfrac{V}{I_i}-R_0'$. 实验中要求将电阻箱 2 作为分压电阻，调节电阻箱 2 的阻值为计算得到的分压电阻值，并连接.

(5) 改装欧姆挡.

先拆除电阻箱 2 两端的连线，并将电阻箱 2 的阻值调节到 100Ω 作为欧姆表的校准电阻.并将改装后的电流挡看作整体表头(即微安表与电阻箱1并联作为整体看作新的表头),参照欧姆表改装实验,实验中要求将电阻箱3作为校准电阻、电阻箱4作为调零电阻.同时为了使欧姆挡的使用与电流挡和电压挡不冲突,在线路中加入一个单刀开关.当使用电流挡测量和电压挡测量时,单刀开关始终处于断开状态,只有在使用欧姆挡进行测量时才闭合单刀开关.

欧姆表调零,原理与欧姆表改装实验的调零原理相同.首先将表笔短接,调节电阻箱4的阻值,使微安表指针恰好指向满偏刻度位置.

欧姆表校准,原理与欧姆表改装实验的校准原理相同.先将表笔短接连线拆除,再将表笔连接到电阻箱2上(电阻箱2的阻值已经调节到100Ω作为标准电阻),此时调节电阻箱3的阻值使微安表下半部分表盘读数为100Ω,完成欧姆表的校准.

完成欧姆表的校准以后,再将电阻箱2接回电压挡改装时的位置.同时,调节电阻箱2阻值为电压挡改装的分压阻值,即完成整个万用表的改装;当多挡开关置于1挡位时,对应万用表的电流挡;多挡开关置于2挡时,对应万用表的电压挡;多挡开关置于3挡时,对应万用表的欧姆挡.注意使用电流挡和电压挡测量时,单刀开关应处于断开状态,当使用欧姆挡测量时,单刀开关应处于闭合状态.使用改装好的万用表分别测量待测信号箱的未知电压、未知电流和未知电阻值,并将测量结果记录到实验表格中.

9.21 直流电弧等离子体法制备纳米粒子

一、主窗口

成功进入实验场景窗体,实验场景的主窗体如图9.21.1所示:

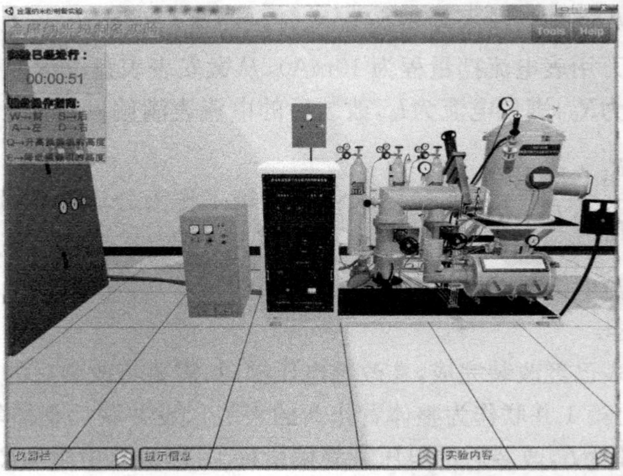

图9.21.1 实验场景的主窗体

二、正式开始实验

使用键盘W键(前)、S键(后)、A键(左)、D键(右),或者方向键,并配合鼠标控制镜头方向;F1 键调节场景中亮度变暗,F2 键调节场景中亮度变亮.

1. 加金属料等准备过程

(1) 打开生成室.

移到生成室的正面,鼠标移到生成室上盖处,左键双击,出现“打开生成室”菜单按钮,点击“打开生成室”按钮(图 9.21.2),此时生成室被打开;弹出生成室大视图(图 9.21.3).

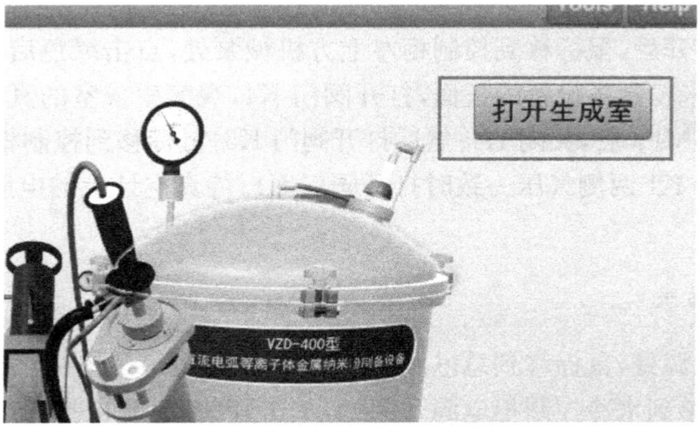

图 9.21.2 生成室外观

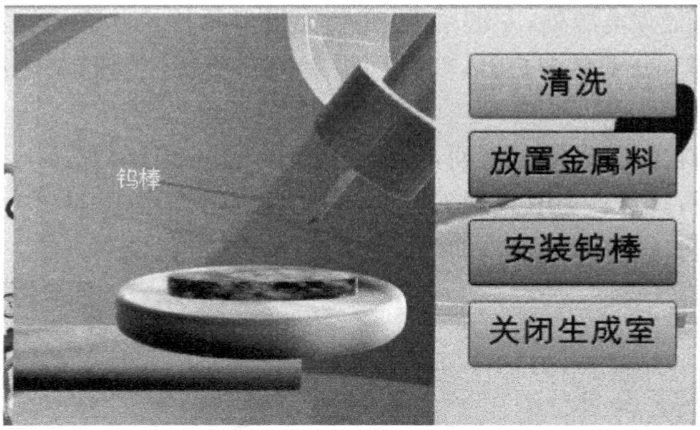

图 9.21.3 生成室内部

(2) 清洗.

点击“清洗”按钮,弹出提示信息框,点“确定”按钮完成生成室清洗步骤;

(3) 放置金属料.

点击“放置金属料”按钮,将金属料放到阳极坩锅中.

(4) 安装钨棒.

点击“安装钨棒”按钮,将钨棒安装到阴极杆上.

(5) 关闭生成室.

完成以上操作后,点击“关闭生成室”按钮,生成室被关闭.

2. 抽真空

(1) 打开电源.

移到电源总开关处，鼠标移到电源箱上绿色按钮，左键单击绿色按钮，电源指示灯亮；通过键盘 WASD 移到控制柜的正面，鼠标移到控制柜的电源处，左键单击控制柜电源开关，电源打开，控制柜电源红、黄、绿指示灯亮.

(2) 抽气.

控制柜电源打开后，鼠标移到控制柜左上方机械泵处，点击绿色启动按钮，机械泵被打开；移到金属纳米粉制备设备的正面，打开阀门 K4，观察生成室的真空压力表，待生成室真空达到－0.05MPa 后，关闭 K4；然后打开阀门 K5；鼠标移到控制柜右上方，单击"真空计"电源开关；待 K1 两侧气压一致时打开阀门 K1；待真空计上的电阻规示数小于 5Pa 时，关闭阀门 K5.

3. 精抽整个系统

移到水冷总电源处，鼠标移到总电源绿色按钮处，单击绿色按钮，总电源打开；移到水冷控制柜处，鼠标移到水冷控制柜电源开关处，单击开关，电源被打开，电源指示灯亮；鼠标在移到水冷控制柜上水泵开关，单击打开；鼠标移到水冷控制柜上制冷开关，单击打开.

移到控制机柜处，鼠标移到分子泵前级阀绿色按钮，左键单击，分子泵前级阀打开；鼠标移到控制机柜的变频电源处，左键单击，变频面板显示待机状态；再移动鼠标到分子泵绿色按钮，左键单击，分子泵被打开，变频面板上的当前转速、频率、电压、电流都发生变化，转速最终达到 36000.

移到金属纳米粉制备设备的正面，鼠标移到 K3 阀门(图 9.21.4)，鼠标右键长按 K3 阀门，K3 阀门打开；真空计上电离规工作. 当电离规的示数小于 5×10^{-3}Pa 时，鼠标移到 K3 阀门，鼠标左键长按 K3 阀门，关闭 K3 阀门.

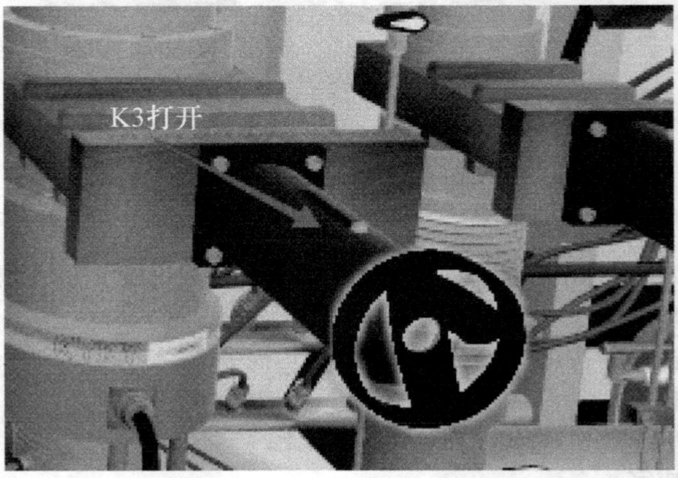

图 9.21.4　K3 阀门

移到控制机柜处，鼠标移到电离规处“功能”键，鼠标左键单击该按键，鼠标移到真空计电源处，鼠标左键单击该开关，关闭电离规. 鼠标移到分子泵停止按钮处，鼠标左键单击，关闭分子泵. 此时，变频面板上的参数开始下降，待分子泵转速降到零后，鼠标移到变频电源，左键单击鼠标，变频电源关闭；移动鼠标到分子泵前级阀停止按钮处，鼠标左键单击该按钮，关闭分子泵前级阀；移动鼠标到机械泵停止按钮处，鼠标左键单击该按钮，关闭机械泵.

4. 生成室配气

(1) 移到生成室处，鼠标移到气路右侧氩气阀门(图 9.21.5)，鼠标左键单击该阀门，打开右侧氩气阀门；移到氩气气瓶处，鼠标移到氩气气瓶压力阀门(图 9.21.6)，鼠标左键长按该阀门，阀门逆时针旋转打开，压力表盘示数在 2.5 左右变化.

图 9.21.5 氩气阀门

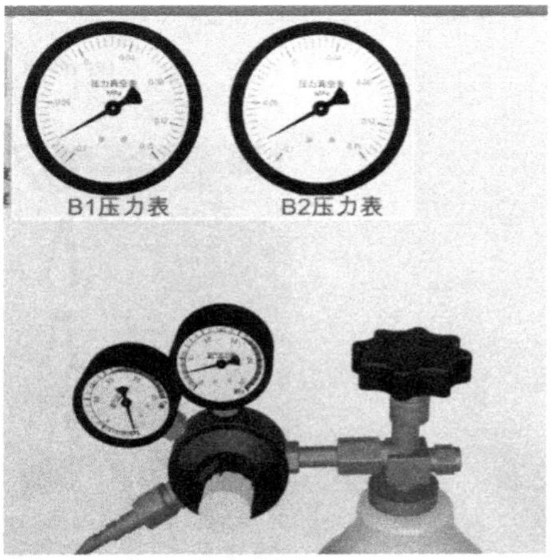

图 9.21.6 氩气气瓶压力阀门

鼠标移到氩气气瓶减压阀门，鼠标左键长按该阀门，阀门顺时针旋转打开，减压阀压力表盘示数微微大于 0.

当打开气路中右侧氩气阀门，打开氩气气瓶阀门和减压阀，往生成室中充氩气，此时 B1、B2 压力表示数同时增大；待两个压力示数为－0.05MPa 时，鼠标移到生成室气路右侧氩气阀门，鼠标右键单击该阀门，关闭右侧氩气阀门.

(2) 鼠标移到生成室 K1 阀门，鼠标左键长按该阀门，阀门顺时针旋转关闭.

移到生成室正面，鼠标移到生成室气路左侧氩气阀门，鼠标左键单击该阀门，打开左侧氩气阀门；此时表盘 B1 示数增大，待 B1 示数为 0 时，鼠标移到生成室左侧氩气阀门，鼠标右键单击该阀门，关闭左侧氩气阀门.

移到氩气气瓶处，鼠标移到氩气气瓶减压阀门，鼠标右键长按该阀门，阀门逆时针旋转关闭；鼠标移到氩气压力阀门，鼠标右键长按该阀门，阀门顺时针旋转关闭.

(3) 移到氢气气瓶处，鼠标移到氢气气瓶压力阀门(图 9.21.7)，鼠标左键长按该阀门，阀门逆时针旋转打开，压力表盘示数在 2.5 左右变化；鼠标移到氢气气瓶减压阀门，鼠标左键长按该阀门，阀门顺时针旋转打开，减压阀压力表盘示数微大于0；鼠标移到氢气气瓶安全阀门，鼠标左键长按该阀门，阀门顺时针旋转打开.

走到生成室正面处，移动鼠标到气路氢气阀门(图9.21.8)，鼠标左键单击该阀门，打开氢气阀门.

图9.21.7　氢气气瓶压力阀门

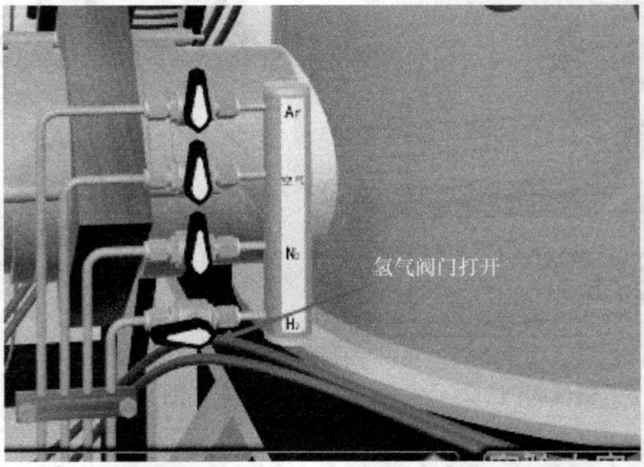

图9.21.8　气路氢气阀门

当打开氢气阀门，打开氢气气瓶阀门、减压阀和安全阀，往生成室通入氢气，待表盘B2示数为－0.03MPa时，鼠标移到生成室气路氢气阀门，鼠标右键单击该阀门，氢气阀门关闭.

走到氢气气瓶处，鼠标移到氢气气瓶压力阀门，鼠标右键长按该阀门，阀门顺时针旋转关闭；鼠标移到氢气气瓶减压阀门，鼠标右键长按该阀门，阀门逆时针旋转关闭；鼠标移到氢气气瓶安全阀门，鼠标右键长按该阀门，阀门逆时针旋转关闭.

5. *启弧和制备纳米粉体*

(1) 移到电弧电源(图9.21.9)处，移动鼠标到起弧按钮，鼠标左键单击该按钮，启动电源，电压指针指示在60～75V范围，电流指示为零.

移到远程控制面板(图9.21.10)处，移动鼠标到远程面板开关，鼠标左键单击该开关,远程面板上电压指针增大,和起弧电源控制箱上电压大小一致.

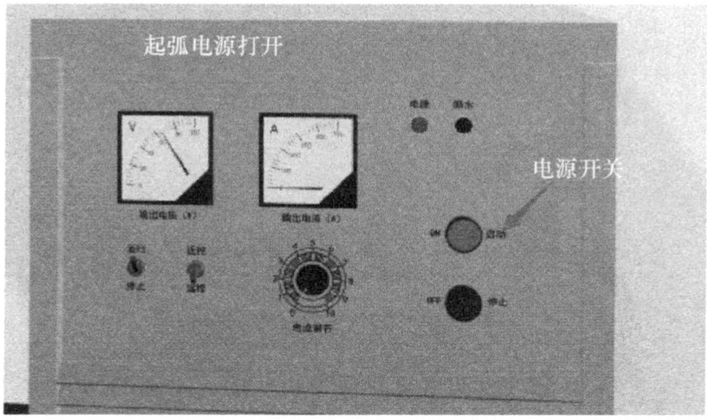

图 9.21.9 电弧电源面板

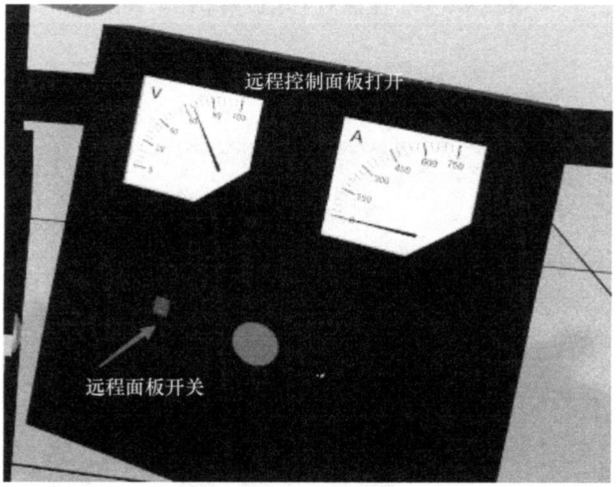

图 9.21.10 远程控制面板

(2) 移动鼠标到生成室上电极调节距离旋钮(图 9.21.11)处,鼠标右键单击该旋钮,旋钮逆时针转动,旋钮向下,两极距离减小;调节阴极尖端与金属料的距离为 2～3mm;移动鼠标到远程控制面板上,鼠标右键单击微调电流旋钮,给一个起弧的小电流;移动鼠标到引弧绿色按钮,鼠标左键单击该按钮,生成室开始起弧,此时电压减小到 15～30V,电流增大到 90～140A,金属块熔化蒸发生成纳米粒子(图 9.21.12);起弧后,生成室内的温度会逐渐升高,导致腔体内气压升高, 实验过程腔体内气压不能超过大气压.

6. 起弧结束,关闭仪器

移动鼠标到远程控制面板微调电流旋钮,鼠标左键单击该旋钮,调小电流;移动鼠标到远程面板开关,鼠标左键单击该开关,远程控制电源关闭,远程面板上电压和电流指针指示零;移到电弧电源处,移动鼠标到起弧电源开关,鼠标左键单击该开关,起弧电源关闭.

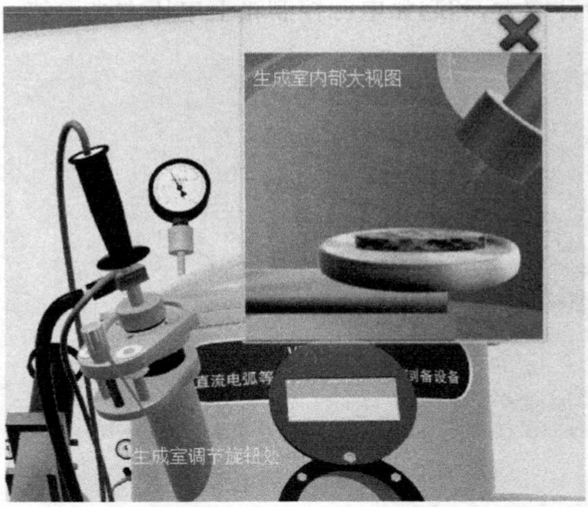

图 9.21.11　生成室上电极调节距离旋钮

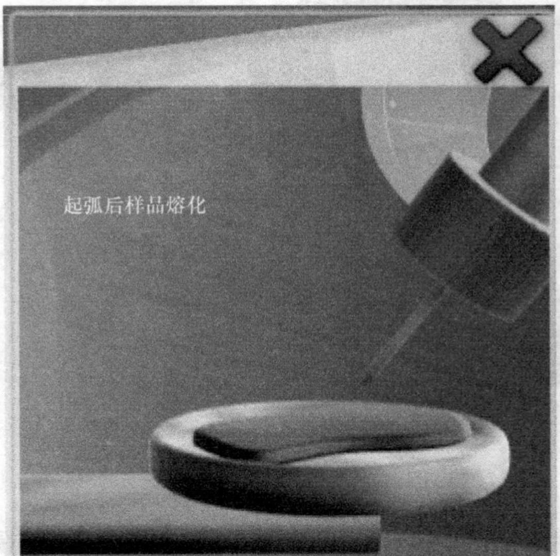

图 9.21.12　金属块熔化蒸发生成纳米粒子

7. 钝化

移到控制柜处，鼠标移到控制柜左上方机械泵处，点击绿色启动按钮，机械泵被打开；移到生成室处，移动鼠标到 K4 阀门，鼠标右键长按该阀门，K4 阀门打开，生成室压力表示数减小，示数达到－0.1MPa 时，鼠标左键长按 K4 阀门，关闭 K4 阀门；走到控制柜处，移动鼠标到机械泵红色停止按钮，鼠标左键单击该按钮，机械泵关闭. 移动鼠标到控制柜总电源处，左键单击，控制柜总电源关闭.

移到生成室处，左键单击右侧氩气阀门(图 9.21.13)和空气阀门(图 9.21.14)，打开右侧氩气阀门和空气阀门.

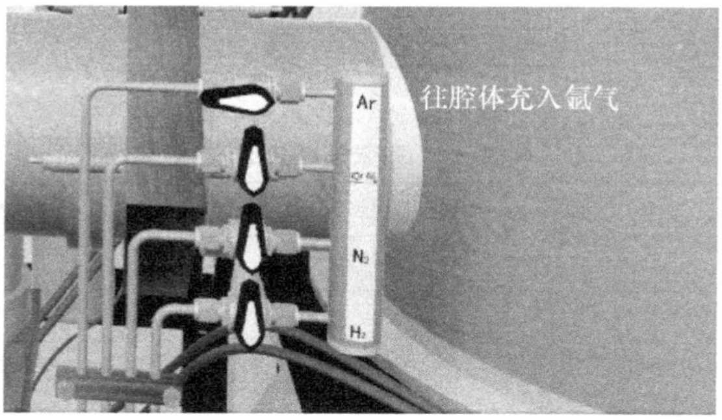

图 9.21.13 氩气阀门

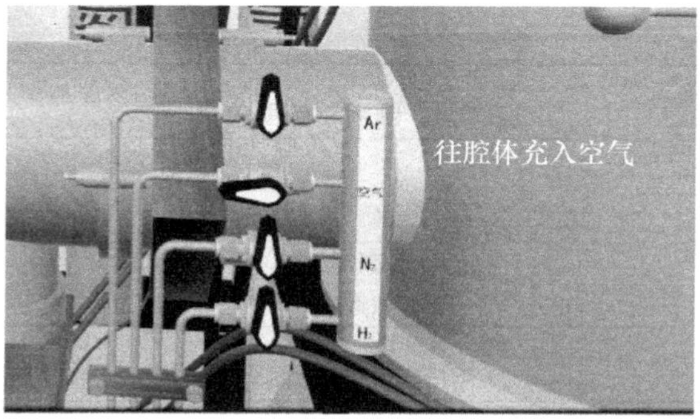

图 9.21.14 空气阀门

移到氩气气瓶处，鼠标移到氩气气瓶压力阀门，鼠标左键长按该阀门，阀门逆时针旋转打开，压力表盘示数在 2.5 左右变化.

鼠标移到氩气气瓶减压阀门，鼠标左键长按该阀门，阀门顺时针旋转打开，减压阀压力表盘示数微大于 0.

按一定比例往生成室充入氩气和空气的混合气体，最终使生成室压力为一个大气压.

鼠标移到氩气气瓶减压阀门，鼠标右键长按该阀门，阀门逆时针旋转关闭；鼠标移到氩气压力阀门，鼠标右键长按该阀门，阀门顺时针旋转关闭.

走到生成室正面，鼠标移到生成室气路右侧氩气阀门和空气阀门，鼠标右键单击，关闭右侧氩气阀门和空气阀门.

8. 实验结束

点击“实验结束”按钮，退出实验.

附　录

附表 1　国际制基本单位

物理量	量　纲	单　位	
		名　称	国际符号
长度	L	米	m
质量	M	千克	kg
时间	T	秒	s
电流	I	安[培]	A
热力学温度	Θ	开[尔文]	K
发光强度	J	坎[德拉]	cd
物质的量	N	摩[尔]	mol

附表 2　国际制辅助单位

物理量	单　位	
	名　称	国际符号
平面角	弧度	rad
立体角	球面度	sr

附表 3　单位词冠

因　数		词　冠		代　号	
				中　文	国　际
倍数	10^{18}	艾[可萨]	(exa)	艾	E
	10^{15}	拍[它]	(peta)	拍	P
	10^{12}	太[拉]	(tera)	太	T
	10^{9}	吉[咖]	(giga)	吉	G
	10^{6}	兆	(mega)	兆	M
	10^{3}	千	(kilo)	千	k
	10^{2}	百	(hecto)	百	h
	10^{1}	十	(deca)	十	da
分数	10^{-1}	分	(deci)	分	d
	10^{-2}	厘	(centi)	厘	c
	10^{-3}	毫	(milli)	毫	m
	10^{-6}	微	(micro)	微	μ
	10^{-9}	纳[诺]	(nano)	纳	n
	10^{-12}	皮[可]	(pico)	皮	p
	10^{-15}	飞[母托]	(femto)	飞	f
	10^{-18}	阿[托]	(atto)	阿	a

附表 4　具有专门名称的国际制导出单位

物理量	国际制单位				
	名　称	代号		用导出单位表示	用国际基本单位表示
		中文	国际		
频率	赫[兹]	赫	Hz		s^{-1}
力	牛[顿]	牛	N		$kg \cdot m/s^2$
压力、应力	帕[斯卡]	帕	Pa	N/m^2	$kg/(m \cdot s^2)$
功、能、热	焦[耳]	焦	J	$N \cdot m$	$kg \cdot m^2/s^2$
功率、辐[射]通量	瓦[特]	瓦	W	J/s	$kg \cdot m^2/s^3$
电量、电荷	库[仑]	库	C		$s \cdot A$
电势[位]差、电动势	伏[特]	伏	V	W/A	$kg \cdot m^2/(A \cdot s^3)$
电容	法[拉]	法	F	C/V	$A^2 \cdot s^4/(kg \cdot m^2)$
电阻	欧[姆]	欧	Ω	V/A	$kg \cdot m^2/(A^2 \cdot s^3)$
电导	西[门子]	西	S	A/V	$A^2 \cdot s^3/(kg \cdot m^2)$
磁通[量]	韦[伯]	韦	Wb	$V \cdot s$	$kg \cdot m^2/(A \cdot s^2)$
磁感应强度	特[斯拉]	特	T	Wb/m^2	$kg/(A \cdot s^2)$
电感	亨[利]	亨	H	Wb/A	$kg \cdot m^2/(A^2 \cdot s^2)$
光通量	流[明]	流	lm		$cd \cdot sr$
光照度	勒[克斯]	勒	lx	lx/m^2	$cd \cdot sr/m^2$
[放射性]活度	贝可[勒尔]	贝可	Bq		s^{-1}
吸收剂量	戈[瑞]	戈	Gy	J/kg	m^2/s^2
剂量当量	希[沃特]	希	Sv	J/kg	m^2/s^2

附表 5　固定温度点

名　称	平衡态	T_{90}/K	$t_{90}/℃$
平衡氢三相点	平衡氢固、液、气三相之间的平衡	13.8033	
平衡氢 17K 点	当压强为 25/76atm 时， 平衡氢液气两相之间的平衡	17.0357	
平衡氢沸点	当压强为 1atm 时， 液气两相之间的平衡	20.27	
氖三相点	氖固、液、气三相之间的平衡	24.5561	
氧三相点	氧三相点	54.3584	
氩三相点	氩三相点	83.8058	
汞三相点	汞三相点	234.3156	
水三相点	水三相点	273.16	0.10
镓熔点	当压强为 1 个标准大气压时镓的熔解点	302.9146	29.7646
铟凝固点	铟固、液两相之间的平衡	429.7485	156.5985
锡凝固点	锡固、液两相之间的平衡	505.078	231.928
锌凝固点	锌固、液两相之间的平衡	692.677	419.527
铝凝固点	铝固、液两相之间的平衡	933.473	660.323
银凝固点	银固、液两相之间的平衡	1234.93	961.78
金凝固点	金固、液两相之间的平衡	1337.33	1064.18
铜凝固点	铜固、液两相之间的平衡	1357.77	1084.62

注：1atm=101325Pa

附表 6 一些材料在常温下的若干物理性能

材料名称	密度(20℃) $\rho/(10^3 kg/m^3)$	杨氏弹性模量 $E/(10^9 Pa)$	比热容 $c/[J/(kg\cdot C)]$	电阻率(20℃) $\rho/(10^{-9}\Omega\cdot m)$	电阻温度系数 $\alpha/(10^{-3}/℃)$
金	19.32	77	128	23	4.0
钨	19.30	407	142	53	5.1
汞(液)	13.546		140	958	1.0
铅	11.34	16	128	208	4.2
银	10.49	79	237	16	4.3
铜	8.93	129	385	17	4.33
黄铜	8.2～8.8	91～130	370～380	65～80	1.0～4.0
康铜	8.88	162	409	490	−0.04～+0.01
镍	8.85	214	440	70	6.2
铁	7.86	212	480	98	6.2
钢	7.8～8.7	200～240	450～500	100～540	～6
铬	7.40	245	460	131	
铝	2.70	70	895	28	4.2
硬铝	2.79	70～75	～880	33.5	4.1
玻璃	2.2～2.4	71～80	585～920		
尼龙	1.1	3.5	$(1.1～2.0)\times10^3$		
橡胶	0.9～1.4		$(1.1～2.0)\times10^3$		

附表 7 一些金属对铂的温差电动势

热端 100℃，冷端 0℃

金属(或合金)	温差电动势/mV	连续使用温度/℃	短时使用最高温度/℃
铜(导线)	+0.75	350	500
康铜(60%Cu+40%Ni)	−3.0	600	800
康铜(56%Cu+44%Ni)	−4.0	600	800
银	+0.72	600	700
铁	+1.87	600	800
镍	−1.5	1000	1100
80%Ni+20%Cr	+2.5	1000	1100
90%Ni+10%Cr	+2.71	1000	1250
95%Ni+5%(Al,Si,Mn)	−1.38	1000	1250
90%Pt+10%Ir	+1.3	1000	1200
90%Pt+10%Rh	+0.64	1300	1600
钨	+0.79	2000	2500

附表 8　常用光源的主要谱线波长

发光物质	波长/nm	颜色	发光物质	波长/nm	颜色	发光物质	波长/nm	颜色
氢	656.28(H_α)	红	钠	589.592(D_1)	黄	镉	643.847	红
	486.13(H_β)	蓝绿		588.995(D_2)	黄	氦氖激光	632.8	红
	434.05(H_γ)	蓝紫		567.58	绿		3.39×10^{3}	红外
	410.17(H_δ)	紫	汞	579.066	黄$_1$		1.15×10^{3}	红外
	397.01(H_ξ)	紫外		576.960	黄$_2$	氦镉激光	441.6	蓝
	388.90(H_ζ)	紫外		546.073	绿		325.0	紫外
氖	605.780(真空)	橙		435.834	蓝紫	CO_2 激光	10.6×10^{3}	红外
氦	587.56(D_3)	黄		404.656	紫	氩离子激光	514.53	绿
氪	640.23	红		366.33	紫外		487.99	蓝绿
	614.31	橙		365.01	紫外	红宝石激光	693.4	红
	585.25	黄		253.65	紫外	钕激光	1.06×10^{3}	红外

附表 9　常用的物理常数表

名　称	符　号	数　值	单位符号
真空中的光速	c	2.99792458×10^{8}	m/s
基本电荷	e	1.6021892×10^{-19}	C
电子的静止质量	m_e	9.109534×10^{-31}	kg
中子质量	m_n	1.674920×10^{-27}	kg
质子质量	m_p	1.672614×10^{-27}	kg
原子质量单位	u	1.6605655×10^{-27}	kg
普朗克常量	h	6.626196×10^{-34} 或 4.136×10^{-15}	J·s eV·s
阿伏伽德罗常量	N_A	6.022045×10^{23}	mol^{-1}
普适气体常量	R	8.31441	J/(mol·K)
玻尔兹曼常量	k	1.3180662×10^{-23} 或 8.617×10^{-15}	J/K eV/K
万有引力常数	G	6.6731×10^{-11}	$N\cdot m^2/kg^2$
里德伯常量	R_∞ R_H	1.097373177×10^{7} 1.09677576×10^{7}	m^{-1}
电子荷质比	e/m_e	1.7588047×10^{11}	C·kg
电子经典半径	r_e	2.8179380×10^{-15}	m
电子静止能量	m_ec^2	0.5110	MeV
原子质量单位的等价能量	Mc^2	9315	MeV
电子的康普顿波长	$\lambda=h/Mc$	2.4263096×10^{-12}	m
电子磁矩	$\mu=E\pi/2M$	9.284832×10^{-24}	$J\cdot m^2/W_b$

续表

名　称	符　号	数　值	单位符号
玻尔半径	$r=4\pi\varepsilon_0 h^2/me^2$	5.2917715×10^{-11}	m
标准大气压	p_0	1.01325×10^5	Pa
水的三相点温度	T_0	273.15	K
标准状态下声音在空气中的速度	v	331.46	m/s
标准状态下干燥空气密度	$\rho_{空气}$	1.293	kg/m^3
标准状态下水银密度	$\rho_{水银}$	13595.04	kg/m^3
标准状态下理想气体的摩尔体积	V_m	22.41383×10^{-3}	m^3/mol
真空介电常量（电容率）	ε_0	$8.854187818\times10^{-12}$	F/m
真空的磁导率	μ_0	$12.566370614\times10^{-7}$	H/m